国家科技重大专项

大型油气田及煤层气开发成果丛书

（2008—2020）

卷4

前陆盆地及复杂构造区
油气地质理论、关键技术与勘探实践

宋 岩 赵孟军 卓勤功 等编著

石油工業出版社

内容提要

本书系统介绍了环青藏高原盆山体系、滑脱构造变形样式、沉积储层响应机制、富油气构造带油气成藏规律等我国中西部前陆盆地油气地质理论，以及构造变形物理模拟技术和数值模拟技术、复杂构造多尺度地震深度域速度建模成像技术、复杂构造油气勘探目标综合评价技术等关键技术的最新进展，论述了环青藏高原盆山体系内前陆盆地油气勘探的潜力和方向。

本书可供从事油气勘探的科研和生产工作者及相关院校师生参考。

图书在版编目（CIP）数据

前陆盆地及复杂构造区油气地质理论、关键技术与勘探实践 / 宋岩等著 . —北京：石油工业出版社，2023.8

（国家科技重大专项 · 大型油气田及煤层气开发成果丛书：2008—2020）

ISBN 978-7-5183-5940-0

Ⅰ . ①前… Ⅱ . ①宋… Ⅲ . ①前陆盆地 – 构造区 – 石油天然气地质 – 研究 – 中国 Ⅳ . ① P618.130.2

中国国家版本馆 CIP 数据核字（2023）第 046620 号

责任编辑：刘俊妍
责任校对：罗彩霞
装帧设计：李　欣　周　彦

审图号：GS 京（2023）1062 号

出版发行：石油工业出版社
（北京安定门外安华里 2 区 1 号　100011）
网　址：www.petropub.com
编辑部：（010）64253707　图书营销中心：（010）64523633
经　销：全国新华书店
印　刷：北京中石油彩色印刷有限责任公司

2023 年 8 月第 1 版　2023 年 8 月第 1 次印刷
787×1092 毫米　开本：1/16　印张：16.5
字数：392 千字

定价：170.00 元

《国家科技重大专项·大型油气田及煤层气开发成果丛书（2008—2020）》

编委会

《前陆盆地及复杂构造区油气地质理论、关键技术与勘探实践》

编写组

组　长： 宋　岩　赵孟军

副组长： 卓勤功

成　员：（按姓氏拼音排序）

陈　琰　陈汉林　陈竹新　冯佳睿　高银波　高志勇
公言杰　桂丽黎　郭文建　胡　英　贾　东　雷德文
雷刚林　雷永良　李　斐　李　勇　李学义　柳　波
柳少波　鲁雪松　罗　勇　马德龙　莫　涛　庞志超
石亚军　唐雁刚　汪立群　王　波　王　鹏　王春明
王丽宁　王彦春　王彦君　王宇超　魏凌云　吴　海
肖立新　谢会文　徐　凌　徐振平　杨　勃　杨宪彰
姚卫江　曾昌民　曾联波　曾庆鲁　张　才　张国卿
张虎权　张荣虎　周世新　邹开真

丛书·序

能源安全关系国计民生和国家安全。面对世界百年未有之大变局和全球科技革命的新形势，我国石油工业肩负着坚持初心、为国找油、科技创新、再创辉煌的历史使命。国家科技重大专项是立足国家战略需求，通过核心技术突破和资源集成，在一定时限内完成的重大战略产品、关键共性技术或重大工程，是国家科技发展的重中之重。大型油气田及煤层气开发专项，是贯彻落实习近平总书记关于大力提升油气勘探开发力度、能源的饭碗必须端在自己手里等重要指示批示精神的重大实践，是实施我国“深化东部、发展西部、加快海上、拓展海外”油气战略的重大举措，引领了我国油气勘探开发事业跨入向深层、深水和非常规油气进军的新时代，推动了我国油气科技发展从以“跟随”为主向“并跑、领跑”的重大转变。在“十二五”和“十三五”国家科技创新成就展上，习近平总书记两次视察专项展台，充分肯定了油气科技发展取得的重大成就。

大型油气田及煤层气开发专项作为《国家中长期科学和技术发展规划纲要（2006—2020 年）》确定的 10 个民口科技重大专项中唯一由企业牵头组织实施的项目，以国家重大需求为导向，积极探索和实践依托行业骨干企业组织实施的科技创新新型举国体制，集中优势力量，调动中国石油、中国石化、中国海油等百余家油气能源企业和 70 多所高等院校、20 多家科研院所及 30 多家民营企业协同攻关，参与研究的科技人员和推广试验人员超过 3 万人。围绕专项实施，形成了国家主导、企业主体、市场调节、产学研用一体化的协同创新机制，聚智协力突破关键核心技术，实现了重大关键技术与装备的快速跨越；弘扬伟大建党精神、传承石油精神和大庆精神铁人精神，以及石油会战等优良传统，充分体现了新型举国体制在科技创新领域的巨大优势。

经过十三年的持续攻关，全面完成了油气重大专项既定战略目标，攻克了一批制约油气勘探开发的瓶颈技术，解决了一批“卡脖子”问题。在陆上油气勘探、陆上油气开发、工程技术、海洋油气勘探开发、海外油气勘探开发、非常规油气勘探开发领域，形成了6大技术系列、26项重大技术；自主研发20项重大工程技术装备；建成35项示范工程、26个国家级重点实验室和研究中心。我国油气科技自主创新能力大幅提升，油气能源企业被卓越赋能，形成产量、储量增长高峰期发展新态势，为落实习近平总书记“四个革命、一个合作”能源安全新战略奠定了坚实的资源基础和技术保障。

《国家科技重大专项·大型油气田及煤层气开发成果丛书（2008—2020）》（62卷）是专项攻关以来在科学理论和技术创新方面取得的重大进展和标志性成果的系统总结，凝结了数万科研工作者的智慧和心血。他们以“功成不必在我，功成必定有我”的担当，高质量完成了这些重大科技成果的凝练提升与编写工作，为推动科技创新成果转化为现实生产力贡献了力量，给广大石油干部员工奉献了一场科技成果的饕餮盛宴。这套丛书的正式出版，对于加快推进专项理论技术成果的全面推广，提升石油工业上游整体自主创新能力和科技水平，支撑油气勘探开发快速发展，在更大范围内提升国家能源保障能力将发挥重要作用，同时也一定会在中国石油工业科技出版史上留下一座书香四溢的里程碑。

在世界能源行业加快绿色低碳转型的关键时期，广大石油科技工作者要进一步认清面临形势，保持战略定力、志存高远、志创一流，毫不放松加强油气等传统能源科技攻关，大力提升油气勘探开发力度，增强保障国家能源安全能力，努力建设国家战略科技力量和世界能源创新高地；面对资源短缺、环境保护的双重约束，充分发挥自身优势，以技术创新为突破口，加快布局发展新能源新事业，大力推进油气与新能源协调融合发展，加大节能减排降碳力度，努力增加清洁能源供应，在绿色低碳科技革命和能源科技创新上出更多更好的成果，为把我国建设成为世界能源强国、科技强国，实现中华民族伟大复兴的中国梦续写新的华章。

中国石油董事长、党组书记
中国工程院院士　戴厚良

丛书·前言

石油天然气是当今人类社会发展最重要的能源。2020年全球一次能源消费量为134.0×10^8t油当量，其中石油和天然气占比分别为30.6%和24.2%。展望未来，油气在相当长时间内仍是一次能源消费的主体，全球油气生产将呈长期稳定趋势，天然气产量将保持较高的增长率。

习近平总书记高度重视能源工作，明确指示“要加大油气勘探开发力度，保障我国能源安全”。石油工业的发展是由资源、技术、市场和社会政治经济环境四方面要素决定的，其中油气资源是基础，技术进步是最活跃、最关键的因素，石油工业发展高度依赖科学技术进步。近年来，全球石油工业上游在资源领域和理论技术研发均发生重大变化，非常规油气、海洋深水油气和深层—超深层油气勘探开发获得重大突破，推动石油地质理论与勘探开发技术装备取得革命性进步，引领石油工业上游业务进入新阶段。

中国共有500余个沉积盆地，已发现松辽盆地、渤海湾盆地、准噶尔盆地、塔里木盆地、鄂尔多斯盆地、四川盆地、柴达木盆地和南海盆地等大型含油气大盆地，油气资源十分丰富。中国含油气盆地类型多样、油气地质条件复杂，已发现的油气资源以陆相为主，构成独具特色的大油气分布区。历经半个多世纪的艰苦创业，到20世纪末，中国已建立完整独立的石油工业体系，基本满足了国家发展对能源的需求，保障了油气供给安全。2000年以来，随着国内经济高速发展，油气需求快速增长，油气对外依存度逐年攀升。我国石油工业担负着保障国家油气供应安全，壮大国际竞争力的历史使命，然而我国石油工业面临着油气勘探开发对象日趋复杂、难度日益增大、勘探开发理论技术不相适应及先进装备依赖进口的巨大压力，因此急需发展自主科技创新能力，发展新一代油气勘探开发理论技术与先进装备，以大幅提升油气产量，保障国家油气能源安全。一直以来，国家高度重视油气科技进步，支持石油工业建设专业齐全、先进开放和国际化的上游科技研发体系，在中国石油、中国石化和中国海油建立了比较先进和完备的科技队伍和研发平台，在此基础上于 2008 年启动实施国家科技重大专项技术攻关。

国家科技重大专项“大型油气田及煤层气开发”（简称“国家油气重大专项”）是《国家中长期科学和技术发展规划纲要（2006—2020 年）》确定的 16 个重大专项之一，目标是大幅提升石油工业上游整体科技创新能力和科技水平，支撑油气勘探开发快速发展。国家油气重大专项实施周期为 2008—2020 年，按照“十一五”“十二五”“十三五”3 个阶段实施，是民口科技重大专项中唯一由企业牵头组织实施的专项，由中国石油牵头组织实施。专项立足保障国家能源安全重大战略需求，围绕“6212”科技攻关目标，共部署实施 201 个项目和示范工程。在党中央、国务院的坚强领导下，专项攻关团队积极探索和实践依托行业骨干企业组织实施的科技攻关新型举国体制，加快推进专项实施，攻克一批制约油气勘探开发的瓶颈技术，形成了陆上油气勘探、陆上油气开发、工程技术、海洋油气勘探开发、海外油气勘探开发、非常规油气勘探开发 6 大领域技术系列及 26 项重大技术，自主研发 20 项重大工程技术装备，完成 35 项示范工程建设。近 10 年我国石油年产量稳定在 2×10^8t 左右，天然气产量取得快速增长，2020 年天然气产量达 $1925\times10^8m^3$，专项全面完成既定战略目标。

通过专项科技攻关，中国油气勘探开发技术整体已经达到国际先进水平，其中陆上油气勘探开发水平位居国际前列，海洋石油勘探开发与装备研发取得巨大进步，非常规油气开发获得重大突破，石油工程服务业的技术装备实现自主化，常规技术装备已全面国产化，并具备部分高端技术装备的研发和生产能力。总体来看，我国石油工业上游科技取得以下七个方面的重大进展：

（1）我国天然气勘探开发理论技术取得重大进展，发现和建成一批大气田，支撑天然气工业实现跨越式发展。围绕我国海相与深层天然气勘探开发技术难题，形成了海相碳酸盐岩、前陆冲断带和低渗—致密等领域天然气成藏理论和勘探开发重大技术，保障了我国天然气产量快速增长。自 2007 年至 2020 年，我国天然气年产量从 $677\times10^8m^3$ 增长到 $1925\times10^8m^3$，探明储量从 $6.1\times10^{12}m^3$ 增长到 $14.41\times10^{12}m^3$，天然气在一次能源消费结构中的比例从 2.75% 提升到 8.18% 以上，实现了三个翻番，我国已成为全球第四大天然气生产国。

（2）创新发展了石油地质理论与先进勘探技术，陆相油气勘探理论与技术继续保持国际领先水平。创新发展形成了包括岩性地层油气成藏理论与勘探配套技术等新一代石油地质理论与勘探技术，发现了鄂尔多斯湖盆中心岩性地层大油区，支撑了国内长期年新增探明 10×10^8t 以上的石油地质储量。

（3）形成国际领先的高含水油田提高采收率技术，聚合物驱油技术已发展到三元复合驱，并研发先进的低渗透和稠油油田开采技术，支撑我国原油产量长期稳定。

（4）我国石油工业上游工程技术装备（物探、测井、钻井和压裂）基本实现自主化，具备一批高端装备技术研发制造能力。石油企业技术服务保障能力和国际竞争力大幅提升，促进了石油装备产业和工程技术服务产业发展。

（5）我国海洋深水工程技术装备取得重大突破，初步实现自主发展，支持了海洋深水油气勘探开发进展，近海油气勘探与开发能力整体达到国际先进水平，海上稠油开发处于国际领先水平。

（6）形成海外大型油气田勘探开发特色技术，助力“一带一路”国家油气资源开发和利用。形成全球油气资源评价能力，实现了国内成熟勘探开发技术到全球的集成与应用，我国海外权益油气产量大幅度提升。

（7）页岩气、致密气、煤层气与致密油、页岩油勘探开发技术取得重大突破，引领非常规油气开发新兴产业发展。形成页岩气水平井钻完井与储层改造作业技术系列，推动页岩气产业快速发展；页岩油勘探开发理论技术取得重大突破；煤层气开发新兴产业初见成效，形成煤层气与煤炭协调开发技术体系，全国煤炭安全生产形势实现根本性好转。

这些科技成果的取得，是国家实施建设创新型国家战略的成果，是百万石油员工和科技人员发扬艰苦奋斗、为国找油的大庆精神铁人精神的实践结果，是我国科技界以举国之力团结奋斗联合攻关的硕果。国家油气重大专项在实施中立足传统石油工业，探索实践新型举国体制，创建“产学研用”创新团队，创新人才队伍建设，创新科技研发平台基地建设，使我国石油工业科技创新能力得到大幅度提升。

为了系统总结和反映国家油气重大专项在科学理论和技术创新方面取得的重大进展和成果，加快推进专项理论技术成果的推广和提升，专项实施管理办公室与技术总体组规划组织编写了《国家科技重大专项·大型油气田及煤层气开发成果丛书（2008—2020）》。丛书共 62 卷，第 1 卷为专项理论技术成果总论，第 2～9 卷为陆上油气勘探理论技术成果，第 10～14 卷为陆上油气开发理论技术成果，第 15～22 卷为工程技术装备成果，第 23～26 卷为海洋油气理论技术装备成果，第 27～30 卷为海外油气理论技术成果，第 31～43 卷为非常规油气理论技术成果，第 44～62 卷为油气开发示范工程技术集成与实施成果（包括常规油气开发 7 卷，煤层气开发 5 卷，页岩气开发 4 卷，致密油、页岩油开发 3 卷）。

各卷均以专项攻关组织实施的项目与示范工程为单元，作者是项目与示范工程的项目长和技术骨干，内容是项目与示范工程在 2008—2020 年期间的重大科学理论研究、先进勘探开发技术和装备研发成果，代表了当今我国石油工业上游的最新成就和最高水平。丛书内容翔实，资料丰富，是科学研究与现场试验的真实记录，也是科研成果的总结和提升，具有重大的科学意义和资料价值，必将成为石油工业上游科技发展的珍贵记录和未来科技研发的基石和参考资料。衷心希望丛书的出版为中国石油工业的发展发挥重要作用。

国家科技重大专项“大型油气田及煤层气开发”是一项巨大的历史性科技工程，前后历时十三年，跨越三个五年规划，共有数万名科技人员参加，是我国石油工业史上一项壮举。专项的顺利实施和圆满完成是参与专项的全体科技人员奋力攻关、辛勤工作的结果，是我国石油工业界和石油科技教育界通力合作的典范。我有幸作为国家油气重大专项技术总师，全程参加了专项的科研和组织，倍感荣幸和自豪。同时，特别感谢国家科技部、财政部和发改委的规划、组织和支持，感谢中国石油、中国石化、中国海油及中联公司长期对石油科技和油气重大专项的直接领导和经费投入。此次专项成果丛书的编辑出版，还得到了石油工业出版社大力支持，在此一并表示感谢！

中国科学院院士 贾承造

《国家科技重大专项·大型油气田及煤层气开发成果丛书（2008—2020）》

分卷目录

序号	分卷名称
卷 1	总论：中国石油天然气工业勘探开发重大理论与技术进展
卷 2	岩性地层大油气区地质理论与评价技术
卷 3	中国中西部盆地致密油气藏“甜点”分布规律与勘探实践
卷 4	前陆盆地及复杂构造区油气地质理论、关键技术与勘探实践
卷 5	中国陆上古老海相碳酸盐岩油气地质理论与勘探
卷 6	海相深层油气成藏理论与勘探技术
卷 7	渤海湾盆地（陆上）油气精细勘探关键技术
卷 8	中国陆上沉积盆地大气田地质理论与勘探实践
卷 9	深层—超深层油气形成与富集：理论、技术与实践
卷 10	胜利油田特高含水期提高采收率技术
卷 11	低渗—超低渗油藏有效开发关键技术
卷 12	缝洞型碳酸盐岩油藏提高采收率理论与关键技术
卷 13	二氧化碳驱油与埋存技术及实践
卷 14	高含硫天然气净化技术与应用
卷 15	陆上宽方位宽频高密度地震勘探理论与实践
卷 16	陆上复杂区近地表建模与静校正技术
卷 17	复杂储层测井解释理论方法及 CIFLog 处理软件
卷 18	成像测井仪关键技术及 CPLog 成套装备
卷 19	深井超深井钻完井关键技术与装备
卷 20	低渗透油气藏高效开发钻完井技术
卷 21	沁水盆地南部高煤阶煤层气 L 型水平井开发技术创新与实践
卷 22	储层改造关键技术及装备
卷 23	中国近海大中型油气田勘探理论与特色技术
卷 24	海上稠油高效开发新技术
卷 25	南海深水区油气地质理论与勘探关键技术
卷 26	我国深海油气开发工程技术及装备的起步与发展
卷 27	全球油气资源分布与战略选区
卷 28	丝绸之路经济带大型碳酸盐岩油气藏开发关键技术

序号	分卷名称
卷 29	超重油与油砂有效开发理论与技术
卷 30	伊拉克典型复杂碳酸盐岩油藏储层描述
卷 31	中国主要页岩气富集成藏特点与资源潜力
卷 32	四川盆地及周缘页岩气形成富集条件、选区评价技术与应用
卷 33	南方海相页岩气区带目标评价与勘探技术
卷 34	页岩气气藏工程及采气工艺技术进展
卷 35	超高压大功率成套压裂装备技术与应用
卷 36	非常规油气开发环境检测与保护关键技术
卷 37	煤层气勘探地质理论及关键技术
卷 38	煤层气高效增产及排采关键技术
卷 39	新疆准噶尔盆地南缘煤层气资源与勘查开发技术
卷 40	煤矿区煤层气抽采利用关键技术与装备
卷 41	中国陆相致密油勘探开发理论与技术
卷 42	鄂尔多斯盆缘过渡带复杂类型气藏精细描述与开发
卷 43	中国典型盆地陆相页岩油勘探开发选区与目标评价
卷 44	鄂尔多斯盆地大型低渗透岩性地层油气藏勘探开发技术与实践
卷 45	塔里木盆地克拉苏气田超深超高压气藏开发实践
卷 46	安岳特大型深层碳酸盐岩气田高效开发关键技术
卷 47	缝洞型油藏提高采收率工程技术创新与实践
卷 48	大庆长垣油田特高含水期提高采收率技术与示范应用
卷 49	辽河及新疆稠油超稠油高效开发关键技术研究与实践
卷 50	长庆油田低渗透砂岩油藏 CO_2 驱油技术与实践
卷 51	沁水盆地南部高煤阶煤层气开发关键技术
卷 52	涪陵海相页岩气高效开发关键技术
卷 53	渝东南常压页岩气勘探开发关键技术
卷 54	长宁—威远页岩气高效开发理论与技术
卷 55	昭通山地页岩气勘探开发关键技术与实践
卷 56	沁水盆地煤层气水平井开采技术及实践
卷 57	鄂尔多斯盆地东缘煤系非常规气勘探开发技术与实践
卷 58	煤矿区煤层气地面超前预抽理论与技术
卷 59	两淮矿区煤层气开发新技术
卷 60	鄂尔多斯盆地致密油与页岩油规模开发技术
卷 61	准噶尔盆地砂砾岩致密油藏开发理论技术与实践
卷 62	渤海湾盆地济阳坳陷致密油藏开发技术与实践

本卷·前言

国家科技重大专项“大型油气田及煤层气开发”是中国石油工业界首个国家级的科技攻关计划，前陆项目是其中一项。经过十余年的攻关，在前陆盆地油气地质理论、关键技术和油气勘探等方面取得了跨越式发展，为保障国家油气供给和国民经济发展做出了应有的贡献，本书主要介绍本成果的具体进展。

在中国中西部前陆盆地及复杂构造区油气地质理论方面取得如下进展：

（1）揭示了重点前陆冲断带多滑脱构造变形机制和地质结构，拓展了前陆冲断带油气勘探领域，丰富了环青藏高原盆山体系构造地质理论。

环青藏高原盆山体系是一个巨型的构造体系和具有特殊性质的喜马拉雅运动期构造变形域，由塔里木盆地、准噶尔盆地、柴达木盆地、四川盆地、鄂尔多斯盆地和天山、昆仑山、龙门山、秦岭、阿尔金山、贺兰山等山系组成。随着青藏高原的隆升和向北的推挤，巨型盆山体系内古造山带复活，冲断构造依次从造山带向盆地扩展形成前陆冲断带和盆缘挠曲，在盆地与造山带之间发育了十余个前陆盆地（冲断带）。

滑脱层的存在使得压性构造在垂向上表现出明显的分层变形结构，形成多构造变形层叠合，这是油气多层系多期聚集和富油气构造带形成的前提条件。滑脱构造作用划分为脆性拆离、塑性滑移和黏性滑脱三种主要类型。滑脱作用下构造变形分为构造楔的临界增生和非临界增生两种传播机制。滑脱冲断构造受底部摩擦强度、滑脱层空间分布、构造变形层厚度、基底边界条件和沉积/剥蚀外动力条件五种因素的影响。冲断带深层地质结构主要包括古隆起构造、基底卷入构造、薄皮叠瓦逆冲构造和多滑脱冲断构造四种基本类型。

（2）明确了前陆冲断带构造—沉积响应规律和两种深层储层孔隙演化预测模型，提出储层孔隙“两段式”演化模式，拓展了冲断带油气勘探深度。

建立了前陆冲断带早期长期浅埋—后期快速深埋—晚期侧向挤压型、早期长期浅埋—后期快速深埋—晚期构造抬升型两种深层储层孔隙演化预测模型。

在埋藏压实—侧向挤压的“双应力”改造下，储层孔隙具“两段式”演化特征，浅层储层孔隙度快速降低，深层储层颗粒破裂造缝、溶蚀，孔隙度保持基本不变，前陆冲断带8000m以深仍发育有效储层。

（3）提出三类富油气构造带和多层系多期油气聚集理论，推动了典型富油气构造带油气勘探，发展了前陆盆地油气地质理论。

基于复杂构造源圈匹配、源储配置、断—盖组合等控藏机制，明确了三类富油气构造带深层地质结构、油气成藏关键要素、有利勘探区带：一是山前断阶构造型富油气构造带，为基底卷入构造，包含上盘推覆带和下盘掩伏带两个勘探领域，典型实例为准噶尔西北缘克乌富油构造带；二是滑脱冲断构造型富油气构造带，位于前陆冲断带主体生烃中心，包括盐下叠瓦冲断构造带和多滑脱冲断构造带，具有断—盐组合和断—泥组合控藏、深层近源冲断构造油气富集特征，典型实例为库车克拉苏富气构造带、柴西英雄岭富油构造带；三是前缘古隆起派生构造型富油气构造带，位于前陆斜坡—隆起带，为大型古隆起发育区，典型实例为川西北九龙山构造带、库车西秋构造带等。

本成果在中国中西部前陆盆地油气勘探关键技术方面取得如下进展：

（1）创建了多滑脱层相关的构造建模技术和数值模拟技术，完善了物理模拟分析技术，发展了挤压构造离散元数值模拟技术，编制了软件模块。

（2）针对前陆冲断带地表、地下地质条件双复杂的现状，充分利用地震资料所包含的多种尺度波场信息，从低频到高频，从初至波到反射波逐级建立深度域速度模型，在自适应加权走时层析基础上，形成融合初至波和反射波的全深度多尺度整体速度建模与成像技术。

（3）形成了以前陆冲断带深层储层评价技术、储层含油气性检测技术、断裂—膏盐岩封挡圈闭有效性评价3R方法、泥岩盖层封闭性动态评价方法为核心的复杂构造油气勘探目标综合评价技术。

总之，理论和技术发展推动了三类富油气构造带油气勘探大发现，明确了前陆冲断带油气勘探潜力和勘探方向，推动了库车克拉苏富气构造带盐下克拉—克深、博孜—大北两个万亿方天然气储量区的发现，开创了准噶尔南缘乌奎富油气构造带下组合勘探局面。

本书共分为八章，第一章和第二章由陈竹新、李勇、李学义编写，第三章由高志勇、冯佳睿编写，第四章由卓勤功、鲁雪松、公言杰编写，第五章由陈竹新、雷永良、王丽宁编写，第六章由胡英、王春明编写，第七章由卓勤功、高志勇、鲁雪松、吴海、桂丽黎编写，第八章由卓勤功、李勇、李学义、陈琰、鲁雪松编写。最后由卓勤功完成统稿。

本书是国家油气重大专项前陆项目多年来集体智慧的结晶，研究期间得到了贾承造院士、邹才能院士的指导和帮助，得到了中国石油勘探开发研究院、塔里木油田勘探开发研究院、新疆油田勘探开发研究院、青海油田勘探开发研究院和西南油气田勘探开发研究院的大力支持，杨树锋院士、陈志勇教授、张研教授、潘建国教授、魏国齐教授、张义杰教授、赵力民教授、汪泽成教授、袁选俊教授、朱如凯教授等长期跟踪并给予了技术指导，在此表示衷心感谢。

目 录

第一章　环青藏高原盆山体系与前陆盆地

20世纪70年代以来，许多地质学家从不同角度探讨了中国中西部大地构造演化、盆地构造特征及其含油气性（Dewey et al.，1973；Molnar et al.，1975；Tapponnier et al.，2001；Allegre et al.，1984；Hendrix et al.，1994；Yin et al.，2000；Wang et al.，2001），充分认识到中国中西部盆地的特殊性，提出了残余弧后盆地、“C”型俯冲盆地（Bally et al.，1980）、碰撞继承盆地（Graham et al.，1993）和再生前陆盆地（Lu et al.，1994）等分类意见。随着油气勘探的进程和资料的积累，信息科学的进步和学科的集成，特别是近十几年以塔里木盆地为代表的中西部含油气盆地油气勘探的不断深入和大量第一手地震、钻井资料的获得，有条件去从更加宏观的角度考察沉积盆地的区域构造归属，从更加微观的角度研究盆地结构与构造层序，提出了环青藏高原盆山体系（贾承造等，1995，1997，2001，2005a，2005b，2006，2007，2008）。环青藏高原盆山体系中含油气盆地地质特征整体受古生代小型克拉通与中生代—新生代前陆盆地（冲断带）的叠合控制，油气分布的特殊性因喜马拉雅期差异的区域构造变形而体现出不同的表现形式。

第一节　环青藏高原盆山体系组成、成因和整体特征

中国中西部沉积盆地群及其周缘山脉构成了青藏高原北部到东部外围的一个巨型盆山构造体系，即环青藏高原盆山体系；它是中国新构造运动的重要单元，面积达到$550\times10^4km^2$，包括塔里木、准噶尔、吐哈、柴达木、酒泉、四川、鄂尔多斯等沉积盆地和天山、昆仑山、祁连山、秦岭、龙门山等山脉。环青藏高原盆山体系是一个巨型的构造体系和具有特殊性质的喜马拉雅运动期构造域，是中国中西部喜马拉雅运动的主要特征。挤压冲断构造变形带首先沿西天山、昆仑山、阿尔金山、祁连山、龙门山呈弧形带向北、向东扩展；随着晚新近纪印藏持续碰撞和挤压，欧亚大陆强烈变形，构造变形带进一步向外围扩展，传递到阿尔泰山、阴山、太行山和齐岳山等弧形带。冲断构造不断向环青藏高原外围扩展的同时，在盆山体系（古造山复活控制的盆山耦合体系）内部发生强烈陆内变形，古造山带复活，在造山带与盆地边缘形成了新的前陆盆地，冲断构造变形依次从造山带向克拉通盆地内扩展。这些复活的古造山带、前陆冲断带和小型克拉通盆地三个构造单元共同构成环青藏高原盆山体系的组成部分。

一、环青藏高原盆山体系结构组成

中国地势特征为西高东低，地貌上表现为盆地镶嵌在山脉之间。在地质上则表现为两种迥异的构造作用，西部挤压构造，造山带向盆地冲断推覆，盆地边缘挠曲沉降或挤压抬升；东部拉张构造，盆地基底断陷沉降，发育裂谷盆地。这种地貌地质格局显著地

反映了中国陆内的喜马拉雅构造活动特征。其主要制约因素有两个：（1）小型克拉通拼贴的基底结构，它奠定了现今盆山格局深部构造的基础；（2）青藏高原隆升、推挤和太平洋板块俯冲拉张的共同作用，它控制了喜马拉雅运动期间中国陆内变形的构造性质和特征。受喜马拉雅构造运动的影响，中国的陆内变形整体表现为三种动力学机制：青藏高原隆升、盆地与造山带体制和东部拉张活动。构造变形集中体现在四个构造域：青藏高原隆升域、环青藏高原盆山体系域、稳定域和环西太平洋裂谷活动域。

中国中西部受挤压构造的影响，造山带向盆地冲断推覆，导致盆地边缘挠曲沉降或挤压抬升，广泛分布的再生前陆盆地群及其周缘山脉事实上构成了青藏高原北部到东部外围的一个巨型盆山构造体系，即环青藏高原盆山体系（贾承造，2009；贾承造等，2013）。环青藏高原盆山体系是一个巨型的构造体系和特殊性质的喜马拉雅运动期构造变形域，是中国中西部喜马拉雅运动的重要特征，也是可以与青藏高原相提并论的巨型规模的构造单元。

这一巨型盆山体系环绕青藏高原的北部和东部（图1-1-1），存在复活的古造山带、前陆冲断带和小型克拉通盆地三个主要的构造单元。它由塔里木盆地、准噶尔盆地、柴达木盆地、四川盆地、鄂尔多斯盆地和天山、昆仑山、龙门山、秦岭、阿尔金山、贺兰山等组成，介于阿尔泰山—阿拉善南部—吕梁山—齐岳山与昆仑山—阿尔金山—祁连山—龙门山这两个弧形带的区域，其间包括了海西—印支期的造山带和镶嵌在其中的塔里木、准噶尔、柴达木、四川和鄂尔多斯等构造相对稳定的沉积盆地，在盆地与造山带之间发育了十余个前陆冲断带。随着青藏高原的隆升和向北的推挤，冲断构造自昆仑山—阿尔金山—祁连山—龙门山这一弧形带不断向外围扩展。巨型盆山体系内古造山带复活，冲断带也依次从造山带向盆地扩展形成前陆冲断带和盆缘挠曲。

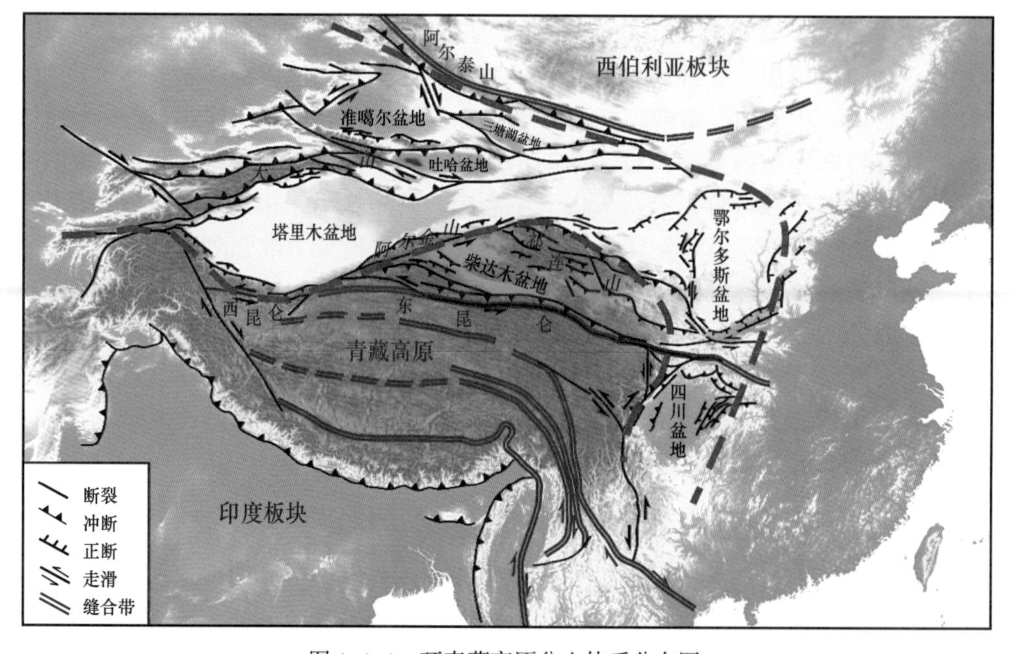

图1-1-1　环青藏高原盆山体系分布图

二、环青藏高原盆山体系构造成因

环青藏高原盆山体系是印度—欧亚大陆碰撞及持续推挤运动的结果，其形成与活动受到印藏碰撞和青藏高原活动的控制。以中国中西部地区为主体的环青藏高原盆山体系，其形成不仅受青藏高原隆升推挤的动力学条件制约，同时也受小型克拉通拼贴基底结构的影响。二者构成了影响陆内变形的主要外因和内因，控制盆地沉降和造山带隆升相互耦合的构造格局。中国古亚洲构造域小克拉通拼合的软弱基底是构成盆山体系分异的内因。由于不均一的小克拉通拼贴，地壳发生分异，造山带复活隆升，小克拉通沉降，古板块边缘形成继承性前陆盆地群或前陆冲断带群。新生代特提斯洋向北消减导致欧亚板块与印度板块碰撞，大陆会聚控制青藏高原下地壳增厚、上地壳逆冲叠置和隆升，形成高原地貌。在欧亚大陆与印度板块的碰撞及其远程效应的控制下，环青藏高原盆山体系从内向外的构造变形强度、盆山耦合程度具有依次降低的规律；克拉通边缘的单个盆山组合也具有从山前向克拉通方向构造变形强度依次降低、构造变形样式逐渐变得简单、构造变形时间依次变新的规律。在整个环青藏高原盆山体系中，整体表现为三种构造分段和成盆动力学机制：西段构造变形传播、中段高原增生—推覆和东段走滑—抬升。盆山结合部位发育大规模前陆冲断带。这些前陆冲断带有相似的活动历史和变形特征，其主要特征是地壳在印度板块陆陆俯冲的巨大水平压力下向北传播、向东滑移，大规模的走滑—逆冲断层活动造成巨型的山脉块断隆升和盆地挠曲沉降。

1. 小型克拉通拼贴的基底结构

基于陆块构造属性，中国大陆可分为亲西伯利亚、亲冈瓦纳和古中华三个陆块群（任纪舜，2003）。显生宙受控于古生代古亚洲洋体系、中生代特提斯—古太平洋及新生代印度洋—太平洋等动力学体系和动力作用，形成了多个方向的巨型造山带和陆内构造带，使得中国大陆表现出克拉通块体与复杂造山带平面镶嵌的分布格局。造山带和沉积盆地的分布整体围绕中国大陆周缘板块呈现有规律的展布（图 1-1-2）。一是围绕西伯利亚陆块为向南突出的弧形构造带（古亚洲构造域），由北向南依次发育萨彦—外贝加尔造山系、阿尔泰—大兴安岭造山系及天山—祁连山—北秦岭造山带。二是围绕印度板块向北向东突出的弧形构造带（特提斯构造域），包括西南部地区的多条缝合带、松潘—甘孜褶皱带等及拉萨、羌塘等微陆块，现今构成青藏高原的主体。三是围绕西太平洋发育的中国中东部的北东向线性构造带及海域的陆缘或弧后盆地群。在显生宙早期，中国的小克拉通漂移在广袤的大洋中，表现为大洋—小陆的古地理古构造格局。在后期的地质历史过程中，中国大陆的陆块构造分布与改造受不同的动力学体系控制，从而形成了不同的构造形迹和沉积充填结构（图 1-1-3）。

中国大陆东部受环太平洋板块构造活动的影响，大规模的中生代中晚期至新生代的构造—热活动，形成了大规模的岩浆侵入和伸展断陷盆地结构，尤其是华北—东北地区的大规模陆内伸展作用形成了渤海湾、松辽等地区的断陷和坳陷盆地结构和沉积充填。中国大陆西部地区则表现为以塔里木盆地和准噶尔盆地为核心的盆山耦合过程，形成了深层克拉通盆地结构和中—浅层前陆盆地构造沉积的叠加；中南部以造山带为主体结构，包括祁连山、阿尔金山、东昆仑山、松潘—甘孜及西南部地区的多条缝合带，其中卷入并强烈改造了拉萨、羌塘、柴达木等小陆块；中部以扬子陆块和华北陆块为核心的盆山耦合结构和陆内改造，形成了相对稳定的四川盆地和鄂尔多斯盆地。

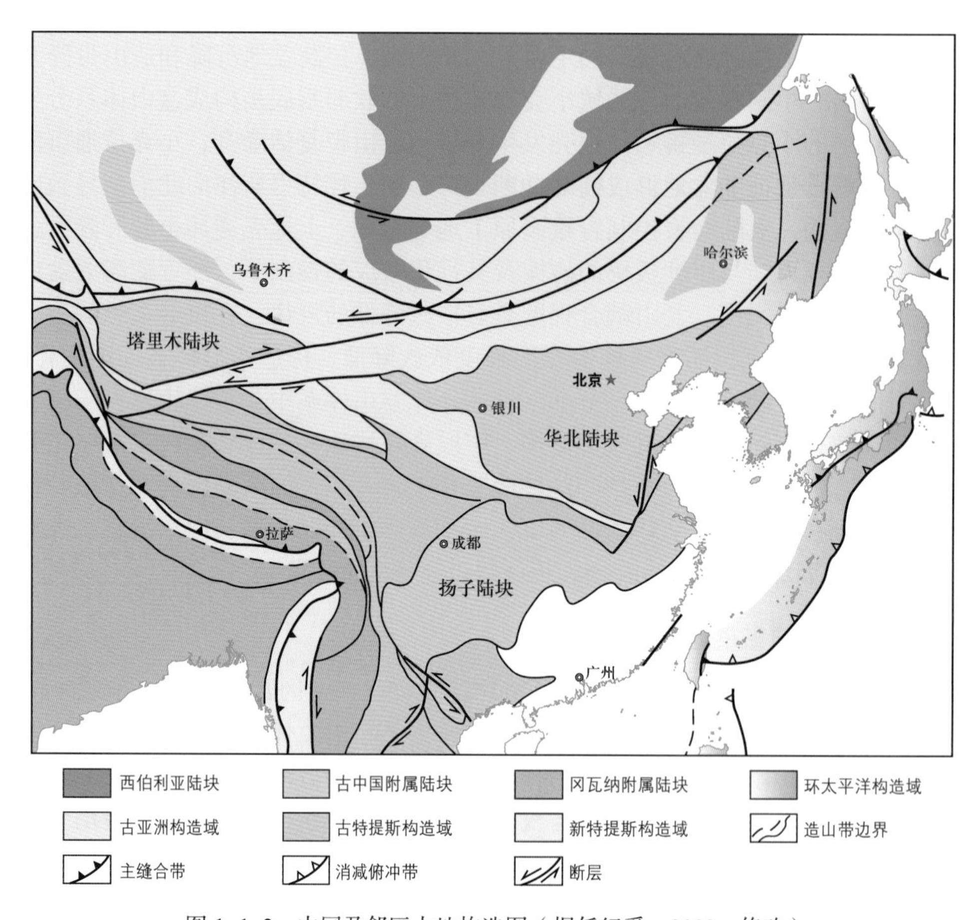

图 1-1-2 中国及邻区大地构造图（据任纪舜，2003，修改）

总的来看，元古宙—早中生代是中国微大陆漂移和聚合的时期，位于欧亚板块南缘、印度板块北缘及太平洋板块西缘的中国大陆，以塔里木、华北、扬子三个克拉通为核心，与准噶尔、柴达木、羌塘等 20 多个微陆块经历了多期的大陆解体和拼合（Harrison et al., 1992；朱夏，1986；张恺，1991；肖序常等，1991；任纪舜，2003）。到中三叠世末期和晚三叠世，随着古特提斯洋组成部分的秦岭洋、金沙江洋和昆仑洋的闭合与消亡，扬子克拉通与华北克拉通、塔里木克拉通与扬子克拉通，羌塘微陆和塔里木克拉通等相继发生碰撞和拼贴，在古特提斯构造域东段形成海西—印支期造山带（包括秦岭、昆仑山和龙门山等造山带）（邱中建等，1999；潘桂棠等，1997；杨树锋等，2002）。小克拉通拼贴的过程显示中国中西部基底结构具有不均一性。拼贴的基底结构与海西—印支期造山带组成“镶嵌式”陆壳（李春昱，1982），构成制约喜马拉雅期盆山构造格局形成和陆内变形发育的主要内因。在挤压构造作用下，古板块内部发育构造相对稳定的克拉通盆地、古板块边缘发育前陆盆地或前陆冲断带、古板块之间形成新的造山带。无论在挤压还是伸展作用下，相对大的克拉通内部较为稳定，强烈的改造作用主要集中在造山带内及其前缘地区（克拉通盆地边缘）。

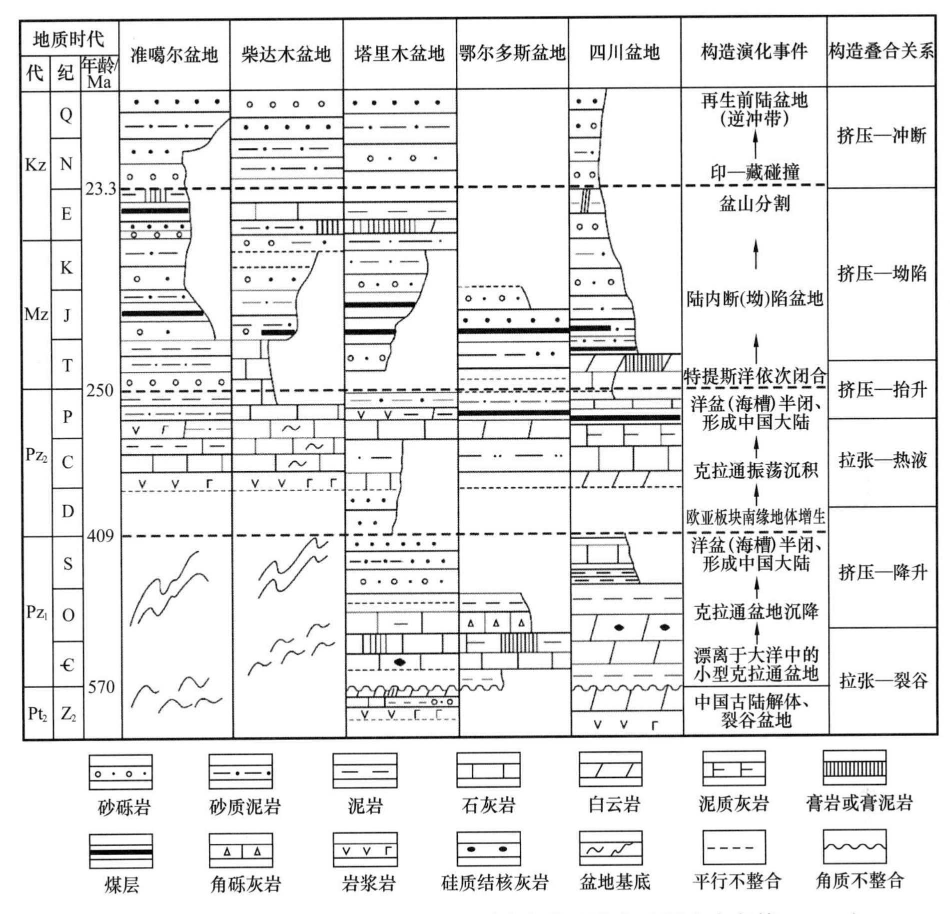

图 1-1-3 中国中西部主要盆地沉积层序与构造演化（据李本亮等，2015）

2. 青藏高原隆升—推挤的动力效应

新近纪后，印度板块与亚欧板块碰撞导致了青藏高原隆升并产生远距离推挤效应，这一效应是制约环青藏高原盆山体系陆内变形的重要地球动力学因素。挤压构造应力由南向北传递并作用在中国中西部拼合的大陆基底上，引发了大量板内挤压型的前陆盆地或前陆冲断带变形，形成了以逆冲断层及断层相关褶皱为基本构造样式的前陆褶皱冲断带。空间上，西部地区越靠近青藏高原，挤压冲断构造的变形程度越强。

受高原隆升及其远距离推挤效应的影响，海西—印支期的古造山带产生构造复活，如天山、昆仑山、祁连山、龙门山等造山带在新生代强烈隆升；早期盆地结构上发育继承性前陆盆地，如准噶尔、塔里木、柴达木、酒泉等盆地边缘剧烈沉降，幅度可达4000～7000m；造山带的侧翼与克拉通盆地的边缘形成前陆冲断带，如准南缘、吐哈、库车、塔西南、博格达山前（北缘）、喀什、柴北缘、川西、川北等地普遍发育新近纪以来的前陆冲断。

中国中西部中生代—新生代前陆盆地与相邻的板块俯冲碰撞作用在成因机制和时间上并无直接联系，但是却产生于已拼合的古造山带和古板块接壤部位，并沿其边缘（或内部）某些断裂向原始陆块（或新生陆内盆地）一侧逆冲，在其前缘产生挤压挠曲的载荷和沉降，堆积巨厚的沉积。所以中国中西部中、新生代前陆盆地在成因上有以下特征：（1）前陆盆地形成于古板块拼接后的大陆内部，与印藏碰撞的远距离效应引起的板内造山作用有关，是板块内部的一种特殊地质构造，与传统的板块边缘的前陆盆地成因不同；（2）由于大陆基底为小克拉通拼合，板内造山作用形成的前陆盆地规模小，边界条件复杂多变，活动性大；（3）古板块进一步向古造山带之下俯冲或抬升剥蚀，早期盆地又重新卷入冲断变形。

三、环青藏高原盆山体系整体特征

环青藏高原盆山体系是喜马拉雅期构造活动的产物，集中体现了高原隆升—推挤体制下的弥散型陆内变形，具有向北传播、向东收敛的特点。根据现今以欧亚大陆为参照系测定的GPS速度场及其反映的陆内构造位移和应变强度（图1-1-4），在环青藏高原盆山体系的西段，从塔里木盆地南缘的西昆仑山到北缘的天山、再到准北缘的阿尔泰山，近南北方向的速度矢量显示高原隆升—扩张过程中从南向北的位移消减，构造应变的传播在一定程度上已波及准北缘。在环青藏高原盆山体系的中段，从柴达木盆地到阿拉善地区，速度（位移）场显示近北东方向，夹持在其间的阿尔金山—祁连山已显著地受到高原向北增生的影响，应变强度沿造山带边缘显示一个弧形边界带。强烈的高原增生导致柴达木盆地卷入到整个青藏高原的造山过程中，成为青藏高原的一部分。在环青藏高原盆山体系的东段，从四川盆地到鄂尔多斯盆地，速度（位移）场显示近南东方向，较大尺度的位移位于四川盆地西南缘的滑移边界上，高原隆升—推挤的应变强烈地收敛于这两个克拉通盆地的西侧，并显示出一个南北向的应变梯度带。

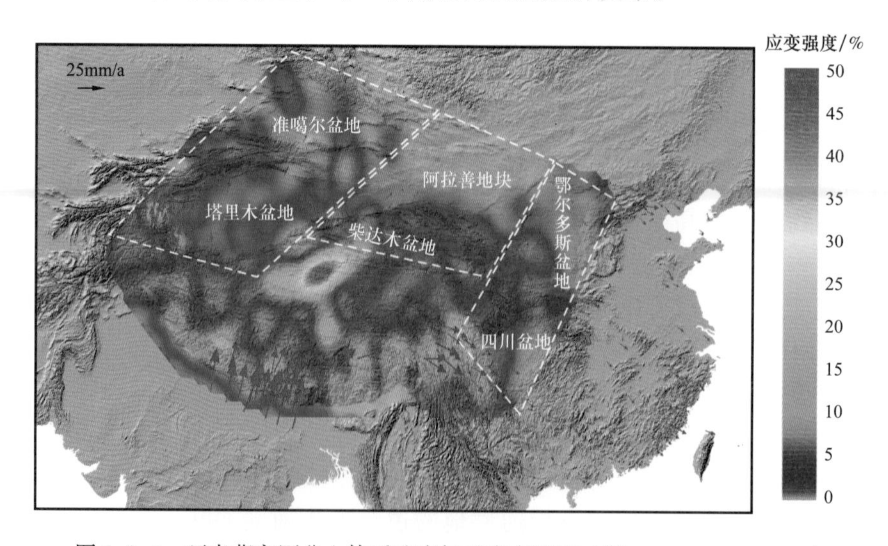

图1-1-4　环青藏高原盆山体系速度场及应变强度（据Wang et al.，2001）

新生的环青藏高原盆山体系具有小型克拉通周缘造山带构造隆升和克拉通盆地边缘挠曲沉降的垂向结构耦合特点，表现出以克拉通盆地或隆升造山带为核心的双边或单边挠曲沉降。在西部的塔里木盆地，南缘西昆仑山强烈隆升，北缘天山造山运动复活，导致克拉通南北边缘的双边挠曲，叠置塔西南和库车—柯坪的再生前陆充填体系，形成叶城坳陷、乌什凹陷等（图 1-1-5）。而在准噶尔盆地，向北传播的陆内变形则造成准南缘基底向下挠曲，北缘抬升的单边构造沉降和沉积充填。在中段的柴达木盆地北缘和酒泉盆地，表现为以祁连山为中心，形成造山带两侧盆地的构造挠曲和沉降。在东段的四川盆地，尽管缺失大量的新生代沉积，但盆地西南部残留的新近纪晚期堆积，反映了盆地西南部单边的构造沉降。此外，响应构造抬升—沉降的盆山耦合作用过程，环青藏高原盆山体系内的造山带显示自由空气重力正异常（1°×1°），而以小克拉通为核心的沉积盆地则显示负异常（图 1-1-6）。较高的负值异常见于西部的塔里木盆地和准噶尔盆地。在各个盆地内均显示西南部负值异常相对较大，东北部负值异常相对较小。这在一定程度上反映了小克拉通盆地卷入陆内变形的特点，表现为盆地西南缘挠曲、东北缘相对翘倾和基底整体向西南倾斜的不对称结构。

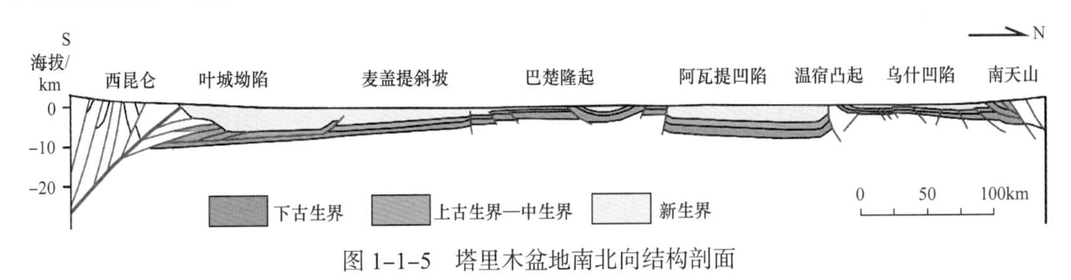

图 1-1-5 塔里木盆地南北向结构剖面

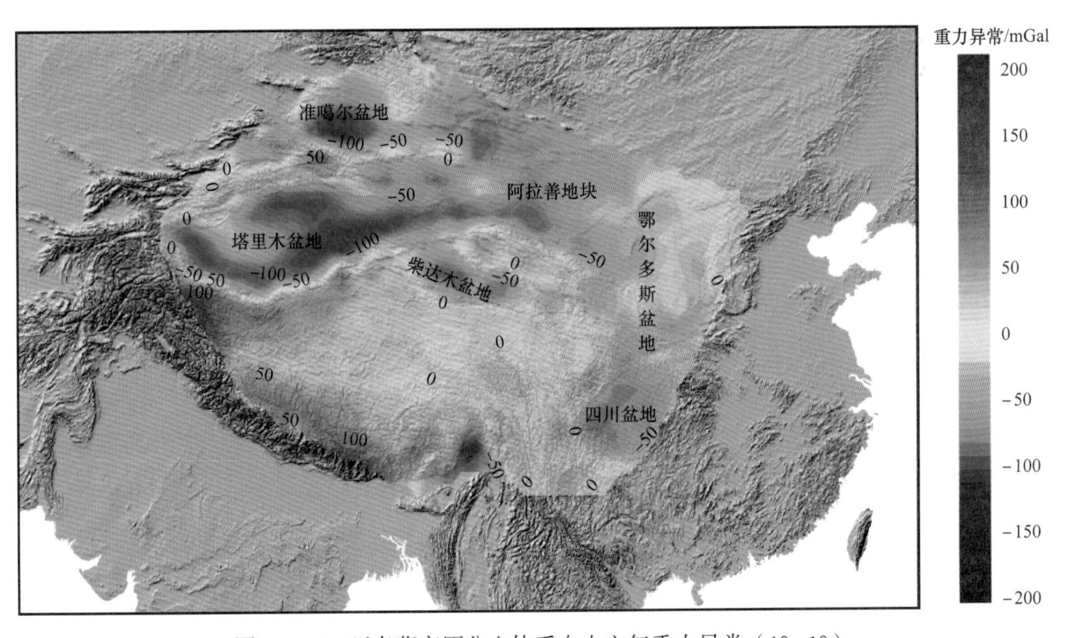

图 1-1-6 环青藏高原盆山体系自由空气重力异常（1°×1°）

第二节　中西部前陆盆地分布与特征

环青藏高原盆山体系的陆内前陆盆地在盆地整体结构和沉积响应上具有一定的共性，但其构造发育特征则存在分段差异，总体上可归纳为西、中、东三段（图1-1-4）。本项目研究编制了穿过西昆仑—塔里木盆地—天山—准噶尔盆地，东昆仑—柴达木盆地—祁连山—酒泉盆地—阿拉善地块，以及龙门山—四川盆地—雪峰山的三条区域大剖面（图1-2-1，图1-2-2，图1-2-3），探讨盆山体系以传播、增生和边界走滑—挤压作用为特征的差异构造变形。

一、环青藏高原盆山体系西段前陆盆地

环青藏高原盆山体系西段的盆山耦合效应突出地表现在塔里木盆地中央隆升、南北双边沉降和准南缘单边沉降、北端隆升的盆地结构中（图1-2-1）。该段发育大规模再生前陆盆地和新生前陆冲断带，陆内变形以挤压缩短构造变形的传播为总体特征。受造山带推挤及其动力传播的影响，盆内形成多个冲断带，具有明显平行于山体走向的排带分布特征。例如，塔西南地区的达木斯—甫沙—柯东—克里阳背斜带（上新世早期）、苏盖特—齐姆根—柯克亚背斜带（上新世中、晚期）、英吉沙—棋北—固满—合什塔格背斜带（更新世早、中期）和阿克陶—捷得—斯力克背斜带（更新世晚期）；库车地区的南天山山前单斜带（中新世早期）、克拉苏冲断带（中新世晚期—上新世）和秋里塔格冲断带（更新世）（李本亮等，2011）；准南缘地区的北天山山前单斜带（10～8Ma）（郭召杰等，2006，2007）、霍尔果斯—玛纳斯—吐谷鲁背斜带（2.5Ma）、西湖—独山子—安集海—呼图壁背斜带（0.78Ma）（Charreau et al.，2005）。冲断构造的发育由造山带向前陆方向逐渐变新。

从南向北，西段中的前陆盆地沉降幅度和冲断带变形强度逐渐减弱。新生代的构造缩短量所反映的变形强度及隆升山体和新生界底部埋深高差所反映的盆山耦合程度、克拉通盆地被改造程度向外围依次降低（表1-2-1）（李本亮等，2007）。塔西南地区从昆仑山前缘到巴楚隆起前陆冲断带变形范围达到200km、冲断构造缩短量约80km，新生代以来昆仑山的隆升和盆地的沉降之间存在近20km的盆山高差。柯坪地区前陆冲断带变形范围约120km，构造缩短量约50km，盆山高差约11km。库车前陆冲断带变形范围60km，构造缩短30km，盆山高差约8km。准南缘前陆冲断带变形范围30km，构造缩短约19km，盆山高差约6.5km。准噶尔西北缘前陆冲断带变形范围15km，盆山高差1.2km，构造缩短不明显（单斜）。

二、环青藏高原盆山体系中段前陆盆地

环青藏高原盆山体系的中段以高原增生为特征。受青藏高原隆升和强烈推挤的影响，高原边界从昆仑山向外扩展到祁连山的北缘，柴达木盆地被改造、抬升成为高原的一部分，祁连山北缘的酒泉盆地在冲断荷载下挠曲沉降，发育为前陆盆地。喜马拉雅构造运

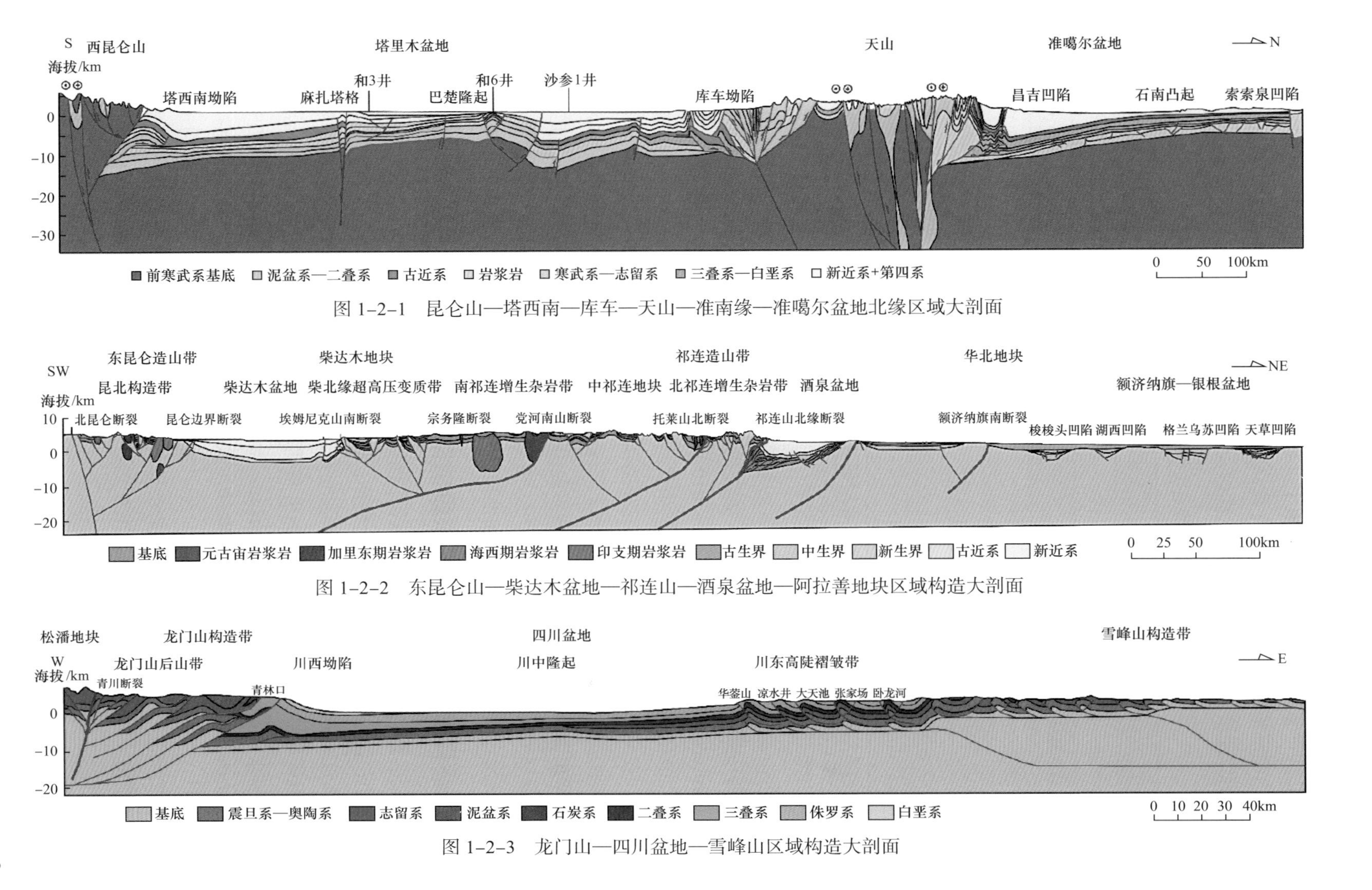

图 1-2-1 昆仑山—塔西南—库车—天山—准南缘—准噶尔盆地北缘区域大剖面

图 1-2-2 东昆仑山—柴达木盆地—祁连山—酒泉盆地—阿拉善地块区域构造大剖面

图 1-2-3 龙门山—四川盆地—雪峰山区域构造大剖面

动持续向北的推进使得祁连山最终推覆于北侧的酒泉再生前陆盆地之上，冲断变形的影响范围到达额济纳旗南缘，代表目前青藏高原扩展的最前锋（图 1–2–2）。新生代的阿拉善—额济纳旗地块保持相对的构造稳定性。

表 1–2–1　环青藏高原盆山体系西段盆—山结构统计数据　　单位：km

地区	塔西南	柯坪—库车	准南缘	准北缘
山体海拔	6.5	3.5	2.0	1.5
古近系底界埋深	–13	–4.5	–4.5	0.3
高差	19.5	8.0	6.5	1.2
沉积盆地基底埋深	20	11	8	0
冲断变形范围	200	60	30	10
冲断构造缩短量	80	30	20	0

注：高差指现今山体顶界到古近系底界之间的最大高程差。

祁连山南北两侧的柴达木盆地和酒泉盆地在新生代早期表现为坳陷型湖盆。受祁连山、昆仑山及阿尔金山强烈隆升推覆的影响相对较晚。柴达木盆地内对周围山系隆升的响应主要表现为区域抬升、沉积不整合和地层变形，盆地周缘的响应时间较早，约14.5Ma（Jolivet et al.，2001；王亮等，2010），盆地内部则相对较晚，约 7.0Ma 之后，主要形成于 3.0Ma 之后。酒泉盆地的晚新生代构造响应主要表现为盆地南缘的构造沉降和冲断推覆。在 9.0Ma 左右，北祁连断裂开始活动，自南向北的向酒泉盆地逆冲推覆，酒泉盆地由坳陷型湖盆转变成为前陆盆地（陈汉林等，2006）。环青藏高原盆山体系的中段受昆仑山和祁连山的对冲挤压作用和阿尔金山左行走滑构造控制，发育逆冲－走滑构造。由于沉积盖层的变形受控于基底的抬升、增生和构造改造，使得深层、浅层构造表现出同步变形结构。该段体现了基底改造和推覆隆升两者兼有的盆山耦合形式。

三、环青藏高原盆山体系东段前陆盆地

环青藏高原盆山体系的东段受青藏高原东缘走滑边界的显著控制，表现为造山带侧向的走滑活动和盆地西缘冲断抬升的构造特征。四川盆地和鄂尔多斯盆地整体遭受抬升剥蚀，且表现为临近高原的盆地西侧构造变形强度大，越靠近青藏高原，盆山耦合程度越高。

环青藏高原盆山体系东段经历了加里东期以来的多期小克拉通拼贴和造山活动过程。到新生代，随着青藏高原东部的强烈抬升，松潘地块卷入到高原的整体变形之中，一些古造山带复活并产生向东的推挤。在晚新生代，古造山带的向东推挤受到了克拉通刚性块体的阻碍，发育成以大型走滑为特征兼具冲断作用的构造边界，如龙门山构造带、鲜水河—小江构造带、红河—哀牢山构造带等，致使正向冲断构造位移量减小，造山物质向南流动逸出（Molnar et al.，1993；崔军文等，2006；张培震等，2006）。陆内变形在四川盆地和鄂尔多斯盆地表现为克拉通基底的整体抬升，剥露出白垩系及更老的沉积地层，但其周缘并无新生代再生前陆盆地和明显的前渊沉积伴生，而是以山前发育新生的冲断

构造来改造早期的克拉通或前陆盆地（图 1–2–3）。

区域上，冲断改造的陆内变形从造山带向克拉通方向推进。四川盆地前陆冲断带的构造地质建模和平衡恢复分析表明，自西向东的构造缩短率逐步减小：西部 44.74%，中部 33.7%，东部与川东构造带交界处仅为 9%。此外，在作为环青藏高原盆山体系东段主要组成部分的川西和川北地区，陆内冲断构造变形在体现从青藏高原向外围扩展的同时，也显示出从龙门山—秦岭地区有一定序列变化。盆山结构的统计数据表明（表 1–2–2），从近青藏高原的川西南到远离它的川西北及米仓山—大巴山地区，高原挤压效应产生的新构造变形强度、变形范围、盆山耦合程度等依次降低。

表 1–2–2 环青藏高原盆山体系东段盆山结构统计数据 单位：km

地区	川西南	川西北	米仓山前
山体海拔	4.5	2.5	1.8
白垩系底界埋深	–1.0	–0.9	–0.7
高差	5.5	3.4	2.5
冲断带宽度	120	30	18
冲断构造缩短量	18	7.5	5.8

注：高差指现今山体顶界到白垩系底界之间的最大高程差。

第二章　滑脱构造变形样式与深层地质结构

中国大陆显生宙期间发育了多期拉张和挤压旋回过程，控制形成了垂向上复杂的地层结构，表现为由基底变质岩系、碳酸盐岩、碎屑岩组成的能干层和以泥页岩、煤系地层及膏盐岩构成的非能干层（软弱层）交互叠加。在中生代—新生代，尤其是晚新生代的强烈挤压改造，多个软弱层构成区域滑脱层，使得冲断带挤压构造在垂向上表现出明显的分层变形结构。受拆离层控制的多构造层结构，中—深构造层往往表现出与浅构造层完全不同的地质结构。

第一节　挤压滑脱冲断构造变形样式与机制

地质上，依据地层能干特征划分的构造层往往不是简单的脆—韧性组合。可能是脆—韧—脆，甚至于更复杂的组合关系。结合脆—韧性材料组合的实验模拟，提出复杂滑脱冲断构造的可分解性及特征的结构模式。

一、滑脱冲断构造作用类型

滑脱层流变性质及组合结构是影响挤压冲断构造变形特征及演化过程的主要因素。许多前缘冲断的传播是受脆性盖层和韧性基底的相对强度（脆—韧性耦合）控制的（Smit et al.，2003）。例如，阿帕拉契南部褶皱冲断带及阿尔卑斯构造带滑脱层的韧性流变特征不明显，主要受基底摩擦拆离作用影响，构造变形样式为低角度逆冲断层［图 2-1-1（a）］，而扎格罗斯构造带基底存在厚层低摩擦盐滑脱层，其主要变形样式为滑脱褶皱［图 2-1-1（b）］。结合系列脆—韧性构造模拟分析认为，根据冲断构造底部滑脱层力学强度的差异，滑脱构造作用可初步分解出脆性拆离、塑性滑移和黏性流动三种主要类型。基础结构上，这三种类型具有脆 / 韧性相对强度比逐渐降低的关系。

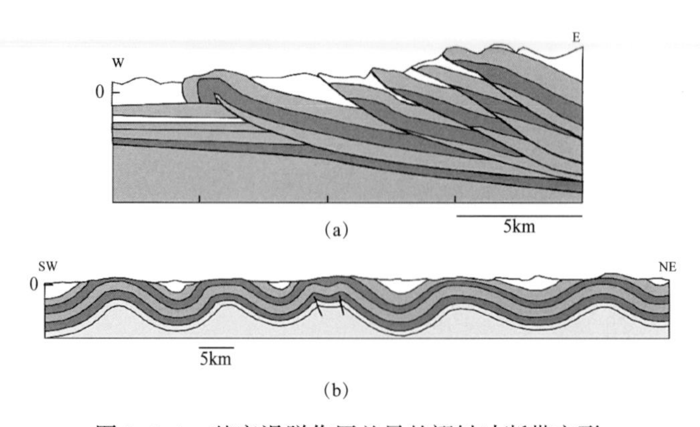

图 2-1-1　基底滑脱作用差异的褶皱冲断带变形

1. 脆性拆离型

冲断构造楔模型是一种基底 / 底部不含韧性介质或材料，与材料内摩擦和基底摩擦相关的模型。冲断构造楔模型通常也被称为临界增生楔模型或 Coulomb 楔模型。前人实验研究表明，单纯由石英砂铺设而成砂箱模型，其挤压变形产生冲断构造楔，变形样式取决于脆性实验材料（或脆性地层介质）的厚度和底板（或刚性基底）的摩擦系数，表现为传播褶皱或叠瓦冲断（Liu et al.，2013）。

脆性拆离型构造模型的坡角变化显著地反映了临界楔构造增生机制的特征。根据临界楔构造的增生机制分析，其变形间距、幅度是随底板（拆离基底面）的摩擦系数而变化的。底板（拆离基底面）的摩擦越高，形成的变形间距越小，但垂向增生的幅度和整体构造的坡角则越大；底板（拆离基底面）的摩擦越低，形成的变形间距越大，但垂向增生的幅度和整体构造的坡角则越小。

2. 塑性滑移型

在塑性滑移型中，脆性构造层底部含有可产生滑脱作用的韧性介质，其形态上表现为连续发育一系列近似或相似的隔挡式褶皱—冲断带，其坡角—缩短量关系表现为单个构造在发育过程中坡角随着挤压缩短量增加而降低，这一特征明显与脆性拆离型相区别。由于变形样式受制于脆 / 韧性材料的流变属性，脆 / 韧性强度比越大（如滑脱层上覆脆性构造层加厚或滑脱层减薄），该类实验模型的变形结构特征将越趋向于稳定的脆性变形。相反，脆 / 韧性强度比越小，韧性滑脱层的作用效果将越显著，单个构造的横向稳定性和延伸性变差。

3. 黏性流动型

严格说来，黏性流动型属于基底韧性滑脱模型的一个特殊类型。韧性滑脱层的强度是影响构造变形样式的关键因素。褶皱冲断带中常见的滑脱层组成有泥岩、页岩、煤层、膏盐岩和岩盐等。力学测试表明，这些岩石在一定温压条件下均表现出韧性流变行为。其中，岩盐作为一种蒸发岩，比其他岩石的强度要软弱得多。

二、滑脱冲断构造传播机制

滑脱构造变形由于构造层力学性质的差异表现出不同的作用效果和变形类型。研究表明，滑脱作用下的构造变形传播通常可以用构造楔体的临界增生和非临界增生两种发育机制得到相应的解释。临界增生构造以基底摩擦拆离作用下脆性冲断片的传播或堆叠为特征，而非临界增生构造通常以韧性滑脱层变形为特征。

1. 临界增生构造机制

增生构造楔是褶皱—冲断带中脆性变形构造生长常见的一种方式（Davis et al., 1983），它的形成与挤压冲断变形的底部拆离（滑脱）作用密切相关。增生构造楔和薄皮的褶皱—冲断通常具有如下特点：（1）底部由力学性质较软弱的底部拆离或滑脱地层组成；（2）形成的冲断倾向后陆，并向前陆方向系统地传播；（3）楔体坡角倾向前陆方向。

增生构造楔的几何学变形特征通常用临界锥角理论来分析（图2–1–2）。临界锥角理论是通过Mohr—Coulomb破裂准则来描述增生楔体的变形行为（Davis et al.，1983；Dahlen，1988；Dahlen et al.，1984）。这一理论推测，当增生楔体达到一个临界锥角时，楔体内部的冲断与底部滑动形成应力平衡，持续的挤压缩短将使冲断前缘产生新的破裂变形。

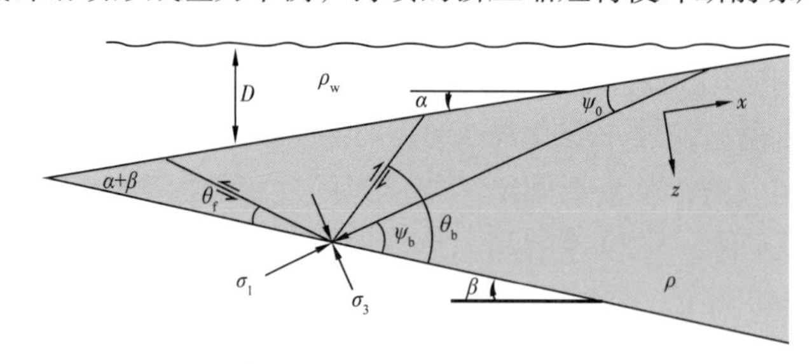

图2–1–2 临界锥角库伦楔模型及相关参数（据Dahlen et al.，1984）

临界锥角理论提供了分析增生楔体临界锥角、主应力（σ_1和σ_3）方位，以及增生楔体冲断角度（θ_f和θ_b）的算法。增生楔体的临界锥角是地面坡角（α）和基底坡角（β）之和（$\alpha+\beta$）。利用临界锥角分析，干燥无黏滞性砂体形成的增生构造楔的几何参数具有如下关系（Dahlen，1990）：

$$\alpha+\beta=\left(\frac{1-\sin\phi}{1+\sin\phi}\right)\cdot\left(\mu_b+\beta\right) \tag{2-1-1}$$

其中，ϕ为增生楔体的内摩擦角，μ_b为基底摩擦拆离系数，可在一定程度上用于反映基底滑脱拆离的强度。根据临界锥角理论，增生构造楔的临界锥角将随着基底摩擦系数的增加而变大，随着楔体材料内摩擦角（系数）的增大而减小。

图2–1–3为解释临界楔体稳定域演化的关系图。在构造增生楔体中，稳定域是一个楔体无内部变形产生的区域。地面坡角和基底坡角关系位于稳定域之外，楔体处于超临界或低临界状态，即非平衡态，构造增生的楔体将通过内部的伸展或挤压变形来增加或降低地面坡角，调节临界锥角的平衡。当基底拆离强度和内部材料强度发生变化时，稳定域的范围也将发生变化。基底摩擦拆离强度减小，临界楔体的稳定域将变大，水平方向变窄，垂直方向变宽（图2–1–3虚线）；楔体材料的内摩擦强度减小，临界楔体的稳定域将变小，垂直方向变窄（图2–1–3实线）。为了适应不同构造变形产生的地面坡角的变化，构造变形将产生前缘增生、俯冲、双重、无序冲断或形成新的基底滑脱等特征。

2. 非临界增生构造机制

除了遵循Mohr—Coulomb破裂准则的临界楔增生机制外，许多研究表明，含黏性材料的脆性介质可表现出非Coulomb楔的构造变形。这些构造变形不能用临界楔理论解决它们在非临界状态楔体生长的问题，也就是说，对这类变形而言，它们的内部强度和基底强度均较低，变形形成的构造锥角不能产生足够大的剪切应力，并解释破裂的形成。这种变形以含盐层的滑脱构造最为典型。

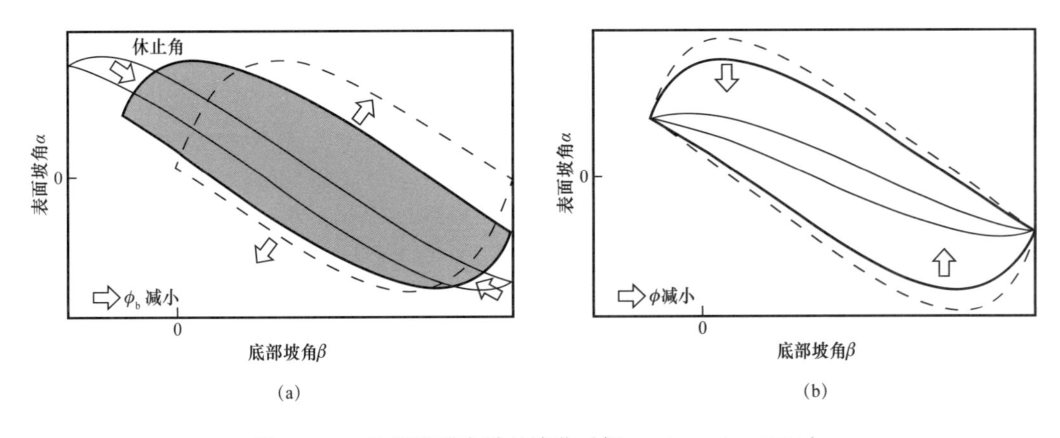

图 2-1-3 临界楔稳定域的演化（据 Davis et al.，1983）

黏性滑脱层之上或含黏性层的褶皱—冲断变形并不遵循临界楔体理论（图 2-1-4）。它们显示出黏性材料控制下的特殊力学属性。其特征之一是由于基底构造耦合性的降低，前缘褶皱—冲断变形能更快和更远地传播。在所有已知与盐岩相关的褶皱—冲断带中，坡面上的构造锥角都大致维持在 1° 左右，不能与脆性增生楔体的锥角相提并论（Davis et al.，1985）。此外，在这类变形的演化中，向前陆方向的冲断通常会减少，而向后陆方向的冲断则会有增加的趋势，从而在黏性滑脱层之上形成非常典型的对称的前冲和反冲断裂，如冲起构造。

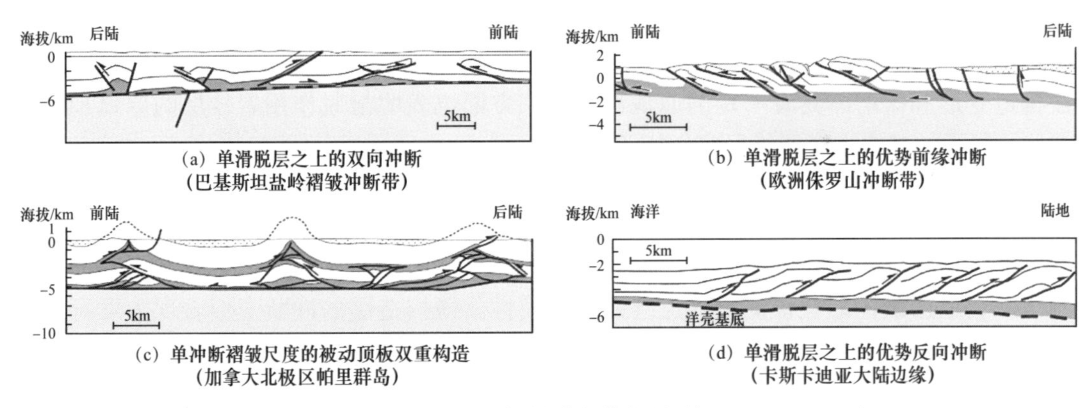

图 2-1-4 含黏性滑脱层的褶皱冲断带变形（据 Bonini，2007）

力学特征表明，含盐的蒸发岩通常是典型的韧性变形岩层。无论在伸展还是挤压背景下，岩盐都比其他岩石的强度软弱得多。岩盐是一种流动效率高的黏性材料，在浅埋的低温低压条件下会表现出软化和高韧性（Davis et al.，1985；Weijermars et al.，1993）。伸展区的岩盐可以主动方式影响上覆层变形（Jackson et al.，1994），而挤压背景下的岩盐主要是起滑脱面的作用。

三、滑脱冲断构造影响因素

大量研究表明，褶皱—冲断构造的启动、生长和几何结构受许多自然变量影响。如原始未变形地层的力学属性、楔体底部的摩擦阻力、刚性基底的形态、沉积和侵蚀速率等（Davis et al.，1983；Davis et al.，1985；Boyer，1982；Dahlen et al.，1988）。在一定程度上，冲断带的样式可能是底部摩擦、初始坡角、基底斜坡和地表侵蚀的函数（Saha et al.，2014）。

1. 底部摩擦强度

理论和实验研究已表明，受基底脆性拆离作用制约的构造变形，通常形成临界构造楔，其锥角随底部摩擦的增加而增加（Davis et al.，1983）。根据临界楔理论，基底摩擦系数（μ_b）可对滑脱作用中的基底摩擦强度进行定量表征。由于底板的摩擦系数存在差异，增生的冲断构造在坡角、结构形态和样式上存在较大差异。楔体底部的摩擦越大，其垂向抬升分量越大，造成底部垫高。高摩擦的冲断楔以高锥角和低角度冲断的生长为特征。反而言之，楔体基底的垫高形成的高坡角反映了下部基底滑脱层位具有较高的摩擦行为。变形结构上，高摩擦阻力的滑脱层形成叠瓦楔冲断，主要的反向冲断沿挡板发育，楔体内部较少；低摩擦冲断楔以低锥角和新构造单元前展式前缘增生为特征。低摩擦阻力的滑脱层形成滑脱褶皱或冲起构造。

2. 滑脱层空间分布

区域上韧性滑脱层的差异空间分布是制约其下部深层构造呈区带性分段变形的因素之一，通常控制了冲断构造变形扩张范围。一般而言，滑脱层的空间分布与滑脱层下早前基底的隆凹格局密切相关。在具有先存基底古隆凹和差异滑脱岩盐分布的情况下，原始滑脱层分布较厚的部位在变形过程中具有原地加厚的特征。这一方面表明滑脱作用的盐构造变形和盐增厚具有一定的原地性，另一方面也表明滑脱作用岩盐层的原地加厚与滑脱盐层下的基底古隆凹格局密切相关。

3. 构造变形层厚度

深部构造层初始厚度存在差异，其发育的深部冲断构造在组合上是表现不同的，控制了断裂及褶皱构造在走向上的连续性和规模性。薄构造层的冲断变形表现为发育走向上交错的冲断片组合，以冲断片的断面为分隔，构成较典型的“鳞片”状组合结构，构造层的冲断片形成断面的交错。但厚构造层的冲断片沿走向没有明显的断层交错，从而形成排带的冲断构造。

4. 基底边界条件的制约

前陆褶皱—冲断带的增生楔体构造通常是由克拉通基底之上的沉积楔体变形发展而来的。沉积楔体中发育的构造变形通常受制于基底的边界特征。一般说来，由于沉积楔体向克拉通方向减薄，其内部的叠瓦冲断看上去会相应地减少。前人的研究表明，前陆基底增生的叠瓦冲断对基底斜坡坡角变化较为敏感，楔体基底的坡角越高，形成的冲断数量越少，但单个冲断的位移量会越大（Boyer，1982）。除了基底斜坡坡角对冲断变形有影响外，在深层冲断构造中，基底的刚性特征也是一个重要的制约因素。

在基底结构刚性强度较大的情况下，对深部构造变形的传递起到了一个阻碍边界的作用。在这种情况下，当深部构造发育到基底边界时，变形无法继续突破基底的刚性强度向盆内进一步传递，使得边界部位的冲断表现出较大的断距。但是，如果基底的刚性部分规模不大，且呈一定间隔地分段分布，深部构造变形的发育可能由于基底的活化而在一定程度上受制于基底的这种刚性结构特征。

5. 沉积、剥蚀外动力条件

挤压背景中，伴随冲断变形的前缘同构造沉积和抬升块体的去顶剥蚀作用是常见的外动力作用。对于同构造沉积作用的影响而言，实验分析表明，在简单基底脆性拆离的滑脱作用中，单个构造的幅度往往伴随同构造沉积的负载而变大，且构造间的间距也增加。然而，多滑脱构造作用的复杂性在于上覆沉积与深层构造变形的解耦合和分离。

当模型考虑有韧性的岩层（实验上的中间硅胶夹层）存在时，在相同的挤压条件下，同构造的沉积、剥蚀作用对变形的制约主要体现在韧性层（滑脱面）之上的构造层中。构造片之上的去顶剥蚀作用使得构造向盆内的传递作用减小，而同构造沉积作用则使得构造向盆内远距离传递，但构造带数量明显减少。当模型同时联合了同构造的沉积与剥蚀作用时，浅部构造层的变形表现为近山前的反向单斜和盆内远距离的冲断。分析认为，在滑脱作用控制的构造变形中，同构造沉积作用表现为模型脆 / 韧性强度比增加的过程，这使得模型浅部具有大的构造现象得到合理地解释。而构造片的去顶剥蚀作用相应为脆 / 韧性强度比减小的过程，随着滑脱层上的上覆沉积减少，韧性层的流动性变得突出，因而近山前的浅部地层可能在韧性流反向位移和深部冲断的作用下被抬升，同时也使得向盆内传递的变形位移量被分解，从而大大削弱了盆内构造变形的强度。

四、多层滑脱冲断构造变形样式

地质上，依据地层能干特征划分的构造层往往不是简单的脆—韧性组合。可能是脆—韧—脆，甚至于更复杂的组合关系。研究中，结合脆—韧性材料组合的实验模拟，提出多层滑脱结构层变形的可分解性及特征的结构模式。

1. 多层滑脱（拆离）构造组合分解

图 2-1-5 为一个脆—韧—脆材料组合的三层结构实验模型。在这一模型中，中间的韧性硅胶层显示了滑脱层的特性，分隔了上、下构造层的变形。尽管模型为三层的脆—韧—脆材料组合，但其下构造层本身的变形作用类型并未改变，为基底脆性拆离模型。从这一意义上讲，这种三层结构模型的变形可根据滑脱作用类型分解为上构造层的塑性（或岩盐相关）滑脱构造模型，以及下构造层的基底脆性拆离模型。二者的组合构成了一个双重构造样式。

研究中类似这样的复合构造样式很常见。而基于地层（材料）的属性和组合关系，复杂的构造组合通常可以进行构造层分解，从而简化对构造变形样式的认识。从实验观察推断，地质条件下很多复杂构造区的变形可能是上述基本类型的复合表现形式。因而，在复杂构造解析中需要综合考虑断层相关褶皱理论和盐构造理论的利用。

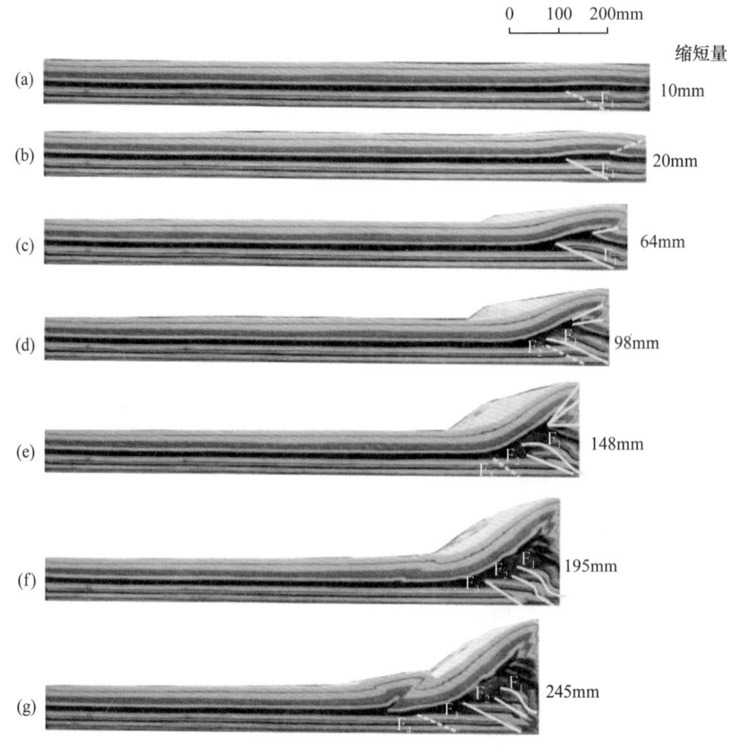

图 2-1-5 下构造层脆性拆离实验模型的变形过程

2. 滑脱挤压冲断变形时序

构造变形物理模拟实验揭示了这种受滑脱层及初始地层条件控制下的冲断带前缘早期浅层滑脱冲断和深层晚期冲断的剖面构造样式和构造叠加过程（图 2-1-6）。初始模型结构设置为两套均为 0.5cm 硅胶层模拟滑脱层。两套硅胶层之间用 3cm 的等厚石英砂层模拟下部构造层。上部硅胶层之上铺设了具有一套楔形砂层，用于模拟前陆盆地内上构造层变形前的西厚东薄的初始楔形地层结构。整个实验过程由左向右单侧挤压缩短 14cm，模拟冲断带单向挤压冲断过程，但实验过程中未开展同沉积和剥蚀构造作用模拟。

图 2-1-6 由下至上分别展示了缩短量为 0、2cm、7cm、9.5cm 及 14cm 时的构造物理实验结果。整个变形过程可以分为两个阶段，即图 2-1-6 中的缩短量 0～7cm 和 7～14cm。第一个阶段是缩短量在 7cm 之前，受上、下滑脱层控制，深、浅层具有明显差异的构造发育位置。深层构造层在近挤压端形成了 Fd_1、Fd_2 和 Fd_3 等多个逆冲断层。而上滑脱层之上的浅构造变形层，则由于先存楔形地层的存在，首先在远端形成逆冲断层 Fu_1，然后形成前缘中部的以断层 Fu_2 为代表的一组反向逆冲断裂带。而浅层冲断构造之下的深构造层明显不发育冲断褶皱构造。这一现象说明先存不等厚楔形地层的存在可以使得浅层逆冲构造在远离造山带挤压端的前缘地区形成正向或反向冲断构造，符合临界楔理论下的冲断构造发育机制。

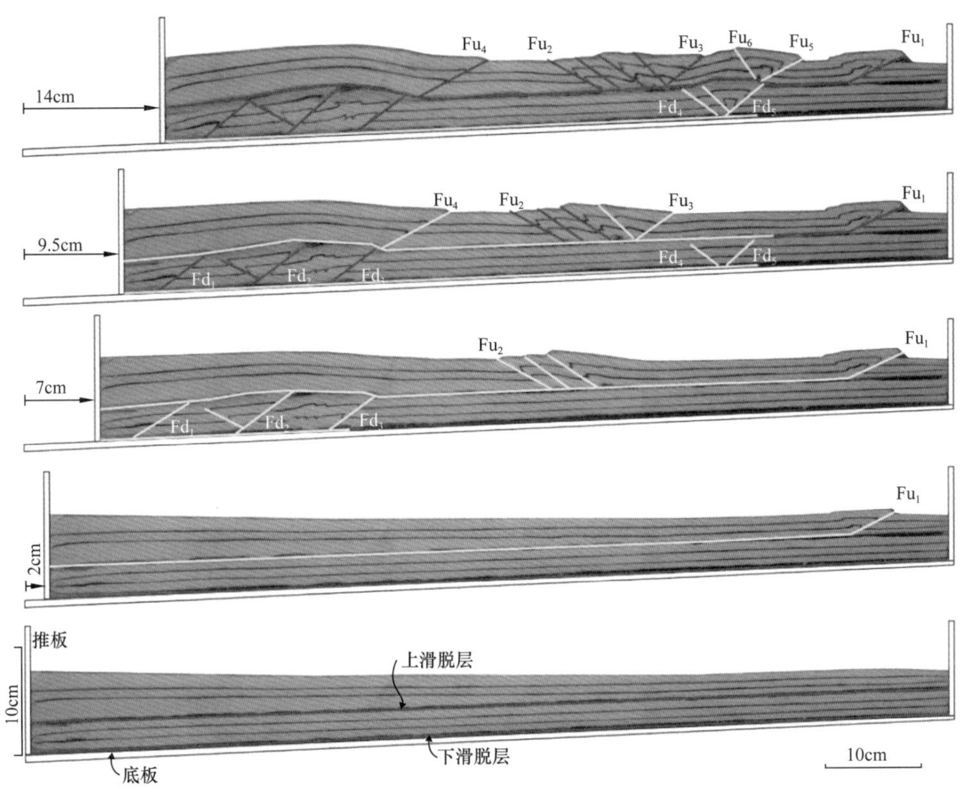

图 2–1–6　初始楔形地层结构双滑脱构造物理模拟实验模型

红色线段表示不活动或弱活动断层，黄色线段表示新生断层或强烈活动断层，挡板左侧箭头线段及数字表示模拟挤压缩短量，模型中断裂附近的字母数字组合表示临近断裂的名称，薄彩色石英砂层为层面标志

第二个阶段是缩短量在 7～14cm 之间。初期深浅层仍然发育差异变形，浅构造层分别形成了 Fu_3 和 Fu_4 等逆冲断层，深层则表现为早期断裂的弱活动及前缘断层 Fd_4 和 Fd_5 的发育。随着挤压位移量的增加，深层前缘断层 Fd_4 和 Fd_5 控制的构造强烈活动，并使得其上部浅构造层发生冲断褶皱作用，形成了逆冲断层 Fu_5 和 Fu_6。这一过程明显表现出了深层构造对上部构造层的控制和改造作用，使得该构造深、浅层构造宏观上具有相似的结构特征。但由于模拟过程未考虑外动力过程（剥蚀、同沉积等），可能导致了物理模拟实验模型和实际地质结构间的细节差异。但这种物理模拟实验所揭示的冲断带前缘分层滑脱变形和叠加改造过程，为前陆盆地冲断带复杂结构解释提供了一个合理的滑脱冲断构造几何学和运动学模型。

3. 多层滑脱冲断构造变形结构

在中西部晚新生代强烈挤压构造环境下，受基底及上覆沉积层中的软弱层控制，可以形成的多构造变形层组合结构。图 2–1–7 展示了多个性质相似的滑脱层与能干层组合的简单挤压构造物理模拟实验的 3D 重构模型，同样揭示出构造实例中所展示的多滑脱层控制形成的多构造变形层结构。在这一实验模型中，至少可以分析得出以下几点看法：（1）滑脱层的存在可以控制和影响相邻上覆沉积层的构造变形，使得各构造变形层可能发育差异的冲断结构，从而在剖面上表现为多构造变形层的垂向叠置和组合，深层表现出与地表完全不同的构造特征。（2）深层构造边界条件的存在影响相邻上覆沉积层的构造发育位置和顺序，下部隆起或凹陷结构的发育影响上部构造的发育位置，但呈现出不完全叠置而是高点有所偏移的状态。同时深层构造的发育改造了上层构造的边界条件，使得上层构造发育过程和顺序更为复杂。（3）浅层简单背斜构造之下可以形成复杂的逆冲叠瓦构造及凸起构造等，同样也可以形成简单和稳定的深层结构，主要是受构造变形发育空间上位置和强度控制。（4）深层构造在变形时间上，通常与浅层构造同步形成，在一些强摩擦底部滑脱层的控制线，深层前锋构造的形成通常较晚（晚于浅层冲断构造初始变形时间）。

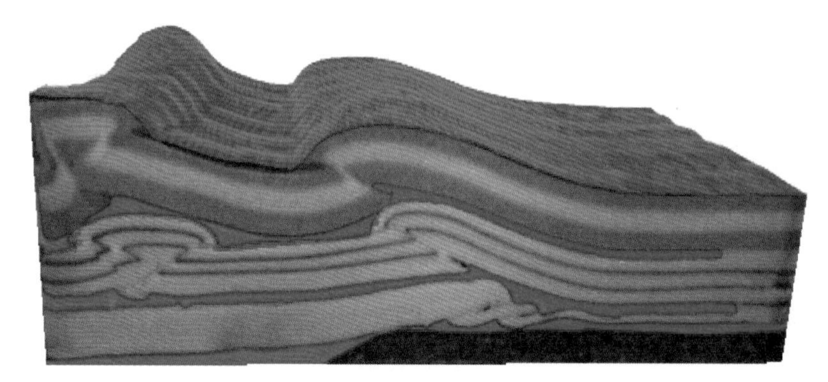

图 2-1-7 多滑脱层构造变形物理实验三维重构模型
蓝色层为硅胶，模拟滑脱层；其他层为砂层，模拟能干层

第二节 重点前陆冲断带及复杂构造区地质结构

基于上述挤压滑脱冲断构造变形机制，开展了中西部重点冲断带构造解析。受古构造边界、地层性质、滑脱层结构、挤压方式、变形叠加改造等条件限制，形成了差异明显的冲断带地质结构（图 2-2-1）。由山前至盆地，典型前陆冲断系统可以划分出逆冲推覆、山前断褶和滑脱冲断等三个大型的构造带。其中，逆冲推覆带、山前断褶带通常表现为构造抬升—改造作用，而滑脱构造带则往往伴有同沉积作用。冲断带深层地质结构主要包括古隆起构造、基底卷入构造、薄皮叠瓦逆冲构造和多滑脱冲断构造四种基本类型，具有不同的构造特征、构造样式及其组合、成因机制和典型地区（表 2-2-1）。

一、库车盐下薄皮叠瓦冲断构造

库车前陆冲断带受控于自北向南的构造挤压应力、深部基底古隆起、有膏盐岩沉积差异及盆地边界效应等影响，表现出很强的分带分段变形特征，各段盐下均形成薄皮叠瓦逆冲构造，在三维空间内呈现鳞片体结构，不同段鳞片体个数有差异。另外，在构造段之间发育多种类型转换构造。

盆地过程类型	构造作用机制	构造带	复杂构造类型	演化过程	典型实例	结构模型
克拉通—早期前陆—坳陷—冲断带	走滑—抬升—冲断	逆冲推覆	逆掩推覆构造	早期强古构造 晚期弱改造	准西北缘上盘 龙门山北段 鄂尔多斯盆地西缘 酒泉盆地南缘	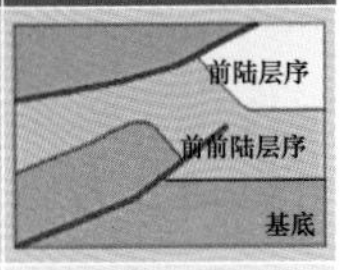 前陆层序 前前陆层序 基底
		山前断褶	基底卷入构造	早期弱古构造 晚期强改造	库车单斜带 准南齐古构造带 阿尔金冲断带 塔西南冲断带	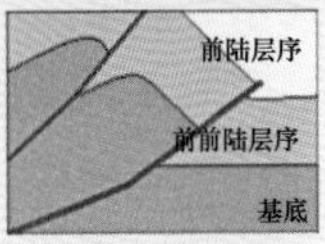 前陆层序 前前陆层序 基底
前陆/坳陷—再生前陆			叠瓦冲断构造	前展式发育 鳞片状分布	克深构造带 米仓山前缘 大巴山前缘	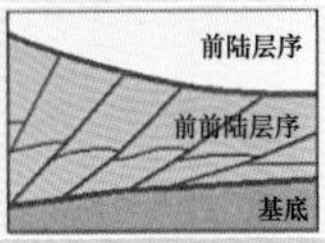 前陆层序 前前陆层序 基底
	同沉积冲断	滑脱构造	多滑脱构造	浅层形成早 深层形成晚 深层改造浅层	霍—玛—吐构造带 川东褶皱带 英雄岭构造带 川西冲断带	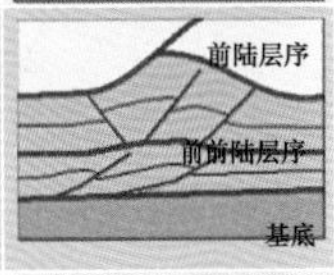 前陆层序 前前陆层序 基底
			古隆起派生构造	早期古构造 晚期调整	西秋构造带 九龙山构造带	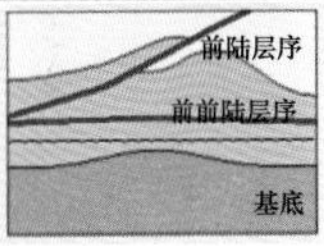 前陆层序 前前陆层序 基底

图 2-2-1　中西部冲断带及复杂构造区多阶段盆地演化过程和复杂构造类型

表 2-2-1　中西部冲断带深层结构类型

结构类型	主要特征	典型样式	成因机制	分布地区	勘探对策
薄皮叠瓦冲断构造	构造变形受底部高摩擦拆离层控制，卷入盖层厚度小，形成系列逆冲断层；逆冲断片走向上弧形体延伸，垂向上阶梯式叠加	叠瓦构造 楔体构造 双重构造	受底部高摩擦拆离层控制，形成的深层叠瓦逆冲构造，在三维空间内呈现鳞片体构造	库车、准南缘、塔西南、川东北	精细化勘探，寻找独立断片，侧向封堵分析
多滑脱冲断构造	构造变形受多套滑脱层控制，分层变形、垂向叠置；以韧性滑脱层控制形成的褶皱构造为主，垂向上背驮式叠加	背斜构造 断块构造 双重构造	受低摩擦滑脱层控制，形成的多排褶皱构造，垂向上叠置，深层改造浅层	川东、准南缘、柴西南	构造过程分析，垂向封堵分析，分层勘探、独立评价
基底卷入式构造	变形卷入基底，形成褶曲构造，构造成排成带；褶曲翼部常发育次级断层，改造破碎	背斜、 向斜、 单斜等	走滑挤压背景，无明显滑脱层，变形层厚度大；次级断层破碎，抬升、剥蚀	川西北、准南缘、塔西南、川东、柴达木	寻找完整的构造圈闭、侧向封堵的单斜断块、构造—岩性圈闭
古隆起及派生构造	厚盐层或不整合之下的早期构造，新构造改造弱；形态及分布受早期构造方位控制	古隆起、古冲断、古断陷、古褶曲、古斜坡	不发育构造变形；弱变形，后期掀斜调整或古构造复活	准西北缘、西秋深层、河西走廊、川西北	古构造分析，寻找构造高、古构造高、构造—岩性圈闭

1. 分带分段特征

库车冲断带盐下冲断构造样式自北向南呈现出明显的变化，由于南天山在隆升过程中作用于盆地内部表现出垂直挤压应力过渡至水平挤压应力，所以盐下冲断带自北向南可以划分为三个变形带，分别为垂向抬升断褶带、斜向冲断的楔形带及近水平挤压的滑脱带，而南部秋里塔格构造带虽然也表现为冲断构造发育特征，但在古生界发育的古隆起控制了晚期冲断作用，表现为古隆起后期复活冲断特征（图 2–2–2）。

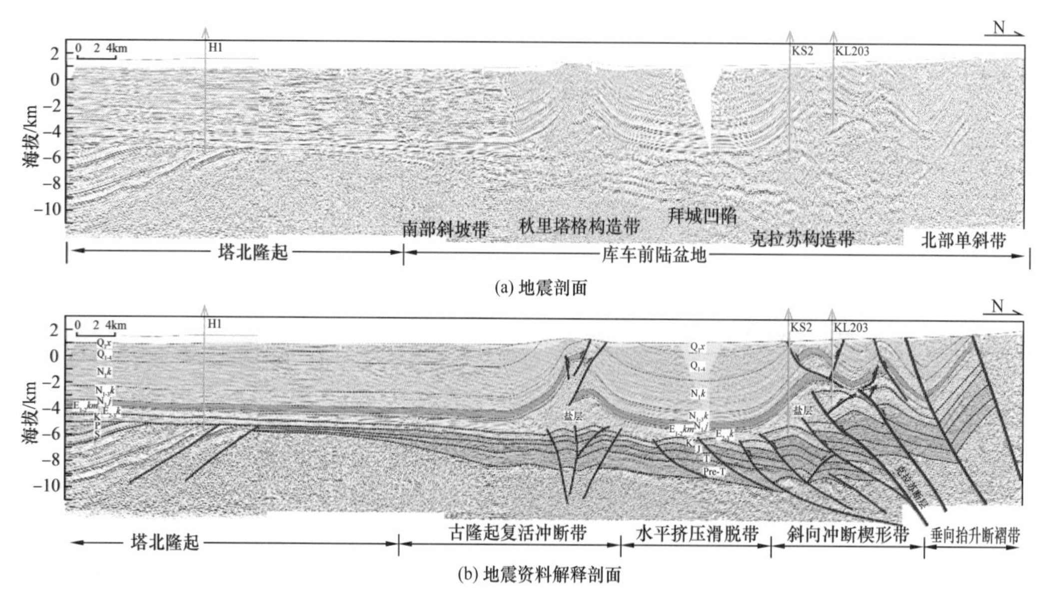

图 2–2–2　南天山—库车前陆盆地盆山过渡带构造带划分图

Q—第四系；N_1j—新近系吉迪克组；$E_{1-2}km$—库姆格列木组；K—白垩系；J—侏罗系；T—三叠系；P—二叠系；S—志留系；Pre–T—前三叠系

根据膏盐岩、基底古隆起、冲断带分布的差异性可以将克拉苏盐下前陆冲断带划分为阿瓦特段、博孜段、大北段、克深段和克拉 3 段共五段。

阿瓦特段位于乌什凹陷东部，温宿凸起东北缘。该带仍然表现为受控于温宿古隆起与南天山双重构造背景控制的变形特征。与乌什凹陷不同的是，阿瓦特构造带古近系沉积巨厚膏盐岩层，钻井揭示该带膏盐岩层厚度达 500～4000m。膏盐岩在该段所引起的盐上层、盐下层分层变形特征明显强于乌什凹陷，盐上层构造变形与乌什凹陷相似，仍然表现为盐上向斜构造特征。盐下层发育 5～7 排高角度逆冲断层，构成了一系列呈阶梯状向北部逐级抬升的冲断系统［图 2–2–3（a）］。

博孜段为库车前陆冲断带主体部位，温宿凸起对该带影响较弱。该带构造变形范围明显增加。盐上层向斜表现为北薄南厚的特征，南部受秋里塔格构造带影响盐上地层向南翘倾，博孜 1 井盐上巨厚砾石层也表明盐上层沉积期，受构造活动影响，古地貌高差较大。膏盐岩层在博孜段广泛分布，但是厚度变化较大，其中北部形成了似球形的盐底劈体，南部形成三角状盐底劈体，两者之间膏盐岩层的厚度较薄，钻井揭示厚度仅

150～250m。盐下冲断带也表现为自北向南由基底卷入式逆冲构造转换为盖层滑脱式逆冲构造的变形特征，其中北部基底卷入式逆冲断层上盘古生界出露地表，而断层下盘则保留了中生界—新生界。该段断层组合样式与阿瓦特段不同，基底卷入式逆冲断层并未呈阶梯状抬升，而是形成次级断层与主断层相交的结构，这种样式也与盐构造变形具有一定的相关性［图 2-3-3（b）］。

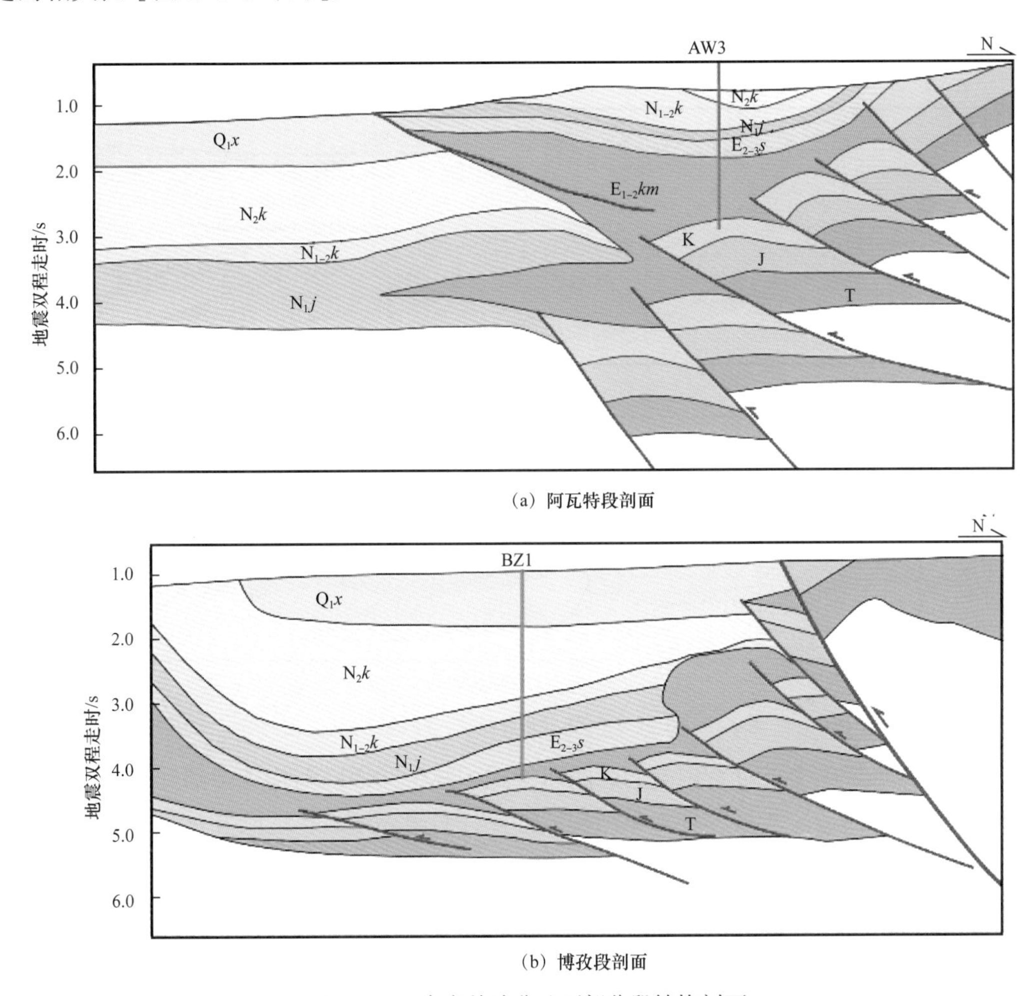

（a）阿瓦特段剖面

（b）博孜段剖面

图 2-2-3　库车前陆盆地西部分段结构剖面

大北段构造变形兼具博孜段与阿瓦特段构造变形特征，盐上层发育两组背斜构造，北部地表构造吐孜玛扎背斜主要受盐上滑脱逆冲断层影响，在断层上盘形成断背斜构造样式。南部大宛齐背斜则表现为受膏盐岩底辟上拱而形成的盐拱背斜。膏盐岩在该段仍然表现为不均匀变形特征，北部吐孜玛扎断层下盘，发育小幅度盐底辟体，而南部则形成大幅度上拱的盐丘构造。两组盐体间盐上层与盐下层地层焊接在一起，分隔了两组盐体。盐下冲断构造也表现出自北向南由基底卷入式向盖层滑脱式过渡的特征，由于中生界厚度向南部减薄明显，因此盖层滑脱构造变形范围较窄，而基底卷入式构造变形范围较宽［图 2-2-4（a）］。

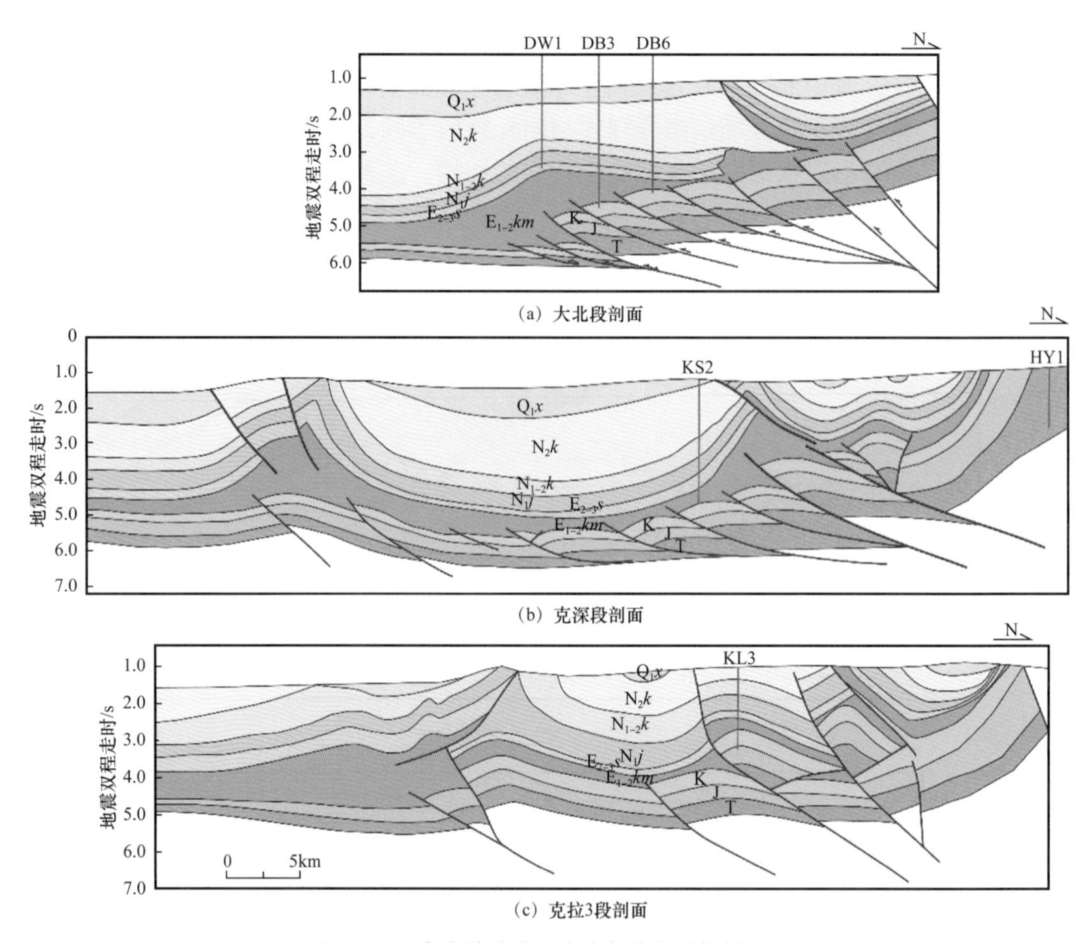

图 2-2-4　库车前陆盆地中东部分段结构剖面图

克深段盐上层主要发育背斜与向斜构造样式，其中北部向斜构造中部受盐下构造层影响发育局部背斜构造，北翼表现为单斜构造特征，而南翼地表构造则发育受盐滑脱断层控制的喀桑托开背斜。喀桑托开背斜南部为拜城凹陷，凹陷内沉积巨厚新生界。盐上层构造变形的差异同样受控于膏盐岩的不均匀变形特征，膏盐岩在该段仅形成一个三角形的盐底辟体，而南部虽然膏盐岩厚度发生变化，但是却并未发育盐底辟构造。受膏盐岩影响，盐下层逆冲断层相对大北段传播更远，深入至拜城凹陷之下，形成 6～7 排冲断构造，克深段也是库车前陆盆地内构造变形范围最大、逆冲断层数量最多的构造段［图 2-2-4（b）］。

克拉 3 段位于库车前陆盆地中东部，膏盐岩厚度急剧减薄，仅有 200～300m。该段构造变形最大特征是分层变形特征减弱，高角度基底卷入式逆冲断层向上发育至地表，使得盐上层、盐层与盐下层呈现出相似的变形特征，因此地表表现为三组背斜发育，而盐下层同样也发育三组断背斜构造［图 2-2-4（c）］。

2. 构造转换带特征

库车前陆冲断带各构造之间发育多种类型的构造转换带，主要受控于差异挤压应力、基底古隆起、先存断裂薄弱带及膏盐岩分布，可以划分为四类五种转换模型（图 2-2-5）。

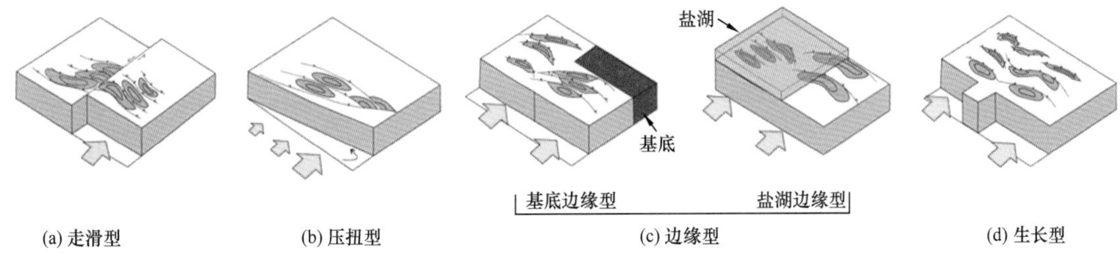

图 2-2-5　四种类型构造转换模型

（1）走滑型转换带：该类型转换带受基底走滑断层的影响，引起盖层形成走滑断裂扭动及走滑构造样式，在基底走滑断裂之上，往往形成断层扭动带或斜列断层带。

（2）压扭型转换带：指受基底走滑作用或边界效应的影响，引起盖层形成扭动及走滑构造样式，在基底走滑断裂之上，形成斜列断层带。

（3）生长型转换带：逆冲断层及褶皱不但表现为垂向的发展，同时还具有侧向生长特性。初始若干微小褶皱，经过侧向生长，最终可以连成一个较大的褶皱。而控制褶皱演化的逆冲断层则表现为生长断层的特征。在断层或褶皱的连接处会形成生长型转换带。

（4）边缘型转换带：该类转换带指在挤压应力下，特定构造类型的边缘表现出的构造差异变形特征。这种边缘即可以表现为凹陷的边缘、沉积相带边缘，也可以表现为特殊地质体的边缘。库车前陆盆地发育多种构造类型，盆地边界、古隆起、古盐湖、盐底辟构造、以砾石沉积为主的扇端均可以表现为边缘构造特征。这些边缘对于构造变形的转换具有重要影响。

（5）混合型转换带：上述三种转换带类型为单因素影响下的构造转换带，库车前陆盆地受多种构造要素影响，决定了各构造带间具有复杂的转换带类型，往往表现出混合型转换带的特征。例如古隆起存在可以控制膏盐岩沉积，古隆起的边缘影响着盐湖边缘分布，使得古隆起边缘之上叠加盐湖边缘的混合型转换带。

通过三维空间解释、断裂重新梳理组合，自西向东主要发育博孜—阿瓦特转换带、大北—博孜转换带、克深—大北转换带、克深—东秋转换带四个构造转换带。

库车前陆盆地内基底、盐湖、走滑断裂带的分布控制了不同类型转换构造带的平面分布特征（图 2-2-6）。盆地南部发育古生界碳酸盐岩及二叠纪火成岩基底，基底分布整体呈 NE 走向，其中在阿瓦特段与博孜段，大北段与克深段，克深段与克拉 3 段之间基底形态表现出明显的差异。盐湖则表现出大面积分布、局部集中的特征。盐湖厚度大于 1500m 的地层表现为 7 个聚集中心，分布在阿瓦特段、博孜段、大北段、克深段及南部秋里塔格构造带等。巨厚膏盐层的分布造成了盐上层与盐下层的分层收缩变形，盐下层形成大面积逆冲断层及断背斜构造，构造活动性较强，而盐上层则发育呈近东西向展布的线性褶皱带，构造活动性减弱（表 2-2-2）。走滑断层的分布与基底、盐湖的关系紧密，主要分布于盐盆边界。

阿瓦特段位于库车前陆冲断带的西部，该段与西部乌什凹陷间发育混合型转换带，主要表现为盐湖边缘型转换及走滑型转换带。盐下层阿瓦特段逆冲断层西部发育走滑断层，分隔了阿瓦特段与乌什段。盐层受南部古隆起限制，在古隆起北侧形成近东西向展布的盐体，逆冲断层也受转换带的影响呈向北甩开的弧形断层样式。

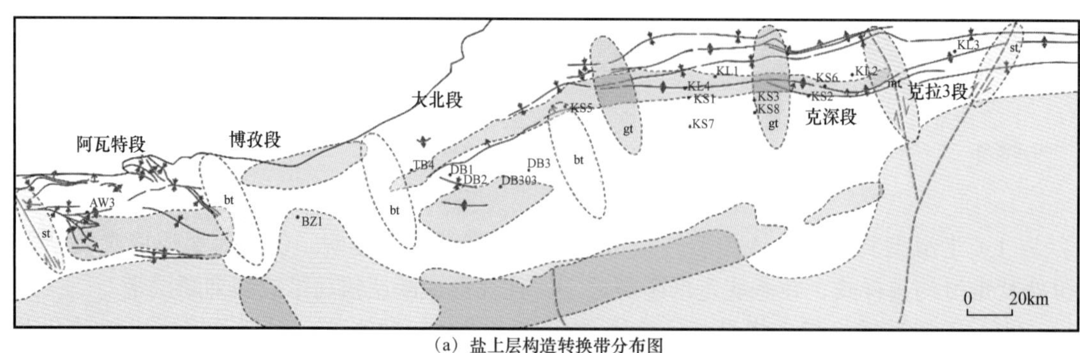

(a) 盐上层构造转换带分布图

(b) 盐下层构造转换带分布图

盐层厚度大于1500m　基底　走滑型　生长型　边缘型　混合型　断层　背斜　向斜　基底走滑断层

图 2-2-6　库车前陆冲断带盐上层及盐下层构造转换带分布

bt—边缘型转换带；gt—生长型转换带；mt—混合型转换带；st—走滑型转换带

盐上层则形成一系列 NW—SE 向褶皱带，受走滑断层影响明显。构造活动性表明，该段盐层面积、断层断距较大，而中生界厚度及基底埋深较小。

表 2-2-2　库车前陆冲断带构造活动特征定量分析表

测线	盐下层断层最大垂直断距 /m	基底埋深 / m	中生界原始厚度 / m	膏盐岩层截面积 / km^2	盐下层水平缩短率 /%	盐上层水平缩短率 /%
AW3	2300	5500～8000	500～4500	44	19	4
BZ1	1900	6500～8300	800～3500	26	21	11
DB2	900	8000～9500	1000～3100	58	22	8
DB3	1500	8500～10000	1100～3200	42	27	17
KS5	3100	10200～12000	1500～3500	45	32	13
KS1	3000	9900～11000	1900～4500	47	34	9
KS2	2500	10000～11000	2200～5100	39	20	14
KL3	1800	7000～10000	200～5000	15	30	6

博孜段与阿瓦特段构造转换表现为混合型及边缘型转换带的特征，古隆起向北深入到BZ1井，使得盐湖向北迁移，盐下逆冲断层向西合并于博孜西走滑断层之上，构造样式差异明显，而盐上层则无线性褶皱带分布。从构造活动性分析，博孜段盐层的厚度变化及基底的分布是形成构造转换的主要原因。

大北段与博孜段之间转换构造主要表现为基底边缘型与盐湖边缘型。盐下层逆冲断层受古隆起的影响发生构造走向的变化，仅有少量断层发生合并交叉，整体上与博孜段逆冲断层相连。盐上层主要受盐层影响，大北段发育南北三个盐湖，因此在地表形成多排褶皱构造，褶皱带消失于盐湖边缘。DB2井剖面表现出厚盐层及小断距特征，转换特征明显。

克深段与大北段间为盐湖边缘型与生长型转换带。基底在两构造段间无明显差别，但是盐湖由大北段的双盐湖转变为克深段的单盐湖。盐下层逆冲断层间发生的相互交叉、合并及走向的变化主要受断层的侧向生长作用控制。构造活动性表明两段之间构造活动强度接近。克深段南部古隆起向南部收缩，使得克深段逆冲断层向南部推进，KS7井以南断层表现为数量多、规模小的特点，具有明显的生长特征。

克拉3段与克深段主要发育边缘型转换带与走滑型转换带。克深2井东部即是盐湖边缘，也是基底古隆起突进的边缘，中生界厚度在该段急剧减薄，因此盐下层逆冲断层向东数量减小，多消失于基底之上，两段间发育大型走滑断层向南部合并。盐上层线性褶皱带数量减少，构造活动性明显减弱。

总体上看，库车前陆盆地形态受基底构造控制，基底的差异进一步影响古近纪膏盐岩的沉积而形成多个沉积中心，膏盐岩在后期构造变形中形成了多个膏盐岩聚集体，这些因素共同控制下形成了盆地多类型转换构造。因此前陆盆地构造转换带可以划分为三个级别：一级转换带为混合型、走滑型转换带，主要表现为基底边缘型与走滑型，多分布于盆地边缘或大型走滑断层发育带；二级转换带主要为盐湖边缘型或走滑型，多分布于盆地内部构造段之间；三级转换带则表现为生长型转换带特征，多由构造段内构造的生长连接作用形成。

二、川西北冲断带多滑脱冲断构造

该构造位于四川盆地西北部，西缘为龙门山北段冲断带，北部为米仓山南缘冲断带，盆地内部发育多排褶皱构造带（图2-2-7）。

基于地震剖面，构建了川西北冲断带三条区域大剖面，分别展示了米仓山冲断带南缘和龙门山北段冲断带前缘的典型构造变形结构。图2-2-8中的剖面从南北方向展示了米仓山南缘大两会背斜至盆地内部龙岗地区的构造结构；图2-2-9和图2-2-10则从NW—SE方向上揭示了龙门山北段前缘至九龙山背斜东部地区的构造结构。

1. 米仓山南缘冲断构造地质结构

图2-2-8中的地震剖面是由三条测线拼接而成，由北向南分别切过米仓山南缘、九龙山背斜和梓潼向斜东翼斜坡。从该剖面北侧部分解释结果来看，受区域性分布的下三叠统嘉陵江组上部的盐滑脱层（图2-2-8，Fud）控制，米仓山冲断带前缘表现出明显分层变形结构，发育了浅层单斜构造和滑脱层之下深层复杂冲断构造。

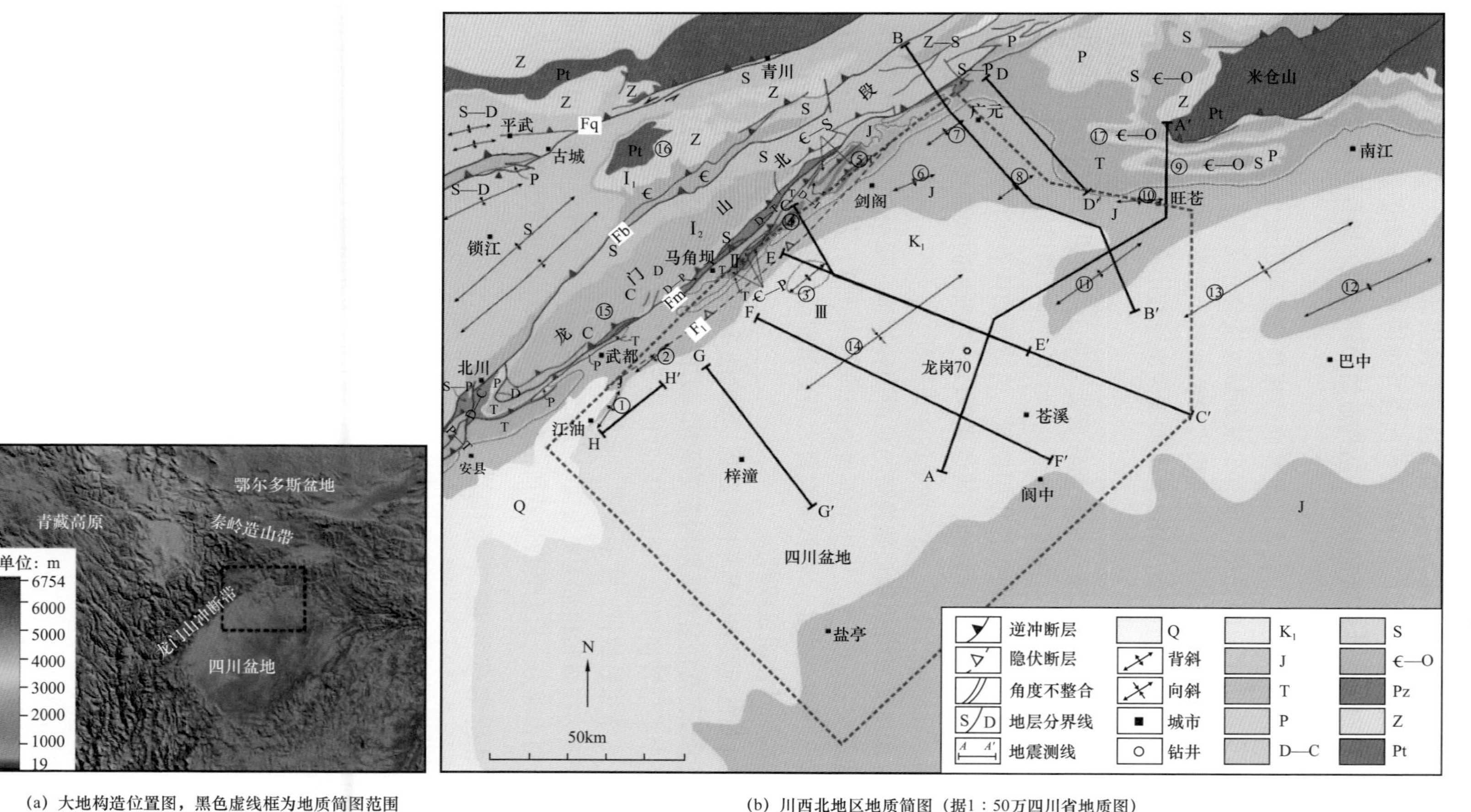

(a) 大地构造位置图，黑色虚线框为地质简图范围

(b) 川西北地区地质简图（据1∶50万四川省地质图）

图 2-2-7　川西北地区地质构造纲要及剖面位置图

Fq—青川走滑断裂；Fb—北川推覆断裂；Fm—马角坝推覆断裂；F_1—隐伏逆冲断裂（1 号断裂）；Ⅰ—异地逆冲推覆构造带（$Ⅰ_1$—轿子顶推覆体；$Ⅰ_2$—唐王寨推覆体）；Ⅱ—准原地褶皱冲断带；Ⅲ：原地隐伏冲断带；① 中坝背斜；② 海棠铺背斜；③ 双鱼石背斜；④ 天井山背斜；⑤ 矿山梁背斜；⑥ 射箭河背斜；⑦ 河湾场背斜；⑧ 梓潼观构造；⑨ 大两会背斜；⑩ 吴家坝构造；⑪ 九龙山背斜；⑫ 涪阳场背斜；⑬ 苍溪向斜；⑭ 梓潼向斜；⑮ 唐王寨—仰天窝向斜；⑯ 轿子顶背斜；⑰ 燕子峡背斜

米仓山南缘冲断带发育主动冲断和被动滑脱作用。被动滑脱主要指嘉陵江组盐层之上的中生界沉积盖层滑脱反冲和褶皱抬升作用，其构造变形主要集中在山前大两会背斜南翼的单斜带，盆地内部没有发生明显的沿滑脱层向前陆方向位移传递和冲断褶皱构造作用（图 2–2–8）。盐滑脱层之上的浅构造层基本上是完整的，内部没有发育明显的逆冲断层，只是表现出与滑脱层产状基本一致的向斜和背斜形态，构造简单而完整。其构造变形位置和强度主要受滑脱层之下的深层变形结构控制，地层褶皱变形由山前至盆地内部变形逐渐减弱和消失。

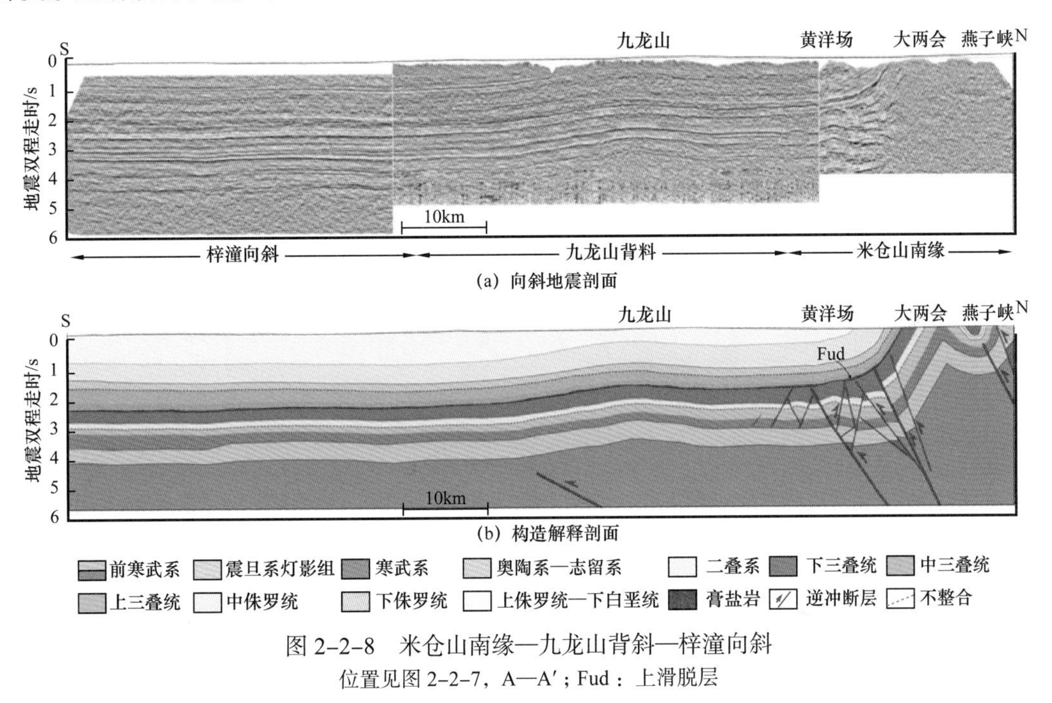

图 2–2–8 米仓山南缘—九龙山背斜—梓潼向斜

位置见图 2–2–7，A—A′；Fud：上滑脱层

米仓山南缘盐滑脱层之下的深层地层发生了强烈的缩短变形和冲断叠置，表现为主动冲断构造作用。深层冲断构造由米仓山隆起向盆地方向传递，整体表现为基底挤压隆升的特征。由南向北，深层震旦系呈阶梯状抬升，直至出露地表，依次发育灯四段台缘带、九龙山背斜、黄洋场冲断带及大两会背斜和燕子峡背斜等地表构造。从解释结果来看，米仓山南缘深层变形卷入地层深度较大，表现为基底卷入的冲断褶皱构造。发育多条切入基底的由北向南逆冲的主断层，倾角陡倾，断距以垂向位移为主，水平方向的逆冲位移较小，逆冲断层向上切入并消失在下三叠统盐滑脱层中。从而在米仓山南缘浅层单斜带之下形成了多个叠瓦逆冲断块，断块内部发育次级的正向或反向逆冲断层，局部发生以寒武系页岩为滑脱层的薄皮滑脱冲断构造，造成断块复杂而且破碎。本剖面中，九龙山深层是一个宽缓的背斜构造，北翼高、南翼低，控制其形成的底部断层位于盖层之下更深的基底之中。结合深、浅地层基本同步变形及侏罗系底面角度不整合结构的分析，可以认为九龙山背斜现今的构造形态主要形成于晚新生代挤压作用之下。其南侧的梓潼向斜区的地层结构整体稳定，没有发育明显的冲断和褶皱作用，只呈现了深层古隆坳结构遭受后期沉积埋藏和抬升剥蚀作用下的改造过程。

2. 龙门山北段前缘冲断构造地质结构

由多个测线拼接而成的两条地震剖面及其构造地质剖面清晰地展示了川西北地区 NE—SW 走向褶皱带的构造变形特征（图 2-2-9 和图 2-2-10）。由一号隐伏逆冲断裂（图 2-2-10，F_1）分隔，可以划分为上盘准原地褶皱冲断构造（如天井山构造）和下盘原地冲断构造。受区域性分布的下三叠统嘉陵江组盐滑脱层（图 2-2-9 和图 2-2-10，Fud）和受震旦系克拉

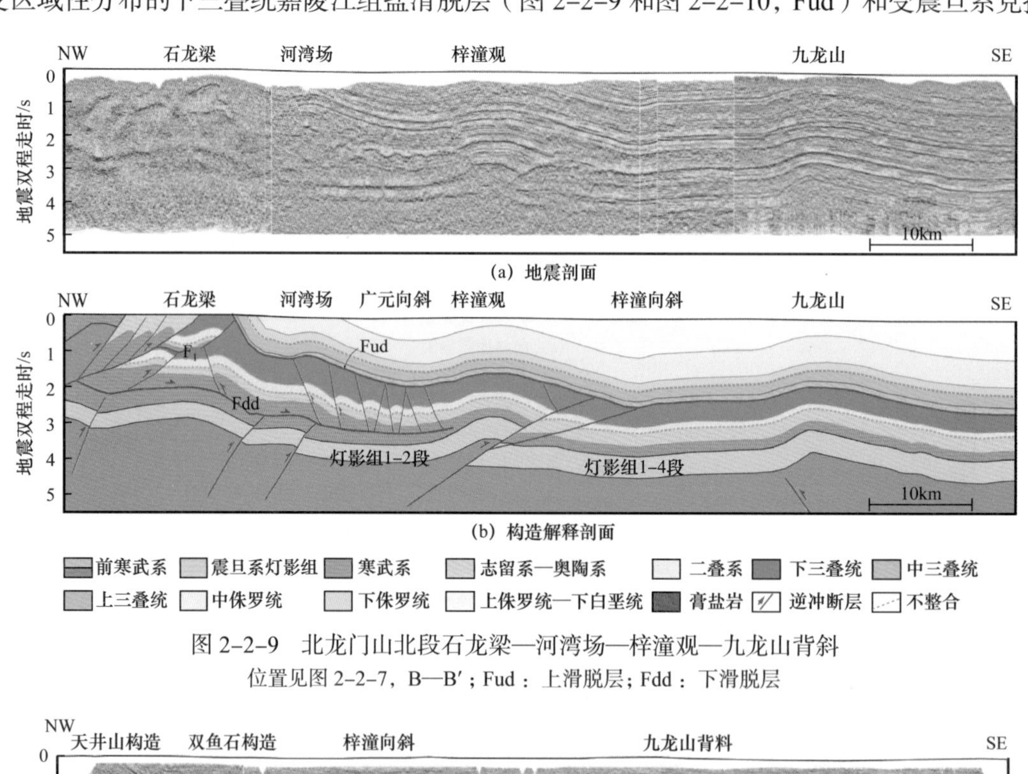

图 2-2-9　北龙门山北段石龙梁—河湾场—梓潼观—九龙山背斜

位置见图 2-2-7，B—B′；Fud：上滑脱层；Fdd：下滑脱层

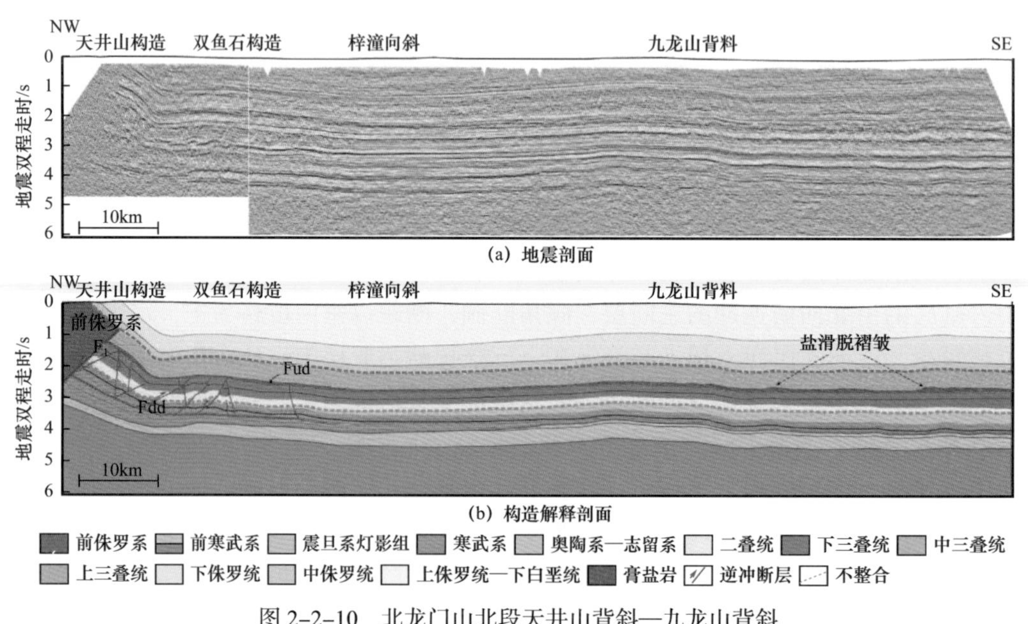

图 2-2-10　北龙门山北段天井山背斜—九龙山背斜

位置见图 2-2-7，C—C′，Fud：上滑脱层；Fdd：下滑脱层

通内裂陷控制分布的下寒武统泥页岩滑脱层（图 2-2-9 和图 2-2-10，Fdd）控制，F_1 断裂下盘的盆地边缘和内部的原地冲断构造表现出明显多层次变形结构，发育了具有明显区别的浅层褶皱构造、中层滑脱冲断构造和下滑脱层（Fdd）之下的深层基底褶皱构造。

浅层褶皱构造是指下三叠统中盐滑脱层（Fud）之上的中生界沉积盖层褶皱变形构造，包括山前单斜带、双鱼石背斜、河湾场背斜、梓潼观背斜、九龙山背斜以及广元向斜、梓潼向斜等构造。浅构造层在盆地内部不发育明显的沿上滑脱层向盆地方向的位移传递和冲断作用，其向斜和背斜形态与上滑脱层形态基本一致，只是在局部尤其是九龙山背斜东部地区发育一些小规模的盐滑脱褶皱构造（图 2-2-10）。

中构造变形层指位于上、下两个滑脱层之间的一系列正向和反向的薄皮冲断褶皱构造，以双鱼石背斜构造和河湾场构造为典型，发育背冲突起构造和对冲三角构造（图 2-2-9 和图 2-2-10）。冲断结构的远距离传播和非叠瓦构造样式表明，底部发育具有低摩擦系数的韧性滑脱层。中构造变形层内的地层（部分古生界和下三叠统）相对破碎、断块规模小。而且，中构造层的变形范围主要集中在隐伏断裂 F_1 和梓潼观背斜之间，盆地内部中—深构造变形层没有明显的拆离结构。这种薄皮冲断构造分布范围与厚层寒武系分布区基本一致的特征说明，深层寒武系内的滑脱层制约了中构造变形层在西缘地区的局部发育。

下滑脱层（Fdd）之下的深层变形从龙门山北段山前向盆地方向表现出基底卷入的褶皱冲断构造。在龙门山北段北部前缘地区发育了多条切入基底的断裂及其控制的多个基底背斜，其中震旦系灯影组地层明显地向盆地方向倾伏埋深，构造抬升幅度越来越低（图 2-2-9）。而在天井山前缘地区的双鱼石构造深层不发育明显的深层褶皱构造，前缘的九龙山背斜变形也较弱（图 2-2-10）。这些现象反映了现今川西北盆地内多排背斜和向斜构造受到西侧龙门山北段构造带的晚期强烈挤压作用控制，而形成大型的基底卷入褶皱作用，并使得中—上构造层发生同步褶皱和抬升。由南东向北西方向，变形带逐渐变宽和地层埋深变浅，反映了晚期挤压构造强度沿构造走向的增强，形成了川西北盆地北缘地区多排褶皱构造以及西缘龙门山前缘多构造变形层叠置的复杂结构。

三、准南缘冲断带多滑脱冲断构造

准南缘前陆冲断带东起阜康，经昌吉、石河子，西至乌苏，近东西向延伸，冲断褶皱带北侧是中央坳陷。三个南北向长条形凸起将准南缘冲断褶皱带分为西、中、东三段（图 2-2-11）。冲断褶皱带西段位于天山和车排子凸起之间，车排子凸起分隔冲断褶皱带西段和中段。车排子凸起（卡因迪克断裂）侧翼发育雁列式排列的独山子、西湖、高泉、卡因迪克等背斜构造，背斜轴向北西南东向，与车排子凸起（卡因迪克断裂）斜交，具有右旋压扭的构造变形特征。冲断褶皱带中段位于天山和沙湾—昌吉凹陷之间，发育三排东—西向冲断褶皱带：喀拉扎—齐古—南安集海背斜带、霍尔果斯—玛纳斯—吐谷鲁背斜带、呼图壁—安集海背斜带，构成准南缘前陆冲断带构造主体。冲断褶皱带东段阜康断裂带位于乌鲁木齐以东，位于博格达山前，是一条向北凸出的弧型冲断褶皱带。

1. 南缘中段冲断构造地质结构

准南缘冲断带是叠合于燕山期古构造背景之上的喜马拉雅期再生前陆盆地构造单元之一，构造样式具有“东西分段、南北分带、垂向分层”的特征。

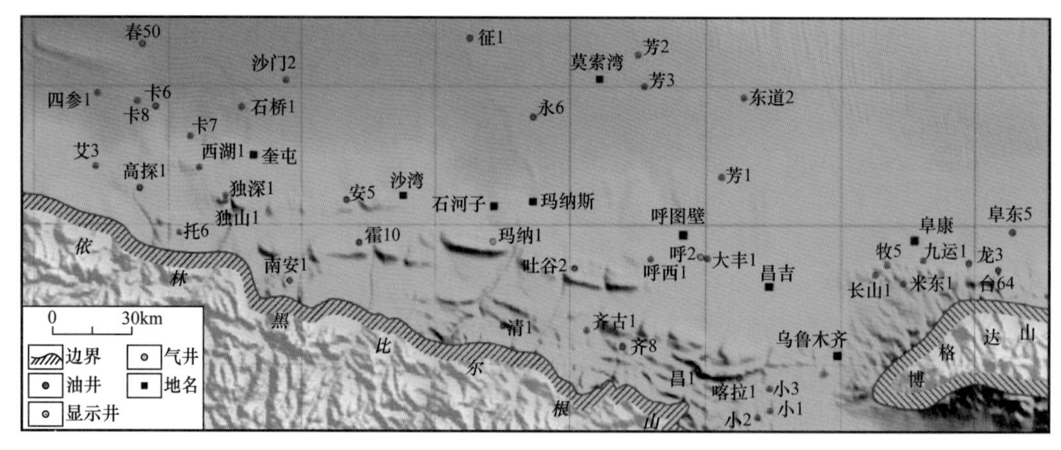

图 2-2-11 南缘冲断带数字高程图

三套关键构造滑脱地层决定南缘具备发育大型逆冲推覆构造的条件。（1）沿三叠系小泉沟群泥岩地层发育的逆冲推覆构造控制了准南缘次级构造单元的划分和局部构造的深层构造特征。下组合构造表现为叠瓦状滑脱冲断褶皱，滑脱层为三叠系小泉沟群泥岩地层，向北逆冲过程中发育成排叠瓦状冲断褶皱；（2）沿古近系安集海河组泥岩层发育的逆冲推覆构造控制了第二排背斜构造带（霍尔果斯背斜、玛纳斯背斜、吐谷鲁背斜）中浅层构造特征；（3）沿白垩系吐谷鲁群泥岩层发育的逆冲推覆构造控制了南缘第三排背斜构造带中上组合构造特征（呼图壁背斜、安集海背斜）。

准南缘冲断带发育多滑脱层继承性冲断叠置构造变形样式（图 2-2-12），南缘中段发育两种样式的逆冲推覆构造。逆冲推覆变形是前陆褶皱冲断带的主要构造变形方式，是准南缘山前冲断带最大级别的构造运动方式，通过南缘冲断带区域构造特征及构造样式分析，根据逆掩推覆断裂及相关褶皱变形样式的总体特征，将南缘山前发育的逆冲推覆构造总结为两种基本模式：第一种为后翼冲断—前翼深层滑脱冲断褶皱及浅层的断层传播褶皱（图 2-2-13）；第二种为后翼反冲—前翼深层滑脱冲断褶皱及浅层的断层传播褶皱（图 2-2-14）。

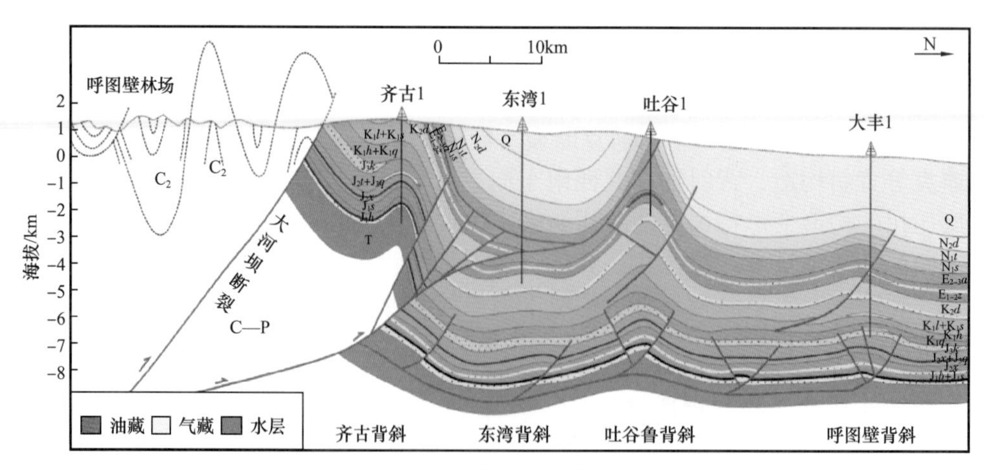

图 2-2-12 准南缘冲断带地质剖面图

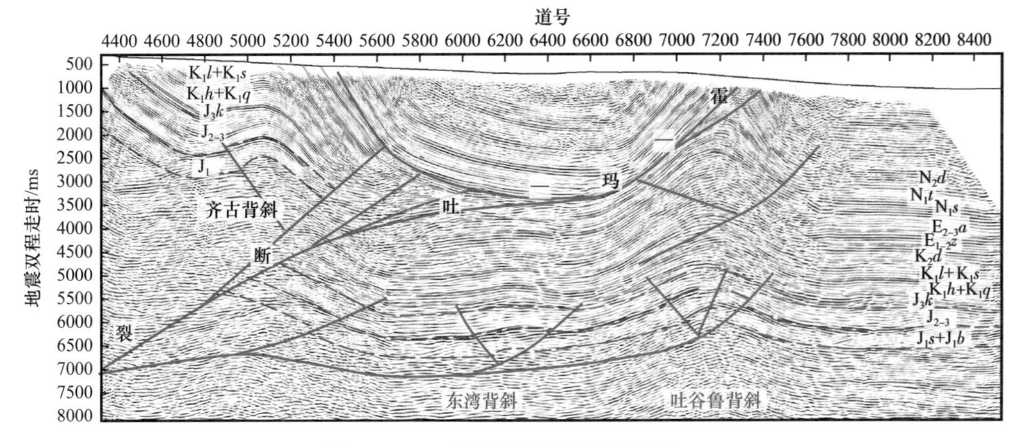

图 2-2-13　南缘逆冲推覆构造模式一

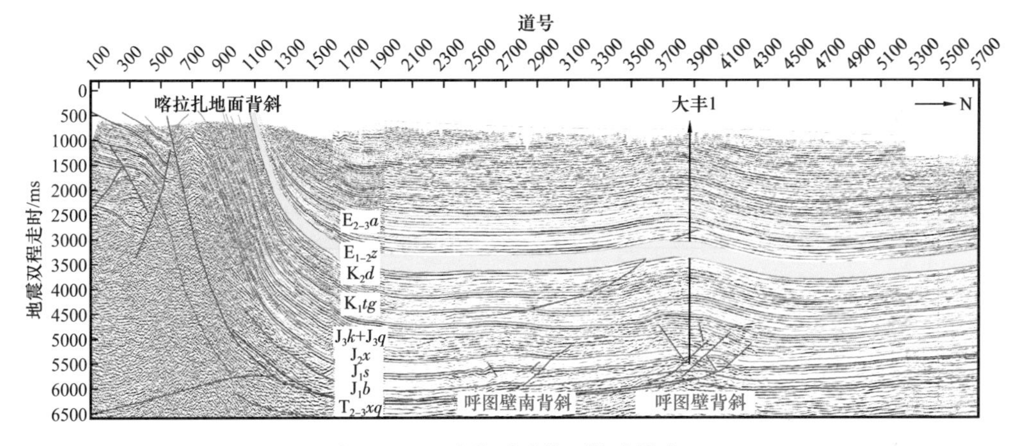

图 2-2-14　南缘逆冲推覆构造模式二

齐古断褶带是南缘山前逆冲推覆构造的后翼，其前缘主体控制断裂主要有两种活动形式：冲断（南倾）与反冲（北倾）（图 2-2-13、图 2-2-14）。由于两种构造活动在不同段的作用形式不同，造成南缘齐古断褶带构造分段特征明显。

齐古断褶带的南安集海及清水河—齐古构造段构造前缘主要发育冲断断裂，冲断断层之上为地面背斜，冲断断层之下为三角构造带（齐古北构造三角带）。由于冲断带构造应力向北传递较强。构造应力主要沿三叠系小泉沟群泥岩地层由南向北传递，在逆冲推覆构造前翼形成霍尔果斯背斜、玛纳斯背斜、吐谷鲁背斜（简称霍—玛—吐）。后期霍—玛—吐断裂沿安集海河组泥岩由背斜南翼突破至地表，霍—玛—吐断裂下盘褶皱加强，发育安集海河组泥岩底部的层间滑脱断层及古近系和白垩系内部的逆冲断层。霍—玛—吐构造是深层构造滑脱冲断褶皱与中浅层断层传播褶皱双重叠加构造的组合，为一多种构造样式叠加的三层复合叠置背斜构造带。该类型构造变形相对较强，目前圈闭落实程度低。

齐古断褶带的南玛纳斯、昌吉背斜及喀拉扎地区构造前缘主要发育反冲断裂，反冲断裂之下发育典型的双重构造，形成多层相叠的复合背斜，发育一系列隐伏三角楔构造。由于反冲断裂及其下伏的叠瓦逆冲双重构造释放了大部构造应力，冲断带构造应力向北传递相对霍—玛—吐构造较弱。构造应力沿三叠系小泉沟群泥岩地层及下白垩统吐谷鲁群泥岩两个构造滑脱面向北传递。逆冲推覆构造前翼形成安集海与呼图壁双层复合叠置背斜构造（图 2-2-14）。该类型构造变形相对较弱，目前圈闭落实程度高。

2. 南缘西段冲断构造地质结构

四棵树凹陷位于准噶尔盆地西南端（图 2-2-15），历经了晚海西期、燕山期和喜马拉雅期等多期构造运动，与南缘中东段相比，四棵树凹陷的地层发育、构造样式和演化有其特有的特征。

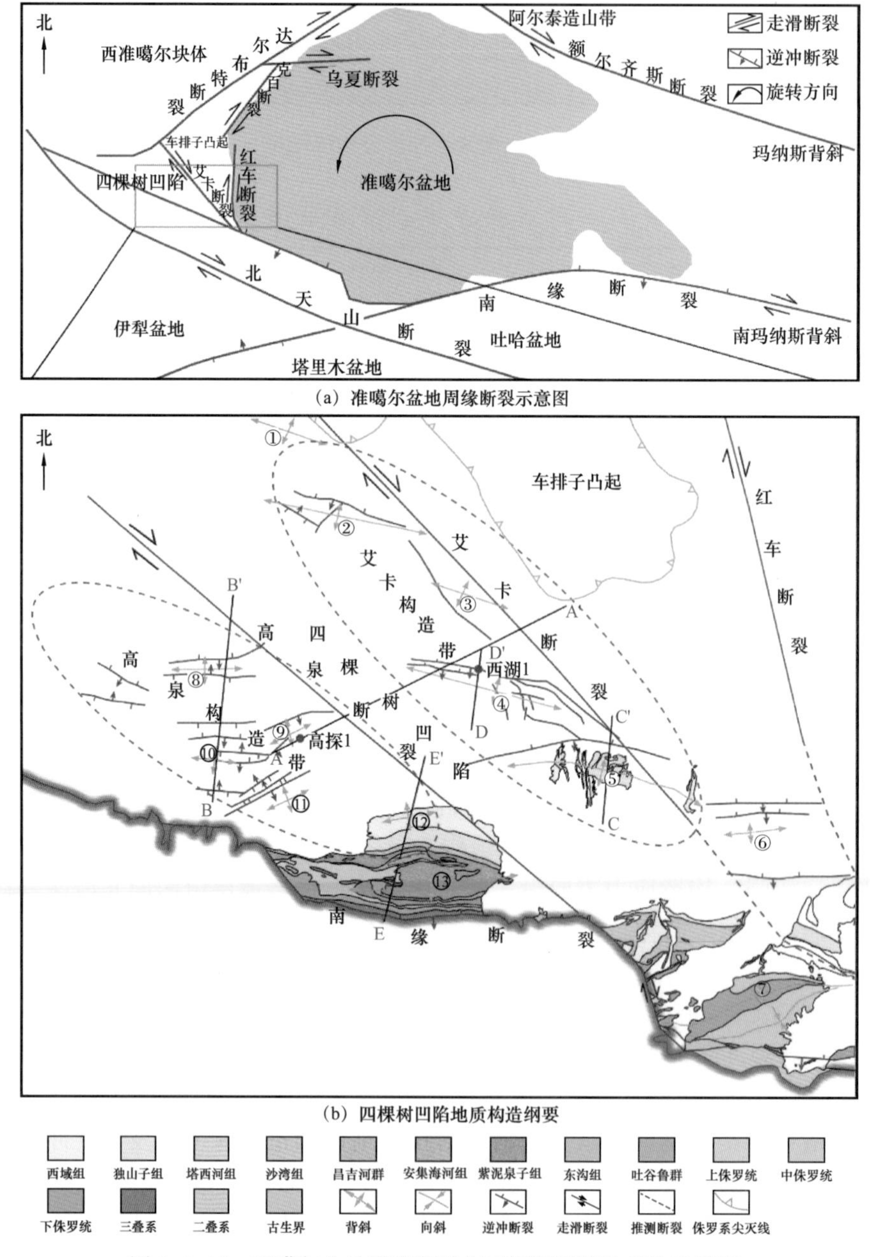

图 2-2-15 准噶尔盆地周缘断裂与四棵树凹陷地质构造纲要

四棵树凹陷新生代构造位于准南缘构造体系西端，新生代天山隆升，四棵树凹陷发育逆冲推覆构造，逆冲断裂为前展式，沿高泉构造带古近系安集海河组泥岩、艾卡构造带白垩系吐谷鲁群泥岩由南向北扩展（图 2-2-16）。

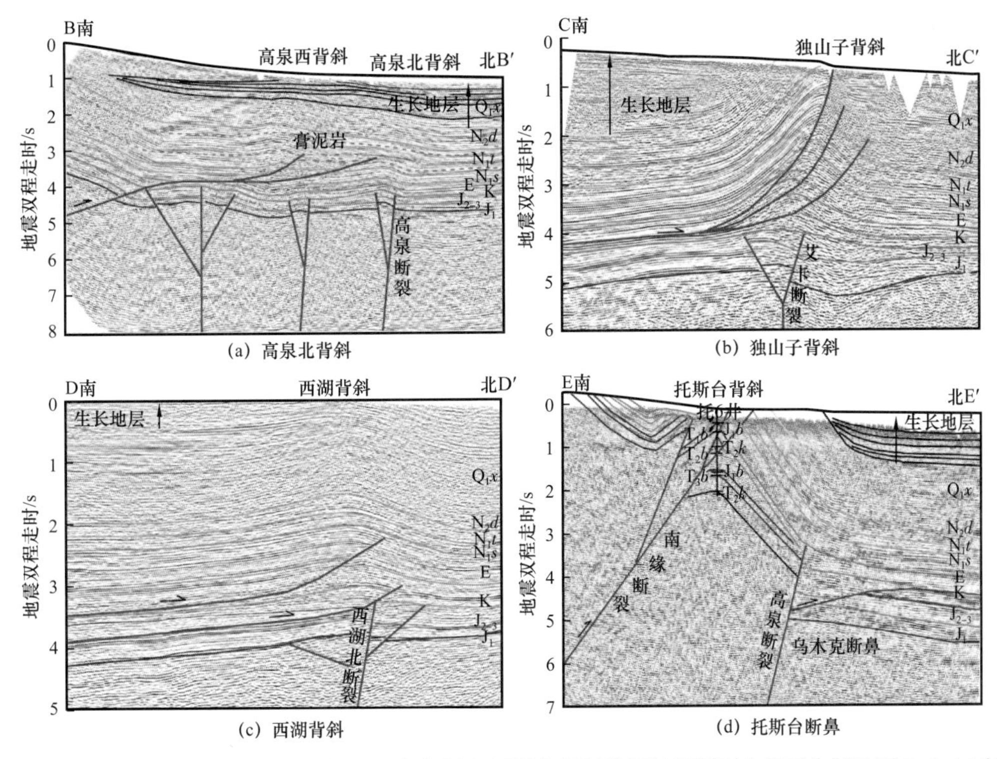

图 2-2-16　高泉北背斜、独山子背斜、西湖背斜和托斯台背斜地震解释剖面［剖面位置见图 2-2-15（b）］

断裂为盖层滑脱型低角度滑脱冲断断裂，新生代滑脱冲断方向与中生代艾卡断裂、高泉断裂近 45° 相交［图 2-2-16（b）］，平面呈右旋雁列展布，表明中生代古构造背景影响了新生代断裂与构造发育特征。高泉构造带西段新生代变形弱，沿古近系安集海河组泥岩发育滑脱冲断断裂，断裂上盘新生界发生褶皱，叠加在中生代压扭走滑构造之上。该区塔西河组膏泥岩发育，膏泥岩变形加厚一方面削减了南部挤压应力，另一方面滑脱冲断断裂难以突破膏泥岩层，塔西河组膏泥岩起到有效的封盖作用［图 2-2-16（a）］。与高泉构造带相似，艾卡构造带靠近山前的独山子背斜变形强烈，背斜高陡直立，北翼被断裂突破。独山子背斜西北侧的西湖背斜上组合变形减弱，幅度平缓，隐伏地下，翼部完整［图 2-2-16(c)］。远离山前的卡西背斜、卡因迪克背斜和卡东背斜新生代变形较弱。

新生代断裂多为盖层滑脱型低角度滑脱冲断断裂，但靠近山前中生代走滑性质的南缘断裂在喜马拉雅运动期反转为高角度基底卷入型冲断断裂，将中生代高泉构造带西南段推举至地表，形成现今的托斯台构造。托斯台构造由地面构造和前缘托斯台断鼻组成。地面构造位于南缘断裂上盘，地表出露叠瓦状逆冲断裂和褶皱，发育 16 个地面背斜，深部被南倾断裂切割［图 2-2-16（d）］。托斯台断鼻位于南缘断裂下盘，断鼻新生界地层高陡倾斜，地层北倾，倾角 55°～60°，新生界与四棵树凹陷埋藏的新生界相连，中间没有发现断裂，也没有地层重复和缺失，新生界向南抬升 6～8km。高泉断裂下盘是乌木克断鼻，断鼻形态完整。

综上所述，四棵树凹陷经历中生代压扭走滑、新生代滑脱冲断两期变形，发育深、浅双层构造。深层是中生代压扭走滑构造，发育背斜、断背斜、断鼻和断块构造；浅层是新生代滑脱冲断构造，发育低角度逆冲断裂和断层传播褶皱。四棵树凹陷中生代变形北强南弱、新生代变形南强北弱，靠近天山托斯台构造—独山子背斜构造挤压强烈，托斯台构造中生界出露地表，高部位新生代构造剥蚀殆尽。独山子背斜高陡直立，背斜北翼被断裂突破，断裂下盘正花状构造保留。远离山前的卡西背斜、卡因迪克背斜、卡东背斜和西湖背斜新生代变形微弱，深部中生代断裂和褶皱基本保留原有的构造形态。

四、柴达木西北缘基底冲断构造

与青藏高原内部不同，柴达木盆地西北缘地区发育大量的近东西向断裂系统，与盆地内部的近北西向断裂系统近乎直角相交（图 2-2-17）。近东西向断裂靠近盆地边缘，向南冲断为主，自西向东包括采石岭断裂、月北断裂、月南断裂、牛北 1 号断裂、滩北断裂、滩南断裂、苏干湖断裂等，这些断裂整体呈左阶雁列式排列，与阿尔金断裂呈小角度相交。近东西向断裂向南与北西向断裂大角度相交，后者控制了盆地内主要的背斜构造，包括石泉滩断裂、鄂东断裂、牛东断裂、坪东断裂、坪西断裂、尖北断裂、风北断裂、翼南断裂、英北断裂、柴南断裂、Ⅺ号断裂、昆北断裂等。

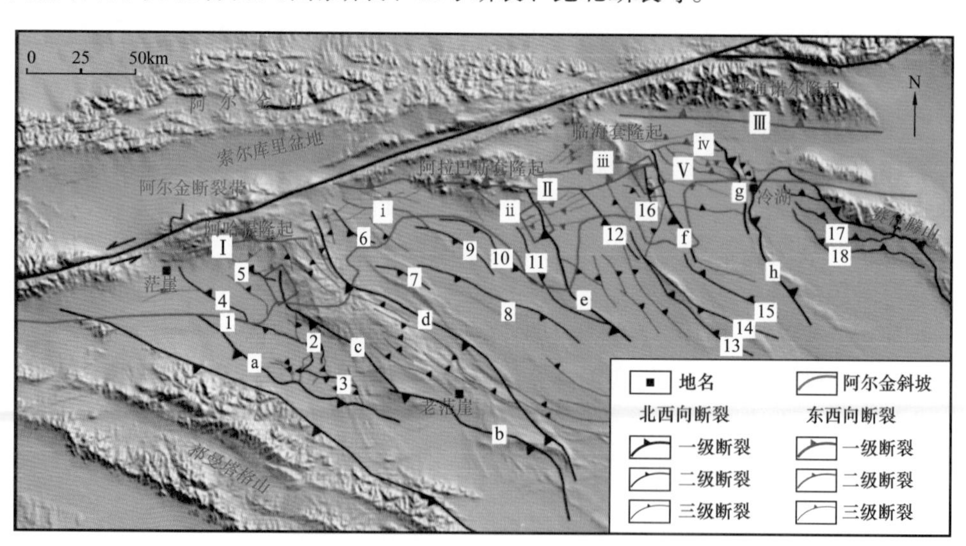

图 2-2-17 柴达木盆地地震 T_6 反射层（中生界底）断裂图

Ⅰ—采石岭断裂；Ⅱ—月北—牛北断裂；Ⅲ—苏干湖断裂；ⅰ—月南断裂；ⅱ—红南断裂；ⅲ—牛北 2 号断裂；ⅳ—滩北断裂；ⅴ—滩南断裂；a—昆北断裂；b—Ⅺ号断裂；c—柴南断裂；d—英北断裂；e—坪东断裂；f—鄂东断裂；g—石泉滩断裂；h—北 1 号断裂；i—赛南断裂；1—阿拉尔断裂；2—跃东断裂；3—ⅩⅢ号断裂；4—红柳泉断裂；5—七个泉断裂；6—沟深Ⅰ号断裂；7—翼南断裂；8—风北断裂；9—尖北断裂；10—潜北断裂；11—坪西断裂；12—牛东断裂；13—鄂Ⅲ南断裂；14—鄂Ⅲ北断裂；15—葫南断裂；16—赛西断裂；17—平南断裂；18—驼南断裂（图中黑色矩形方框自东向西分别为鄂博梁、东坪和英西三维工区）

通过构建 4 条穿过柴西北和阿尔金断裂的地质剖面，发现四条剖面表现出高度一致的构造特征（图 2-2-18 至图 2-2-22）。该地区的断裂活动大都发生在新生代早期，在上油砂山组沉积之后就基本停止活动，主要受阿尔金断裂系新生代演化的控制（Wu et al., 2018）。从四条剖面可以看出，柴西北地下发育很多近东西向的高角度逆断层，切穿中生界及新生界下部层序。这些断裂两侧中生界厚度变化较大，表明其在中生代就已经开始活动；部分断裂甚至表现为正断层特征，即上盘中生界厚度要远大于下盘，现今反转成为逆断层。这些断裂在新生代早期就开始活动，并在其上盘形成生长地层，同时使得整个柴达木盆地基底向南掀斜抬升。断裂断面大都北倾，向北与阿尔金断裂相交，共同构成一个大型的花状构造。在剖面北段，上、下油砂山组之间存在一个明显的角度不整合，向南逐渐过渡为整合接触。上述 EW 向断裂基本没有错断该不整合面，也没有使不整合面以上地层发生褶皱变形，表明这些断裂在上油砂山组沉积开始时就已经基本停止活动。

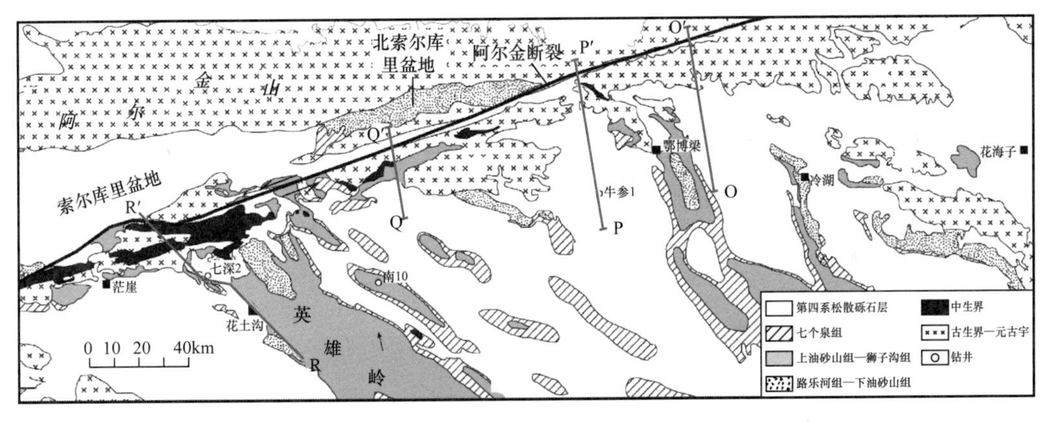

图 2-2-18　柴达木盆地西北缘地质简图（红色实线为地质剖面位置）

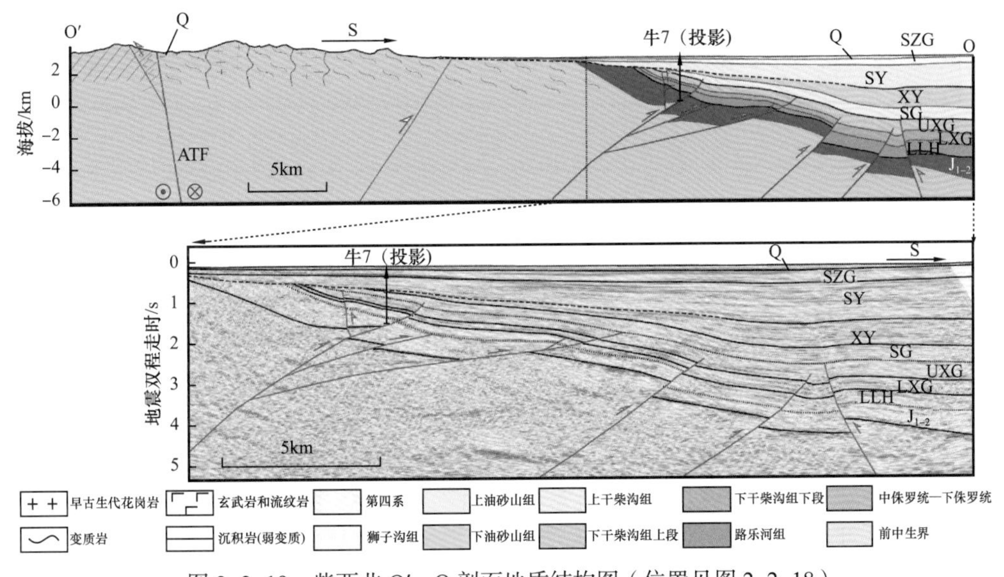

图 2-2-19　柴西北 O′—O 剖面地质结构图（位置见图 2-2-18）

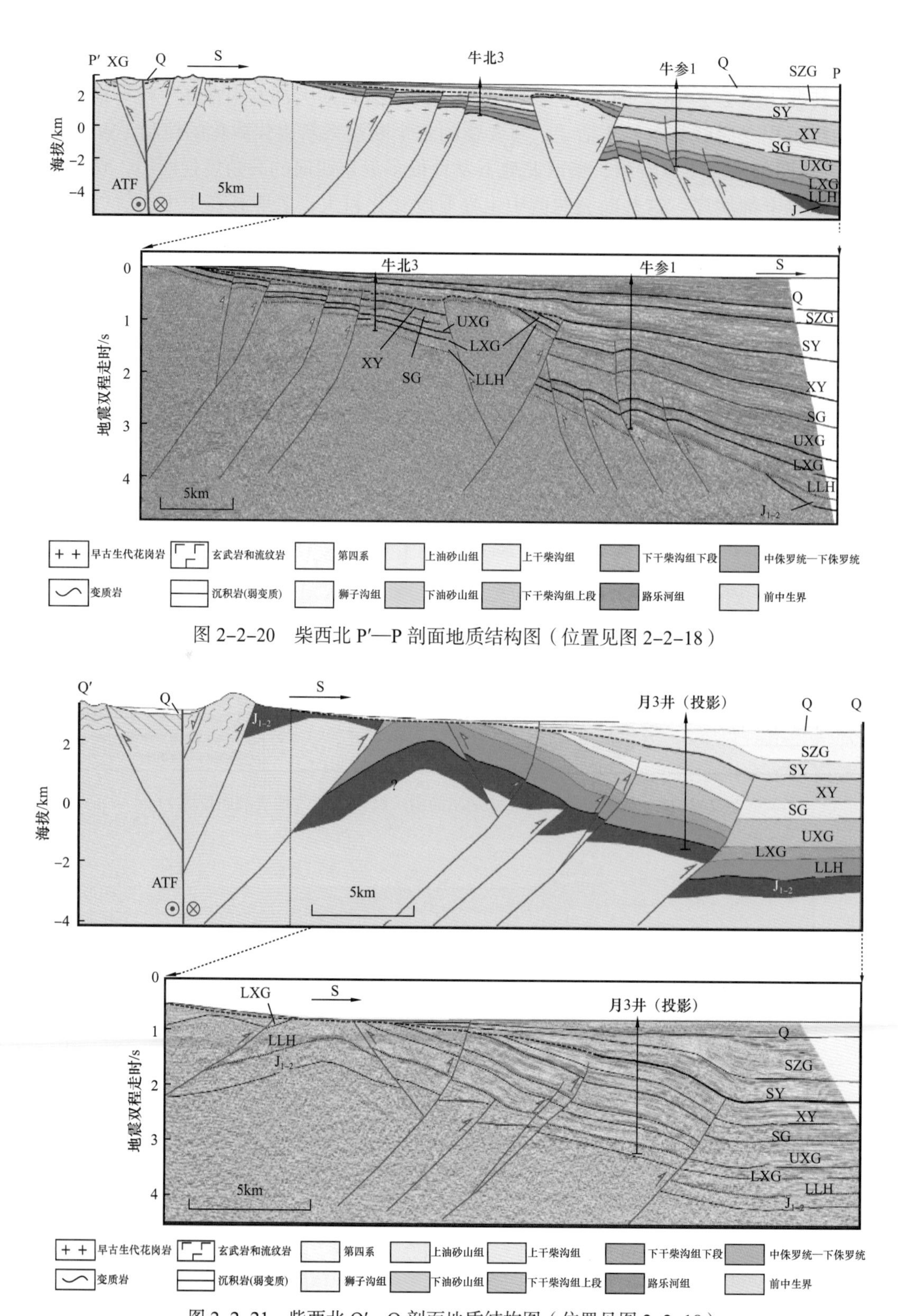

图 2-2-20　柴西北 P′—P 剖面地质结构图（位置见图 2-2-18）

图 2-2-21　柴西北 Q′—Q 剖面地质结构图（位置见图 2-2-18）

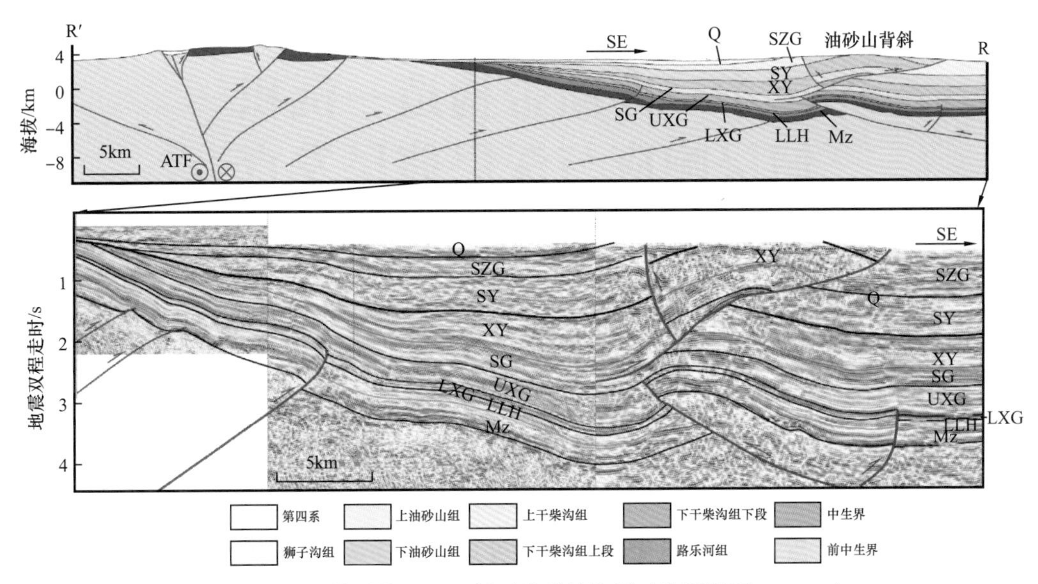

图 2-2-22　柴西北 R′—R 剖面地质结构图（位置见图 2-2-18）

第三章 冲断带构造—沉积—储层响应与深层储层发育

在印支运动、燕山运动及喜马拉雅运动作用下，造山带大规模隆升强烈地改造了盆地的沉积原貌。开展中生代以来天山隆升—天山南北两侧盆地沉积响应及冲断带深部规模储层发育机制研究，对明确有效储层的分布具有重要意义，同时亦能有效拓展油气勘探范围。

第一节 冲断带构造—沉积响应

一、中生—新生代天山隆升顺序与沉积响应

1. 中生—新生代天山的隆升顺序与范围

天山为一典型的复合型造山带，分别经历了古生代初始造山和晚中生代—新生代再造山过程。李忠等（2013）通过碎屑锆石 U—Pb 年龄构成分析表明，天山南北的山盆构造分异活动可划分为四个阶段：中晚三叠世—中侏罗世平稳或渐弱，天山主分水岭位于南天山；晚侏罗世—早白垩世天山区域整体抬升剥露加剧，并伴随主分水岭相对北移；晚白垩世—古近纪相对较弱，而新近纪再度活跃并达到最强，南、北天山强烈隆升，分水岭各成系统。前人运用磷灰石裂变径迹测年技术，分析了天山在不同地区的隆升时间。

依据不同地区的山体隆升时间，认为天山并非同一时间隆升，而是按照时间先后顺序隆升。中生代以来，天山隆升同样可划分为四个阶段，隆升的山体范围两小两大。（1）第一期隆升发生在距今 220～180Ma 的晚三叠世—早侏罗世，最早隆升地点在昭苏—伊宁一线的中天山和奎屯南至玉希莫勒盖达坂地区，以及塔里木盆地北缘的库鲁克塔格山的兴地、辛格尔地区，山体隆升范围较小。（2）第二期隆升发生在距今 150～100Ma 的晚侏罗世—早白垩世，主要的隆升地点位于中天山琼博拉森林公园、北天山玛纳斯河上游—博格达山、南天山独库公路欧西达坂等地区，以及塔里木盆地北缘的库鲁克塔格山的北部地区，该时期的山体隆升范围较大。该时期的隆升，揭开了天山南北盆地开始分异的序幕。（3）第三期隆升发生在距今 96～46Ma 的晚白垩世—始新世，山体隆升范围比较小，隆升地点主要位于北天山的头屯河及乌库公路后峡地区、南天山库车坳陷北部捷斯德里克背斜等地区、库鲁克塔格山西缘的库尔勒东部地区，以及吐哈盆地南部觉罗塔格山的雅满苏地区。（4）第四期隆升发生在距今 25Ma 以来的中新世—第四纪，该时期可以说是天山全面隆升时期，并逐步形成现今的天山形态。

2. 早侏罗世—中侏罗世天山隆升阶段

中生代以来，天山的第一期隆升发生在距今220～180Ma的晚三叠世—早侏罗世的晚印支运动，隆升地区主要在昭苏—伊宁一线的中天山、奎屯南至玉希莫勒盖达坂地区，以及塔里木盆地北缘的库鲁克塔格山的兴地、辛格尔地区。

新疆地区早侏罗世位于古亚洲大陆南部边缘，区内地形与现今相比平缓得多，古天山可能处于中低山、丘陵状态。天山南北大型沉积盆地有准噶尔—吐哈、伊宁、塔里木北缘等盆地，盆地菱形或梭形，近东西向分布。山丘之间和山丘与大盆地之间又分布着众多中、小型盆地。这些盆地在印支运动之后处于相对稳定、单一的沉积构造背景，准噶尔盆地基本上为北浅南深的箕状盆地，吐哈盆地为近东西向的长条形，古地势南高北低，沉降沉积中心位于盆地北部。塔里木盆地北缘发育一近东西向大型沉积盆地，沉积沉降中心分别在库车坳陷和罗布泊以北地区，盆地内地势北深南浅。早侏罗世—中侏罗世早期，准噶尔盆地和吐哈盆地沉积巨厚，分布范围广阔。南北天山之间的伊宁盆地、昭苏盆地、焉耆盆地、库米什盆地等不同程度的发育早侏罗世—中侏罗世早期地层，特别是伊宁盆地和焉耆盆地，此套地层巨厚，并有钻井揭露。

早侏罗世早期是天山南北两侧盆地内巨厚的砂砾岩储层形成期，冲积扇—河流相砾岩夹砂泥岩广泛分布于准噶尔盆地、吐哈盆地、三塘湖盆地、焉耆盆地、库米什盆地、博乐等盆地的八道湾组底部。塔里木盆地库车坳陷早侏罗世早期，发育阿合组辫状河沉积的砂砾岩。该时期为温暖潮湿型气候，准噶尔盆地、吐哈盆地及库车坳陷南部发育广泛的滨浅湖、沼泽沉积。早侏罗世晚期—中侏罗世是烃源岩重要形成期，天山南北湖盆扩张明显，烃源岩沉积范围宽广。侏罗纪烃源岩发育期长，煤层厚度大，成煤时间存在南北差异。北疆从早侏罗世早期开始—中侏罗世早期，以八道湾组、西山窑组为主要含煤地层。吐哈盆地中侏罗世晚期的三间房组、七克台组局部地区发育薄煤层或煤线。南疆地区从早侏罗世晚期—中侏罗世晚期的克孜勒努尔组都有煤层，以下统上部阳霞组为主要含煤地层。中侏罗世中晚期，天山南北主要为湖泊相沉积。北疆的准噶尔盆地、吐哈盆地连通为统一的泛湖盆，南疆的库车坳陷、北部坳陷东部、焉耆盆地等组成统一的泛湖盆，天山内部的伊宁盆地同样处于湖水面宽广时期。

总体而言，以中天山为界，北部的准噶尔—吐哈地区的基底由阿尔泰增生褶皱带和哈萨克斯坦板块东延部分组成，自印支运动开始准噶尔盆地就发育成大型陆相坳陷盆地，早侏罗世—中侏罗世盆地继承性发展成为中国北方最大的侏罗纪盆地。中天山南部基底由塔里木克拉通和天山增生褶皱带组成，包括塔里木盆地、伊宁盆地、焉耆盆地等。持续的沉降使本区各盆地具有更大的地层厚度和更发育的湖相泥岩，成为中国北方侏罗系烃源岩最发育地区。由于该时期天山的隆升范围较小，整个中天山以东地区，包括准噶尔盆地—吐哈盆地、库车坳陷与北部坳陷东部地区、焉耆盆地及其他小型盆地还处于较为统一的沉积演化阶段。

3. 晚侏罗世—早白垩世天山隆升阶段

第二期隆升发生在距今150～100Ma的晚侏罗世—早白垩世，该时期也是天山南北两侧的盆地沉积演化产生分异的转型期。受早燕山运动影响，山体隆升范围较大，北天山持续隆升并向东延伸，博格达山开始大规模隆升，南天山中段、东段与库鲁克塔格山也开始大规模隆升。博格达山的隆升开始使北疆的准噶尔盆地与吐哈盆地沉积演化产生了分异，同时，南天山与库鲁克塔格山的隆升也使南疆和北疆盆地的沉积环境演化产生了分异。

中侏罗世晚期—晚侏罗世，中国北方气候不断变热、变干，沉积区域与前期相比有所缩小，沉积以杂色和红色占主导地位。早燕山运动造成盆地区域抬升，博格达山的隆升使准噶尔盆地与吐哈盆地分割为两个盆地。准噶尔盆地西北部则大幅度隆升，缺失中侏罗统上部和上侏罗统，东部中侏罗统上部和上侏罗统相对发育。博乐盆地、后峡盆地、柴窝堡盆地等均有分布。吐哈盆地中侏罗统上部和上侏罗统巨厚，沉降中心在吐鲁番坳陷，均以大套杂色、红色砂泥岩为特点。伊宁盆地和昭苏盆地中侏罗统上部和上侏罗统在地表出露零星，但钻井皆钻揭该套地层。焉耆盆地西端的干草湖一带、库米什盆地等均有出露。齐古组在准噶尔盆地与中侏罗世晚期沉积范围相当，主要为河流相—滨浅湖亚相，紫泥泉子组以东普遍发育凝灰岩。吐哈盆地分布范围较小，主要在台北坳陷，为滨浅湖亚相沉积。喀拉扎组沉积时期，准噶尔盆地主要为冲积扇—季节性河流沉积，吐哈盆地台北凹陷西部岩性相对较细，为河流相及滨浅湖亚相沉积。晚侏罗世随着南天山、库鲁克塔格山的进一步隆升，库车坳陷与北部坳陷东部地区古气候炎热干燥，湖泊迅速萎缩，沉积范围大面积缩小，各地区以季节性河流相的红色砂砾岩沉积为主。

早白垩世早期，北天山继续隆升并向东延展，博格达山、南天山及库鲁克塔格山的隆起，导致准噶尔盆地边界北移、库车坳陷的边界南移，沉积物源发生明显变化，各盆地的古气候特征也发生变化，盆山格局也随之发生改变，此阶段可以与欧亚板块南缘拉萨地块的拼合作用相对应，是天山南北两侧盆地由局部张性构造背景开始向局部挤压构造背景转变的重要时期。

早白垩世早期，天山南北各盆地沉积了一套砂砾岩，在准噶尔盆地表现为下白垩统底部砾岩，库车坳陷表现为下白垩统亚格列木组底砾岩沉积。之后，大规模的湖侵发生，准噶尔盆地表现为以吐谷鲁群宽而浅的湖盆沉积为主，湖盆沉积范围较晚侏罗世稍有扩大。吐谷鲁群岩性主要为湿润气候环境下沉积的深灰色、灰色、灰绿色、黄绿色泥岩、砂质泥岩等，并含有大量动植物化石，是烃源岩的发育时期。南天山前库车坳陷气候干旱，舒善河组—巴西改组发育红色的湖相泥岩与三角洲沉积。中天山的伊宁盆地、南天山的焉耆盆地可能也以湖泊沉积为主。

早白垩世，准噶尔盆地、库车坳陷沉积演化产生了分异，准噶尔盆地在早白垩世有烃源岩发育，但是储层的分布范围较小。此时的库车坳陷气候干旱炎热，先前统一的宽浅型湖泊的湖平面下降，导致早先沉积的宽浅型湖泊出现了分化，在古天山前出现了多个小型湖泊。天山前季节性河流沉积大规模出现，河流进入小型湖泊后也可形成大量的小型季节性河流三角洲，塔里木盆地北部形成了大面积分布的巴什基奇克组砂岩，该时期是储层的重要发育时期。

晚白垩世在准噶尔盆地沉积了上白垩统东沟组红色砂砾岩，准噶尔盆地东部、西部均不同程度缺失上白垩统，残余厚度仅限于盆地中央，邻近盆地如柴窝堡盆地、吐哈盆地、塔里木盆地、柴达木盆地和酒西盆地等不同程度缺失上白垩统。

二、天山南北侏罗—白垩系沉积特征差异与控制因素

1. 侏罗系沉积特征对比

1）库车坳陷阿合组

阿合组为相对稳定沉积环境下的辫状河三角洲沉积体系，沉积区的构造沉降较块；物源区的砂（砾）质碎屑供给十分充分；沉积物搬运过程中的搬运营力较强，使河道不断改道迁移。这三个因素的相互配合使阿合组成为砂（砾）质岩十分发育，并且在平面上分布很广的富砂型粗碎屑岩地层。其东、西区在岩相组合、沉积环境和沉积体系上基本相似；不同之处在于西区砂砾质含量增加，砂体厚度较大，沉积构造发育程度略差（未见泄水构造、变形构造等，交错层理不及东区发育），河道改道更频繁些（河道二元结构更不完整）。

从表3-1-1可以看出，地层厚度从东向西逐渐增厚再减薄，库车河东Ⅳ沟最厚，砾岩及砂岩厚度增大，泥岩厚度相对较小，表明克孜勒努尔以西地区物源供应充分。根据东、西区岩性粒度变化，克孜勒努尔剖面及以西地区粗粒沉积物厚度比东部地区大，推断克孜勒努尔以西地区可能更接近物源区。根据剖面及钻井的重矿物含量分析资料，阿合组重矿物以白钛石、锆石、电气石、石榴石为主，说明母岩成分主要来自火成岩及变质岩，锆石和石榴子石含量成负相关性，即锆石含量偏高时，则石榴子石含量偏低。分析对比重矿物、地层厚度、古水流等资料可以得出，北部构造带阿合组物源分三区、六个亚区，分别为克拉苏河—黑英山物源区，库车河—克孜勒努尔沟迪北物源区和吐格尔明物源区，进一步可分为克拉苏河物源亚区、黑英山物源亚区、库车河—克孜勒努尔沟物源亚区、迪北物源亚区、吐西物源亚区和吐东物源亚区。沉积相平面具有南北分带性，以辫状河三角洲平原为主，可分为克拉苏河—黑英山辫状河三角洲下平原沉积区、库车河—克孜勒努尔沟三角洲下平原—前缘沉积区、迪北地区辫状河三角洲上平原—下平原沉积区和吐格尔明地区辫状河三角洲下平原沉积区，其纵向上频繁叠置，横向上砂体连片分布。

表3-1-1 库车坳陷露头与钻井侏罗系阿合组地层厚度数据表

井名/剖面名	地层厚度/m				砂地比/%			砾地比/%		
	阿一段	阿二段	阿三段	总厚度	阿一段	阿二段	阿三段	阿一段	阿二段	阿三段
克拉苏河东	90.55	103.46	71.05	265.06	10.58	43.93	32.09	62.46	56.07	53.20
拜矿界	60.30	140.85	62.20	263.35	18.76	51.85	24.19	50.42	48.15	54.25
米斯布拉克	77.27	118.00	120.90	316.17	20.36	22.02	10.47	70.51	76.08	88.93
库车河西	108.46	120.89	121.15	350.50	13.57	26.78	27.87	64.77	70.60	55.79

续表

井名 / 剖面名	地层厚度 /m				砂地比 /%			砾地比 /%		
	阿一段	阿二段	阿三段	总厚度	阿一段	阿二段	阿三段	阿一段	阿二段	阿三段
库车河东Ⅱ沟	139.15	153.20	111.05	403.40	7.21	20.11	10.97	73.69	79.89	86.28
库车河东Ⅳ沟	148.07	156.30	113.65	418.02	29.08	43.61	49.02	52.65	54.70	29.74
迪探 1 井	62.70	111.30	71.00	245.00	7.02	68.10	65.28	92.98	3.45	
依南 4 井	57.15	119.15	110.75	287.05	75.13	91.93	61.24	10.66	3.33	28.28
迪北 102	40.05	107.95	92.95	240.95	72.20	81.20	84.10			
依南 2 井	53.65	92.30	117.00	262.95	83.20	72.90	77.40			
迪西 1 井	50.06	104.55	125.29	279.9	76.50	74.70	72.30			
迪北 101 井	77.93	93.83	124.68	296.44	60.56	92.47	65.08			
依南 5 井	44.75	99.50	113.00	257.25	72.86	78.16	84.65	20.93	2.23	1.68
明南 1 井	81.90	92.10	120.75	294.75	72.62	83.52	76.47	4.76	8.79	9.24
吐格 3 井	59.83	131.87	96.40	288.10	90.48	74.42	81.63			
迪北 105X 井	57.50	85.00	123.50	266.00	78.95	70.59	68.80			

2）库车坳陷阳霞组—克孜勒努尔组

阳霞凹陷侏罗系阳霞—克孜勒努尔组主要发育辫状河三角洲平原、前缘，主体位于辫状河三角洲平原位置，以发育河道间及分流河道微相为特征，泛滥平原微相发育。物源主要来自北部天山方向，吐格尔明地区位于三角洲主体部位，吐格 4 井、吐格 2 井区位于三角洲边缘部位。阳霞组沉积从早期到中期，辫状河三角洲平原亚相和前缘亚相范围扩大，表现为物源进积特征；从中期到晚期，辫状河三角洲平原亚相和前缘亚相范围缩小，表现为物源退积特征。克孜勒努尔组整体表现为退积特征。阳霞组沉积早—中期，沉积物主要为浅灰色砂砾岩、含砾砂岩，并发育若干向上变细正旋回，主要为辫状河三角洲平原沉积，迪西 1 井区位于三角洲上平原边缘，发育辫状河三角洲下平原沉积。阳霞组沉积晚期，主要为深灰色碳质泥岩为主，为滨浅湖—半深湖沉积。

克孜勒努尔组沉积早期—中期，发育灰绿色、深灰色泥岩或碳质泥岩，煤层夹灰色细砂岩、粗砂岩和含砾粗砂岩，主要为辫状河三角洲前缘分流河道、下平原辫状河道沉积，泛滥平原、分流间湾沉积较发育，三角洲前缘亚相范围缩小。克孜勒努尔组沉积中—晚期，发育灰绿色、深灰色泥岩或碳质泥岩，煤层夹灰色细砂岩、粗砂岩和含砾粗砂岩，主要为辫状河三角洲前缘分流河道沉积，分流河道间较发育，三角洲前缘亚相范围缩小。

总体上，阳霞凹陷地区侏罗系阳霞组—克孜勒努尔组沉积相南北方向上由辫状河三角洲平原过渡到前缘亚相，阳霞河组一段为湖泊相，相带分异较明显；在东西方向上，相带展布有分区性，总体上砂体连续性差，泥岩层厚。

3）库车坳陷侏罗系整体特征

侏罗系发育良好，化石丰富，为一套含煤陆相沉积，底与三叠系整合接触，顶与白垩系假整合接触，一般厚1451.22～2072.06m。下侏罗统阿合组厚358～414m，岩性为厚层状浅灰色、灰白色块状砾岩、含砾粗砂岩、粗砂岩，表现为大面积、厚层状的辫状河的河道、心滩砂体沉积，辫状河三角洲前缘的水下分流河道夹河口坝、分流间湾等沉积；阳霞组厚531～570m，下段岩性灰色中—细砾岩、泥粉砂岩夹煤层，上段岩性为深灰色、褐灰色厚层泥岩、碳质泥岩，发育曲流河、（曲流河）三角洲前缘的水下分流河道、河口坝、分流间湾等沉积，以及该组顶部厚度均一、分布广泛、岩相稳定的浅湖—沼泽化浅湖或浅湖为特征。早侏罗世，库车坳陷在古天山前发育大面积、广泛分布的辫状河、曲流河及曲流河三角洲沉积，湖泊的沉积面积宽广（图3-1-1）。

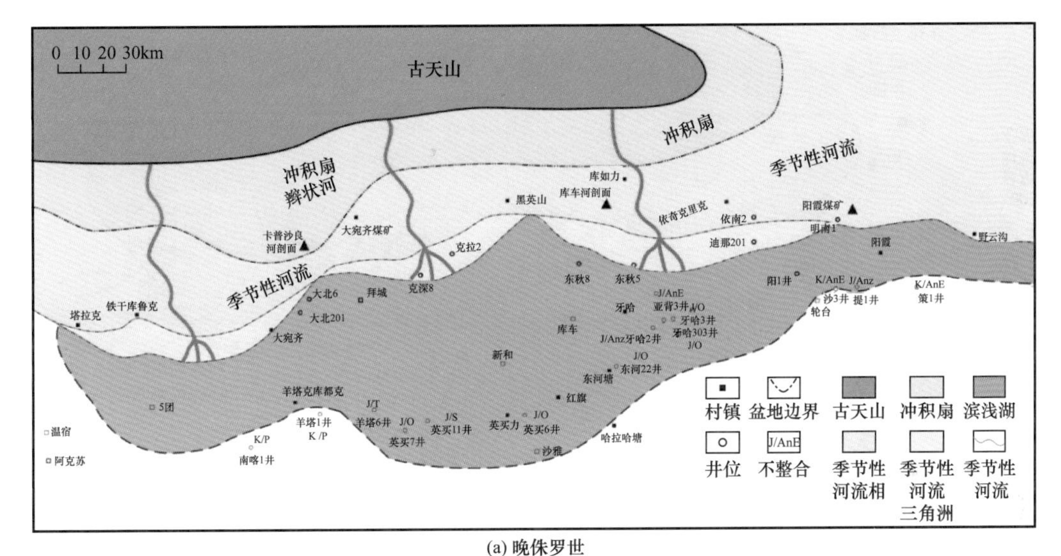

(a) 晚侏罗世

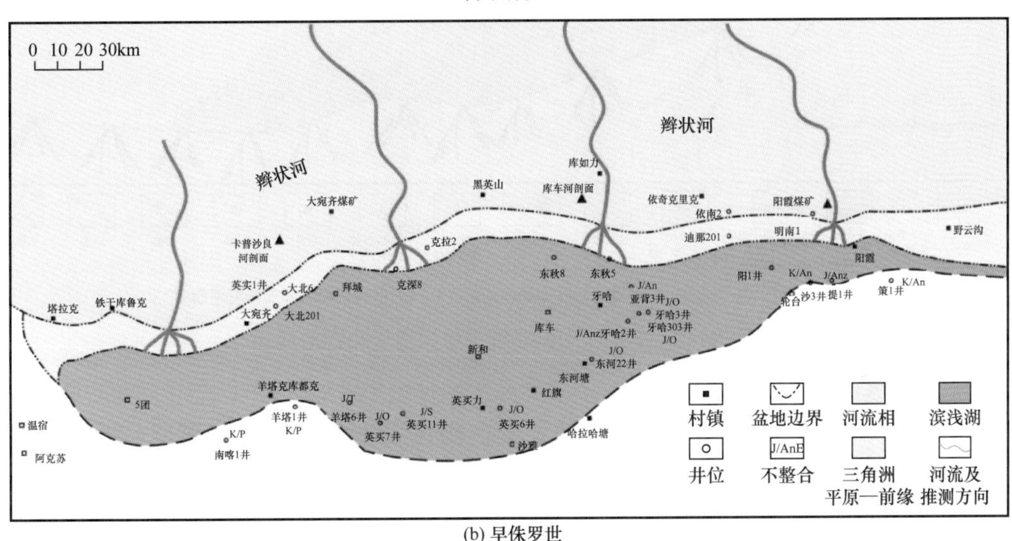

(b) 早侏罗世

图3-1-1　库车坳陷早侏罗世与晚侏罗世岩相古地理图

有利储集体主要为辫状河砂体、曲流河砂体、曲流河三角洲平原、前缘亚相中的各微相砂体。当时的陆源剥蚀区，为北高南低，湖盆北部“古天山”为主物源区，塔北隆起北部为次物源区。中侏罗统克孜勒努尔组厚度为386～725m，岩性为灰白、灰绿色细砾岩、含砾砂岩、砂岩与绿灰色、灰黑色粉砂岩、泥页岩及煤层、煤线；恰克马克组厚度为167～278m，岩性为鲜绿、灰绿及紫色泥岩、砂质泥岩、粉砂岩夹砂岩。中侏罗世，库车坳陷以广泛的河流—三角洲及湖泊沉积为主，巨厚的泥页岩是重要的烃源岩发育时期。上侏罗统齐古组厚272～348m，岩性为红褐色、红色泥岩夹灰白、灰绿色钙质粉砂岩、泥岩；喀拉扎组厚度较薄，仅为16～63m，岩性为褐红色薄—厚层状含钙质砂岩、砾岩夹黄红色、紫红色中厚层状泥质粉砂岩。晚侏罗世，由于南天山前气候变得干旱，库车坳陷以季节性河流冲积平原、季节性河流三角洲及扇三角洲、冲积扇等沉积为主（图3-1-2）。

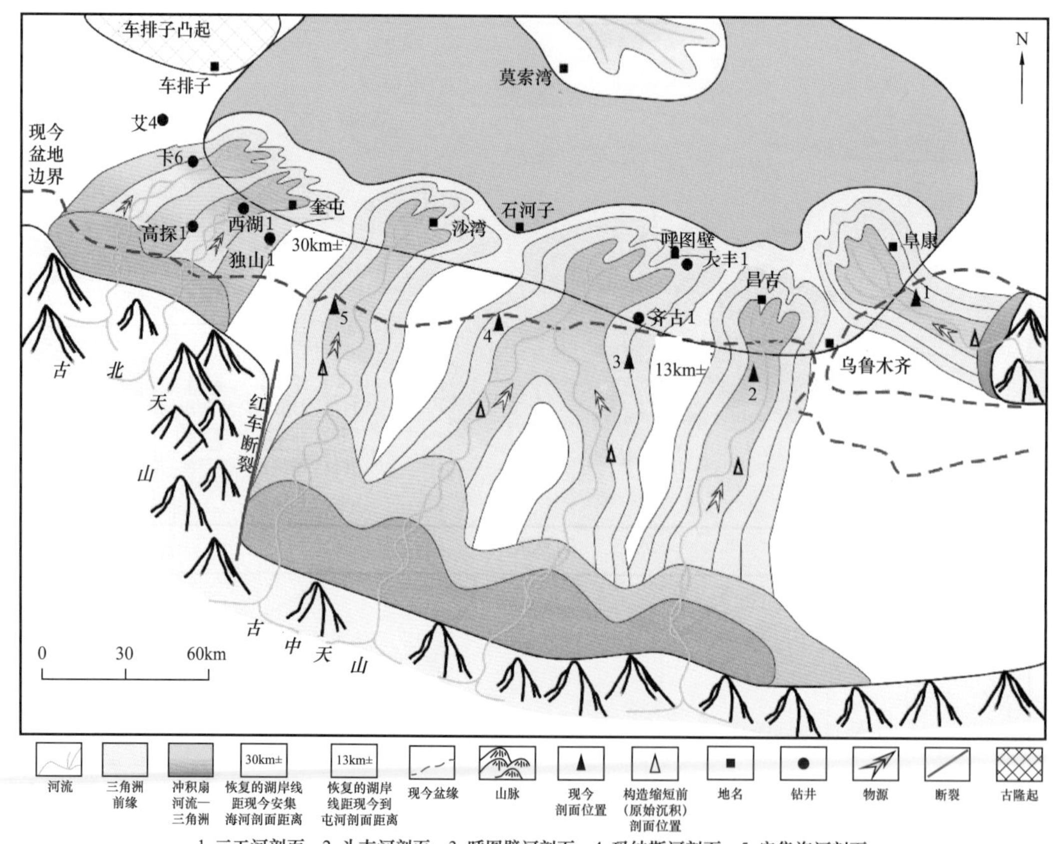

图3-1-2 准南缘中侏罗统头屯河组岩相古地理图

4）准南缘侏罗系

侏罗系分布广、厚度大、沉积类型多、生物化石丰富、地表出露良好，最大厚度达4000m。南缘下侏罗统八道湾组厚度约585m，中下部为厚层状浅灰、灰绿色粗砾岩与泥粉砂岩互层；上部为含砾粗砂岩与煤层，为扇三角洲平原—前缘沉积、河流相及沼泽相灰绿色中—粗砂岩、细砂岩及灰黑色碳质泥岩和煤层沉积，以及湖泊相和三角洲相暗色泥岩沉积等（表3-1-2）。三工河组厚度约860m，下部岩性为黑褐色泥岩夹灰黄色

表 3-1-2　南北天山库车坳陷与准南缘侏罗系—白垩系各组地层厚度、岩性组合与沉积特征对比表

库车坳陷						准南缘				
地层		厚度 /m	岩性组合	沉积相类型	典型剖面	地层	厚度 /m	岩性组合	沉积相类型	典型剖面
上白垩统						东沟组	约 102	下部紫红色、棕黄色中细砾岩；中部灰白色、棕红色砾岩；上部紫色中细砾岩	冲积扇、辫状河	雀儿沟
下白垩统	巴什基奇克组	224～236	上部粉红色厚层块状中细砂岩夹含砾砂岩，下部紫灰色块状砾岩	季节性河流—三角洲	库车河卡普沙良河	连木沁组	250～450	灰绿色砂岩与粉砂岩与红褐色、紫红色泥岩互层	三角洲、滨浅湖	雀儿沟
	巴西改组	163～490	黄灰色、桔红色厚层，块状粉细砂岩，粗砂岩夹泥岩	三角洲—滨浅湖	库车河阿瓦特河	胜金口组	40～80	深灰色、灰绿色泥页岩，砂质泥岩夹粉细砂岩	三角洲、滨浅湖、半深湖	雀儿沟
	舒善河组	694～1099	紫红色、灰紫色粉砂质泥岩，粉砂岩夹灰绿色、黄绿色粉砂岩、细砂岩	滨浅湖	库车河卡普沙良河	呼图壁河组	400～600	下部紫红色、绿灰色泥岩、粉细砂岩与灰色粉砂质泥岩互层；上部紫红色粉砂质泥岩、泥质粉砂岩	三角洲平原—前缘、滨浅湖	雀儿沟
	亚格列木组	60～243	浅紫灰色砾岩夹中细砂岩，灰紫色、灰绿色中薄层状中细砂岩、粉砂岩	扇三角洲平原	库车河卡普沙良河	清水河组	200～400	底部灰绿色中细砾岩；中上部灰绿色、黄绿色泥粉砂岩与细砂岩互层，夹褐色、紫红色泥质砂岩条带	扇三角洲、辫状河三角洲、滨浅湖	雀儿沟
上侏罗统	喀拉扎组	16～63	褐红色薄层—厚层状含钙质砂岩，细砾岩夹黄红色、紫红色中厚层状泥质粉砂岩	扇三角洲平原—前缘	库车河卡普沙良河	喀拉扎组	约 300	橙红色、褐红色中粗砂岩、砾岩	冲积扇 / 扇三角洲平原	玛纳斯红沟
							约 65	厚层状灰色含砾粗砂岩、中细砂岩，交错层理、平行层理发育	辫状河	头屯河
	齐古组	272～348	红褐色、红色泥岩夹灰白色、灰绿色钙质粉砂岩、泥岩	冲积平原—三角洲平原	库车河卡普沙良河	齐古组	约 300	暗紫红色、砖红色及褐红色泥岩、粉砂质泥岩夹黄灰色薄层—中层状砂岩；下部含砾粗砂岩—中细砂岩	曲流河	玛纳斯红沟

续表

库车坳陷						准南缘				
地层		厚度 /m	岩性组合	沉积相类型	典型剖面	地层	厚度 /m	岩性组合	沉积相类型	典型剖面
中侏罗统	恰克马克组	167～278	鲜绿色、灰绿色及紫色泥岩、砂质泥岩、粉砂岩夹砂岩	曲流河—三角洲平原	库车河 阿瓦特河	头屯河组	约 850	灰色、浅灰色巨厚层状含砾粗砂岩与灰绿色夹紫红色、棕红色条带状泥岩互层	辫状河—曲流河沉积	头屯河
	克孜勒努尔组	386～725	灰白色、灰绿色细砾岩、含砾砂岩、砂岩与绿灰色、灰黑色粉砂岩、泥页岩及煤层、煤线	曲流河—三角洲平原、前缘	吐格尔明 库车河	西山窑组	约 1100	下部灰白色含砾粗砂岩、泥岩夹砂岩透镜体；中部厚层状含砾粗砂岩；上部砂岩与泥岩及煤层互层	辫状河三角洲平原、前缘与滨浅湖	南安集海河
下侏罗统	阳霞组	531～570	上段深灰色、褐灰色厚层泥岩、碳质泥岩；下段灰色中—细砾岩、泥粉砂岩夹煤层	曲流河—三角洲—湖泊	库车河 吐格尔明	三工河组	约 860	下部黑褐色泥岩夹灰黄色砂岩；中部灰黄色砂岩；上部灰绿色泥粉砂岩	辫状河三角洲平原、前缘与滨浅湖	郝家沟
	阿合组	358～414	厚层状浅灰色、灰白色块状砾岩、含砾粗砂岩、粗砂岩	辫状河	库车河 克拉苏河	八道湾组	约 585	中下部厚层状浅灰色、灰绿色粗砾岩与泥粉砂岩互层；上部含砾粗砂岩与煤层	扇三角洲平原—前缘	石场

砂岩，中部岩性为灰黄色砂岩，上部岩性为灰绿色泥粉砂岩，为辫状河三角洲平原、前缘与滨浅湖，以及半深湖—深湖亚相暗色泥岩、页岩沉积。中侏罗统西山窑组厚度约1100m，下部岩性为灰白色含砾粗砂岩、泥岩夹砂岩透镜体，中部岩性为厚层状含砾粗砂岩，上部岩性为砂岩与泥岩及煤层互层，表现为辫状河三角洲平原、前缘与滨浅湖、湖沼等沉积。头屯河组厚度约为850m，岩性为灰色、浅灰色巨厚层状含砾粗砂岩与灰绿色夹紫红色、棕红色条带状泥岩互层，表现为辫状河—曲流河沉积，以及河流三角洲相的黄绿色、灰绿色砂砾岩与杂色泥岩、粉细砂岩互层沉积。头屯河组沉积时期，中段与西段以河流—三角洲沉积为主，其中，南缘中段以南部物源为主，砂体规模大，厚度为60～384m；南缘西段南部物源体系规模相对较小，以北部物源体系为主，砂砾岩厚度100～236m；南缘东段以南部物源为主，但受东北物源影响，为小型缓坡型辫状河三角洲沉积，砂岩、泥岩薄互层，叠合分布面积大。

头屯河组岩性主要为砂砾岩、含砾不等粒砂岩及粉砂岩、细砂岩，以细砂岩物性最好，井下样品平均孔隙度为7%～12%，最高达13%～14%。上侏罗统齐古组厚度约为300m，岩性主要为暗紫红色、砖红色及褐红色泥岩、粉砂质泥岩夹黄灰色薄层—中层状砂岩，下部含砾粗砂岩—中细砂岩。南缘西部四棵树地区的齐古组，主要受北部车排子凸起物源影响，霍尔果斯—玛纳斯—吐谷鲁—呼图壁地区主要受南部物源影响，发育曲流河、河流三角洲沉积，有利的储集相带有二类：（1）河道砂体，特点是厚层状，单砂体厚度大，以四参1井为代表；（2）河流三角洲前缘相的分流河道和河口坝砂体，特点是单砂体厚度较小，厚2～20m，累计厚度比较大，乌奎背斜带预测砂体厚度普遍在10～50m，四棵树地区30～300m。上侏罗统喀拉扎组厚度巨大，发育一套冲积扇相、季节性辫状河相灰褐色砾岩夹褐色泥岩与砾状砂岩。喀拉扎组有利砂体主要分布于南缘中东段，范围相对局限，以南部物源体系为主，发育大型冲积扇和辫状河三角洲（图3-1-3），总体为一套巨厚的块状砂砾岩、砂岩沉积，砂体厚度在100m以上，乌奎背斜带的砂体厚度普遍在100～200m，露头区砂砾岩厚度超过150m，头屯河剖面砂岩厚达507m，喀拉扎地区最厚可达860m。钻井揭示砂岩厚度210～450m，分布面积约10000km^2。喀拉扎组以中低孔、中低渗储层为主，物性变化较大，局部发育优质储层。

2. 白垩系沉积特征对比

1）库车坳陷

白垩系主要为一套陆相紫红色河湖相沉积，与上覆古近系平行不整合或不整合接触，与下伏侏罗系喀拉扎组平行不整合接触，一般厚236.7～1678.97m。底部发育亚格列木组，厚度为60～243m，岩性为浅紫灰色砾岩夹中细砂岩、灰紫色、灰绿色中薄层状中细砂岩、粉砂岩。该组沉积时期，在北部天山物源供应下，沿北部山前带发育广泛的冲积扇—季节性河流—季节性河流三角洲、扇三角洲等沉积。西部库尔干、阿托依拉克、塔拉克、小台兰河、阿瓦特河等剖面附近发育冲积扇—季节性河流沉积体，卡普沙良河至克拉苏河再向东至库车河、吐格尔明剖面同样为冲积扇—季节性河流沉积体系。沿吐北1井—克深1井—克拉2井—依南2井一线表现为高砂地比的季节性河流三角洲沉积，南部发育宽浅型湖泊沉积。

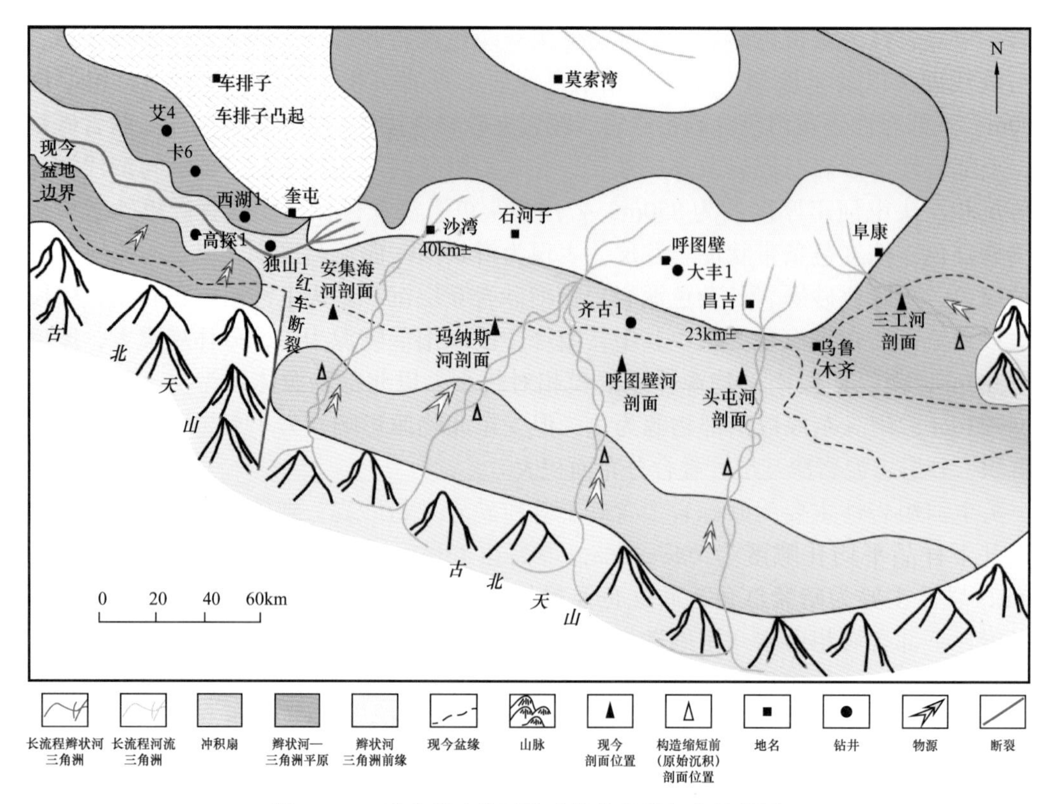

图 3-1-3 准南缘上侏罗统喀拉扎组岩相古地理图

舒善河组厚度为694～1099m，岩性为紫红色、灰紫色粉砂质泥岩、粉砂岩夹灰绿色、黄绿色粉砂岩、细砂岩，该时期库车坳陷大部分区域为湖水所淹没，物源供应不充分，形成了广泛的滨浅湖沉积。巴西改组厚度为163～490m，岩性主要为黄灰、桔红色厚层、块状粉细砂岩、粗砂岩夹泥岩。舒善河组沉积时湖侵达最大，至巴西改组沉积时期又开始了湖退的沉积过程，此时古地形相对平缓，周缘构造活动较弱。在北部山前沉积了较为广泛的叠置的冲积扇—季节性河流—三角洲沉积体。

巴什基奇克组与巴西改组地层之间具有明显的不整合，厚度为224～236m，上部岩性为粉红色厚层块状中细砂岩夹含砾砂岩，下部岩性为紫灰色块状砾岩。在北部天山物源供应下，山前带发育粗粒的冲积扇沉积，分别在库车河地区、卡普沙良河—克拉苏地区和西部的库尔干—塔拉克—阿瓦特一带发育三个典型的季节性河流粗粒碎屑岩沉积体（图 3-1-4）。整体上，大致沿塔拉克—阿瓦特—卡普沙良河—吐格尔明—野云 2 井以北发育冲积扇沉积，此一线以南发育季节性河流与风成沉积。大致沿却勒 6 井—英买 30 井—齐满 1 井一线以北为季节性河流与风成沉积，此一线以南为季节性河流三角洲与风成沉积为主，岩性主要为粉砂岩、泥质粉砂岩，如玉东 2 井、玛纳 1 井、英买 31 井、红旗 1 井、东河 8 井、哈 1 井等井。

2）准南缘

下白垩统吐谷鲁群在南缘主要分布于昌吉河与乌苏之间，头屯河东岸一直延伸到托斯台地区，以昌吉河至玛纳斯河、紫泥泉子最为发育。岩性主要为灰绿色、棕红色泥岩、砂岩、粉砂岩组成的不均匀互层，呈条带状，具明显的灰绿色底砾岩层，厚170～1594m。

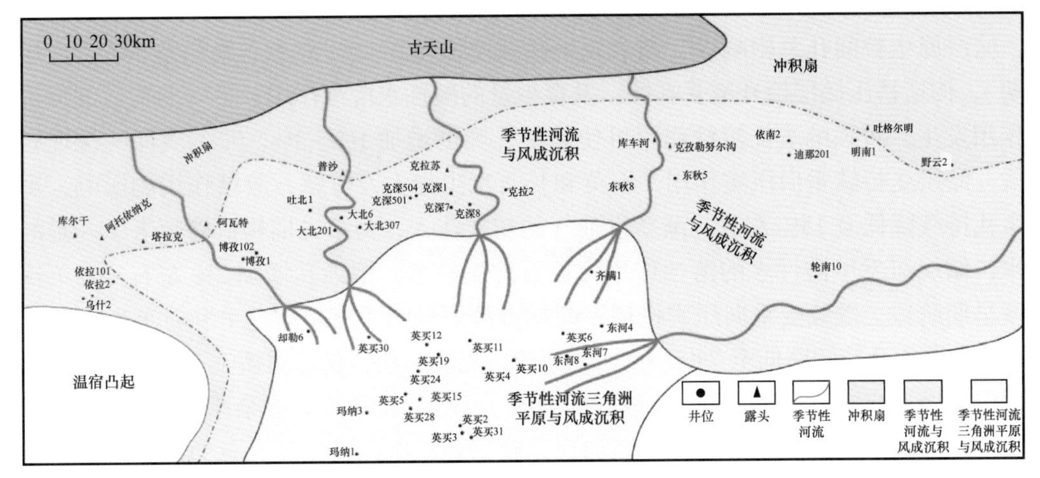

图 3-1-4　库车坳陷下白垩统巴什基奇克组岩相古地理图

下白垩统底部的清水河组平均厚度为200～400m，底部岩性为灰绿色中细砾岩，中上部岩性为灰绿色、黄绿色泥粉砂岩与细砂岩互层，夹褐色、紫红色泥质砂岩条带，表现为扇三角洲、辫状河三角洲及滨浅湖沉积。清水河组储层发育，主要集中于底部，厚度为20～100m，以扇三角洲前缘、辫状河三角洲前缘砂体为主，有利相带面积约15000km^2。清水河组发育南、北两个物源体系，控制砂体分布。底部在露头上主要为砂砾岩，厚度约10～20m，最大可达70m，向上相变为细砂岩、泥岩，过渡为湖相沉积。

下白垩统呼图壁河组—连木沁组以三角洲、滨浅湖及半深湖沉积为主，沉积厚度巨大。

上白垩统东沟组在南缘主要分布于昌吉—沙湾县之间，南安集海以西缺失，岩性主要为灰棕色、灰红色、灰色砾岩，夹红褐色砂质泥岩。在盆地的腹部地区，井下均见该组地层，且地层厚度自北向南逐渐增大，主要表现为冲积扇、辫状河以及三角洲等沉积。

第二节　冲断带深层储层发育机制

深层储层是现今油气勘探的重点领域之一，其在成岩过程中经历了静岩压实效应、流体压实和热压实等多种压实作用。以库车前陆盆地为代表的西部盆地中生界深层储层具有早期长期浅埋、后期快速深埋及晚期强烈侧向挤压的共性地质演化过程，即垂向机械压实作用、侧向构造挤压作用均对深层储层的储集性有重要影响。

一、深层储层孔隙演化与预测模型

依据成岩物理模拟实验获取的砂岩储层孔隙演化参数与特征，并结合实际岩心观察结果及前人研究认识，建立了两类深部储层孔隙预测模型，明确了有利储层分布。

1. 早期长期浅埋—后期快速深埋—晚期侧向挤压型

该模型具有如下特征:（1）浅埋藏阶段，在早期较强的压实和方解石等胶结的作用下，储层原生粒间孔急剧减少，剩余原生孔隙度保存在 20% 左右。晚白垩世（燕山运动晚期），构造挤压储层抬升遭受剥蚀，发育少量的碱性水溶蚀作用，第一期构造缝促进溶蚀作用发生，较强的表征溶蚀作用可使储层孔隙度增加 1%～3%。（2）浅埋—深埋转换阶段，储层受持续垂向压实作用、石英和长石次生加大及方解石胶结作用的影响，剩余原生孔持续降低至 15% 左右。渐新世油气的初次注入，为第二期构造缝带来了一定的酸性水，储层可发生酸性水的溶蚀作用，长石发生溶蚀，溶蚀孔增加 2% 左右。（3）快速深埋早期阶段，继续受垂向压实作用、晚期方解石胶结（充填裂缝）和石英次生加大作用，剩余原生孔持续降低至 7%～8%，但该阶段出现的构造挤压顶蓬（王招明，2013）支撑效应、盐下低地温及超压作用，较好的抑制了原生孔的降低，剩余原生孔保持在 5% 左右。同时，由于垂向压实作用的不断加大，碎屑颗粒中开始出现大量的破裂现象，较多的颗粒内无定向裂缝发育。第一期成岩压碎缝与第三期的构造缝，增强了酸性水溶蚀作用，出现大量的溶蚀扩大孔，次生溶孔的含量可达 4%～5%。（4）晚期侧向挤压阶段，白垩系储层进入中成岩阶段，在持续的垂向压实作用下，此时受喜马拉雅运动的影响，南天山强烈崛起，自北向南强烈的逆冲挤压作用于白垩系储层。在垂向压实、侧向挤压共同作用下，砂岩储层本身碎屑骨架颗粒出现了较明显的共轭方向定向排列，骨架颗粒的定向排列支撑作用使深层储层了孔径、喉径得以有效保持。同时，在垂向压实、侧向挤压共同作用下，颗粒内出现了共轭剪切裂缝，形成第二期成岩压碎缝，进而增加了长石等颗粒的溶蚀性，溶蚀扩大孔可达 4% 左右。盐下深层储层在超压、顶蓬效应、低地温及骨架颗粒定向排列支撑四种作用下，剩余原生孔得以保持，在构造侧向挤压、成岩压碎破裂造缝、次生溶蚀两种改造机制作用下，增强了深层储层的可溶蚀性、提高了储层渗透性，使深层仍发育有利储层（图 3–2–1），使储层孔隙度总体达到 3%～8%，渗透率达到 1～10mD。

前人对库车前陆盆地深部有利储层进行了预测。王波等（2011）认为白垩系巴什基奇克组埋深普遍大于 5000m，西部大北—克拉苏深层构造带目前埋深为 6000～7000m，预测的该组有效储层埋深下限约为 8000～8300m。刘春等（2009）认为大北地区巴什基奇克组储层裂缝非常发育，主要为构造裂缝和压实裂缝，白垩系储层在埋深 5000m 还有工业油气流的存在。同时，深埋藏可导致强压实的发生，并产生裂缝，可增大裂缝的宽度与密度，提高渗流能力，有效地沟通孔隙空间的流体，构造破裂是大北地区深部低孔低渗储层获得高产的主要因素。沈扬等（2009）认为库车东部迪那地区古近系苏维依组相对优质储层的埋深一般小于 5350m。白垩系巴什基奇克组在盆地边缘的野云 2 井有效储层埋深小于 5000m，迪那地区超过 5500m，东秋 8 井区在埋深 7200m 仍然为有效储层。张惠良等（2012）认为大北 1 气田巴什基奇克组构造裂缝型砂岩有效储层相对发育，纵向埋深可达 8150m。

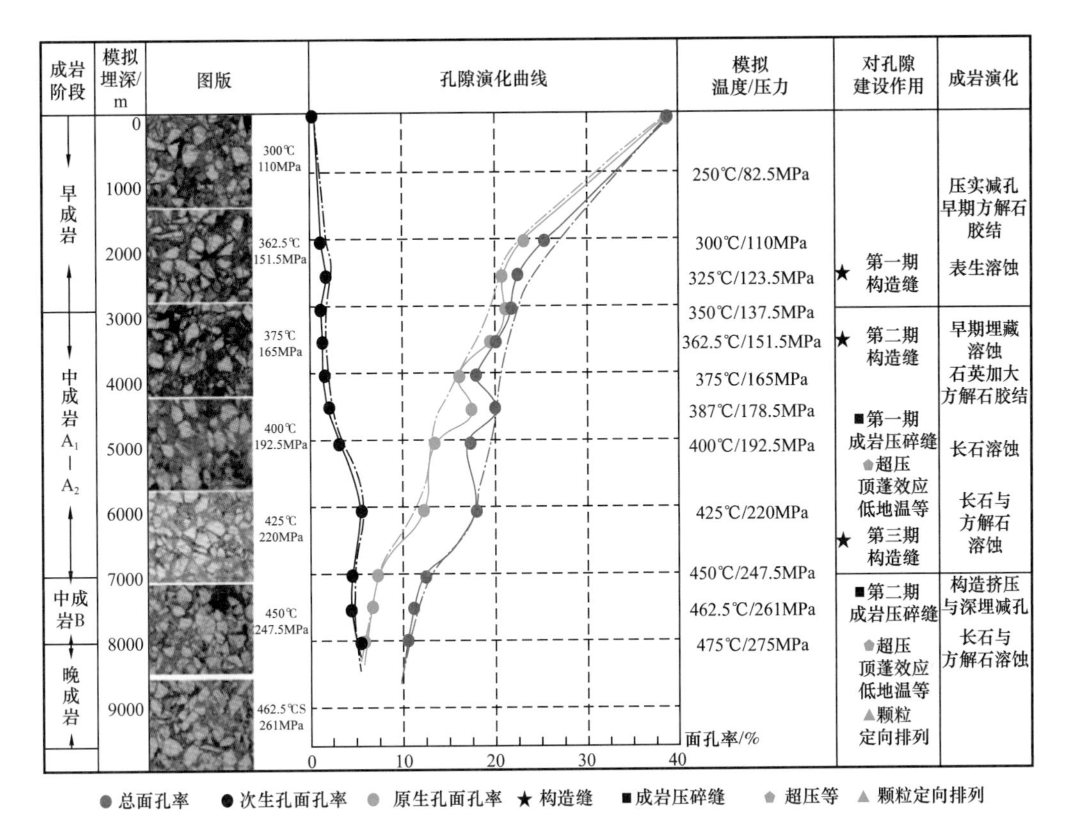

图 3-2-1　物理模拟克深井区深部储层成岩过程孔隙演化模型与控制因素特征

在埋藏压实—侧向挤压的“双应力”改造下储层孔隙具“两段式”演化特征（图 3-2-2），浅层储层孔隙度快速降低，深层储层颗粒破裂造缝、溶蚀，孔隙度保持，显

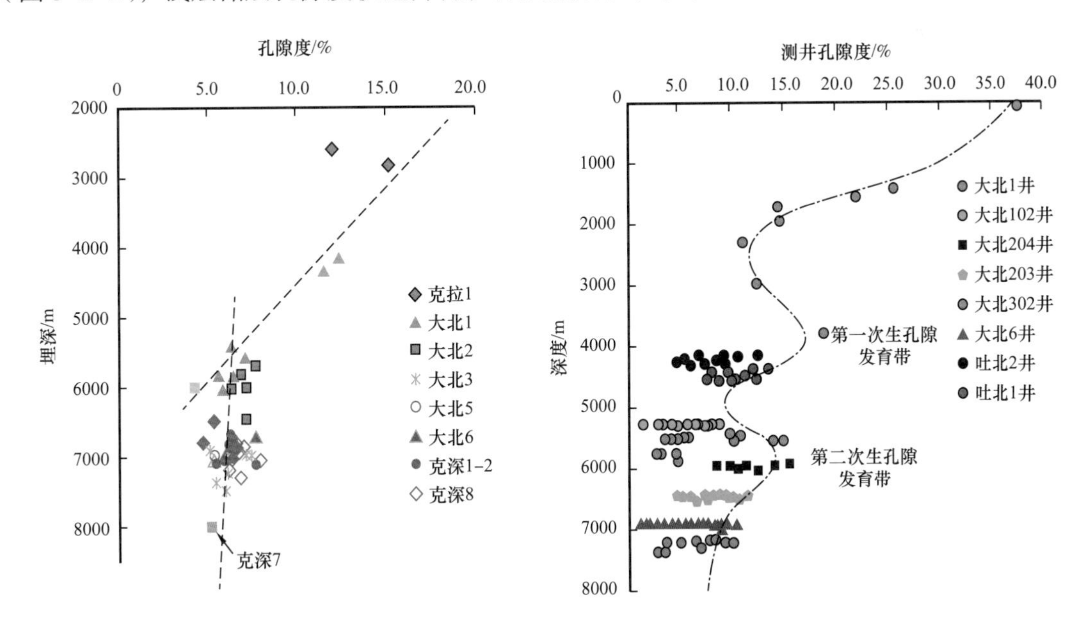

图 3-2-2　库车前陆盆地大北—克深井区白垩系储层岩心孔隙度垂向变化剖面图

示深部有利储层的埋深可以超过 8000m，且主要发育于 5000～7000m 的埋深范围内。建立的深部储层孔隙预测模型与白垩系深层储层实际岩心孔隙度垂向变化特征较一致，表明通过地质过程约束下的成岩模拟实验，定量揭示出前陆盆地深部储层在早期长期浅埋、后期快速深埋的特有埋藏方式下，埋深 5000～7000m 是大规模次生溶蚀的发生段，也是孔隙度提高的重要层段。同时，由于快速深埋的机械压实和构造挤压作用，埋深超过 7000m 也是孔径与喉径快速增大的层段，由此表明该层段也是渗透率增大的重要层段，因此推测在埋深 8000m 甚至更深仍发育有效储层。

2. 早期长期浅埋、后期快速深埋、晚期构造抬升型

早期长期浅埋、后期快速深埋、晚期构造抬升是中国西部盆地共性地质演化过程之一。受此地质演化过程影响，储层成岩与孔隙演化具有其鲜明特征，并在此类储层中获得了重要油气勘探成果，库车前陆盆地克拉 2 大气田、迪北侏罗系等即为此典型代表。

该模型具有如下特征：（1）浅埋藏阶段、浅埋—深埋转换阶段和快速深埋早期阶段，地质作用和孔隙演化特征与第一种储层类型相似，在此不再赘述。（2）构造抬升早期阶段，白垩系储层受喜马拉雅运动的影响，南天山强烈崛起，自北向南强烈的逆冲挤压作用下地层抬升，由于受强烈的构造挤压及胶结作用影响，储层孔隙度仍持续降低，剩余原生孔隙降低至 7% 左右。同时，地层所受压力、温度降低，卸压地温造成地层失水收缩，进而产生成岩缝，成岩缝的产生有利于储层孔隙连通及溶蚀作用的发生，促进储层的改造作用发生。（3）构造抬升晚期阶段，构造抬升与降温卸压作用进一步加强，砂岩孔隙回弹更加明显，剩余原生孔的孔隙度可增加 1.0% 左右。断裂沟通酸性流体，砂岩储层物性变好，粒间填隙物较少，该阶段形成较优质储层。储层孔喉分选性及孔隙均一性可进一步提高，也同样有利于储层渗透性的增强（图 3-2-3）。

二、深层储层骨架颗粒受改造过程与演化特征

塔里木盆地库车坳陷白垩系深层碎屑岩油气勘探获得重要进展，发现了超大型天然气田。深层砂岩储层经历了早期长期浅埋、后期快速深埋的特有埋藏方式，并于上新世 5Ma 以来受强烈的侧向挤压作用影响。白垩系储层具有如下特征：（1）砂岩碎屑组分以石英为主，其次为长石和岩屑等，岩屑成分主要为安山岩、流纹岩、变质石英岩和千枚岩等，颗粒间充填的杂基为泥质，胶结物主要为方解石和石膏等。（2）储层由构造应力引发的侧向压实占总压实减孔量的比例均在 40% 以下，60% 以上的总压实减孔量是由垂向压实作用造成的。侧向强烈挤压作用致使岩石破裂，砂岩储层内构造裂缝发育，沿裂缝发育部分溶蚀孔隙，形成有效的油气运移通道，是克拉苏构造带深层获得天然气高产的关键因素。（3）储层碎屑颗粒本身在埋藏压实过程中，其物理性质发生变化，颗粒破裂产生大量微裂缝，微裂缝与储层孔隙连通，进而提高了基质孔隙的渗透性。

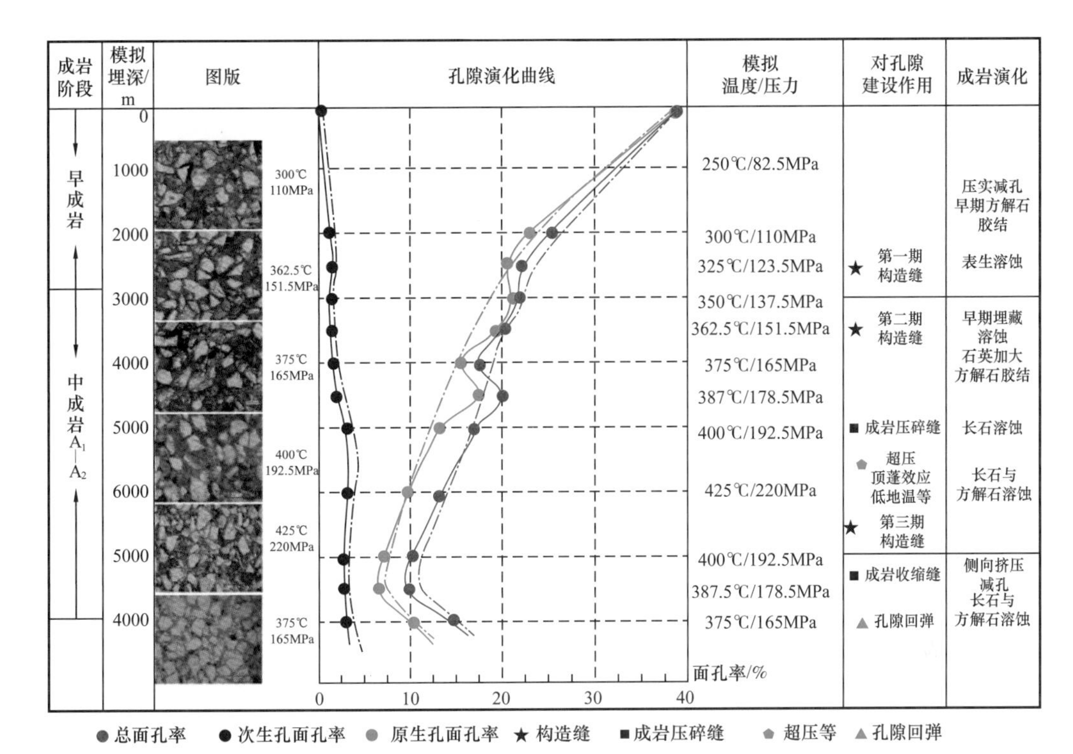

图 3-2-3　物理模拟库车前陆盆地埋藏压实—抬升过程下储层孔隙演化模型与控制因素特征

通过仔细观察大北、克深等井区深层储层微观结构（图 3-2-4），发现在较多的埋深超过 6000m 的深层储层样品中，发育有两个重要且普遍存在的表象特征：（1）宏观上：碎屑颗粒呈共轭双方向的定向排列；（2）微观上：长石、岩屑等颗粒存在破裂现象，且存在无定向、共轭双方向两种破裂缝，后期的溶蚀作用多发育在颗粒破裂的基础之上。

关于此两种表象特征的成因机制研究，前人几乎未有涉及，而此两种特征在博孜、大北、克深井区深层储层中普遍存在。造成此两种表象的成因机制、作用过程是怎样呢？那么，此两种表象特征是否由深层储层经历的早期长期浅埋、后期快速深埋的特有埋藏方式，以及晚期强烈的侧向挤压作用造成的呢？

针对上述问题，开展了储层成岩物理模拟实验研究，基于实际地质演化过程，正演埋藏（机械）压实—侧向挤压对白垩系储层物理性质与储集性的改造作用机制，明确此作用机制，对进一步评价与预测深层有利储层的分布具有积极作用。

1. 储层碎屑颗粒宏观物理性质变化

在获取了模拟不同埋深的砂质成岩样品后，用扫描电子显微镜和偏光显微镜对岩石样品进行了储层结构的观察与描述，认为模拟的白垩系深层储层由早期长期浅埋、后期快速深埋、再到晚期侧向挤压地质过程下，碎屑颗粒宏观物理性质整体上具有松散状堆积→紧密堆积→变形、破裂→共轭双方向定向排列的物理演化过程，并具有如下四阶段演化特征：（1）在模拟埋深小于 3000m（350℃，137.5MPa）的浅埋藏阶段，属垂向压实初期，碎屑颗粒松散、杂乱堆积，颗粒以点接触为主，颗粒间剩余原生孔保存较多。

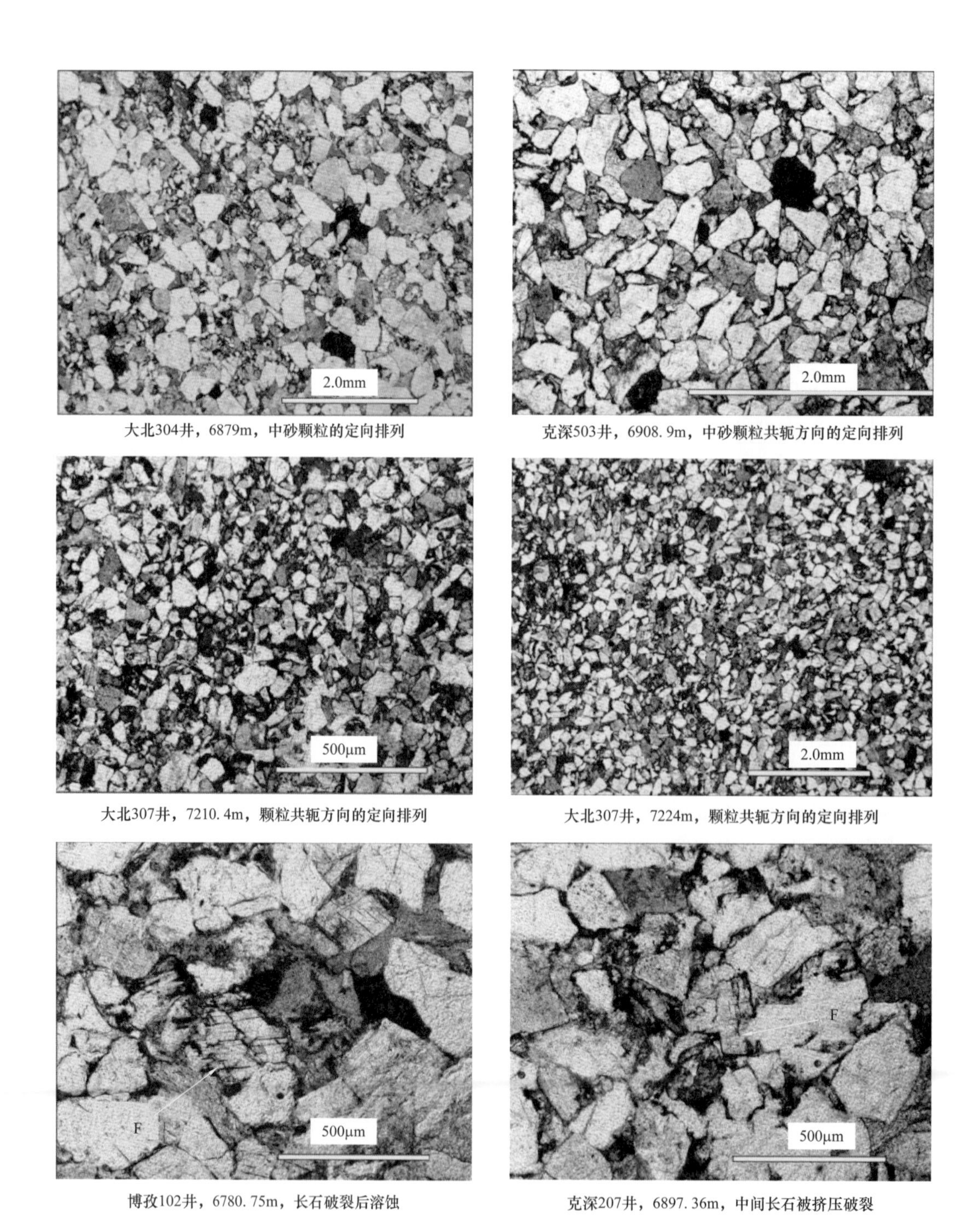

大北304井，6879m，中砂颗粒的定向排列

克深503井，6908.9m，中砂颗粒共轭方向的定向排列

大北307井，7210.4m，颗粒共轭方向的定向排列

大北307井，7224m，颗粒共轭方向的定向排列

博孜102井，6780.75m，长石破裂后溶蚀

克深207井，6897.36m，中间长石被挤压破裂

图 3-2-4 深层储层碎屑颗粒共轭双方向定向排列与长石颗粒破裂及溶蚀作用微观特征

视压实率为20.0%～22.5%，减孔率为37.5%～55.0%，岩石面孔率为18.0%～25.0%。（2）在模拟埋深3000～4500m（387.5℃，137.5MPa）浅埋藏—快速深埋藏转换阶段，属垂向压实中期，碎屑颗粒逐渐紧密堆积，颗粒仍以点状接触为主，少量线状接触，碎屑颗粒中见少量颗粒裂纹（微裂缝）出现，孔隙类型以剩余原生孔为主，视压实率为

27.5%～40.0%，减孔率为50.0%～62.5%，岩石面孔率为15.0%～20.0%。(3)模拟埋深5000～6000m（425℃，220MPa）深埋藏早期阶段，属垂向压实晚期，砂岩碎屑颗粒受压实作用强烈，颗粒呈最紧密堆积，碎屑颗粒线状接触、点—线状接触。压实作用使石英、石英岩岩屑、长石等颗粒内发育微裂缝。视压实率为50.0%～52.5%，减孔率为57.5%～70.0%，岩石面孔率为16.0%～17.0%。(4)模拟埋深7000～8000m（475℃，275MPa）深埋藏晚期阶段，属垂向过压实—侧向挤压压实期，碎屑颗粒线状接触为主，颗粒长轴趋于交叉、定向排列，部分颗粒内微裂缝较发育。视压实率为50.0%～55.0%，减孔率为72.5%～75.0%，岩石面孔率为10.0%～12.0%（表3-2-1）。

表3-2-1　物理模拟克深井区深层储层埋藏过程中孔隙演化特征统计表

薄片面孔率/%	剩余原生孔含量/%	溶蚀扩大孔/%	填隙物含量/%	视压实率/%	减孔率/%	温度/℃	压力/MPa	模拟埋深/m	压实阶段
25.0	23.4	1.5	7.0	20.0	37.5	300	110	2000	浅埋藏阶段（垂向压实初期）
18.0	16.0	2.0	13.0	22.5	55.0	325	123.5	2500	
22.0	20.3	1.6	9.0	22.5	45.0	350	137.5	3000	
20.0	18.4	1.5	9.0	27.5	50.0	362.5	151.5	3500	浅埋—深埋转换阶段（垂向压实中期）
15.0	13.2	1.7	10.0	37.5	62.5	375	165	4000	
20.0	17.9	2.1	4.0	40.0	50.0	387.5	178.5	4500	
16.0	13.0	3.0	3.0	52.5	60.0	400	192.5	5000	深埋藏早期（垂向压实晚期）
17.0	12.0	5.0	3.0	50.0	57.5	425	220	6000	
12.0	8.0	4.0	8.0	50.0	70.0	450	247.5	7000	深埋藏晚期（垂向过压实—侧向挤压期）
11.0	7.0	4.0	7.0	55.0	72.5	462.5	261.5	7500	
10.0	5.0	5.0	9.0	52.5	75.0	475	275	8000	

注：视压实率=（V_1–V_2–V_3）/V_1×100%，减孔率=（V_1–V_3）/V_1×100%，V_1—原始孔隙体积，m^3；V_2—填隙物体积，m^3；V_3—粒间孔体积，m^3。

由上述储层碎屑颗粒宏观物理性质的四阶段变化可知，岩石体积因压实作用而发生的变化完全是外力作用的结果，重力与构造应力并不直接作用于地层孔隙流体，而是作用于沉积物颗粒，它对地层压力的作用通过压实而显现出来。压实作用下岩石总体积减少，碎屑颗粒发生颗粒重排、塑性变形、压溶及脆性变形过程。碎屑颗粒微观结构具有如下演化特征（图3-2-5）：(1)在模拟长期浅埋藏阶段（垂向压实初期），缓慢的埋藏压实使沉积物发生水分排出、孔隙度降低、体积缩小。已经沉积的碎屑颗粒在压实初期存在一个位置调整的过程，中粗碎屑颗粒表现为碎屑表面的脆性微裂纹及其位移和重新排列，细砂岩—粉砂岩颗粒长轴呈较杂乱排列。(2)在浅埋藏—后期快速埋藏转换阶段（垂向压实中期），随着埋深的增大静岩压力也随之增大，压实作用使骨架颗粒的排列方式更加趋于紧凑。石英和长石等碎屑颗粒发生滑动、转动、位移、变形等，进而导致颗粒的重新排列和某些结构的改变，从而达到一个位能最低的紧密堆积状态。（3）在深埋藏早期阶段（垂向压实晚期），由于地层岩石承载的应力可分解为两部分，一部分由岩石骨架所分担，另一部分则由岩石中孔隙流体所分担。粒径大的颗粒承受的压力较大，所以在压实作用下粗砂碎屑—中砂碎屑颗粒易发生碎裂，形成颗粒微裂缝和成岩缝。可以说，在埋藏压实作用下粗砂碎屑—中砂碎屑颗粒具有发生碎裂逐渐变小的物理变化趋势。（4）在深埋藏晚期阶段（垂向过压实—侧向挤压压实期），深层储层不仅受到垂向压实作用，进而使骨架颗粒的排列方式更加趋于紧凑并发生破裂，同时还受到侧向挤压作用。在垂向机械压实作用与侧向挤压作用的共同作用下，共轭双方向的剪切作用力使得骨架颗粒趋向于共轭剪切方向的定向排列。图3-2-5中克深207井埋深6994.0m井段岩心中可见明显的、较多的共轭剪切缝，在其附近有共轭双方向的颗粒定向排列出现，与物理模拟实验中颗粒排列状态是一致的。

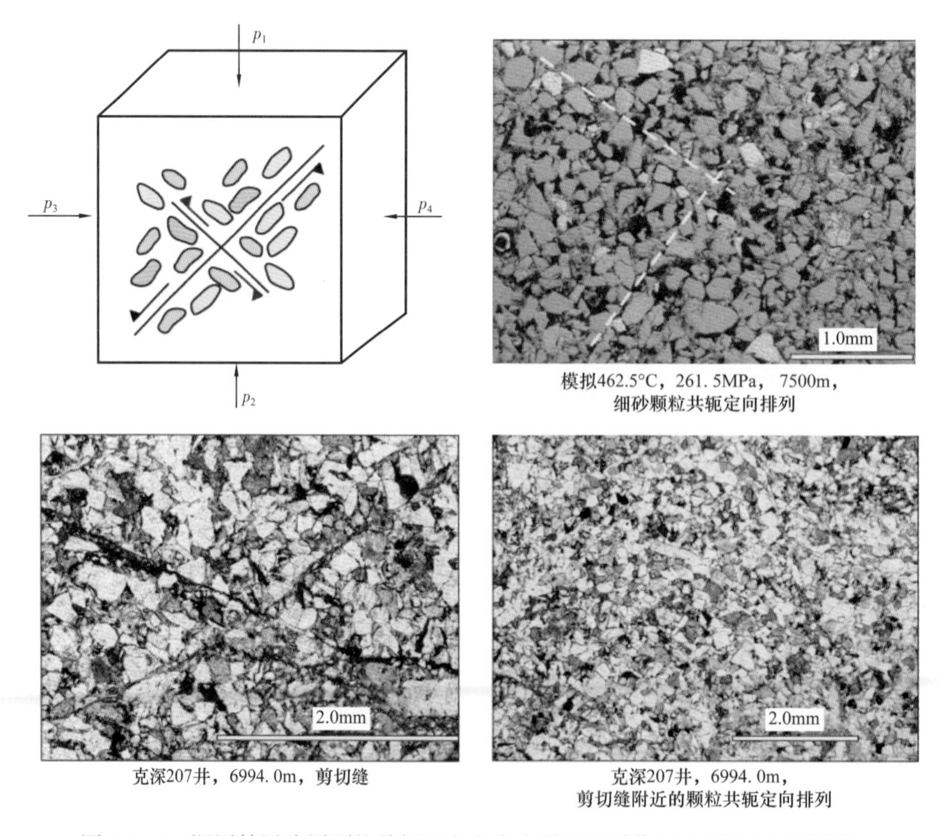

图3-2-5 深层储层碎屑颗粒共轭双方向定向排列所受作用力解释与显微特征

2. 碎屑颗粒破裂与控制因素

1）砂质颗粒中的裂纹（微裂缝）特征

观察由早期长期浅埋、后期快速深埋、再到侧向挤压的模拟实验过程中碎屑颗粒破裂特征，认为其具有如下变化：（1）在模拟埋深小于3000m（350℃，137.5MPa）的浅埋藏阶段（垂向压实初期），碎屑颗粒中裂纹不发育。（2）在模拟埋深3000～4500m（387.5℃，137.5MPa）浅埋藏—快速深埋藏转换阶段（垂向压实中期），碎屑颗粒中出现少量的无定向裂纹。（3）由模拟埋深5000m（400℃，165MPa）的深埋藏早期阶段（垂向压实晚期）开始，砂岩碎屑颗粒受压实作用强烈，石英、石英岩岩屑、长石等颗粒发生破裂，颗粒中无定向裂纹较发育。无定向裂纹起始于两个颗粒间的接触点，贯穿整个颗粒并向远端延伸，有的甚至贯穿多个颗粒，但延伸方向是无定向的。由激光共聚焦显微分析可知，模拟的砂岩样品和博孜102井6775.35m井段的中细砂岩中均有无定向裂纹出现。（4）自模拟埋深7000m（450℃，220MPa）深埋藏晚期阶段（垂向过压实—侧向挤压压实期）开始，由于受外在的垂向压实和侧向挤压共同作用，石英、长石等脆性矿物中出现较明显的共轭剪切裂纹，无定向裂纹数量在减少。由图3-2-6中激光共聚焦显微分析可知，模拟的砂岩样品和博孜102井6862.4m井段的中细砂岩中，均可见颗粒内的共轭剪切裂纹，裂纹呈近互相垂直方向展布。

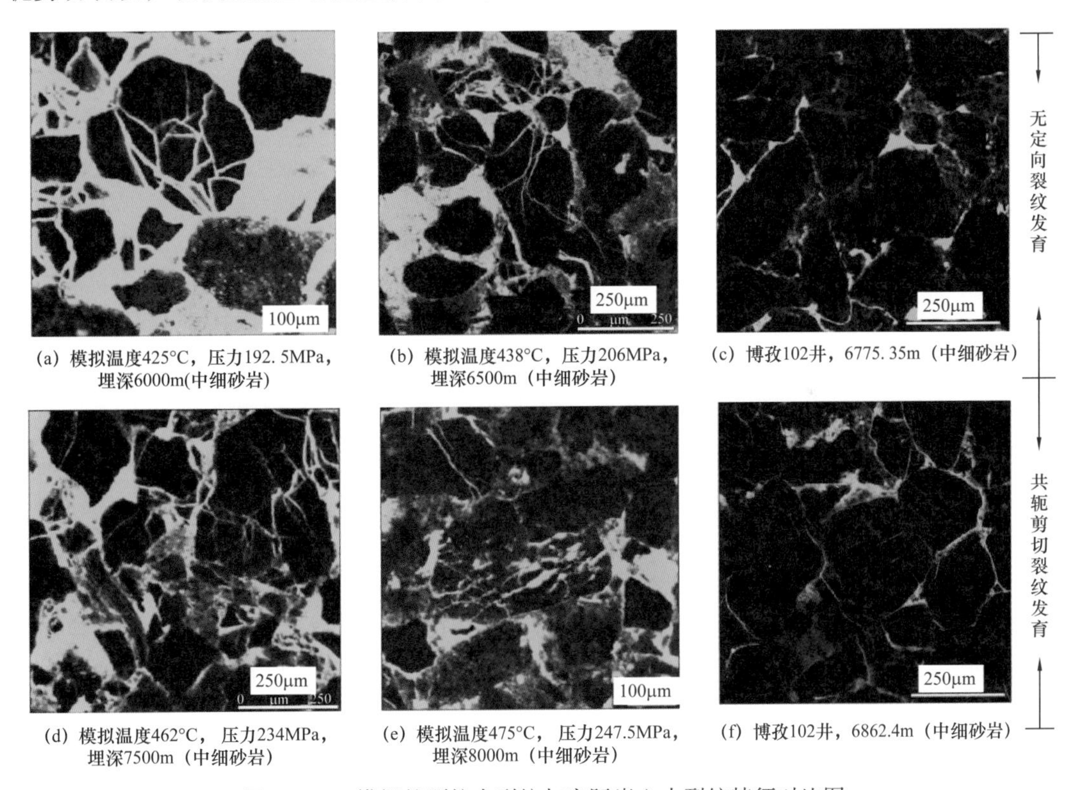

(a) 模拟温度425°C，压力192.5MPa，埋深6000m(中细砂岩)
(b) 模拟温度438°C，压力206MPa，埋深6500m（中细砂岩）
(c) 博孜102井，6775.35m（中细砂岩）
(d) 模拟温度462°C，压力234MPa，埋深7500m（中细砂岩）
(e) 模拟温度475°C，压力247.5MPa，埋深8000m（中细砂岩）
(f) 博孜102井，6862.4m（中细砂岩）

图3-2-6 模拟的颗粒内裂纹与实际岩心中裂纹特征对比图

在此基础上，统计了模拟埋深5000～9000m岩石样品中发育裂纹的碎屑颗粒数量（表3-2-2），可知随模拟埋深增大（温压增大）颗粒中发育裂纹的颗粒数量具有先增大、后减小并趋于稳定的特点。分析造成上述变化特点的机理过程如下：（1）在深埋藏早期，垂向压实作用导致颗粒接触紧密，脆性矿物主要受垂向压实作用力，由颗粒间接触点始，发生变形、破裂，形成无定向裂纹，随着压力增大，颗粒中裂纹数量和发生破裂的颗粒数量在增加，属裂纹稳定扩展阶段产物。（2）在深埋藏晚期的垂向过压实—侧向挤压压实初始期，由于碎屑颗粒既受垂向压实作用力，又开始受侧向挤压应力影响，此阶段为开始出现共轭剪切裂缝，无定向裂纹数量在减少；随着侧向挤压应力增强，无定向裂纹和共轭剪切裂纹出现的数量较为稳定，属非稳定扩展阶段产物，微裂纹的产生和演化从无序转为有序，裂纹数量保持稳定。可以推测，若是再持续增加垂向压实与侧向挤压应力，则进入砂岩破坏阶段，岩石中裂纹相互贯通，单位时间内产生裂纹的数量最多。

表 3-2-2 深层储层中颗粒内裂纹（微裂缝）发育的颗粒数量变化统计表

序号	模拟埋深 /m	微裂缝发育的颗粒数 / 个	发育裂纹颗粒占总颗粒数比例 /%	裂纹类型	压实阶段
1	5000	3	6.7	无定向裂纹	深埋藏早期（垂向压实晚期）
2	5500	8	12.7		
3	6000	10	16.9		
4	6500	9	14.8		
5	7000	5	8.3	开始出现共轭剪切裂纹；两种类型裂纹共存	深埋藏晚期（垂向过压实—侧向挤压压实期）
6	8000	10	14.9		
7	9000	6	12.0		

2）*石英与长石脆性矿物破裂特征*

岩石破裂按照外力作用方式可以分为受拉应力作用的张开型破裂、受剪应力作用的滑开型破裂和撕开型破裂。在物理模拟实验过程中，石英、长石等脆性矿物在不断增加的垂向压实应力、侧向挤压应力下发生了明显的破裂。见表 3-2-3、图 3-2-7，在模拟浅埋藏阶段，石英、长石矿物存在较少的破裂；随着应力增加，浅埋藏—深埋藏过渡阶段，石英、长石矿物内出现无定向破裂［图 3-2-7（c）、图 3-2-7（d）］；在深埋藏早期阶段，裂纹断穿整个石英颗粒［图 3-2-7（e）、图 3-2-7（f）］，长石矿物内有无定向裂纹和少量共轭剪切裂纹，且裂纹的宽度较窄小［图 3-2-7（B）、图 3-2-7（C）］；在深埋藏晚期阶段，由垂向压实作用、侧向挤压作用，多条裂纹断穿石英颗粒，长石矿物内共轭剪切缝发育且缝的宽度变大。

长石颗粒的破裂是在低温和高压下占有优势的形变机制，因为长石中发育的解理使得裂隙产生和扩展相对容易。长石破裂的条件比石英弱得多，如果岩石中的长石颗粒有应力支撑的话，这些颗粒将会广泛碎裂并很快变小。相反，弱岩石中长石颗粒是有效的被较弱的基质（云母等）环绕，则岩石的应变很大程度上为基质承受，长石变形较弱。在接近地表的条件下，由于长石比较容易破裂所以它的强度比石英差，但在温度高于300℃的情况下，石英强度比较弱并显示出完全的同结构再结晶作用，相反长石则保持了较强而脆的性质。在温度≥450～500℃条件下，长石可以比较容易地经历位错滑动和攀移，强度变得更弱，但仍然比石英强。

表 3-2-3　深层储层中石英、长石等脆性矿物破裂特征统计表

成岩阶段	石英矿物	长石矿物	实验条件	模拟压实阶段
早成岩阶段	破裂，裂纹较少	局部破裂	200℃，82.5MPa 300℃，110MPa	浅埋藏阶段（垂向压实初期）
	挤压破裂，裂纹较少	—	325℃，123.5MPa	
中成岩 A_1—A_2 阶段	挤压破裂	局部破裂	350℃，137.5MPa	浅埋—深埋转换阶段（垂向压实中期）
	挤压破裂	—	362.5℃，151.5MPa	
	挤压破裂，出现无定向裂纹	—	375℃，165MPa	
	无定向裂纹明显	—	387.5℃，178.5MPa	
	—	无定向裂纹	412℃，179MPa	深埋藏早期（垂向压实晚期）
	裂纹断穿颗粒	—	425℃，220MPa	
	裂纹断穿颗粒	—	437.5℃，233.5MPa	
中成岩 B 阶段	—	出现共轭剪切裂纹	450℃，247.5MPa	深埋藏晚期（垂向过压实—侧向挤压压实期）
	多条裂纹断穿颗粒	共轭剪切裂纹	462.5℃，261.5MPa	
晚成岩阶段	多条裂纹断穿颗粒	—	475℃，275MPa	

3）颗粒破裂的主要控制因素

碎屑颗粒破裂在深层砂岩储层中较为发育，主要受如下因素控制：（1）应力，包括机械压实（静岩压力）与侧向挤压应力。前人对库车坳陷深层储层中的破裂缝进行了统计，白垩系砂岩在埋深小于 5000m 的情况下，主要受垂向机械压实作用影响，微裂缝发育中等。埋深超过 5000m 的条件下，微裂缝强烈发育，主要是由于碎屑颗粒所受垂向压实作用力持续增强，并开始受侧向挤压应力影响。（2）刚性颗粒含量，石英颗粒含量对微裂缝的发育影响较长石显著。微裂缝随着石英颗粒含量的增高而逐渐降低，当石英颗粒含量小于 50% 时，微裂缝发育比较强烈，而当石英颗粒含量大于 75% 时，微裂缝基本不发育。岩石中石英含量越多，其抗压强度越大，故微裂缝越不发育。长石颗粒的解理比较发育，在上覆压力的作用下，脆性的长石容易沿节理面发生破裂，形成微裂缝。故长石含量越高，微裂缝越发育。（3）颗粒粒径，颗粒粒径越细，微裂缝越不发育。粒径由细变粗，微裂缝发育的程度就越高，到粗粒级时裂缝最为发育，而到了砾级时反而降低。（4）泥质含量，当泥质含量小于 5% 时，微裂缝最为发育。随着泥质含量逐渐增加，微裂缝的发育程度也随之减弱。其原因是因为泥质充填高的碎屑岩储层，在压实过程中泥质对岩石具有支撑作用，同时在储层内部的泥质杂基和早期的黏土胶结物被挤入到颗粒的边缘，对构造应力起到了极大的缓冲作用，微裂缝难以发育。（5）岩屑和碳酸盐胶结物的含量，砂岩储层中的岩屑颗粒可塑性较强，在外力的作用下不容易发生破裂，所以微裂缝难以形成。岩屑含量越高，微裂缝越不发育。碳酸盐胶结物含量越高，微裂缝越不发育，当碳酸盐胶结物含量低于3%时，此时的应力主要由骨架颗粒来支撑，颗粒在应力的作用下很容易发生破裂，故微裂缝发育强烈。

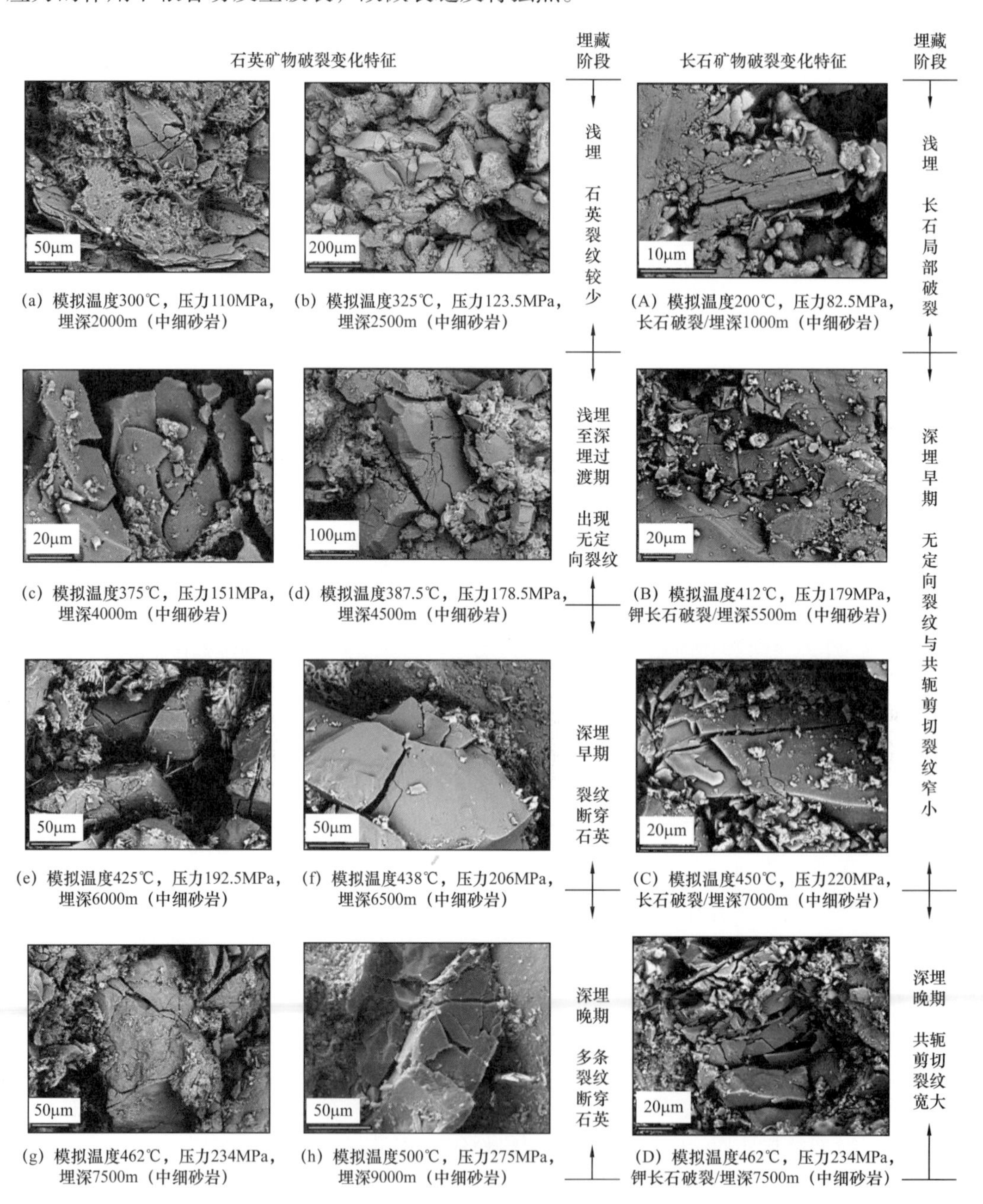

图 3-2-7 模拟的深层储层中石英、长石矿物在压实作用下的破裂特征

三、埋藏（机械）压实—侧向挤压压实作用过程模型

在上述分析基础上，建立了库车坳陷早期长期浅埋、后期快速深埋、晚期侧向挤压

地质过程对深层储层物理性质与储集性改造的过程模型。如图 3-2-8 所示，持续的垂向压实作用，使储层颗粒由松散状→紧密堆积，深层碎屑颗粒共轭双方向的定向排列是对晚期侧向挤压、持续埋藏（机械）压实作用的直接响应。快速的深埋，即快速垂向压实作用使深层储层中大量颗粒破裂，出现较多的无定向裂纹；晚期的强烈侧向挤压和持续的垂向压实共同作用下，碎屑颗粒内产生共轭双方向剪切缝，强烈的改造了深层砂岩储层物理性质；持续的埋藏（机械）压实作用降低储层孔隙度，大量无定向裂纹和共轭剪切裂纹的出现，增强颗粒的可溶蚀性、提高储层渗透性，甚至是数量级倍的提高，使深层有效储层发育。

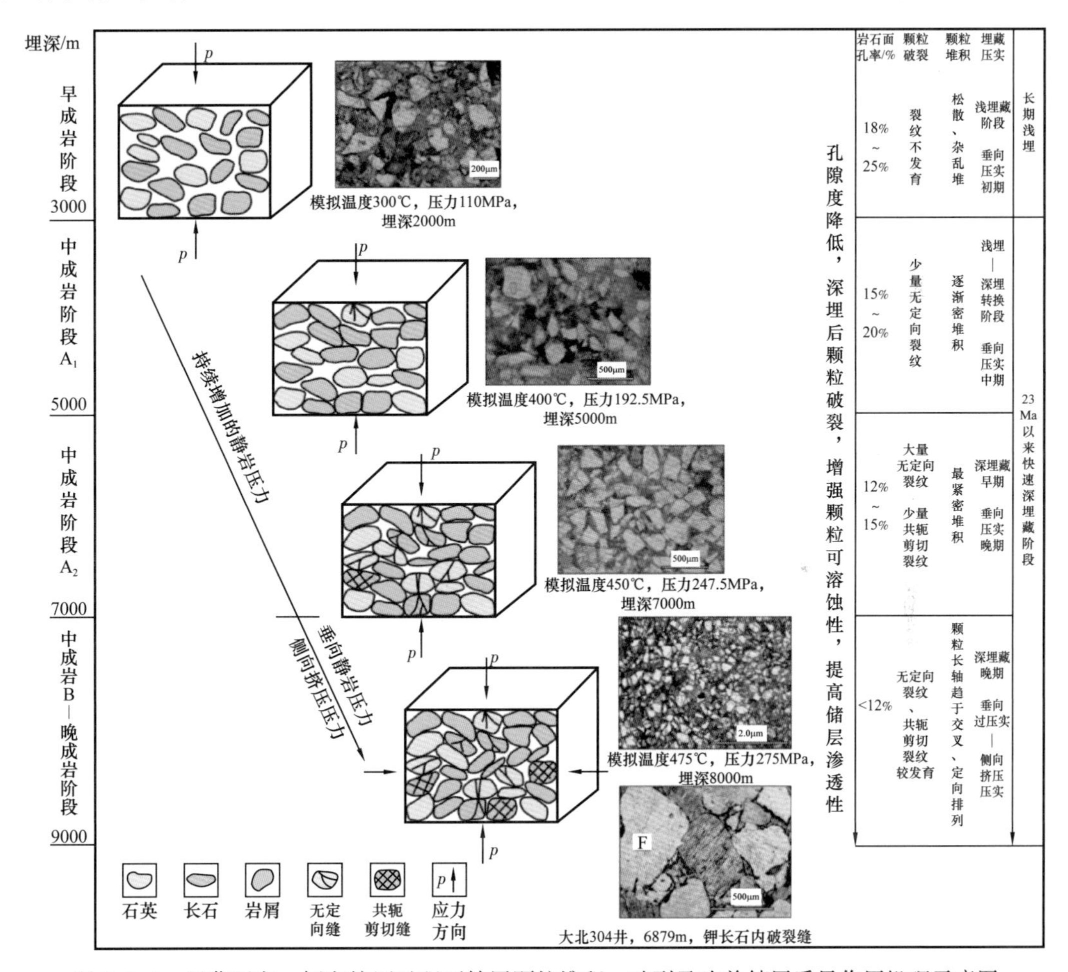

图 3-2-8　埋藏压实—侧向挤压过程下储层颗粒堆积、破裂及改善储层质量作用机理示意图

颗粒破裂对深层储层储集性有重要的改善作用。库车坳陷克拉苏构造带深层储层中可见大量的次生溶蚀孔隙，长石在破裂基础上的溶蚀较为普遍，长石裂纹内有较多的铸体浸染。长石颗粒内的裂纹增加了酸性流体与长石矿物的接触面积，增加了矿物的可溶蚀性。陈颙等通过岩石热开裂的实验分析和热开裂对岩石输运特性研究后认为，60～70℃是花岗岩样品的一个阈值温度，当超过阈值温度时，长石等矿物晶体的边界出现裂纹。

碳酸盐岩存在着 110～120℃的温度阈值，一旦达到或超过这个温度阈值，岩样的渗透率会有 8～10 倍的增长。这种突变符合逾渗模型，即岩石内部裂纹随加热温度升高是连续增加的，只有裂纹连通成网络时，岩石整体渗透率才会有突然明显的变化。可见，颗粒破裂形成的破裂缝对深层储层的储集性具有重要的改善作用，可使砂岩储层基质渗透率一般提高 1 个数量级左右，部分甚至提高 2～3 个数量级，改善了储层渗透性，对克拉苏构造带深层油气产能的提高具有重要的意义。

第三节　冲断带深层裂缝发育主控因素及模式

一、冲断带深层裂缝发育主控因素

大量露头、岩心及薄片等裂缝资料表明，裂缝的发育情况在不同地区差异很大，同一地区的不同层位或不同部位裂缝的发育程度也明显不同，体现出高度的非均质性。天然裂缝的形成除了与古构造应力场有关外，还受到储层的岩性、岩石力学层厚等因素影响。构造应力控制裂缝的组系、产状与力学性质，而其他因素主要影响裂缝密度或裂缝的发育程度。下面将逐一论述各种因素对陆冲断带深层裂缝发育所起到的控制作用。

1. 岩性

岩性是控制致密储层裂缝发育程度的最基本因素。由于不同岩性岩石的矿物成分、结构及构造不同，使得不同岩石类型的岩石力学性质具有很大的差异性，因而在相同构造应力作用下，裂缝的发育程度不同。根据野外露头、岩心和薄片资料，分析了粒度、矿物成分、分选及物性等岩性因素对裂缝发育程度的影响。

强硬的岩层具有较高的弹性模量，一般岩层表现为脆性，在岩石发生破裂变形之前经受不住更多的应变即发生破裂形成裂缝，因而其裂缝发育程度要大于软弱岩层。在相同的构造应力作用下，具有方解石、白云石、石英等高脆性组分岩石中裂缝的发育程度比较高，而泥质、石膏等塑性矿物组分含量高的岩石中裂缝的发育程度比较低（图 3-3-1）。

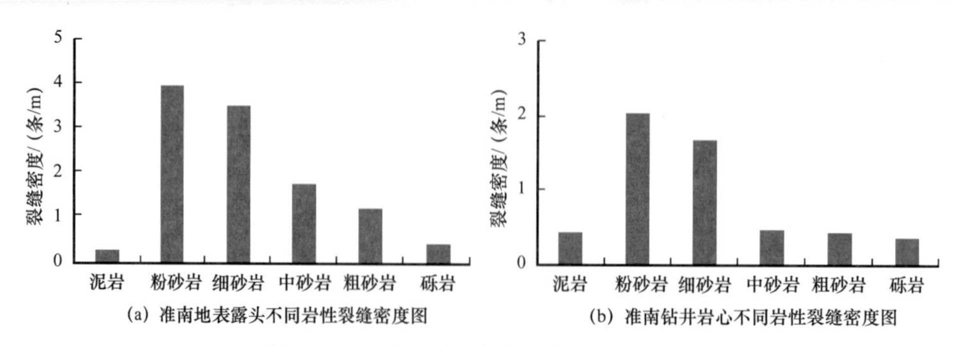

图 3-3-1　准南裂缝密度和岩性的关系图

在相同组分的岩石中，随着岩石粒度变细，裂缝发育程度增高；相反，岩石粒度越粗，裂缝越不发育。裂缝的发育程度与储层基质的孔隙度呈明显的负相关关系，孔隙度越大，裂缝一般不发育（图 3–3–2）。这是由于随着孔隙体积和矿物颗粒减小，岩石变的致密，岩石的破裂强度增大，在较小的应变条件下就表现出破裂变形，使得具有较低孔隙度和较低粒度的岩石中裂缝更发育。另外，分选程度也是影响裂缝密度的一个因素，一般来说，分选好的纯净砂岩比分选差的泥质砂岩的裂缝更发育（图 3–3–3）。

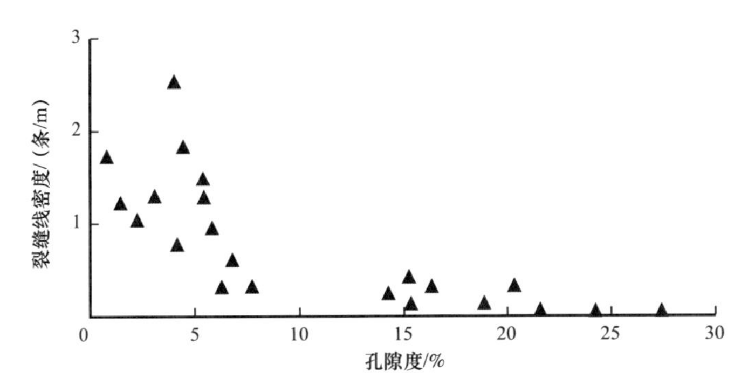

图 3–3–2 储层基质孔隙度与裂缝密度关系图

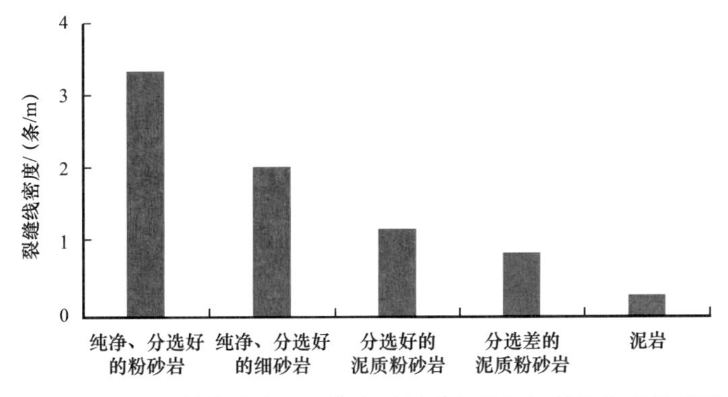

图 3–3–3 岩石结构（分选、粒度及泥质含量）与裂缝密度关系图

2. 岩石力学层

岩石力学层是裂缝发育的关键，裂缝的形成与分布明显受岩石力学层控制。岩石力学层是指一套岩石力学行为相近或岩石力学性质相一致的岩层，岩石力学层一般但不总是岩性均一层，与通常所说的岩性层不完全一致。一般所见到的裂缝切穿了相邻的不同岩层，这些岩层是由不同的岩性所组成的，但是这些同时被切穿的有不同岩性所组成的层可能构成一个岩石力学层（图 3–3–4）。

裂缝间距与岩石力学层之间表现出良好的线性关系，但一般情况下，岩石力学层基本与单个岩层相一致。通常裂缝只在某单个岩层内发育，与岩层面斜交或垂直并终止于岩层界面上。在一定的岩层厚度范围内，裂缝间距与发育裂缝岩层层厚表现出良好的线性关系，岩层厚度越大，裂缝间距分布就越大，裂缝密度越小（图 3–3–5）。

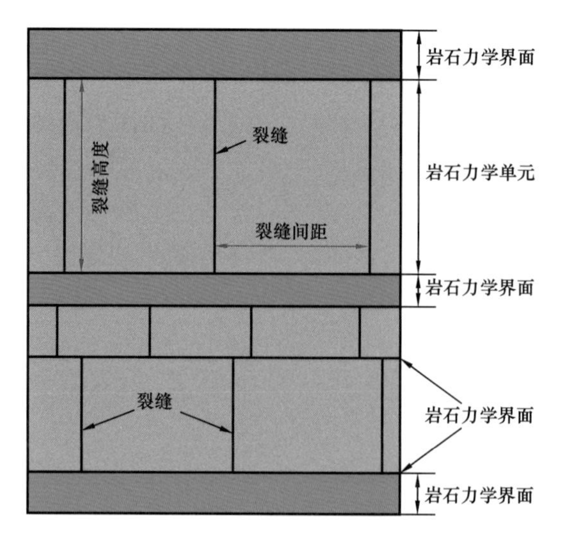

图 3-3-4 岩石力学层界面模式图

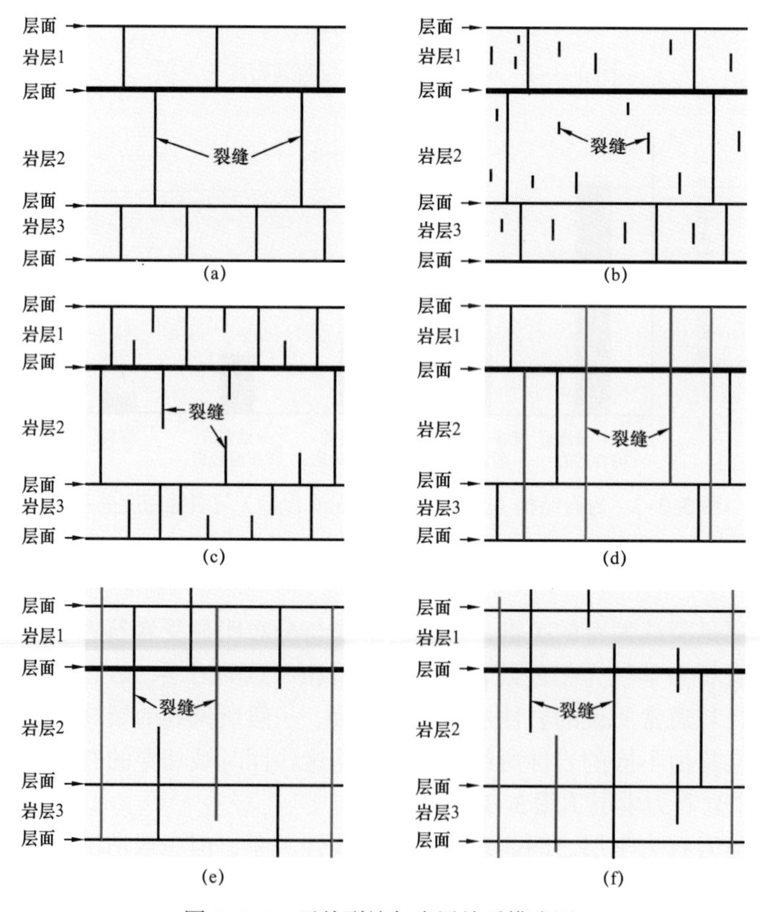

图 3-3-5 天然裂缝与岩层关系模式图

根据野外露头观察和统计（图 3-3-6），冲断带深层裂缝性储层裂缝的间距与岩石力学层厚呈正相关关系（图 3-3-7）。裂缝的形成与分布受岩层的控制，裂缝通常与岩层面垂直或以高角度相交，在岩层内发育，并终止于岩性界面上，很少穿越岩层界面，裂缝高度一般等于裂隙化岩层的厚度。在一定的岩层厚度范围内，裂缝的平均间距与裂隙化岩层的平均厚度呈较好的线性关系，随着岩层厚度的增大，裂缝的平均间距呈线性增大的趋势，而裂缝的密度则减小。当岩层的单层厚度大于 3m 时，裂缝一般不发育。

图 3-3-6　准南缘石河子红沟剖面头屯河组剖面

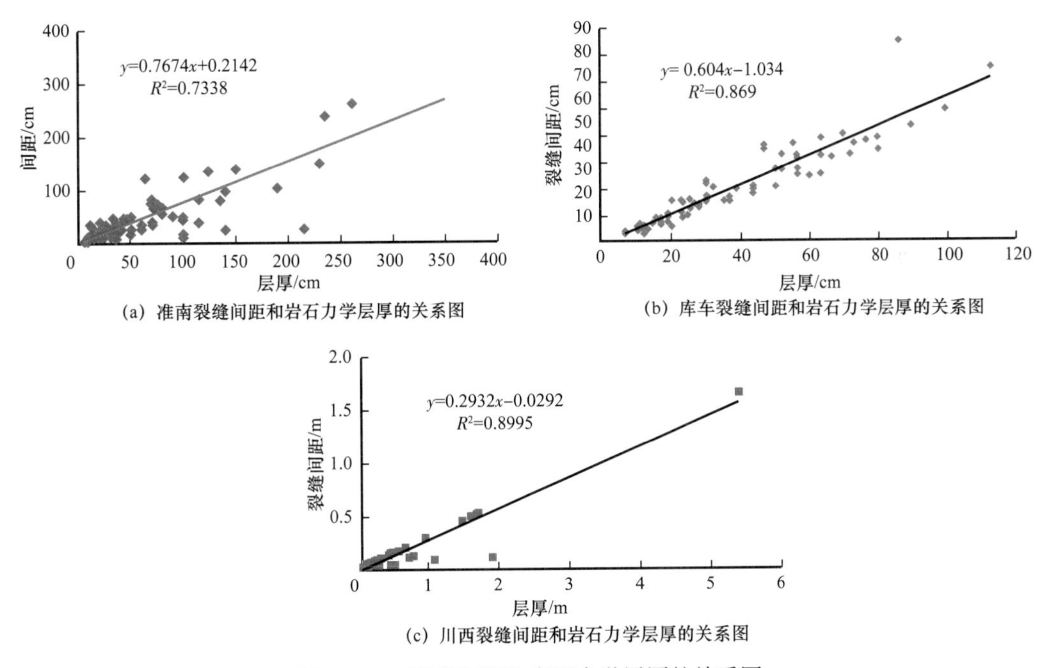

(a) 准南裂缝间距和岩石力学层厚的关系图

(b) 库车裂缝间距和岩石力学层厚的关系图

(c) 川西裂缝间距和岩石力学层厚的关系图

图 3-3-7　裂缝间距和岩石力学层厚的关系图

3. 构造

构造是冲断带裂缝发育非均质性的主要因素。不同构造部位的局部应力分布控制了裂缝的发育程度。构造的不同部位的应力分布有着明显的不同，造成裂缝的发育程度也有明显的差异。

1）断层对裂缝的控制作用

根据野外露头观察与测量，在断层面附近及断层端部等部位，无论在断层上盘还是在断层下盘，裂缝均十分发育；随着距断层距离的增大，裂缝的线密度明显降低，裂缝的线密度随着距断面距离的增加呈负指数函数递减。这是由于断层活动形成应力扰动作用造成的，沿断裂带一般具有明显的应力集中现象，从而使其裂缝明显发育。另外，根据统计还发现，虽然在断层上盘和下盘均具有随着距断层距离的增大裂缝的线密度明显降低的趋势，但是在断层两侧，裂缝发育程度也不一样。整体来说，断层上盘裂缝的发育程度要明显大于下盘裂缝的发育程度，这是因为断层上盘往往是活动盘，应力扰动作用更明显。在由逆断层组成的断块中，通常是冲起构造中裂缝最发育，其次是叠瓦式逆冲构造，在三角构造中裂缝发育程度相对较弱。

2）褶皱对裂缝的控制作用

褶皱也是控制裂缝发育的一个重要构造因素。根据野外露头观察与测量，在褶皱的核部和转折端等构造曲率较大的部位裂缝最发育；在褶皱的翼部，地层弯曲程度较小，裂缝相对不发育，且陡翼的裂缝相对于缓翼发育。图3-3-8是吐格尔明剖面一个典型的背斜构造，在背斜的转折端（测点2、3、11、12）裂缝十分发育，随着距轴面距离的增大，裂缝线密度呈负指数递减。

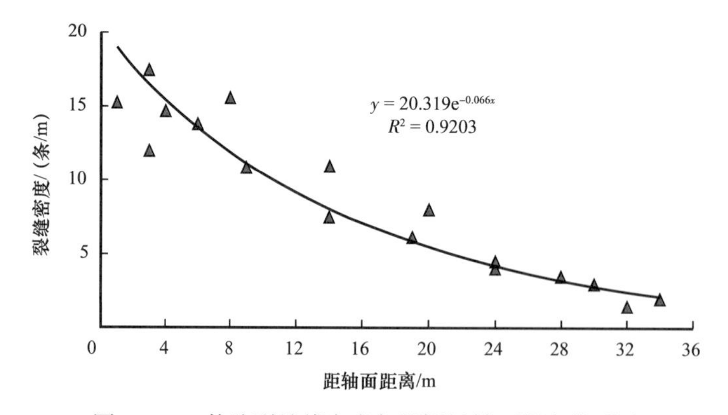

图3-3-8　构造裂缝线密度与距褶皱轴面距离关系图

3）断层转折褶皱对裂缝的控制作用

断层通过断坡由一个断坪传到另一个断坪，上盘岩层按下盘的形状形成褶皱，即为断层转折褶皱（图3-3-9）。岩层变形发生在活动轴面和不活动轴面之间的区域，这两个轴面位于断层的上方，活动轴面下端位于断层的拐点上（断层面倾角发生变化的位置）。变形首先发生于活动轴面，活动轴面左侧的岩层未发生倾斜变形，变形岩层沿断层向上滑移。不活动轴面代表了活动轴面的原始位置，变形前不活动轴面与活动轴面重合，变形发

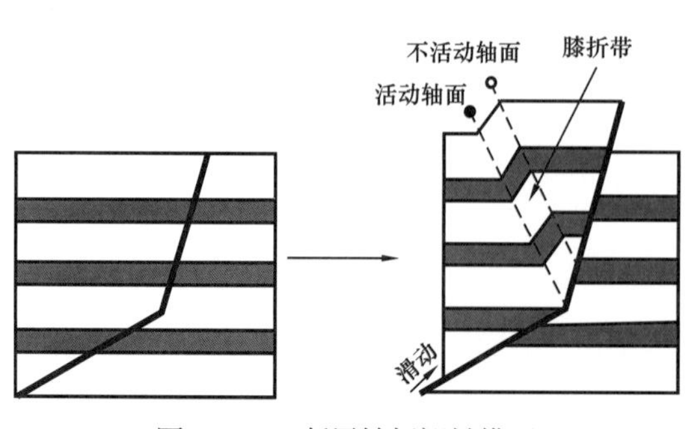

图3-3-9　断层转折褶皱模型

生后不活动轴面与活动轴面分离，活动轴面位置不变，不活动轴面沿断层面滑移，不活动轴面与活动轴面之间的区域组成膝折带，膝折带的宽度等于断层的滑移量。膝折带迁移（加宽）形成断层转折褶皱，褶皱翼部倾斜岩层的倾角不变，倾斜岩层的宽度与断层滑移量呈正比关系。这样形成的褶皱后翼长（取决于下盘断坡），前翼短，后翼平缓，前翼倾角可达 10°～30° 以上，背斜一般发育平顶。

断层转折褶皱对裂缝发育的影响与断层对裂缝的影响类似，但也有明显的不同。在断层的下盘，断层面附近裂缝十分发育，裂缝线密度可达 32.15 条 /m，随着距断层面距离增加，裂缝线密度呈明显减小的趋势（图 3–3–10）；在断层的上盘，也整体表现出距断层面越远裂缝线密度越小的趋势，但是裂缝线密度在整体变小的同时出现了两个裂缝线密度的异常高点（测点 6、9），这两点的裂缝线密度要明显大于比它更接近裂缝面测点的裂缝线密度，这是由于这两个测点处于活动轴面或不活动轴面位置的缘故，在这两处的变形强度较大，应力集中现象更加明显，因此其裂缝发育程度会明显变高。

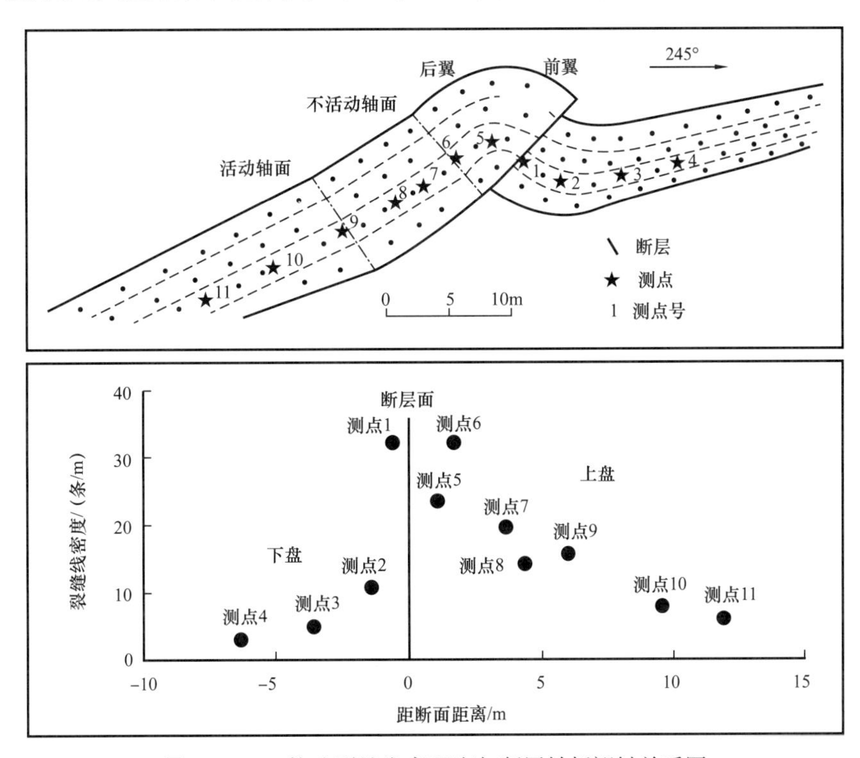

图 3–3–10　构造裂缝发育程度与断层转折褶皱关系图

二、冲断带裂缝发育模式

齐古背斜位于昌吉市西南向 60km 处，是一个表现为南缓北陡的不对称长轴背斜，背斜轴向近北东，以发育基底逆冲断裂和基底卷入型构造楔或三角带为特征，其中，侏罗系埋深高点为 1980m。齐古背斜在地表的产状表现为：背斜轴线呈一向北凸出的弧形，长轴约 17km，短轴约 3km，西段走向北西西，约 280°，东段在呼图壁河以东 2km 折向南东，约 130°。背斜核部出露最老地层为中侏罗统头屯河组（J_2t），两翼和围斜地层为上侏罗统齐古组（J_3q）、喀拉扎组（J_3k）和下白垩统吐谷鲁群（K_1tg）。翼部产状北陡南缓，北翼地层倾角30°～70°，南翼倾角24°～45°，表明受到了由南而北、由下向上的逆冲作用。北冀依次出露地层有白垩系、古近系、新近系和第四系更新统，向北倾角逐渐增大，到上新统独山子组倾角达70°左右。在呼图壁河东约8km处东围斜以8°～17°的倾角向下倾没，而西围斜于雀儿沟乡东4～5km处以2°～8°倾角向下倾没，东围斜轴部比西围斜宽阔1km左右，显示受力变形西侧较大。背斜高点位于呼图壁河附近（图3-3-11），轴部地层倾角平缓（约21°），褶皱形态完整，在高点附近发育有南倾的正断裂，倾角43°，最大断距达107m，东西长约9km。

图3-3-11 齐古背斜

沿着呼图壁河剖面进行出露地层产状及裂缝产状、密度进行测量，根据褶皱中地层倾角的变化将呼图壁河剖面出露的齐古背斜划分为A、B、C、D和E五个区域（图3-3-12）。统计褶皱中裂缝产状发现，褶皱中四个区域裂缝组系基本一致，主要发育四组裂缝，分别为NNW—SSE向、NNE—SWW向、N—S向和E—W向，但这4组裂缝的发育程度在五个构造区中存在较大差异。

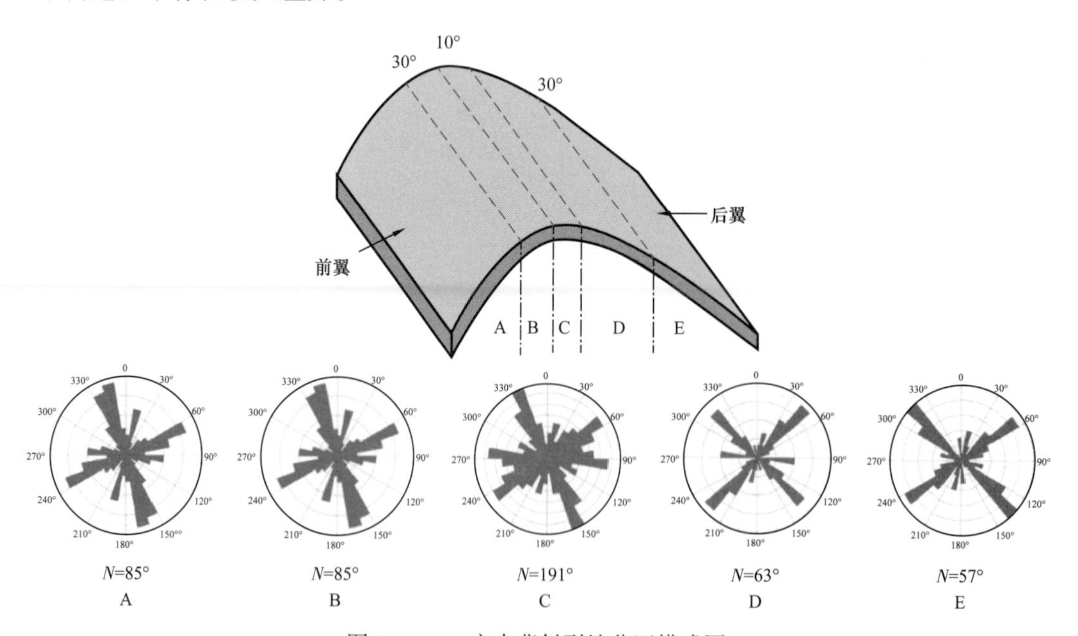

图3-3-12 齐古背斜裂缝分区模式图

A 区域位于褶皱前翼，地层倾向 5°，倾角超过 30°，地层变形程度较弱。区域 A 中 NNW—SSE 向、NNE—SWW 向、N—S 向和 E—W 向裂缝对应裂缝线密度分别为 2.4 条 /m、2 条 /m、0.96 条 /m 和 0.87 条 /m。四组裂缝中 NNW—SSE 向和 NEE—SWW 向裂缝较发育，N—S 向裂缝发育程度低，但其横向延伸长，纵向切穿大。

区域 B 同样位于褶皱前翼，只是更加靠近褶皱核部，地层倾向 8°，地层倾角 10°～30°，地层变形程度比 A 区要大。区域 B 中 NNW—SSE 向、NNE—SWW 向、N—S 向和 E—W 向裂缝对应裂缝线密度分别为 2.9 条 /m、2.6 条 /m、0.9 条 /m 和 1.4 条 /m（图 3-3-13）。可见 NNW—SSE 向和 NEE—SWW 向裂缝更为发育，E—W 向裂缝发育程度增加。

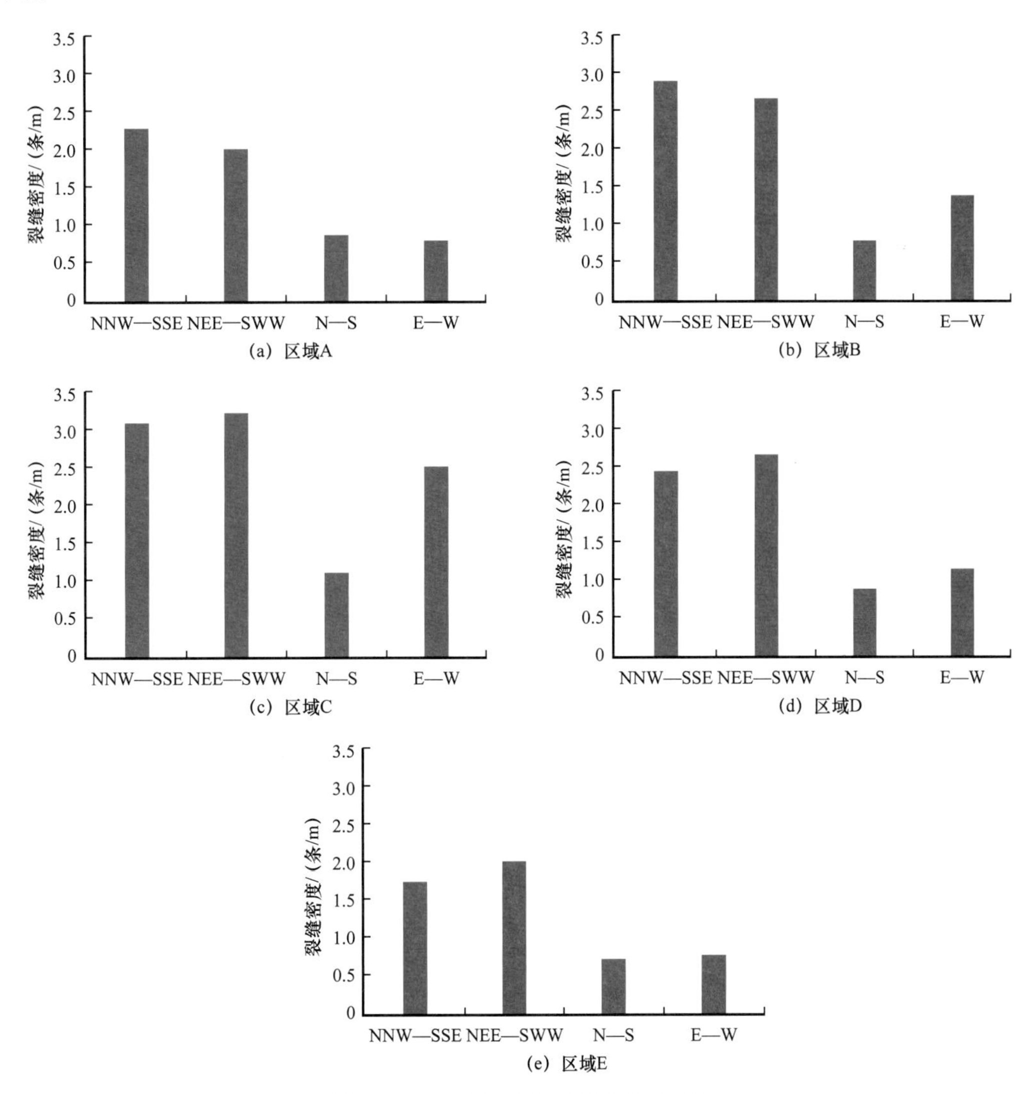

图 3-3-13　不同区域裂缝线密度统计

C 区域位于褶皱核部，地层近水平，倾角小于 10°，地层曲率最大，变形程度最强。区域 C 中 NNW—SSE 向、NNE—SWW 向、N—S 向和 E—W 向裂缝对应裂缝线密度分别为3.1条/m、3.2条/m、1.1条/m和2.6条/m。可见，NNW—SSE向和NEE—SWW向裂缝最为发育，E—W向裂缝发育程度亦明显增加。

D区域位于褶皱后翼，靠近褶皱核部，地层倾向191°，地层倾角10°～30°，地层变形程度比核部要小。区域D中NNW—SSE向、NNE—SWW向、N—S向和E—W向裂缝对应裂缝线密度分别为2.4条/m、2.7条/m、0.92条/m和1.2条/m，可见，NNW—SSE向和NEE—SWW向裂缝更为发育。

E区域位于褶皱后翼，靠近褶皱核部，地层倾向189°，地层倾角大于30°，地层变形程度比D区小。区域E中NNW—SSE向、NNE—SWW向、N—S向和E—W向裂缝对应裂缝线密度分别为1.7条/m、2.1条/m、0.7条/m和0.82条/m（图3-3-13），四组裂缝发育程度均有明显降低。

统计发现，褶皱核部裂缝发育程度最高（裂缝线密度达到10条/m），其次是褶皱前翼，褶皱后翼裂缝发育程度较弱[图3-3-14(a)]。褶皱中四组裂缝的规模有较大的差别，其中N—S向和E—W向裂缝延伸长度较大，大于1.5m，NNW—SSE向、NNE—SWW向裂缝发育程度较大，但是裂缝规模较小，延伸短[图3-3-14（b）]。

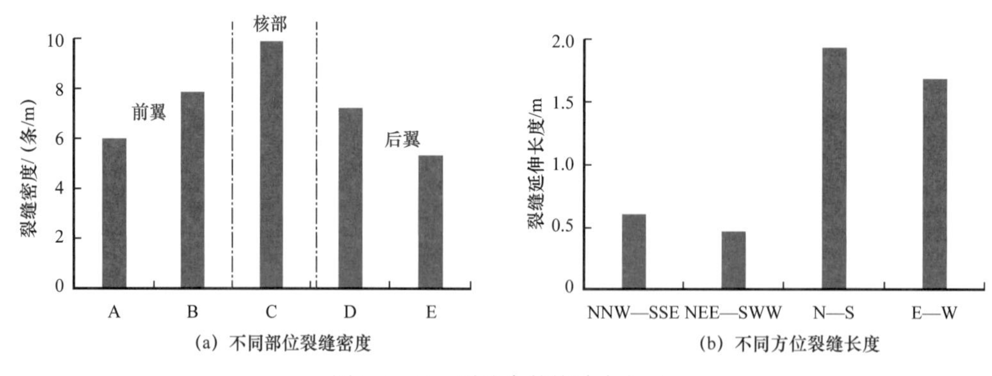

图3-3-14 裂缝参数统计直方图

三、不同构造样式裂缝发育模式

依据野外剖面裂缝实测资料、三维构造物理模拟和离散元数值模拟结果，本次研究共建立了六类逆冲构造裂缝发育模式。这些裂缝发育模式主要阐述了不同构造样式中裂缝的成因类型、形成期次、分布规律和发育程度等特征。

1. 断层转折褶皱裂缝发育模式

在断层转折褶皱中，裂缝的形成分布受区域构造应力，位于断层上、下转折端的活动轴面、地层弯曲、顺层剪切、地层厚度和地层岩性等因素的控制。断层转折褶皱可被划分为六个不同的裂缝发育区（A—F）。

区域构造应力形成的区域性裂缝表现出明显的层控特征，在地层中均匀分布，这类裂缝多被限制在岩层内部、穿层裂缝较少，裂缝主要为高角度缝，以一组或两组共轭裂缝形式出现，裂缝主要形成于褶皱形成之前。

在断弯褶皱形成过程中，由于断坡下转折端活动轴面的存在，褶皱后翼（B 区和 C 区）会形成次级调节断层及其伴生裂缝，调节断层与断坡近垂直，穿过多套岩层，与岩层面大角度相交。由于顺层剪切作用，位于 C 区的岩层间及岩层内部会形成一组与岩层面低角度相交的裂缝，这类裂缝的规模相对较大。

在褶皱前翼（E 区），断层上转折端活动轴面的存在，前翼地层中也形成了与岩层面大角度相交的裂缝。此外，地层沿断面滑动的过程中，在断层面附近会形成一到两组与断层面斜交的断层伴生裂缝。

在褶皱形成后期，褶皱两翼愈发陡峭，翼间角变小，褶皱核部（D 区）层曲率持续增加，形成与地层垂直的张裂缝。

综上所述，在断弯褶皱中主要存在四类裂缝，第一类是区域裂缝，形成最早；第二类是顺层剪切形成的裂缝；第三类是断层伴生裂缝；第四类是褶皱核部的张裂缝，形成时间最晚。褶皱中六个区域中裂缝发育程度为：C 区>E 区>F 区>B 区>D 区>A 区（图 3-3-15）。

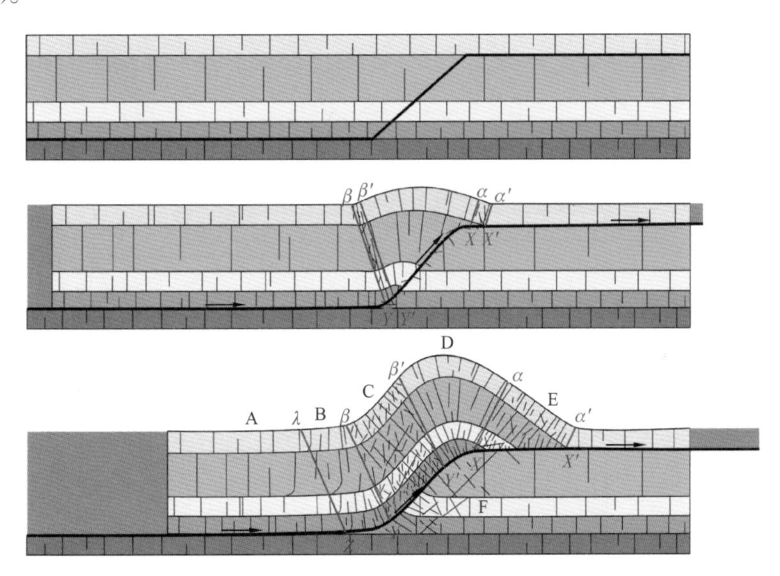

图 3-3-15 断层转折褶皱裂缝形成演化模式

2. 断层传播褶皱裂缝发育模式

在断层传播褶皱中，裂缝的形成分布同样是受区域构造应力、位于断层下转折端的活动轴面、地层弯曲、顺层剪切、地层厚度和地层岩性等因素的控制。断层传播褶皱可被划分为七个不同的裂缝发育区（A—G）。与断层转折褶皱裂缝发育模式相比，断层传播褶皱无断层上转折端活动轴面，因而褶皱前翼变形更加强烈。在断层传播褶皱中主要是发育 4 期 5 组裂缝：早期区域挤压形成第一期共轭两组裂缝，裂缝在地层中均匀分布；褶皱形成过程中，褶皱后翼断层下转折端活动轴面形成的次级断裂，断层伴生裂缝及顺层剪切作用形成的低角度裂缝属于第二期形成的两类裂缝；褶皱核部地层变形程度增加曲率增大，形成与褶皱走向平行、与岩层面垂直的张裂缝，属于第三期形成；最后一期裂缝的形成是由于区域差异挤压，形成走向与褶皱走向垂直的裂缝。对比断层传播褶皱中7个裂缝发育区，其裂缝发育程度为：前翼断层A＞后翼断层B＞再后翼断层C＞冲起构造D＞后翼断块E＞上盘平缓地层F＞原状地层G（图3-3-16）。

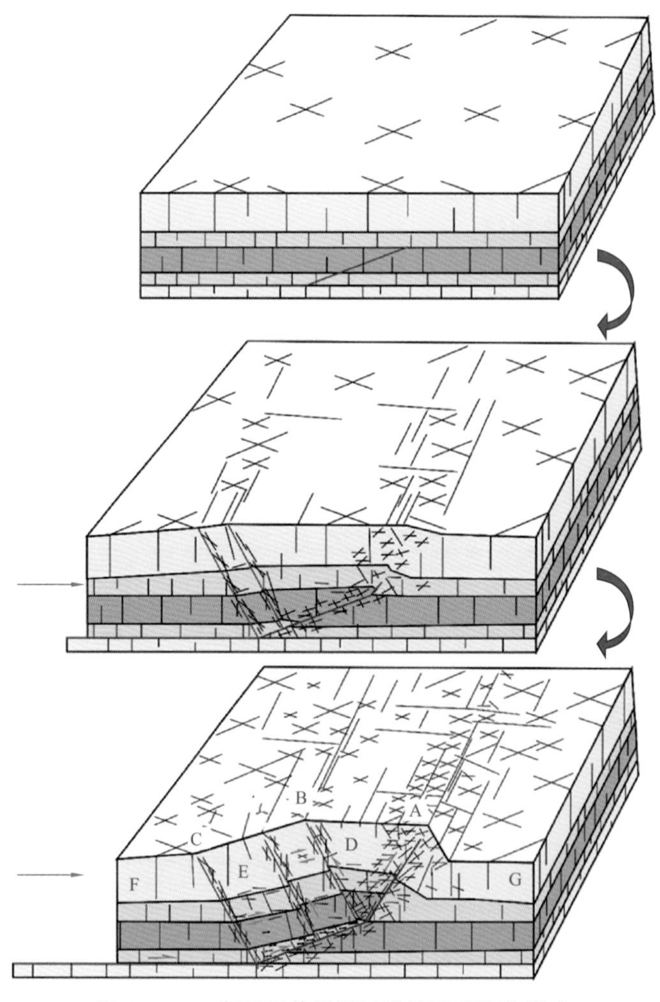

图3-3-16 断层层传播褶皱裂缝形成演化模式

3. 断层牵引褶皱裂缝发育模式

与上述断层相关褶皱裂缝发育模式相比，断层牵引褶皱中裂缝的形成分布主要是受区域挤压、断层、地层弯曲等因素的影响。综上所述，断层牵引背斜也可以划分出六个裂缝发育区（A—F），不同区域中裂缝组系、规模、发育程度等特征差别较大（图3-3-17）。在断层牵引背斜中主要是发育3期4组裂缝：区域构造挤压形成的两组共轭裂缝是最早形成裂缝，均匀分布在整个褶皱之中；其次是与断层伴生的一到两组裂缝，其走向与断层走向近平行，与岩层面近垂直；位于褶皱核部的张裂缝，这是由于断层摩擦牵引作用导致褶皱核部曲率增加，形成一组张裂缝，这组张裂缝的走向也与褶皱走向平行，它们属于第二期裂缝；最后一期裂缝是走向垂直于褶皱走向的裂缝，是区域差异挤压形成。

六个区域中裂缝发育程度为：断层上盘A>断层下盘B>背斜顶部C>前翼D>后翼E>原状地层F。

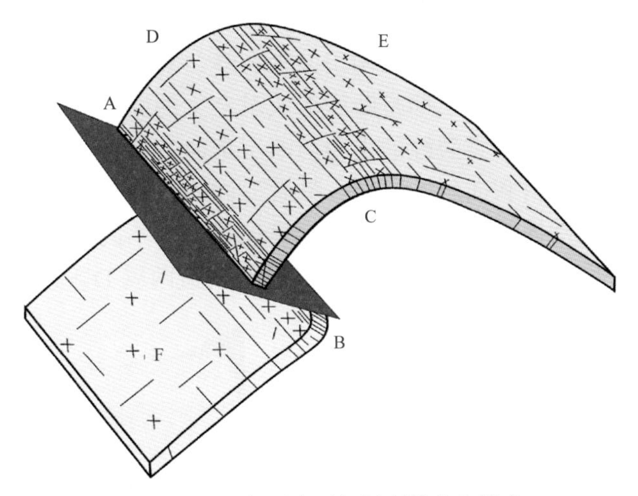

图 3-3-17　断层牵引褶皱裂缝分布模式

4. 叠瓦状构造裂缝发育模式

叠瓦构造属于逆断层组合样式，其裂缝的形成分布影响因素与断层牵引褶皱类似，可以划分为四类裂缝发育区（A—D），主要发育3期4组裂缝（图3-3-18）。最早形成的是两组区域裂缝，以共轭形式出现，在地层中均匀分布。第二期裂缝是在断层形成时与断层伴生的裂缝，裂缝走向与断层近平行，主要分布在断层附近。此外，断层周围地层会因为断层的拖拽而产生变形，形成断层牵引褶皱，并在褶皱的核部形成与岩层面垂直，走向与褶皱走向平行的张裂缝。第三期裂缝是在叠瓦状构造形成后，由于差异挤压，形成一组与断层走向垂直的裂缝，裂缝规模较大。在前陆冲断带中以前展型叠瓦状构造为主，因此表现为山前到盆地内，断层倾角和断距逐渐变小，相邻断层间的距离逐渐增加，地层变形程度依次减弱，裂缝发育程度逐渐降低。四类裂缝发育区裂缝发育程度为：断层上盘A>断层下盘B>斜坡C>原状地产D。

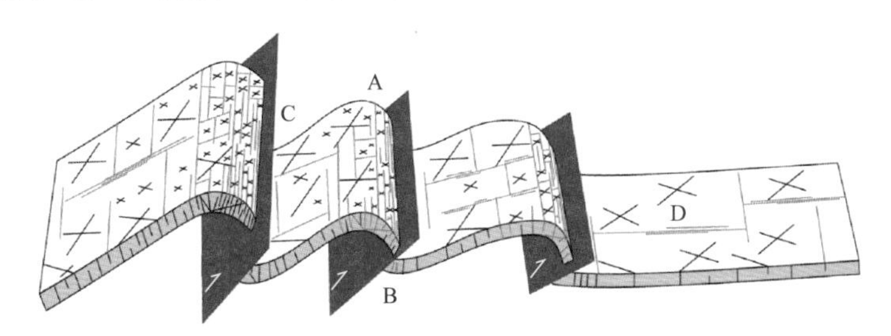

图 3-3-18　叠瓦状构造裂缝分布模式

5. 对冲构造裂缝发育模式

对冲构造也是冲断带重要的逆断层组合样式，表现为倾向相背的两组逆断层共用一个下盘。这类构造样式中裂缝的形成分布影响因素也与叠瓦状构造类似，受控于断层、地层弯曲及区域构造应力的控制。根据数模的结果，可以将对冲构造划分为五个裂缝发育区（A—E），其中发育3期4组裂缝（图3-3-19），不同区域裂缝发育程度存在差异。第一期裂缝是由于区域构造挤压形成的两组共轭裂缝，其锐角指示最大主应力方向，这两组裂缝在地层中均匀分布。第二期是断层形成时产生的断层伴生裂缝，以及断层牵引褶皱核部形成的张裂缝，这两类裂缝的走向与断层走向一致，前者主要集中分布于断层附近，后者集中分布于背斜和向斜的核部。最后形成的裂缝是由于差异挤压形成与断层走向近垂直的裂缝，其延伸长度较长，裂缝规模也较大。不同区域裂缝发育程度为：两翼断层上盘A＞断层下盘B＞冲起构造顶部C＞冲起构造两翼D＞原状地层E。

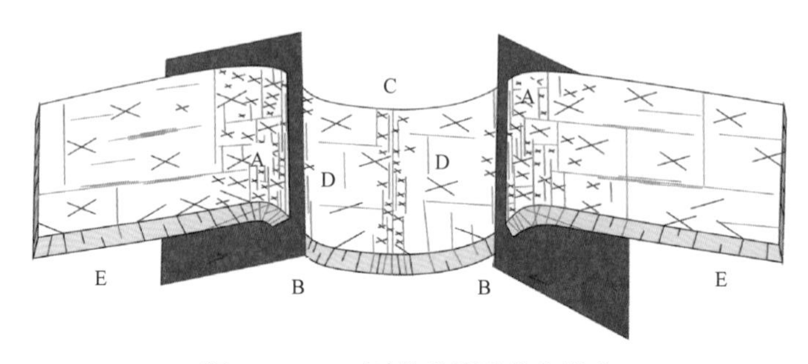

图3-3-19 对冲构造裂缝分布模式

第四章　前陆盆地富油气构造带与深层油气成藏

在前期两大成藏体系、四套储盖组合和油气分带分段性研究的基础上（宋岩等，2008），深化认识了伸展—挤压反转期源圈匹配、源储配置、断—盖组合控藏机制与深层油气成藏，明确了三类富油气构造带油气聚集规律和形成模式。

第一节　前陆盆地源圈匹配控藏机制

前陆盆地及复杂构造区发育多套烃源岩、多套区域盖层和多个构造层，在多期构造演化的控制下，一般前陆盆地山前断阶带（断褶带）、古构造和古隆起圈闭形成早，且多期活动，与烃源岩多期生排烃匹配，油气侧向运移、远源成藏；滑脱冲断构造带圈闭形成晚，与烃源岩晚期生气高峰期匹配，天然气垂向运移、近源或远源充注成藏；不同构造带源圈差异动态匹配形成了多层系多期油气聚集。

本节以准南缘前陆盆地为例，分别论述了山前断阶带、滑脱冲断构造带烃源岩生烃史和圈闭形成期匹配关系、动态成藏过程。

一、前陆盆地烃源岩与圈闭匹配关系

1. 烃源岩生烃演化史

准南缘前陆盆地不同区带构造—埋藏史、热演化史差异大。根据对四棵树凹陷、齐古断褶带、乌奎背斜带、北部斜坡带四个不同构造区烃源岩埋藏—热演化史的模拟分析，将准南缘前陆盆地的埋藏—热演化史划分为四种类型：Ⅰ晚期抬升剥蚀型、Ⅱ持续埋藏型、Ⅲ晚期缓慢埋藏型和Ⅳ早期长期浅晚期快速埋藏型（图 4-1-1）。

1）Ⅰ晚期抬升剥蚀型

位于准南缘前陆山前断阶带（或断褶带），其沉降深度小，在侏罗纪末期（145Ma）、晚白垩世（65Ma）和中新世（7Ma）发生三次构造隆升，中新世的构造隆升对齐古断褶带地区的影响最大，造成新近纪以来 2000～3000m 的抬升剥蚀 [图 4-1-2（a）]。齐 8 井位于齐古断褶带上，其埋藏沉降模拟结果分析表明：二叠系烃源岩在侏罗纪末时 R_o 达到 0.7%，晚白垩世 R_o 达到 0.9%～1.0%，开始大量生油，但晚白垩世末的抬升剥蚀使得生烃停滞，新生代以来的沉积和晚期抬升对二叠系烃源岩生烃没有影响；下侏罗统八道湾组烃源岩在晚白垩世 R_o 达到 0.5%～0.6%，但晚白垩世末的抬升剥蚀使得生烃停滞，基本没有生油。

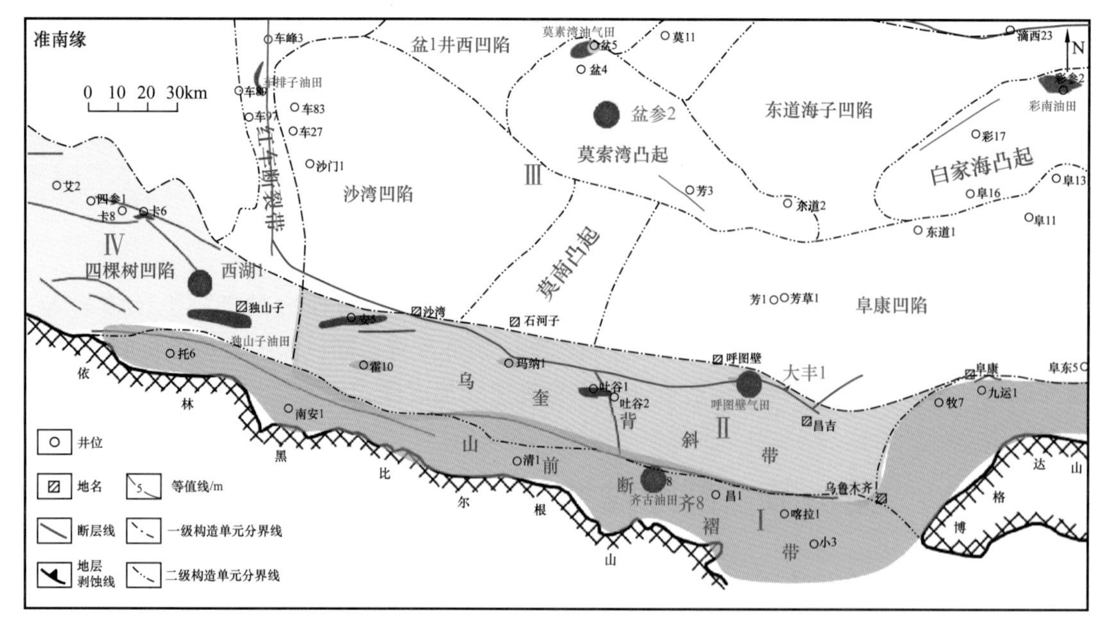

图 4-1-1 四种埋藏沉降类型平面分布构造位置图

2）Ⅱ持续埋藏型

位于冲断带中段第二排、第三排构造带，为持续稳定沉降，现今埋深大，烃源岩的成熟度普遍较高［图 4-1-2（b）］。大丰 1 井为中段第二排、第三排构造带的代表井，通过对其埋藏沉降史的模拟恢复研究，认为该地区一直处于持续稳定沉降，具多套源岩接替生烃的特征。二叠系烃源岩至晚侏罗世进入生油窗，白垩纪进入生油高峰，现今成熟度 R_o 高达 2.6%；侏罗系烃源岩在侏罗纪末—早白垩纪进入生油窗，时间晚于二叠系烃源岩，晚白垩世进入生油高峰，古近纪以来进入大量生气阶段，现今成熟度为 2.3%～2.6%，处于高—过成熟阶段；白垩系烃源岩在晚白垩世进入生油窗，中新世以来进入生油高峰，现今成熟度为 1.1%；古近系烃源岩成熟度 R_o 低于 0.5%，尚未进入生油阶段。

3）Ⅲ晚期缓慢埋藏型

位于准南缘前陆北部斜坡带，具有持续缓慢埋藏的特征，白垩纪埋深一直小于 3500m，新近纪以来埋深有所增加，但总体小于 5000m。盆参 2 井为北部斜坡带区域的代表井，其埋藏史热史模拟结果表明［图 4-1-2（c）］：该区侏罗系烃源岩在早白垩世末进入生油窗，新近纪以来随埋深增大，烃源岩成熟度 R_o 虽有所增加，但现今成熟度约为 0.71% 左右，仍处于早期生油阶段，尚未规模生油。

4）Ⅳ早期长期浅埋晚期快速深埋型

位于四棵树凹陷，具有早期浅埋晚期快速深埋的特点，现今埋深大、但成熟度低［图 4-1-2（d）］。西湖 1 井为四棵树凹陷典型代表井，侏罗系烃源岩在古近系之前埋深一直小于 2500m，古近系以来快速埋藏，但由于地温梯度低，现今成熟度 R_o 为 0.85%～1.0% 左右，仍处于大量生油阶段；白垩系烃源岩现今成熟度仍小于 0.7%，尚未规模生油；而古近系烃源岩现今成熟度仍小于 0.5%，尚未进入生油阶段。

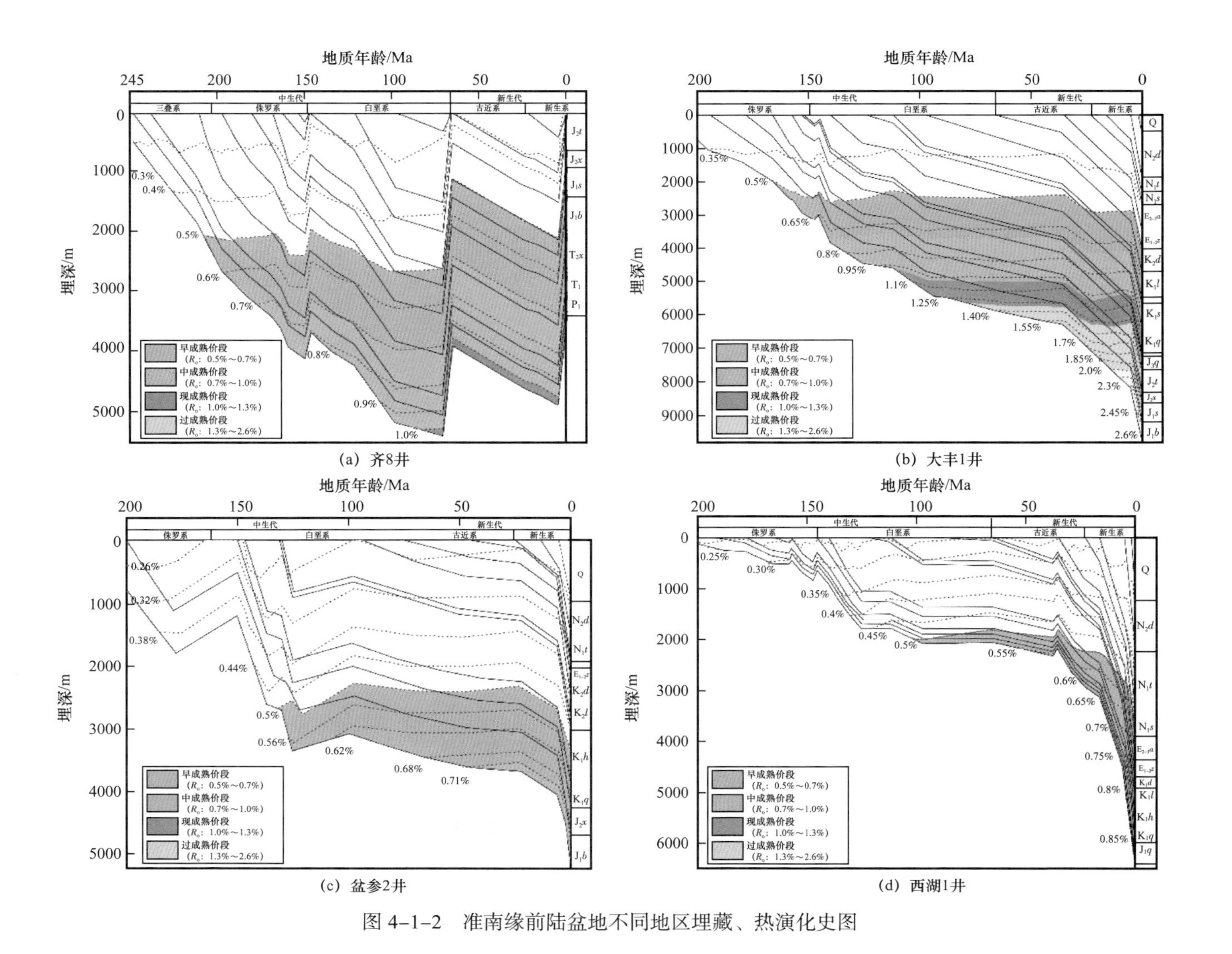

图 4-1-2　准南缘前陆盆地不同地区埋藏、热演化史图

2. 构造演化史

在天山两侧前陆冲断带，生长地层已被多位学者应用于确定构造变形时间和变形速率（郭召杰等，2006）。多数研究成果认为盆地南缘第一排冲断褶皱带形成于中生代末期，喜马拉雅期定型并自更新世以来不再活动；第二排构造带霍尔果斯背斜形成于上新世和更新世早期之间（邓起东等，1998），其构造全盛时期在西域组砾岩沉积之后，天山北缘西域砾岩底部的磁性地层学年龄为2.58Ma或者3.1Ma，推测第二排构造带形成不早于3Ma（郭召杰等，2006；方世虎等，2007）；第三排构造带独山子—安集海背斜形成于更新世中期大约0.73Ma以来（邓起东等，1988）。郭召杰等（2006）根据天山北缘三排冲断褶皱带生长地层的发育状况，基于磁性地层学结果，提出了三排褶皱带形成的相对时间序列，即山前第一排喀拉扎背斜定型于7～6Ma，第二排构造带定型于2Ma，第三排构造带定型于更新世中期约1Ma之后。总体来说，准南缘新生代构造具有自东向西、自南向北逐渐迁移演化的趋势，即自东向西、由南向北，组成背斜带的地层和背斜带的形成时代均由老变新。

3. 源圈匹配关系

准南缘含油气系统以中侏罗统—下侏罗统煤系地层为主要烃源岩。有机质热演化生烃史研究表明，准南缘中段东部中侏罗统—下侏罗统烃源岩在白垩纪达到生油高峰，主要排烃期应在白垩纪末期，在古近纪以来进入大量生气时期，20Ma左右达到生气高峰，但在10Ma左右生烃速率已降低［图4-1-3（c）］。

中侏罗统西山窑组顶面构造在白垩纪前为一近东西向展布、西浅东深、南陡北缓的凹陷，昌吉、齐古等第一排构造处于南侧陡坡边缘地区，西部托斯台地区为一大型古圈闭；白垩纪末，沙湾以西为区域性古隆起，而第一排构造带也处于凹陷南缘的隆起带上，为油气运移的指向区。因此，准南缘大部分构造在燕山期均未形成或仅具雏形，而喜马拉雅期才是构造圈闭的主要形成期。对于第一排构造带来说，圈闭主要为燕山期形成，喜马拉雅期对其进行改造并最终定型，圈闭形成与二叠系烃源岩和中侏罗统—下侏罗统烃源岩生油高峰期匹配好，有利于形成侏罗系原生油藏；喜马拉雅期随着构造圈闭的抬升、调整、定型，低断阶圈闭与下盘侏罗系烃源岩生气高峰匹配，形成气藏，或与早期原油混合形成油气藏。第二排、第三排构造带中上组合圈闭主要为喜马拉雅期形成，圈闭形成晚于二叠系烃源岩生油和侏罗系八道湾组烃源岩生油气高峰，但与白垩系烃源岩生油期和侏罗系西山窑组烃源岩生气期匹配，形成煤型气和湖相原油混合的气藏或油气藏；下组合发育古构造圈闭，圈闭形成期与烃源岩早、晚生油气高峰匹配，最有利于形成规模油气藏，如四棵树凹陷高泉构造下组合已证实发育燕山期古构造。大丰1井钻遇乌奎背斜带呼图壁背斜下组合，喀拉扎组储层颗粒荧光分析证实有古油藏形成，原油来自于侏罗系和二叠系烃源岩。下组合喜马拉雅晚期形成的圈闭与侏罗系西山窑组烃源岩生气高峰期匹配。因此，冲断带中段下组合圈闭与烃源岩生烃史存在两种匹配关系，以捕获晚期天然气为主。

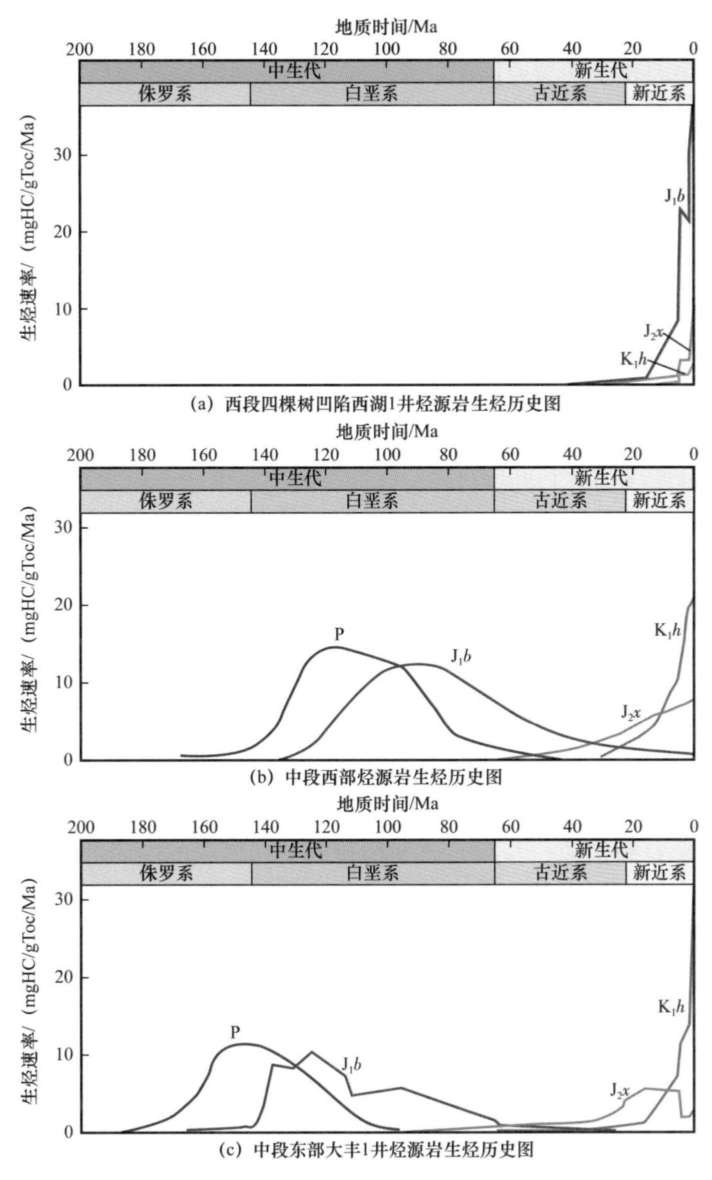

图 4-1-3 准南缘不同区带烃源岩生烃速率演化图

四棵树凹陷东段具有类似于库车前陆盆地的早期浅埋晚期快速深埋的埋藏历史，侏罗系烃源岩在 10Ma 以来开始大量生油，现今仍在大量生油阶段［图 4-1-3（a）］，与圈闭形成期良好匹配，具有形成油气田的基础条件。前期已发现卡因迪克油田、独山子油田，西湖 1 井齐古组也发现了低产油流。2019 年 1 月高探 1 井在清水河组喜获高产油气流，日产原油 1213m^3，天然气 $32.17\times10^4m^3$。高探 1 井的重大突破，证实了准南缘西段下组合具有形成大型油气田的地质条件，勘探潜力巨大。

准南缘冲断带中段西部与中段东部相比，由于早期埋藏相对浅，烃源岩大量生烃时间相对滞后，侏罗系烃源岩在 10Ma 以来仍在大量生气，烃源岩晚期主生气期与晚期构造形成期匹配更好［图 4-1-3（b）］。

从侏罗系八道湾组顶界0—23Ma的烃源岩成熟度增量大小可以看出，23Ma以来的晚期主力生烃区主要位于四棵树凹陷、霍尔果斯—安集海构造深层及呼图壁构造西南侧。其中四棵树凹陷为晚期主力生油区，霍尔果斯—安集海构造深层为晚期主力生凝析油气区，呼图壁构造西南侧为晚期主力生气区。这些晚期仍在规模生烃的区域与构造圈闭形成期的匹配关系较好，是油气有利勘探区带。

二、前陆盆地源圈匹配与深层油气动态成藏

采用典型油气藏解剖和KronosFlow+TemisFlow模拟技术、泥岩盖层评价技术，剖析了准南缘前陆盆地中段齐古背斜—吐谷鲁背斜—莫索湾凸起二维剖面构造演化及油气动态运聚过程。结果表明，齐古背斜为多期继续性发育构造，油气多期运聚，主要来源于下盘二叠系和侏罗系烃源岩；吐谷鲁背斜下组合存在规模油气聚集，油气晚期成藏；斜坡带上倾尖灭岩性圈闭为有利勘探目标，隆起带深层稳定的古构造有油气聚集。

1. 构造演化与油气动态运聚数值模拟

晚新生代以来，由于印—藏碰撞的远程效应（Avouac et al.，1993），形成环青藏高原的一系列新生代盆地群（贾承造等，2003）。普遍认为这次构造活动的构造响应可以传播至现今的天山地区，造成晚新生代天山地区强烈的构造隆升、构造改造和盆内变形。晚新生代准南缘冲断带的构造变形始于24Ma左右，但快速隆升和构造变形主要形成于10Ma以来，这在盆地南缘冲断带形成中具有重要位置。首先，10Ma以来的构造变形是准南缘冲断带新构造形成的重要时期，这些构造由于形成晚（如第二排、第三排构造），是目前对油气运聚有利构造；其次，该期构造对早期形成的圈闭或油气聚集可能起到较强的改造作用，同时也可能导致次生油气成藏或晚期油气聚集的形成，如齐古背斜早期形成的油藏遭受调整和破坏、喜马拉雅期聚集晚期高成熟气。

从构造变形的分布来看，由于晚新生代构造活动形成的构造带主要位于准南缘前陆冲断带，形成的断裂也主要局限于盆地南缘冲断带。因此，晚新生代构造活动引起的强烈变形主要位于盆地南缘冲断带，而对盆地中央及其以北地区的影响明显减弱。但是，由于强烈的构造挤压作用，前渊坳陷部位发生明显的快速沉降，北部斜坡带及前缘隆起带可能持续发生掀斜运动，对早期形成的油气藏可能起到重要的调整作用，使得原有油气藏遭到改造，油气运移形成次生油气藏。因此，晚新生代的构造响应在南缘冲断带的记录较强，对前陆盆地其他构造单元的改造及对油气成藏的调整作用也不可忽视。

1）参数定义

为了揭示南缘构造演化过程中油气运聚规律，选择过齐古1井、东湾1井、乐探1井和莫索湾凸起莫深1井二维构造地质剖面（图4-1-4），进行构造演化与油气动态运聚数值模拟。

根据上述地质大剖面，设置了数值模拟地层构造剖面和岩性剖面（图4-1-5），其中，二叠系、白垩系呼图壁河组和古近系安集海河组泥岩分别为下组合、中组合和上组合底部滑脱层。二叠系、侏罗系八道湾组和三工河组、白垩系吐谷鲁群发育泥质烃源岩，侏罗系西山窑组发育煤系烃源岩，生气为主；上侏罗统喀拉扎组和齐古组、古近系紫泥泉

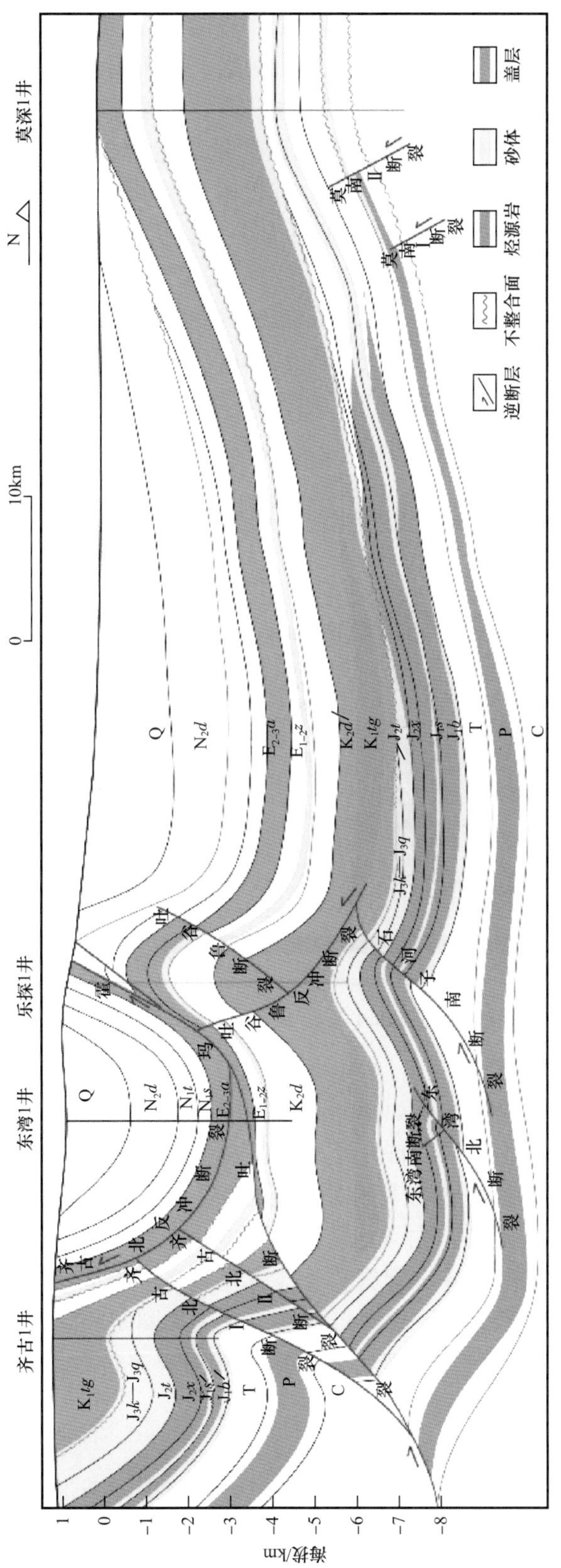

图 4-1-4　准南缘前陆盆地过齐古 1 井—东湾 1 井—乐探 1 井—莫深 1 井构造地质大剖面图

子组为主力储层；白垩系吐谷鲁群和古近系安集海河组泥岩为区域盖层。

主要烃源岩层为二叠系、八道湾组、三工河组、西山窑组、吐谷鲁群。其中，二叠系烃源岩以暗色泥岩为主，有机碳含量设定为7.6%，干酪根类型主要为Ⅰ型、Ⅱ型。八道湾组烃源岩以暗色泥岩和煤层为主，有机碳含量设定为2.0%，干酪根类型主要为$Ⅱ_2$型、Ⅲ型。三工河组烃源岩为泥质烃源岩，有机碳含量设定为2.37%，干酪根类型主要为Ⅲ型。西山窑组烃源岩以碳质泥岩和煤层为主，有机碳含量设定为58.28%，干酪根类型为$Ⅱ_2$型—Ⅲ型。吐谷鲁群烃源岩以泥岩为主，有机碳含量设定为1.29%，干酪根类型主要为Ⅰ型、Ⅱ型。依据齐古8井的地温梯度测试，设定不同时期不同的地温梯度，251.9—299Ma（P），地温梯度为50℃/1000m；201.3—251.9Ma（T），地温梯度为36.3℃/1000m；23.03—201.3Ma（J—E），地温梯度为30℃/1000m；2.6—23.03Ma（N），地温梯度为28℃/1000m；0—2.6Ma（Q），地温梯度为24℃/1000m。

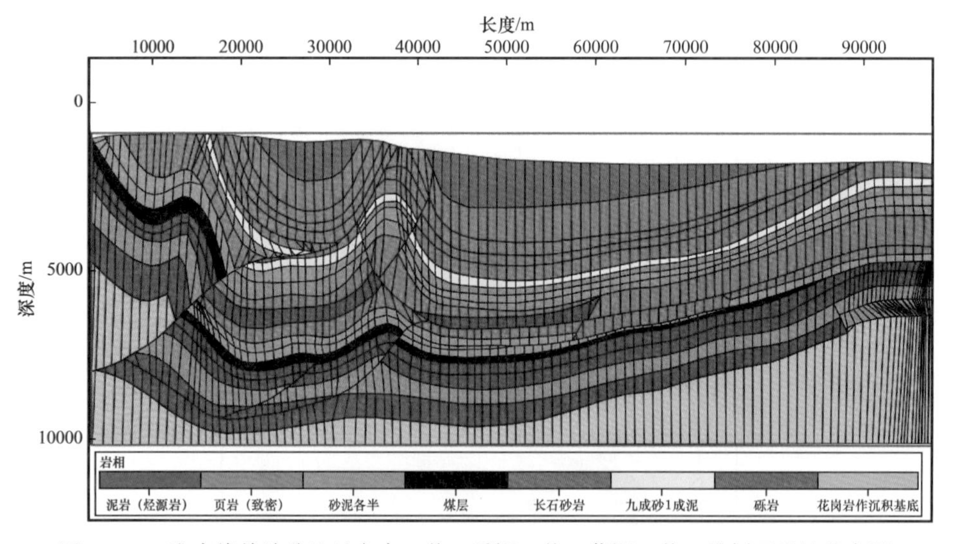

图4-1-5　准南缘前陆盆地过齐古1井—乐探1井—莫深1井二维剖面岩性分布图

2）断层全开启模拟结果

设置断层全部开启，模拟结果如图4-1-6至图4-1-9所示，其中，侏罗纪末期—白垩纪早期，二叠系烃源岩生排烃，首先运聚于齐古古背斜深层。白垩纪二叠系烃源岩进入生油高峰期，原油开始向齐古古背斜中浅层运移，部分原油聚集于坳陷区近源砂体，部分向北部古隆起高部位运移。白垩纪末期—古近纪，随盆内挤压断层的产生与活动，侏罗系烃源岩所生原油向南部齐古背斜和北部古隆起高部位运聚。新近纪以来，齐古背斜、冲断带下组合油气规模聚集，斜坡带岩性上倾尖灭圈闭和隆起带稳定的古背斜构造油气聚集成藏；另外深层油气向中浅多层系运移调整，齐古背斜尤其明显。对比来看，冲断带下组合油气最富集，尤其是霍—玛—吐构造带。

3）断层全部闭合模拟结果

设置断层全部为闭合状态，主要目的是模拟评价晚期冲断带中浅层油气运聚保存情况。由模拟结果图（图4-1-10）可见，油气运聚结果与断层开启不同，主要有两点，一是齐古北断层下盘断块有油气聚集，二是吐谷鲁背斜古近系无油气成藏，这一点与实际勘探不符，证实晚期冲断带断层是活动的，是油气垂向运移的通道。

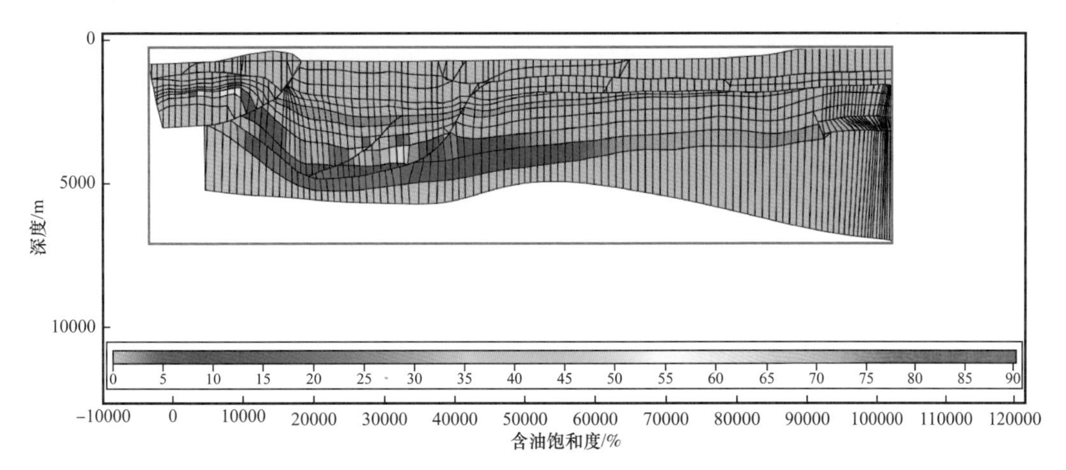

图 4-1-6　准南缘前陆盆地二维剖面断层全部开启时 122Ma（K_1tg）含油饱和度分布图

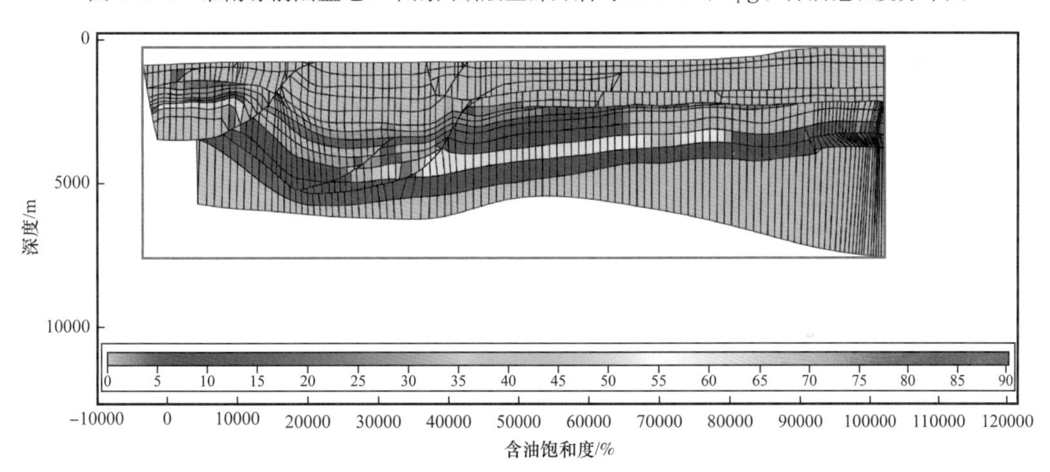

图 4-1-7　准南缘前陆盆地二维剖面断层全部开启时 66Ma（K_2d）含油饱和度分布图

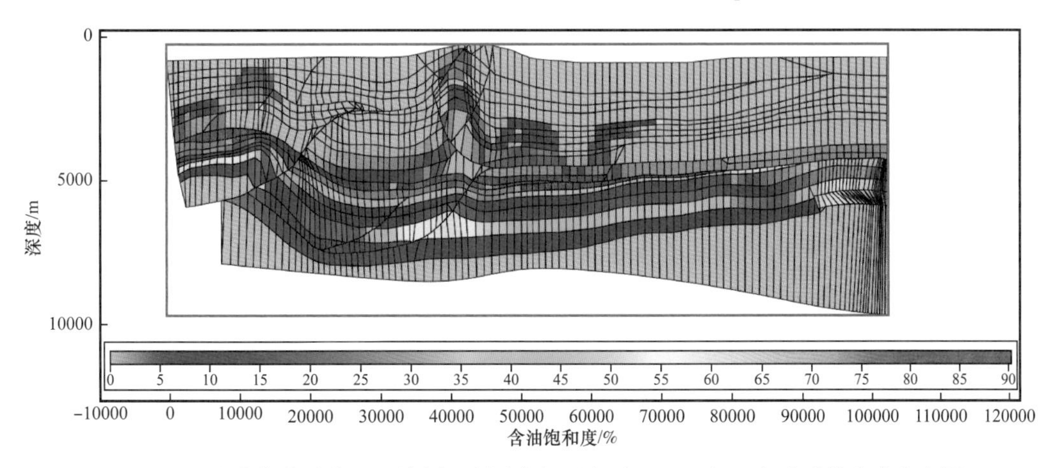

图 4-1-8　准南缘前陆盆地二维剖面断层全部开启时 2.6Ma（N_2d）含油饱和度分布图

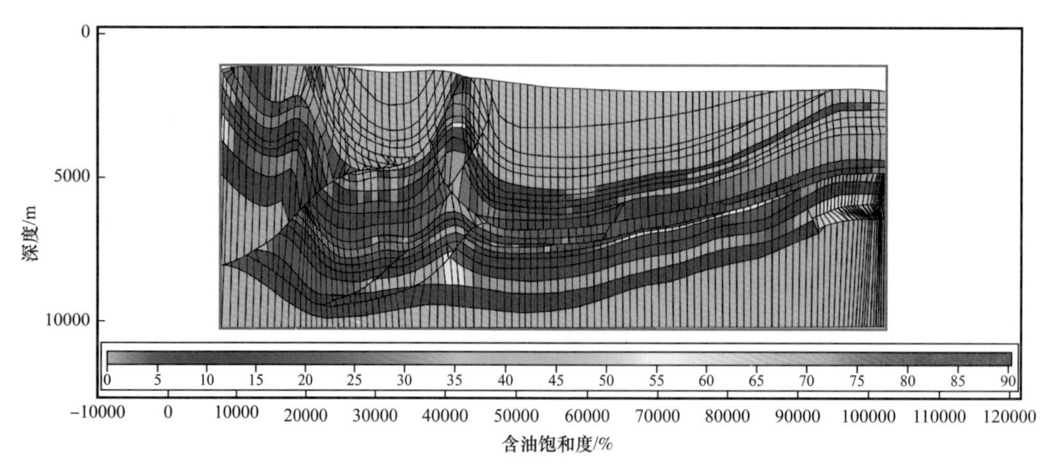

图 4-1-9　准南缘前陆盆地二维剖面断层全部开启时现今含油饱和度分布图

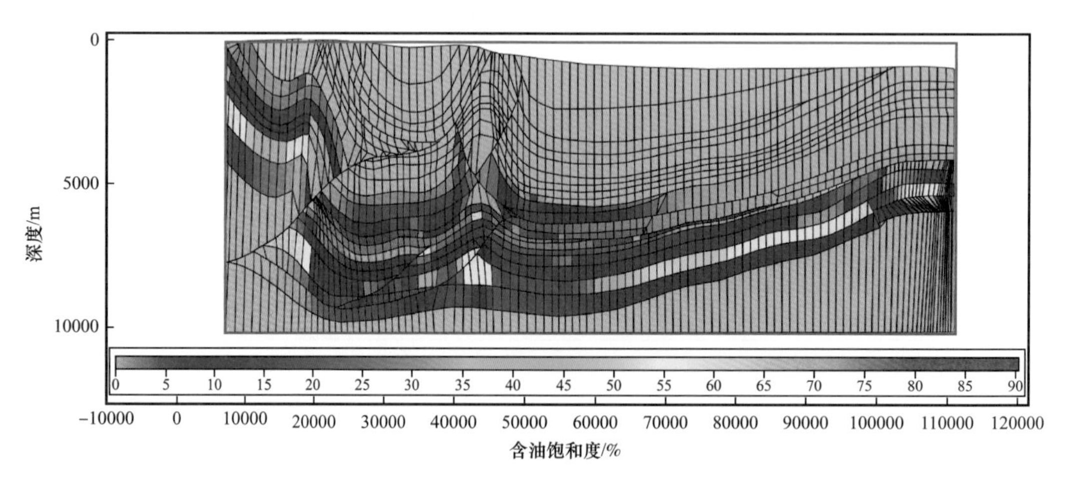

图 4-1-10　准南缘前陆盆地二维剖面断层全部闭合时现今含油饱和度分布

2. 源圈匹配与油气动态成藏过程

根据以上模拟结果，建立了准南缘前陆盆地中段二维大剖面构造演化与油气动态成藏模式。其中，二叠系烃源岩开始生油的时间为晚侏罗世，就近聚集于齐古古背斜。到白垩纪，二叠系烃源岩进入生油高峰期，有利区在第一排构造带昌吉、齐古背斜一带，这是由于第一排构造带在侏罗纪末期古构造已经形成，有利于二叠系原油的聚集。由于侏罗纪末期，第一排构造带北部广大地区仍处于坳陷斜坡背景，大量源自二叠系的石油聚集于源间砂体或沿砂体顶面运移至北部车排子—莫索湾古隆起。

古近纪末期，南部坳陷区二叠系烃源岩开始大量生气，北部斜坡区二叠系烃源岩进入生油窗，深部二叠系含油气系统继续向南、北高部位运聚成藏。此时坳陷区中侏罗统—下侏罗统烃源岩进入生油阶段，首先就近向齐古背斜或源间砂体运聚。新近纪以来，侏罗系烃源岩达到生气高峰期，坳陷区白垩系烃源岩达到生油阶段，第二排、第三排背斜带依次形成，北部构造带向南翘倾形成斜坡带，在第二排、第三排构造带下组合形成的侏罗系构造圈闭中，聚集形成原生气藏；由于断层的沟通作用，生成的天然气沿断层向上运移到下组合顶部上侏罗统—下白垩统储层或中组合圈闭，形成次生油气藏；坳陷—斜坡区大量侏罗系石油沿着储层顶面往北部斜坡隆起区运移，在侏罗系内部形成岩性、构造岩性油气藏。喜马拉雅期以来，白垩系烃源岩在新近纪以来开始大量生油，新近纪以来生成的原油沿断层向上运移至上白垩统东沟组和古近系紫泥泉子组储层聚集，与深部侏罗系来源的天然气共享圈闭，形成气侵成因的油气藏和凝析气藏，有利区为第二排、第三排的霍尔果斯—安集海—吐谷鲁构造一带。第二排、第三排构造带以新近纪以来的晚期成藏为主，白垩系烃源岩以生油为主，侏罗系烃源岩以生气为主，在中上组合由于断裂的沟通，油气发生混源，形成气侵油气藏和凝析气藏，下组合保存条件好的构造圈闭以气藏聚集为主。第二排霍—玛—吐构造的油气充注主要在 14～9Ma、3Ma 以来，第三排构造油气充注主要在 3Ma 以来（方世虎等，2007），与南缘晚新生代强烈的构造活动时间具有良好的对应关系。

第二节　冲断带源储配置控藏机制

前陆冲断带同一构造挤压背景下，不同层位的超压构成及其贡献不同，并且形成的超压强度也有较大差异，喜马拉雅期特别是喜马拉雅晚期的强烈构造挤压形成了断穿深部油源和上部储层、盖层的诸多断裂，断裂开启可引起断裂连接的源、储、盖层间的压力调整，该传递过程会伴随着油气的排运、聚集及其引发盖层动态封闭等。本节主要在准南缘前陆冲断带多层系超压差异演化对成藏影响、超压控藏过程及控藏特征分析的基础上，总结前陆冲断带多层系超压控藏模式。

一、源岩和储层超压分布、成因及演化

综合实测压力、*dc* 指数法计算压力、钻井液密度和平衡深度法计算压力等资料及前人研究成果，总结准南缘地区典型背斜主力烃源岩层、储层和盖层的超压分布。在此基础上，通过泥岩综合压实曲线结合沉积和构造演化背景，综合判识研究区欠压实增压。通过密度与声波速度图版和垂向有效应力与声波速度图版和考虑构造应力和生烃作用的数值模拟技术，结合实际地质条件，来综合判识构造挤压增压、超压传递增压和生烃增压。

1. 准南缘前陆冲断带超压分布

准南缘异常压力多在塔西河组（N_1t）、安集海河组（$E_{2-3}a$）等泥岩发育的层位开始出现，其中以安集海河组最为普遍，大部分地区安集海河组和呼图壁河组（K_1h）下部或清水河组（K_1q）上部泥岩的压力系数相对其他层位异常大，局部地区其他层位发育较厚泥岩时，也会表现出压力系数的异常大，表明准南缘安集海河组和吐谷鲁群区域性盖层发育有稳定的流体超压。

根据实测地层压力和部分 *dc* 指数获得压力，可得准南缘主要目的层侏罗系上部和紫

泥泉子组储层普遍发育超压和强超压，两者分属不同的压力系统，但其压力系数相对高值区基本都在高泉—独山子—安集海—霍尔果斯—吐谷鲁背斜一线，侏罗系上部储层在该带相对高值区的压力系数普遍在2.0以上，其中高泉—独山子背斜压力系数为最高区域，达到了2.2～2.3；紫泥泉子组储层在该带相对高值区的压力系数普遍在1.6以上，其中安集海—霍尔果斯压力系数为最高区域，达到了2.2～2.4（图4–2–1和图4–2–2）。

2. 准南缘前陆冲断带超压成因综合判识

通过对独山1井、西湖1井、大丰1井、安001井的泥岩综合压实曲线研究、结合密度与声波速度图版、垂向有效应力与声波速度图版及实际地质条件，综合分析认为，准南缘泥岩地层中超压的主要形成机制为垂向上的不均衡压实、侧向的构造挤压作用，对于烃源岩层，除了这两种机制外，还有生烃作用；准南缘储层中超压的主要形成机制为构造挤压、超压传递作用和垂向的不均衡压实作用（张凤奇等，2018）。

通过测井和录井识别泥岩，并读取高探1井泥岩层段的声波时差、密度、中子孔隙度、电阻率等的数值，编制其随埋深的关系图（图4–2–3），发现泥岩在2850m以上基本为正常压实，而该深度以下，泥岩的中子孔隙度和声波时差测井曲线均表现出正异常，且泥岩的密度和电阻率测井曲线均表现出负异常，*dc*指数法计算压力也表明，该深度以下地层开始产生异常高压，因此，高探1井在2850m以下泥岩中表现出异常高孔隙度的欠压实特征。高泉背斜自新生代特别是塔西河组沉积期以来，其沉积速度明显增大，塔西河期、独山子期和第四纪其沉积速率分别约为200m/Ma、340m/Ma和1500m/Ma，推断该欠压实增压自塔西河期便开始形成，一直持续至今。

另外，通过正常压力段（即正常压实段）泥岩的声波速度与垂向有效应力计算，建立正常压力段的声波速度与垂向有效应力的关系曲线（图4–2–4），依据储层实测地层压力计算出其垂向有效应力，并读取其邻近泥岩的平均声波时差计算其声波速度，将其投入到图4–2–4中的声波速度与垂向有效应力的关系图版中，可用来判断该储层超压的形成机制（Tingay et al.，2009；张凤奇等，2013），如图4–2–4所示，高探1井清水河组超高压储层点的声波速度与垂向有效应力明显偏离了正常压力点声波速度与垂向有效应力的关系曲线，依据前人建立的超压识别图版（张凤奇等，2013，2020），识别出构造应力和超压传递对该储层超压的形成也具有较大贡献，其形成的地质证据为：（1）本区在喜马拉雅时期特别是喜马拉雅晚期经历了来自北天山的由南向北的强烈构造挤压作用（汪新伟等，2005；郭召杰等，2011），在与高探1井距离较近的独山1井齐古组（6417.90m）6个样品的声发射实验，测得独山1井齐古组水平最大主应力值为254.51MPa，远高于其上覆载荷155.60MPa，两者差值高达98.90MPa，前已述及高泉背斜下组合白垩系和侏罗系在塔西河期已基本形成欠压实作用，因此，在强烈构造挤压之前该井白垩系和侏罗系已形成较好的封闭条件，该封闭条件下强烈的水平构造应力很容易产生流体增压，由于该增压作用是水平构造应力引起的，并非为上覆载荷所引起，因此，构造应力增压引起地层超压幅度的增强可引起垂向有效应力的降低，从而达到卸荷作用。另外，从图4–2–4中白垩系呼图壁河组、清水河组和新近系塔西河组超压泥岩的声波速度与垂向

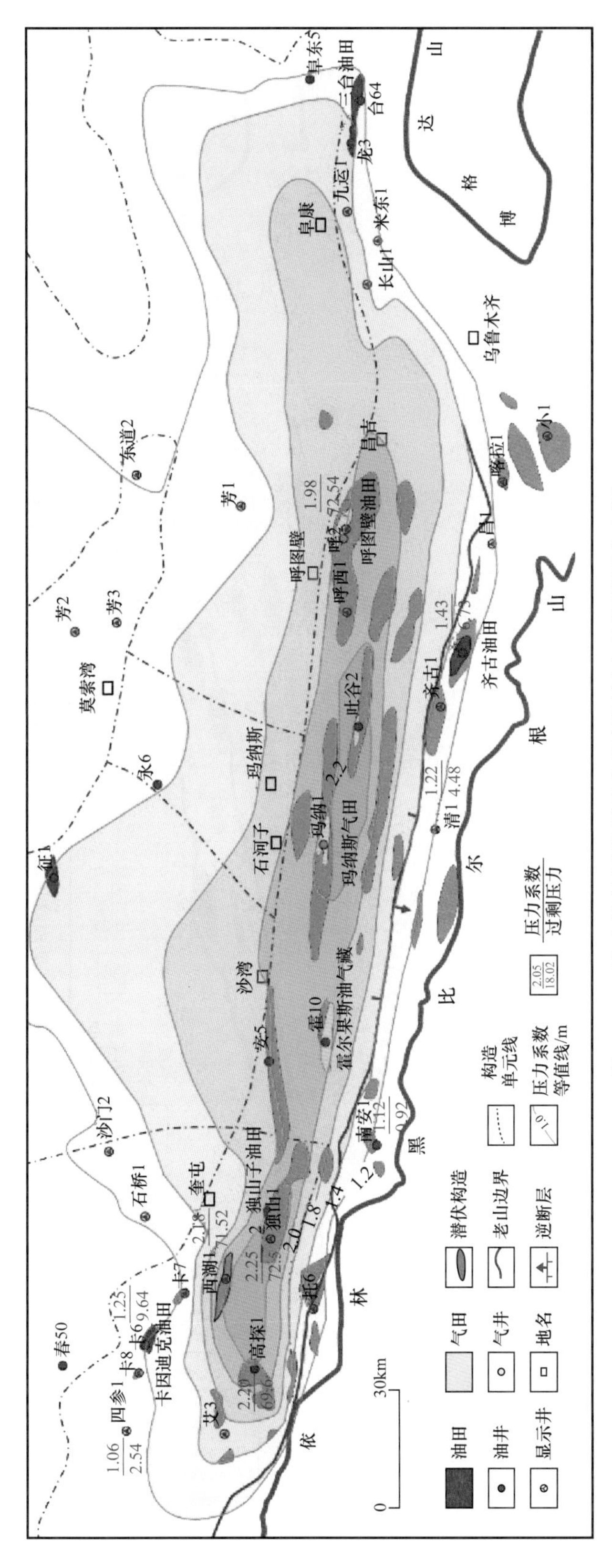

图 4-2-1　准南缘地区侏罗系上部储层压力系数平面分布图

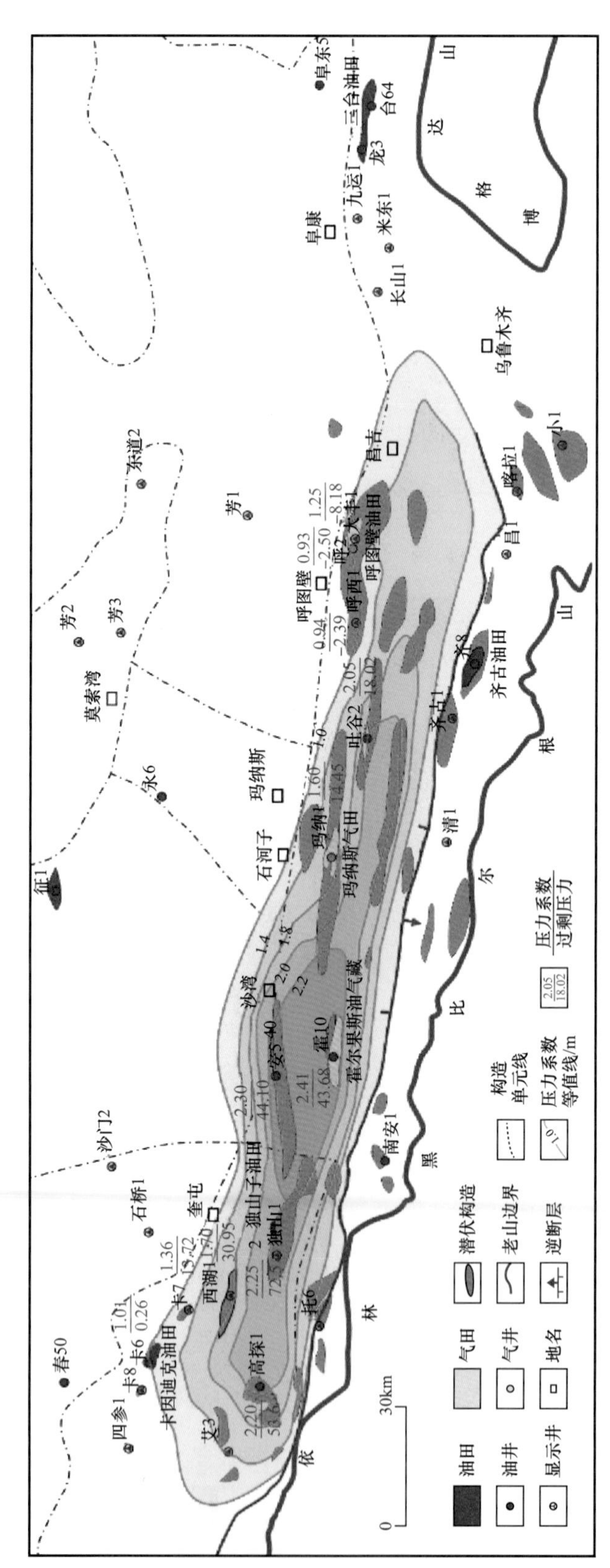

图 4-2-2 准南缘地区紫泥泉子组储层压力系数平面分布图

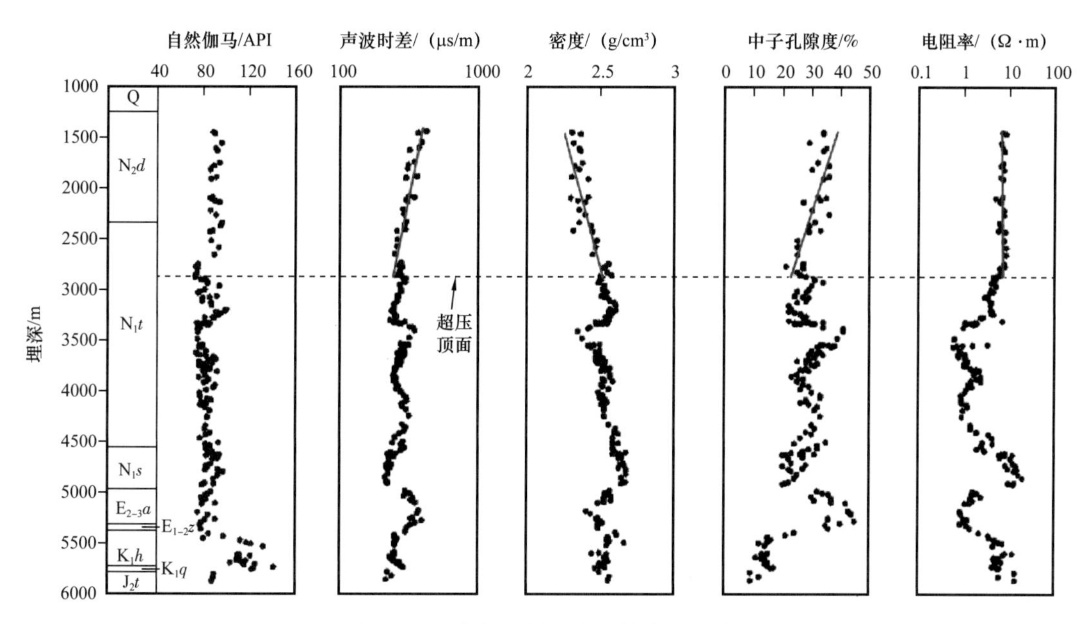

图 4-2-3　高探 1 井泥岩的综合压实曲线

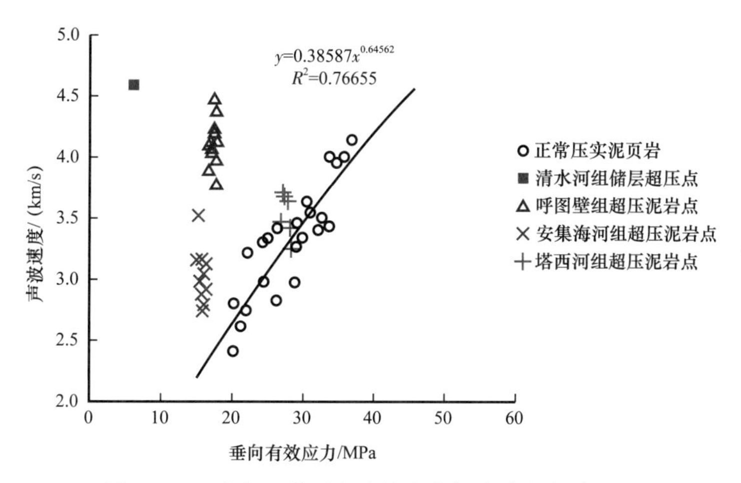

图 4-2-4　高探 1 井垂向有效应力与声波速度关系图

有效应力均明显偏离了正常压力点的声波速度与垂向有效应力关系曲线，也可为构造应力增压提供证据。由于该地区的主要烃源岩层为中侏罗统—下侏罗统西山窑组、三工河组与八道湾组及二叠系（陈建平等，2019），因此，生烃增压即使有，也是在局部泥岩中且其增压幅度不会太大，该泥岩中卸荷增压应主要为构造应力所致。

高探 1 井白垩系和侏罗系背斜的形成使得背斜两翼储层砂体发生倾斜，同一渗透性地层在不同的埋深与具有不同过剩压力的地层接触，超压流体在过剩压力差的驱动下沿渗透性地层由深部侧向上向浅部流动直至达到压力平衡为止（Luo et al.，2007），另外，高探 1 井白垩系和侏罗系储层均发育有断裂（杜金虎等，2019），其主要断裂均与其下覆的侏罗系泥岩、煤层和二叠系湖相泥岩等烃源岩层沟通，这些埋藏深层的烃源岩层，除了发育上覆泥岩层形成的欠压实和构造应力增压外，还有生烃增压作用，与上覆泥岩层相比，其超压幅度更大，引起这些超压强度更高的深部流体（油、气、水）会沿着周期性开启的断裂向上部白垩系和侏罗系传递，引起其超压强度增强，同时形成油气的充注、聚集。因此，侧向和垂向的超压传递作用可引起高泉背斜白垩系和侏罗系储层的流体增压。依据前人有关四棵树凹陷东部构造演化及其变形的研究成果（郭召杰等，2006；方世虎等，2007），本区强烈构造挤压的发生时期和断裂、背斜的形成时期应在喜马拉雅晚期的独山子组沉积末期以来，因此，推断该构造挤压增压和超压传递增压的形成时期应为独山子组沉积末期以来，并且是在欠压实增压形成后才形成。依据前人提出的卸荷增压计算方法（Tingay et al.，2009；张凤奇等，2013），计算出高探1井塔西河组泥岩超压基本为欠压实的贡献，欠压实对安集海河组泥岩超压的贡献主要在65%～90%，欠压实对呼图壁河组泥岩超压的贡献主要在60%左右，可见，随着埋深的增大，欠压实增压对泥岩超压的贡献在不断降低；同时计算出高探1井清水河组储层中构造挤压和超压传递的共同增压大小为45.35MPa，其对现今储层超压的贡献为59.68%，而欠压实增压为30.64MPa，对现今储层超压的贡献为40.32%。

上述计算中，高探1井清水河组储层中构造挤压和超压传递对现今储层超压的共同贡献为59.68%，为了区分两者的各自贡献，需要通过考虑构造挤压和生烃增压等作用的超压数值模拟，并结合实际地质条件来进行定量评价。评价超压传递时需要考虑沿断裂的垂向和砂体内的侧向两个方向的最大超压源，一般侧向上的最大超压源为该背斜的邻近凹陷，沿断裂的垂向最大超压源为该背斜油源断裂沟通的深部烃源岩层，背斜中储层的超压传递增压为两个最大超压源同时传递的结果，为了方便评价可借用侧向超压传递的思路来进行评价，认为储层中的超压主要为邻近泥岩层的超压所传递，深部凹陷中超压强度更高的泥岩和背斜顶部超压强度相对低的泥岩同时向邻近储层进行超压传递，由于深部传递的超压相对浅部背斜顶部更大，这时超压会沿着砂体由深部向浅部传递，直至达到超压平衡，该超压传递过程中背斜顶部储层中超压会增大，其超压传递的大小等于平衡的超压值减去背斜顶部邻近泥岩的超压值。

利用该思路，运用自主开发的软件，考虑构造挤压、生烃等特殊增压作用，数值模拟了高探1井及其邻近凹陷处呼图壁河组泥岩的超压演化，高探1井的构造应力条件分别为：最大构造应力（σ_{Tmax}）塔西河组（N_1t）沉积前为0，塔西河组沉积时为180MPa，独山子组（N_2d）沉积时期为270MPa，第四纪为380MPa；邻近凹陷的构造应力条件为：最大构造应力（σ_{Tmax}）塔西河组沉积前为0，塔西河组沉积时为180MPa，独山子组沉积时期为300MPa，第四纪为400MPa。另外，根据前人研究认为，该地区呼图壁河组泥岩可作为烃源岩层（陈建平等，2016），将其有机碳含量均值设为1.3%，氢指数均值设定为300mg/g，以Ⅰ型、Ⅱ型干酪根为主。数值模拟两个位置处呼图壁河组泥岩层各超压机制的超压演化结果如图4-2-5和图4-2-6所示。

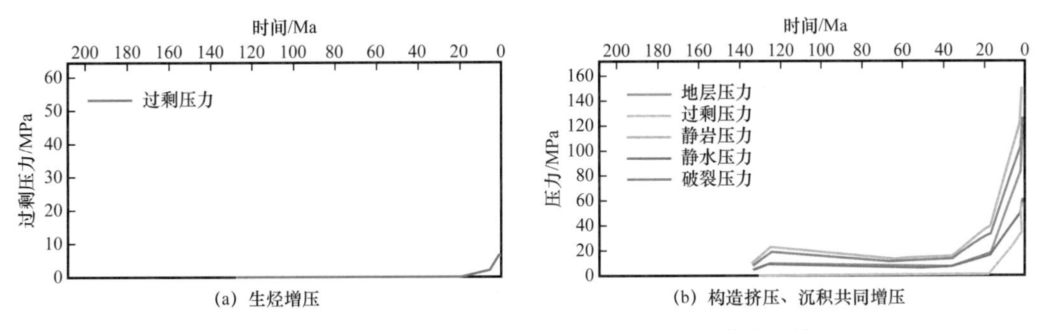

(a) 生烃增压　　(b) 构造挤压、沉积共同增压

图 4-2-5　高探 1 井呼图壁河组泥岩各超压机制数值模拟结果

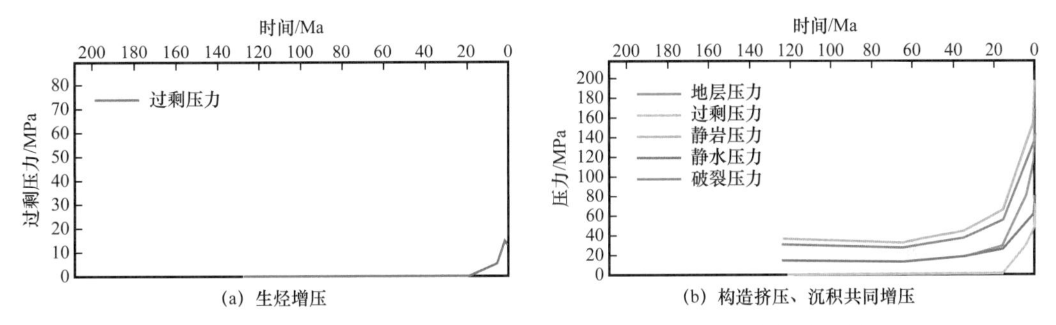

(a) 生烃增压　　(b) 构造挤压、沉积共同增压

图 4-2-6　高探 1 井邻近凹陷呼图壁河组泥岩各超压机制数值模拟结果

超压传递求取需要获得平衡点处的埋深，利用

$$Z=\frac{\overline{z}-z_{\text{crest}}}{R} \tag{4-2-1}$$

式中　R——圈闭的闭合高度，m；

z_{crest}——圈闭顶点的埋深，m；

$\overline{z}$——平衡点处的埋深，m；

Z——平衡点处比例系数。

该方法求取的为侧向的超压传递值，对比侧向的凹陷处和深部油源的过剩压力，发现断裂沟通的深部超压值更大，取深部烃源岩层（二叠系）的超压与高探 1 井清水河组邻近呼图壁河组泥岩利用式（4-2-1）来进行计算，利用储层的实测地层压力和数值模拟获得的沉积和构造挤压的共同增压，来求取现今高探 1 井清水河组储层的超压传递增压，进而求出 Z 值，其 Z 值 0.32。这样就可利用数值模拟获得的高探 1 井及其邻近凹陷呼图壁河组泥岩的过剩压力演化（图 4-2-7），来求出高探 1 井清水河组储层的超压传递增压的演化（图 4-2-8）。高探 1 井清水河组储层的超压传递增压在塔西河组沉积时期开始形成，并逐渐增大，第四系沉积末期达到最大，持续至今。这样就求出高探 1 井超压传递增压占清水河组储层现今超压的贡献为 19.15%，同时也可求出高探 1 井构造挤压增压占清水河组储层现今超压的贡献为 40.53%。同时可得到高探 1 井清水河组各超压机制对超压贡献的演化如图 4-2-9 所示。

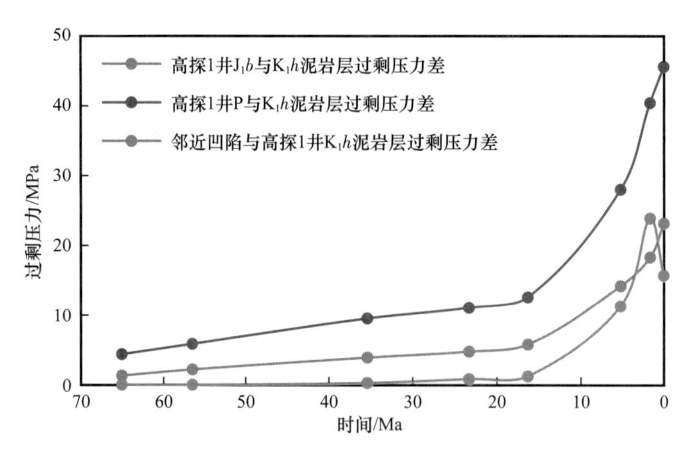

图 4-2-7 高探 1 井及其邻近凹陷呼图壁河组泥岩过剩压力演化

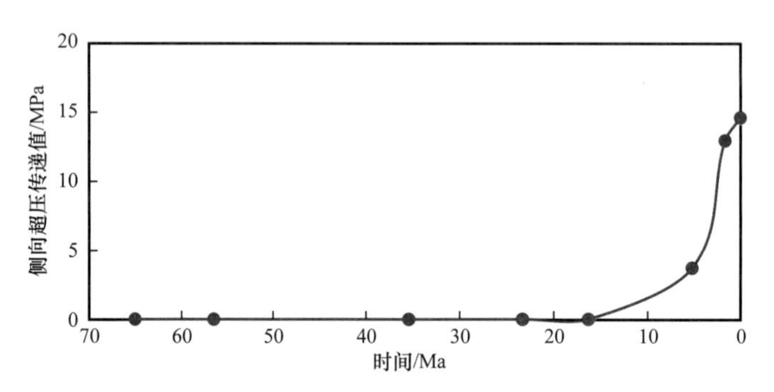

图 4-2-8 高探 1 井清水河组储层超压传递演化

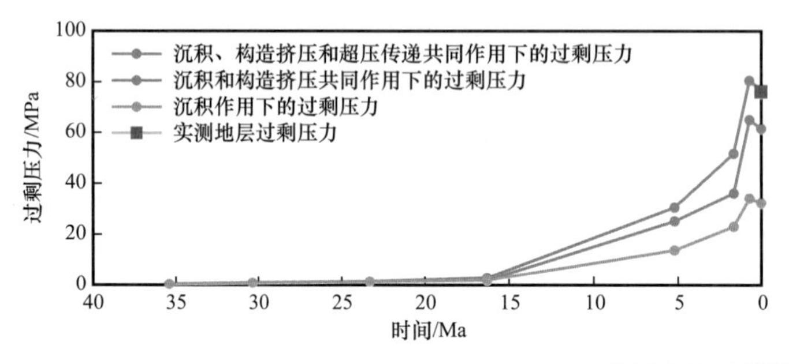

图 4-2-9 准南缘地区高探 1 井清水河组储层不同超压机制的演化图

3. 地层超压演化特征

数值模拟恢复了准南缘前陆冲断带 18 口典型井烃源岩层、储层和盖层中构造挤压和沉积作用引起的流体增压，并利用数值模拟、实测压力和实际地质条件相结合对其储层内的超压传递增压进行了评价，运用新编软件的生烃增压模块对本区典型井烃源岩层和含有机质盖层的生烃增压大小进行了评价；将构造挤压、沉积作用和超压传递作用得到的增压在时间空间上耦合获得储层中的超压演化；将构造挤压、沉积作用和生烃作用得到的增压在时间空间上耦合获得烃源岩、盖层中的超压演化。

前已确认本区储层超压的形成机制主要为构造挤压、欠压实作用和超压传递；由于不同构造带内埋藏方式、构造挤压强度等条件的差异，使得这些超压机制对不同构造部位储层中超压形成的贡献不同，将三种因素引起的超压在时间、空间上加以耦合即可得到储层中的压力演化，为了检验模拟获得的储层压力的准确与否，可利用实测压力和包裹体恢复的古压力（Guo et al.，2016）进行约束。因此，利用实测地层压力和 *dc* 指数等方法，来对数值模拟恢复的结果进行验证（图 4–2–10）。

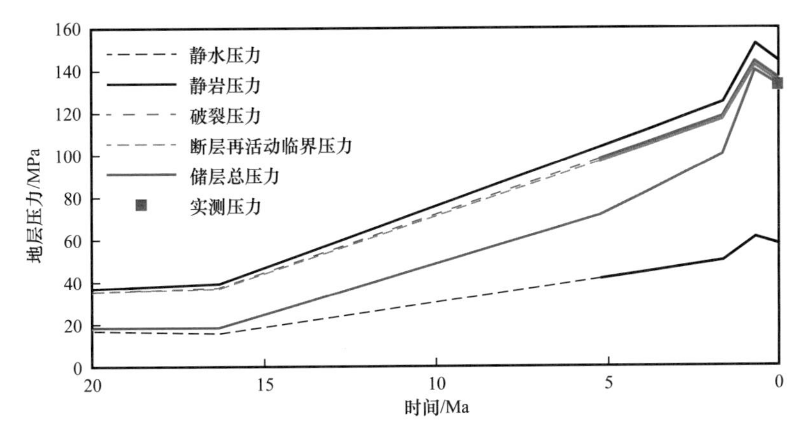

图 4–2–10 准南缘地区高探 1 井清水河组储层地层压力的演化恢复

结果表明，本区深部储层中超压的形成时间较晚，普遍出现在新近纪以来，新近纪早期欠压实、构造挤压、超压传递增压开始形成，共同作用下储层普遍产生了弱超压，在新近纪末期强烈构造挤压作用下，产生了快速的构造挤压增压和超压传递增压，使得其内普遍形成了较高幅度的超压，新近纪末期和第四纪部分地区的构造抬升，使得超压有较小幅度的降低，部分地区的持续沉降，使其超压有一定幅度的增加（图 4–2–11），最终储层普遍形成了高超或超高压。

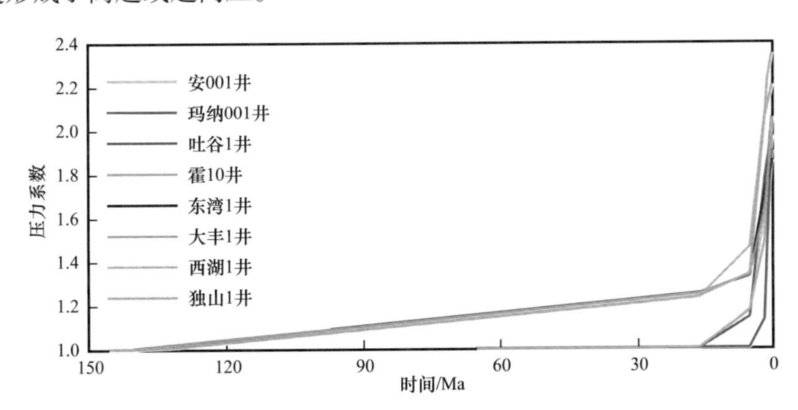

图 4–2–11 准南缘地区典型井侏罗系上部储层地层压力的演化恢复

二、冲断带超压控藏与深层油气富集动力

源、储、盖层超压形成和演化对目的层油气成藏具有重要影响。烃源岩中超压的形

成可为其内生成油气提供排运动力；储层中超压的形成可抑制孔隙度的降低，保存储层孔隙度，同时其形成强超压后可能引起盖层破裂，导致油气散失；再者，源储间形成的过剩压力差可作为油气充注进入储层的运聚动力；另外，盖层中形成超压后发生大幅度构造抬升，易引起盖层发生脆性破裂，导致油气散失。

1. 烃源岩超压—断裂耦合控排运

本区强烈构造挤压前，烃源岩层中欠压实增压已初步形成，其封闭能力较好；晚期强烈构造挤压和生烃作用引起了快速增压（图4-2-12），该时期也为天然气的主要生烃期（图4-2-13），这时强烈构造挤压和生烃作用下强超压的形成，可为油气的排出提供强动力条件。

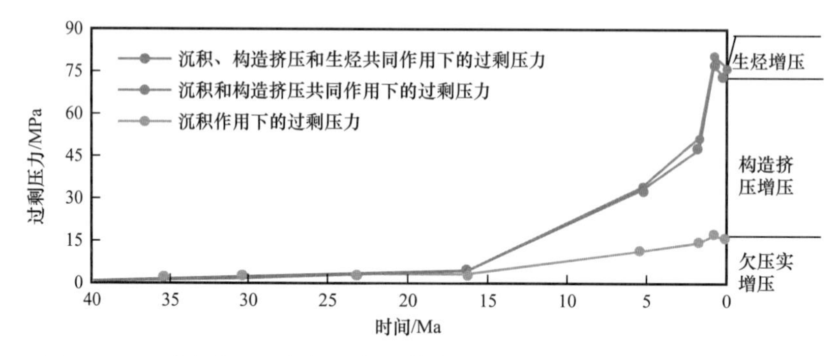

图4-2-12　准南缘地区高探1井八道湾组烃源岩层各机制超压的演化恢复

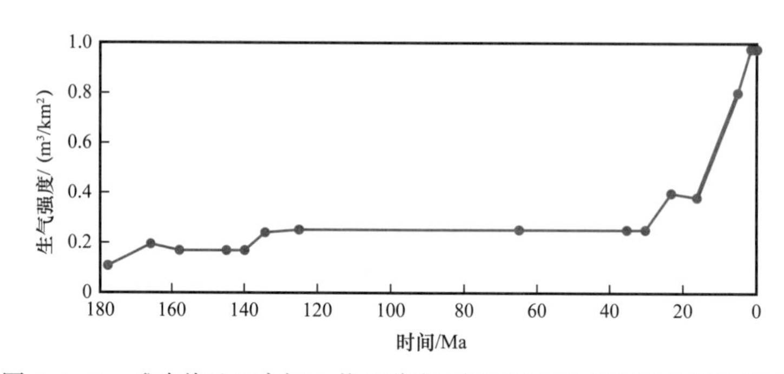

图4-2-13　准南缘地区高探1井八道湾组烃源岩层生气强度的演化恢复

张凤奇等（2011）提出构造挤压增压 $\Delta P=\sigma_1-S$，其中 σ_1 为最大主压应力，S 为上覆载荷应力，可得构造挤压增压与最大主压应力、上覆载荷应力和地质体的封闭能力有关。ANSYS数值模拟获得的齐古—霍尔果斯—安集海剖面最大主压应力分布可看出，断裂为相对围岩的低应力区（图4-2-14），为构造挤压增压相对较小区，亦为同一构造挤压背景下的相对低势能区。这时本区喜马拉雅晚期烃源岩超压—断裂耦合控排运过程可区分为三个瞬态过程：（1）强烈构造挤压及生烃引起烃源岩快速增压，烃源岩排出油气开始向其邻近相对低势的断裂处汇聚；（2）伴随着油气向断裂处的汇聚，该断裂处势能随之升高而与周围达到平衡；（3）构造挤压或超压下的断裂开启后，汇聚的油气迅速沿断裂向上部运移，导致断裂处再次成为相对低势能区（图4-2-15）。因此，本区喜马拉雅晚期强烈构造挤压作用下烃源岩及其邻近断裂会形成多次反复的断裂快速汇聚油气、断裂开启、油气沿断裂快速向上运移的强超压驱动的高效排运机制。

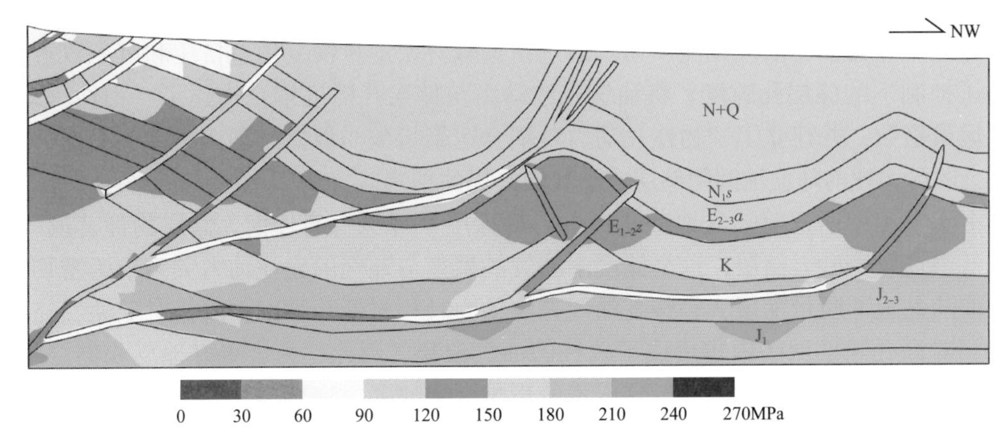

图 4-2-14　齐古—霍尔果斯—安集海剖面最大主压应力数值模拟结果（据张凤奇等，2020）

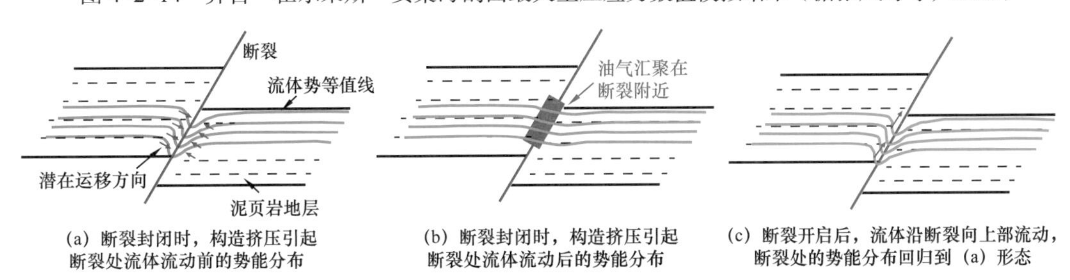

图 4-2-15　烃源岩超压—断裂耦合控排运的模式图

可用构造挤压、生烃和沉积共同作用形成的烃源岩层压力系数来定量表征油气的排运效率高低，其值越大，其烃源岩层油气的排运效率越高；天山南北前陆盆地冲断带其值普遍较大，山前和斜坡相对较小；准南缘乌奎背斜带八道湾组烃源岩层压力系数相对较高，普遍在 1.8～2.3，与库车克拉 2 气田、克深 2 气田、迪那 2 气田等气田相当或稍高，其油气排运条件较好（图 4-2-16）。

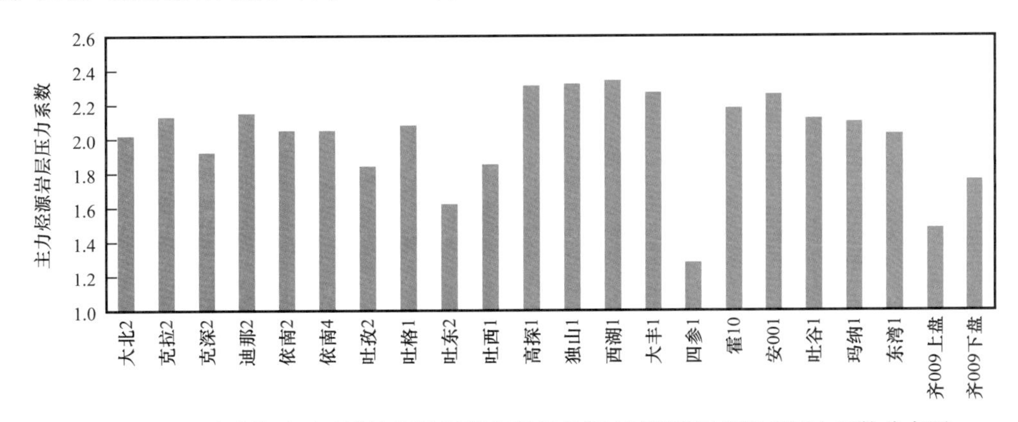

图 4-2-16　准南缘地区八道湾组烃源岩和库车东部地区阳霞组烃源岩压力系数分布图

2. 充注动力—物性耦合控运聚

在恢复本区目的层系源储过剩压力的基础上，计算源储过剩压力差来表示前陆盆地不同源储配置关系的油气充注动力。通过新编软件，定量恢复构造挤压和沉积双重压实及超压抑制下的储层孔隙度。将油气充注动力与储层孔隙度耦合构建了“物性—动力”耦合运聚指数，并建立了“物性—动力”耦合运聚指数与源储过剩压力差交会图，利用该交会图可实现前陆盆地圈闭储层含油气性好坏的预测。

由于中国中西部前陆盆地冲断带主力勘探层系埋深普遍较大，储层物性普遍较差，多为低渗透致密砂岩储层，这类储层中油气的聚集与油气的充注动力关系较为密切。而对于前陆盆地冲断带深层，有些高油气充注动力且相对低孔隙度，或相对低油气充注动力且相对高孔隙度圈闭内也形成了较好的油气聚集。因此，为了更好地反映储层物性、油气充注动力两个方面对油气运聚成藏的影响，构建了“物性—动力”耦合运聚指数来综合表征两者对圈闭含油性的影响。由于油气充注动力和储层自身的物性条件与圈闭含油性好坏往往呈现正比关系，所以，可定义“物性—动力”耦合运聚指数为储层孔隙度与源储过剩压力差的乘积。该指数越大越有利于油气运聚成藏。从评价结果来看，库车前陆盆地天然气富集的克拉 2 气田、克深 2 气田、迪那 2 气田和大北 2 气田的“物性—动力”耦合运聚指数均大于 150MPa*%，其值普遍大于准南缘前陆盆地各地区的该指数值（图 4-2-17），这充分说明该指数一定程度上能较好反映出圈闭的含油气性好坏。为此，可根据圈闭的“物性—动力”耦合运聚指数的大小来区分圈闭的含油气性好坏。根据已有圈闭的“物性—动力”耦合运聚指数计算和圈闭的含油气性情况，可把“物性—动力”耦合运聚指数大于等于 150MPa*% 的圈闭含油气性定义为好的级别；把“物性—动力”耦合运聚指数大于等于 100MPa*% 且小于 150 MPa*% 的圈闭含油气性定义为良好的级别；把“物性—动力”耦合运聚指数大于等于 50MPa*% 且小于 100MPa*% 的圈闭含油气性定义为中等的级别；把“物性—动力”耦合运聚指数小于 50MPa*% 的圈闭含油气性定义为差的级别。

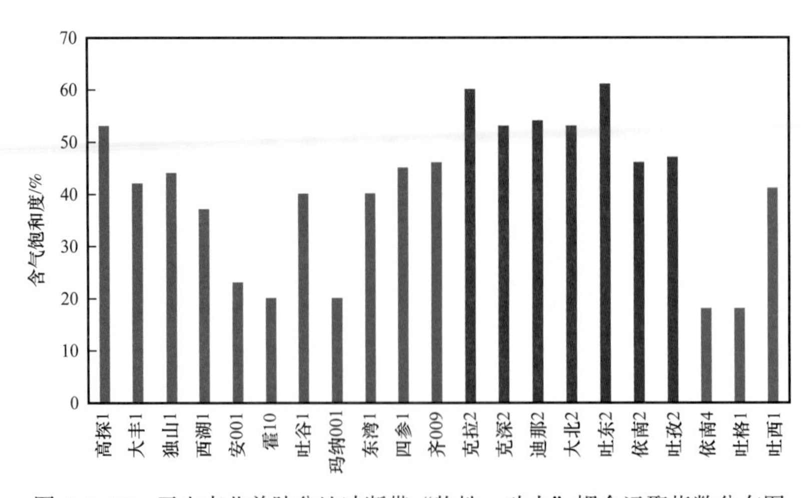

图 4-2-17　天山南北前陆盆地冲断带“物性—动力”耦合运聚指数分布图

运用“物性—动力”耦合运聚指数与源储过剩压力差做交会图，利用这两个参数来更为有效地预测圈闭的含油气性，可将交会图中圈闭的含油气好坏划分为四个等级：好、良好、中等和差，各个等级所分布的范围如图 4-2-18 所示，三条斜线分别为孔隙度为 15%、10%、5% 的等值线。也就是说当储层孔隙度大于一定值时相对较小的源储过剩压力差也可完成油气充注动力，有些源储过剩压力差为 0 而仅依靠浮力也能形成油气藏。可通过数值模拟获得源储过剩压力差和储层孔隙度，进一步计算出“物性—动力”耦合运聚指数，然后将圈闭的“物性—动力”耦合运聚指数与源储过剩压力差投到该图版上，即可实现圈闭含油气性好坏的预测。

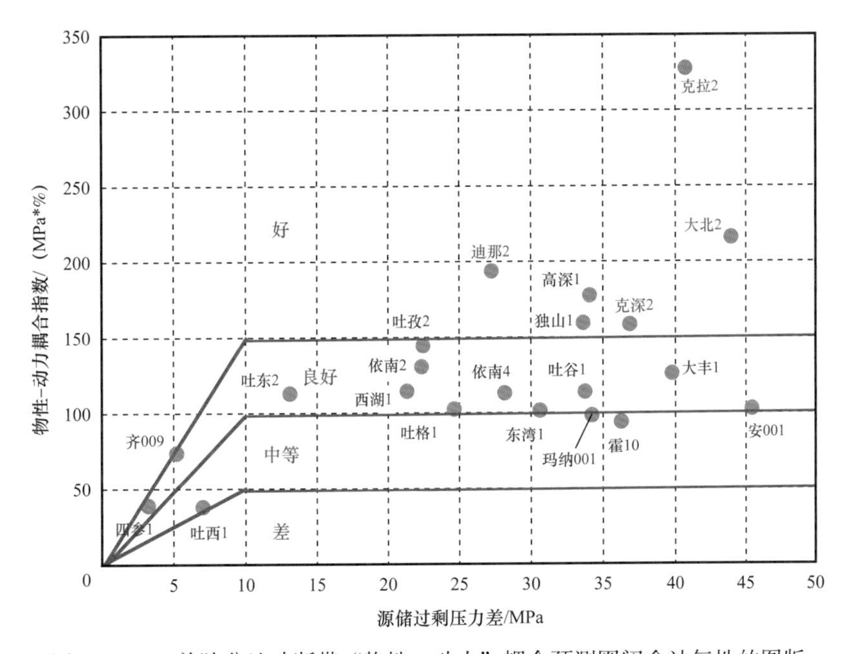

图 4-2-18　前陆盆地冲断带“物性—动力”耦合预测圈闭含油气性的图版

3. 多层系超压控藏模式

多层系超压控藏模式可总结为：前陆冲断带喜马拉雅晚期构造挤压下超压与断裂耦合共同控藏，其核心在于控运聚和保存。（1）晚期构造挤压下，山前冲断带断裂下盘持续深埋，断裂上盘大幅抬升，对于断裂下盘，超压和断裂耦合控制下断背斜的运聚和保存条件均较好，为有利勘探部位；对于断裂上盘，断背斜上部弱超压盖层易发生脆性破裂，油气可发生泄漏，其下部盖层封闭性较好。（2）晚期构造挤压下，冲断褶皱带断背斜和大量沟通油源的断裂形成，源储间在断裂周期性开启时产生超压传递，同时油气充注进入圈闭储层，其运聚条件良好。该带内的强烈挤压区，断裂活动性强，且其断穿层位多，构造挤压和超压传递引起储层的增压幅度较大，形成的强超压易引起上覆盖层的水力破裂，导致部分或全部油气泄漏。该带内的弱挤压区，断裂活动性较弱，且其断穿层位相对较少，构造挤压和超压传递引起储层的增压幅度相对较小，形成的超压通常不足引起上覆盖层的水力破裂，油气藏能较好保存（图 4-2-19）。

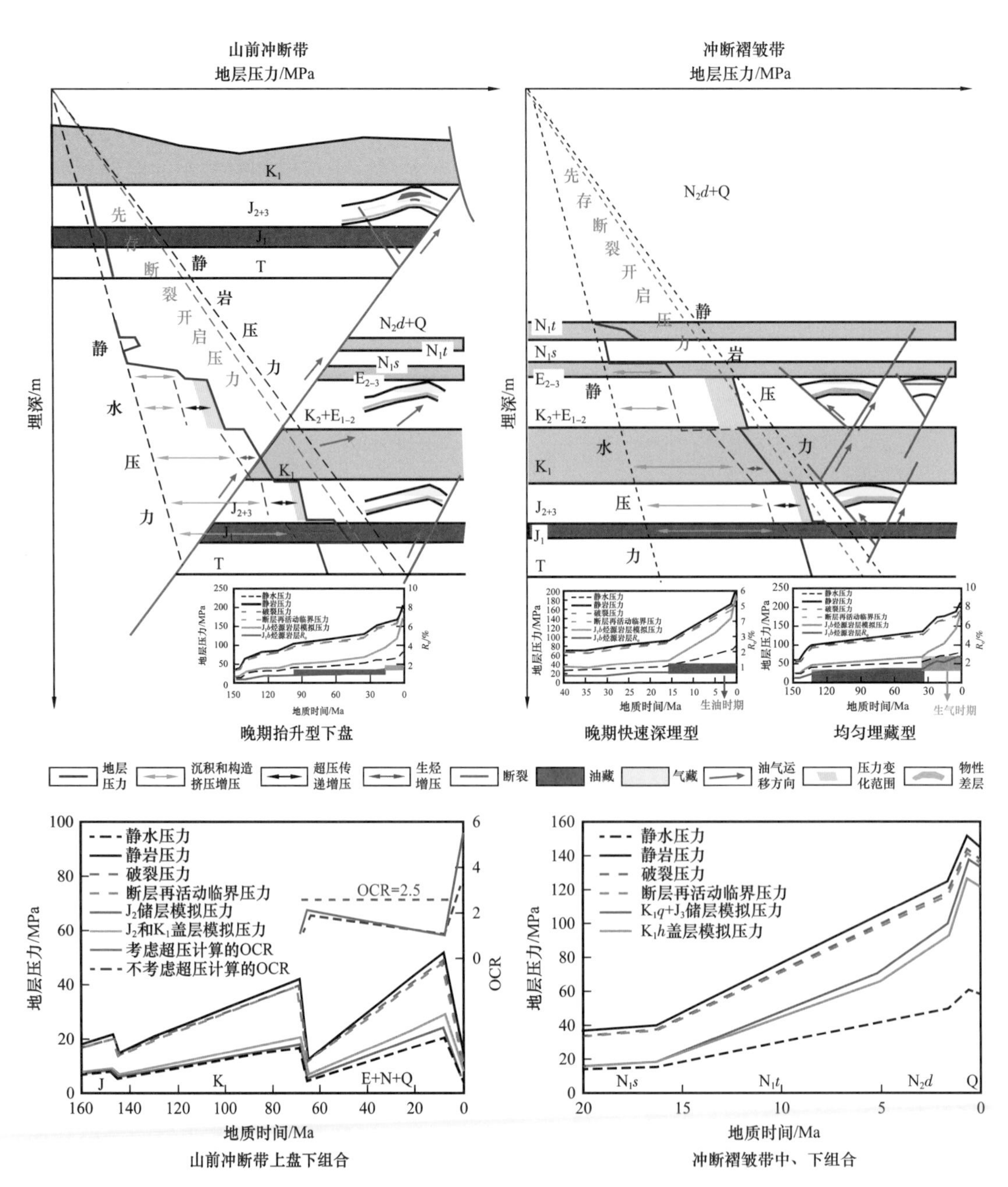

图 4-2-19 前陆冲断带多层系超压控藏模式图

第三节 冲断带断裂—盖层组合控藏机制

晚期强烈的构造变形导致前陆盆地内形成大量的逆冲断层，断裂与盖层的时空耦合与组合关系是决定油气成藏与保存的关键。在断裂—盖层组合类型及其垂向封闭有效性评价的基础上，以库车前陆克拉苏构造带、准南缘前陆霍—玛—吐构造带和柴西英雄岭构造带等为例，明确三种不同类型断裂—盖层组合的控藏作用及深层油气藏保存条件。

一、冲断带断裂—盖层组合类型

从中西部前陆盆地油气成藏过程可以看出，除了烃源岩的作用外，断裂和盖层是控制圈闭有效成藏的关键因素，一方面断层活动沟通油源，成为油气运移的通道，另一方面盖层垂向封闭性控制区域盖层下油气聚集。以往，主要针对断层和盖层封闭性开展单因素地质研究和评价，而将断层和盖层这两个关键要素联合起来考虑和研究几乎还处于空白阶段。断层和盖层的组合关系，简称断裂—盖层组合，是控制圈闭油气成藏的关键，既要考虑垂向关系，即断层是否断开和错开盖层，也要考虑侧向关系，即断层两侧的储盖对接关系、断层岩类型及分布。盖层的岩性、力学性质、厚度、断层的规模与样式是决定断裂—盖层组合关系的关键要素。

中西部前陆冲断带发育膏盐岩和泥岩两大类盖层（图 4-3-1），构造应力挤压作用下不同岩性、不同埋深的盖层具有不同的岩石力学特征，由此提出了 2 类 6 种断裂—盖层组合类型：第 1 类为断裂—盐层组合，是指断裂和膏盐岩为主盖层的组合类型，分为断穿型、隔断型、未穿型（赵孟军等，2017）；第 2 类为断裂—泥层组合，是指断裂与泥岩为主盖层的组合类型，分为上下贯穿型、下穿型和上穿型。

1. 断穿型断裂—盐岩组合

当膏盐岩盖层埋藏小于 3000m，主要处于脆性变形域时，快速强挤压作用下，逆冲断裂可断穿盖层，盖层垂向不封闭，油气向上散失或运移，此时只有完整背斜圈闭方能成藏，主要分布在库车前陆冲断带北部单斜带或克拉区带，如克拉 5、克拉 1 失利构造。

2. 隔断型断裂—盐岩组合

当膏盐岩盖层埋藏深度超过 3000m 时，膏盐岩层塑性增强，使盖层段原有断裂消失，断裂被分为盐下和盐上两段，形成隔断型断裂—盖层组合，这样盐上层圈闭可聚集早期的油气成藏，盐下层圈闭早期聚集的油气多数被破坏，捕获了晚期油气而成藏。隔断封闭有效时期取决于膏盐岩盖层的埋深，盐下断层圈闭充注规模受断层两侧岩性对接关系与断面 SGR 侧向封闭能力控制，如大宛齐油田和大北气田、克拉 2 气田。

3. 未穿型断裂—盐岩组合

后期发育的逆断裂顶部在塑性膏盐岩层段内消失，断裂无法穿过盖层，形成未穿型断盖组合，盖层下圈闭聚集晚期油气而成藏，如克深 2 气藏。这类断裂—盖层组合最有利于油气、特别是晚期天然气的聚集，即使是断块圈闭也能成藏，圈闭成藏规模取决于断层两侧岩性对接关系与断面 SGR 侧向封闭能力控制。

4. 上下贯穿型断裂—泥岩组合

断裂自烃源岩向上穿切多个储盖组合，甚至断至地表，自上而下，泥岩盖层多处于

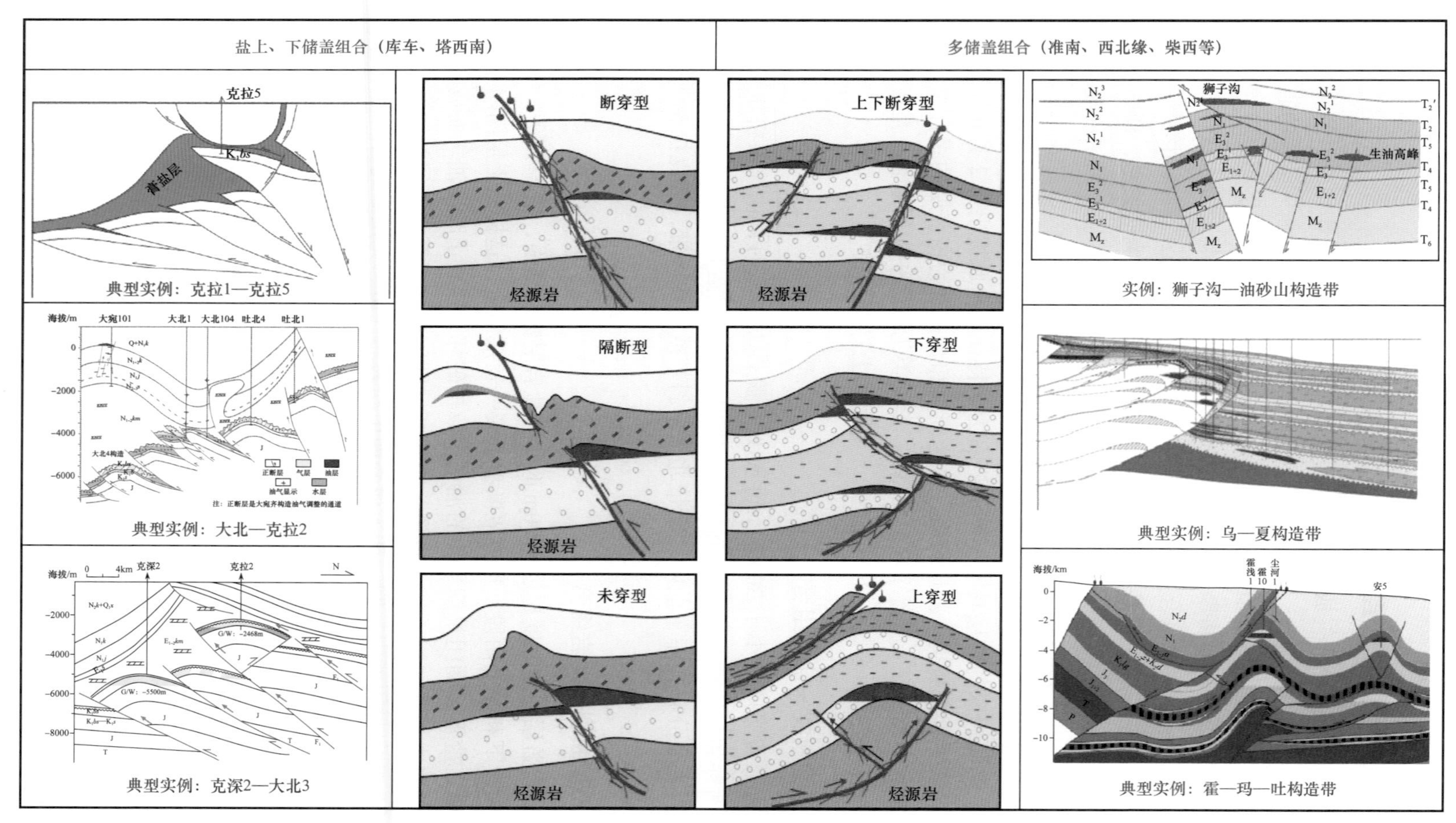

图 4-3-1　中西部前陆冲断带断裂—盖层组合类型

脆性或半塑性变形域，构造作用下断裂活动输导油气向上运移。上部断裂断距较小、泥岩盖层没有完全错断，具有一定的封闭能力；下部断裂带往往发育泥岩涂抹或泥岩对接封闭，垂向上形成多个成藏系统，下部成藏条件优于上部。如柴达木狮子沟—油砂山含油构造带。

5. 下穿型断裂—泥岩组合

断裂向下切穿烃源岩、储盖组合，向上没有断穿主要区域盖层，如准噶尔西北缘乌—夏富油构造带。这类断裂—泥岩组合油气成藏最有利。在区域盖层之下形成大规模的多层系油气聚集。

6. 上穿型断裂—泥岩组合

滑脱断裂向下滑脱于泥层内部，向上断穿泥岩盖层至地表，如准南缘霍—玛—吐构造带浅部。这类组合较难成藏，地表发育大量油气苗。但该组合有利于中下组合油气成藏与保存。

二、冲断带断裂—盖层组合控藏与深层油气藏保存

1. 断裂—盐岩组合时空演化控制盐下圈闭多期动态成藏

库车前陆盆地新生代发育两套膏盐层，库车河以西为古近系库姆格列木群膏盐岩层，库车河以东为新近系吉迪克组膏盐岩层。两套膏盐岩层分布广泛，尤其是古近系膏盐岩，覆盖了库车前陆盆地大部分区带，主要分布在克拉苏构造带、拜城凹陷带、秋里塔格构造带、依奇克里克构造带和阳霞凹陷，南部斜坡—隆起带局部也有分布。

库车前陆盆地受膏盐岩盖层脆塑性转换（Chester，1988；卓勤功等，2013）控制，从而造成断裂—盐岩组合类型在时间上和空间上发生有规律的变化。在空间上，从山前带到前渊带，膏盐岩埋深由浅变深，断裂—盐岩组合类型也从断穿型逐渐过渡到隔断型、未穿型；在时间上，由于早期浅埋—后期深埋，在山前带和冲断带北侧，早期发育断穿型断裂—盐岩组合，油气沿断裂发生逸散，后期由于埋深增大超过岩盐脆塑性转换深度3000m 而演变为隔断型断裂—盐岩组合，断裂—盐岩组合重新封闭，有利于晚期油气的保存。

断裂—盐岩组合及其封闭性时空演化与构造圈闭形态时间、烃源岩大量生排烃时间有效匹配，决定了克拉苏构造带的油气多期动态成藏过程，不同构造单元之间也具有较大的成藏差异。克拉苏构造带克拉 2 气田、大北气田、克拉 3 气田等的成藏解剖表明，油气充注大致都可分为三期，即两期油和一期气，油、气不同源、不同期，晚期煤成气对圈闭中早期原油进行了一定程度的气洗改造。而克深区带克深 2、克深 5 等气藏的成藏解剖表明，在克深区带仅有晚期气的充注，这是因为克深区带逆冲叠瓦构造形成时间晚，圈闭形成期晚，所以充注了晚期天然气。

下面重点阐明克拉苏构造带克拉区带克拉 2 气田、大北气田等的多期动态成藏过程，以揭示膏盐岩脆塑性转换控制下的断裂—盖层组合时空演化对克拉苏构造带油气聚集和

分布的控制作用。

结合克拉2地区构造发育史、烃源岩生排烃史、古流体证据、成藏年代学定年分析，认为克拉2气田具有中新世早中期（N_1）原油充注、上新世库车组沉积期（N_2k）高成熟油气充注、库车组末期断裂活动破坏、第四纪（Q_1以来）过成熟干气充注的三期成藏和改造过程（图4-3-2）。（1）古近纪末期—新近纪初期，三叠系湖相烃源岩R_o值达到1.3%～1.6%，进入高成熟演化阶段，而侏罗系煤系烃源岩R_o值仅为1.0%左右。喜马拉雅早期的构造挤压运动使得克拉2断背斜初具规模，中新世早中期大量三叠系高成熟油气和少量侏罗系成熟原油沿F_2断层向上运移形成了古油气藏。（2）库车组沉积早期，烃源岩快速埋藏，三叠系湖相烃源岩进入生干气阶段，侏罗系煤系烃源岩进入高成熟阶段，生成大量的轻质油气。此时构造挤压作用加强，克拉2断背斜圈闭高度增加，大量新生油气顺油源断层F_2进入克拉2圈闭，形成古油柱超过350m的轻质油气藏。该阶段充注的天然气对早期原油有一定的气洗脱沥青作用，如发现的油—气—沥青三相包裹体与第Ⅱ期无色、发蓝白色荧光的油气包裹体相伴生。但库车组沉积期末强烈构造运动导致F_1穿盐断层继续活动，使得古油气藏沿着F_1断层向上漏失而部分产生破坏，此时应该处于散失量大于充注量的动平衡过程。（3）第四系西域组沉积至今，侏罗系煤系烃源岩进入高—过成熟阶段，生成大量干气，此时构造运动相对减弱，圈闭逐渐定型，F_1穿盐断裂因膏盐岩塑性增强而愈合封闭，深部高压侏罗系高—过成熟煤成气沿F_2断层大量快速充注，并对早期残留原油产生了强烈气洗脱沥青作用，从而形成了现今的干气藏，并具有少量凝析油、储层中有残余沥青的特征。构造挤压条件下产生的大量裂缝及早期残留储层沥青形成的网络系统可能是晚期天然气快速充注的主要渗流通道。克拉2现今气藏以距今2Ma以来捕获的高—过成熟天然气为主。

烃源岩晚期快速生烃、超压流体沿断裂的快速充注及优质的膏盐岩盖层是克拉2大气田得以形成和保存的重要条件。位于克拉2号构造南侧的克深2号构造由于圈闭形成时间晚，主要聚集的是晚期高—过成熟的天然气。

那么，克拉2古油藏破坏之后，如何又能形成大气田呢？F_1穿盐断层的存在为什么还能使晚期聚集的天然气得以保存呢？这主要与膏盐岩盖层的脆塑性转换有关。对于库车坳陷古近系以岩盐为主的膏盐岩沉积来说，变形主要受塑性更强的岩盐控制。也就是说，3000m以浅，在前陆冲断带强烈挤压作用下膏盐岩以脆性为主，快速挤压受力易破碎，形成穿盐断裂和裂缝，油气易散失；3000m以深，膏盐岩主要以塑性变形为主，在挤压变形过程中盐层以塑性流动释放构造应力，盖层不易破裂，已有断层也因盐层的塑性流动变形而在盐层段愈合消失，有利于盐下的油气保存。对于克拉2构造，在库车组沉积初期，喀桑托开断裂形成时埋深不到3000m，膏盐岩以脆性变形为主，喀桑托开断裂为穿盐断裂，盐盖层保存条件被破坏，从而造成克拉2古油藏的破坏；在库车组沉积晚期，由于埋深加大超过3000m，膏盐岩转变为塑性，在晚期强烈挤压作用下，膏盐岩发生塑性流动，喀桑托开断裂在盐层段发生愈合、断裂消失而被截断，膏盐岩盖层重新变得完整，从而有利于盐下克拉2大气田的形成和保存。

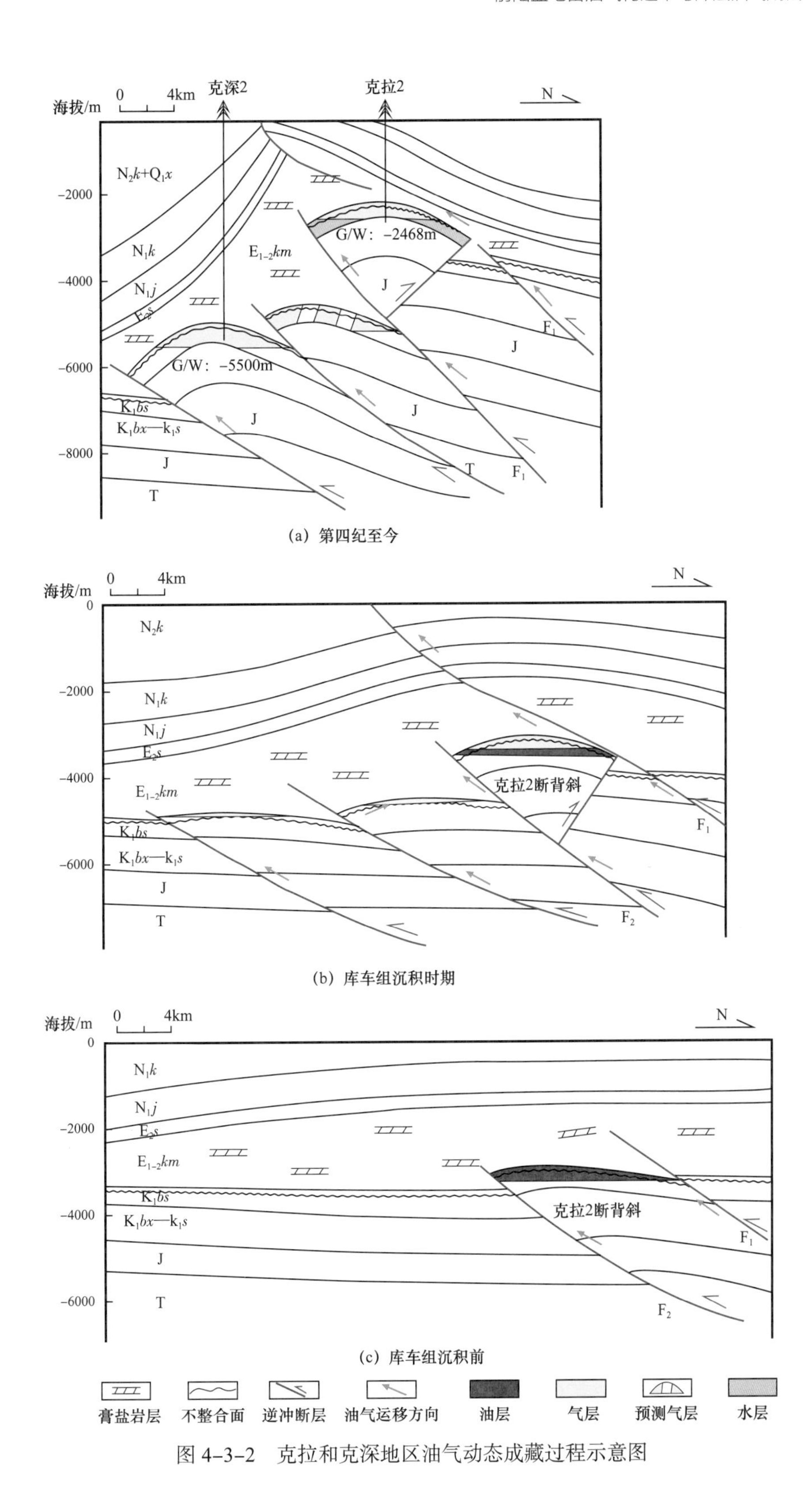

图 4-3-2 克拉和克深地区油气动态成藏过程示意图

2. 断裂—泥岩盖层组合时空演化控藏机制

钻井揭示，准南缘发育五套区域性盖层：中侏罗统—下侏罗统三工河组和八道湾组盖层、下白垩统吐谷鲁群盖层、古近系安集海河组盖层、新近系塔西河组盖层。中侏罗统—下侏罗统普遍发育煤系泥岩盖层，厚度较大，泥地比较低，全区分布稳定性一般，封闭能力较好；白垩系和古近系—新近系发育厚层泥质盖层，泥地比高，全区分布稳定性好，特别是吐谷鲁群盖层厚度和单层厚度较大，具有较强的盖层封闭能力。

准南缘前陆盆地油气主要聚集在白垩系吐谷鲁群泥岩盖层和古近系安集海河组膏泥岩盖层之下，其次为侏罗系盖层之下。如卡因迪克油藏和独山子油藏主要聚集在古近系安集海河组泥岩和塔西河组泥岩下，油气主要通过穿层断裂向上运移；齐古油藏主要聚集在侏罗系之下，原因是其上部分地层被剥蚀；霍—玛—吐油藏、安集海油藏和呼图壁气藏主要分布在古近系安集海河组泥岩之下，油气主要通过穿层断裂向上运移，其中安集海油藏调整断层穿越了安集海河组泥岩盖层，部分油气聚集在塔西河组盖层之下；甘河油藏、莫索湾油藏和彩南油藏主要聚集在侏罗系。

1）脆性泥岩盖层

（1）安集海河组泥岩。

准南缘安集海河组泥岩样品 50MPa 围压条件下三轴试验发育典型的剪切破裂，且应力—应变曲线具有很大的应力降，表现为脆性破裂特征（图 4-3-3）。

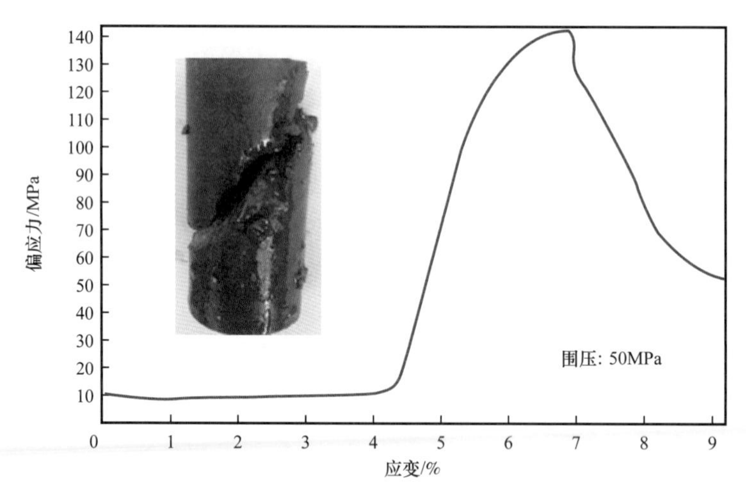

图 4-3-3 安集海河组泥岩盖层应力—应变曲线

（2）吐谷鲁群泥岩。

样品取自准南缘吐谷鲁群地层的露头区，深灰色泥岩样品发育深浅条带相间的纹层状结构，样品近垂直于层理方向钻取，样品直径为 25mm，高度为 50mm。室温和大气压下，利用 ULT—100 超声波测试系统测试完整样品在轴向和径向两个方向的 P 波波速都是 3499～3610m/s，各向异性不明显。准南缘泥岩样品的平均密度为 2.48g/cm^3，孔隙度 3.1%。

统计了准南缘不同构造带各组地层的实测地温数据，结果表明准南缘三排构造带地温梯度大体一致，没有存在明显的差异。因此，三轴压缩实验的温度条件可使用相同的地温—埋深关系式换算。最终按平均上覆岩层压力梯度23MPa/km，静水压力梯度10MPa/km，地温梯度23℃ /km设置了三轴压缩试验的实验条件（表4-3-1）。

表4-3-1 准南缘泥岩样品三轴压缩试验条件

样品编号	模拟深度/m	岩性	围压/MPa	孔压/MPa	温度/℃	应变速率/（mm/min）
1	0	泥岩	0	0	室温	0.03
2	1000	泥岩	23	10	33	0.03
3	2000	泥岩	46	20	56	0.03
4	3000	泥岩	69	30	79	0.03
5	4000	泥岩	92	40	102	0.03
6	5000	泥岩	115	50	125	0.03
7	3000	泥岩	69	40	79	0.03
8	3000	泥岩	69	50	79	0.03
9	3000	泥岩	69	60	79	0.03

根据三轴压缩实验应力—应变曲线，认为准南缘白垩系泥岩盖层整体处于脆性阶段（图4-3-4），很难达到真正的韧性阶段。

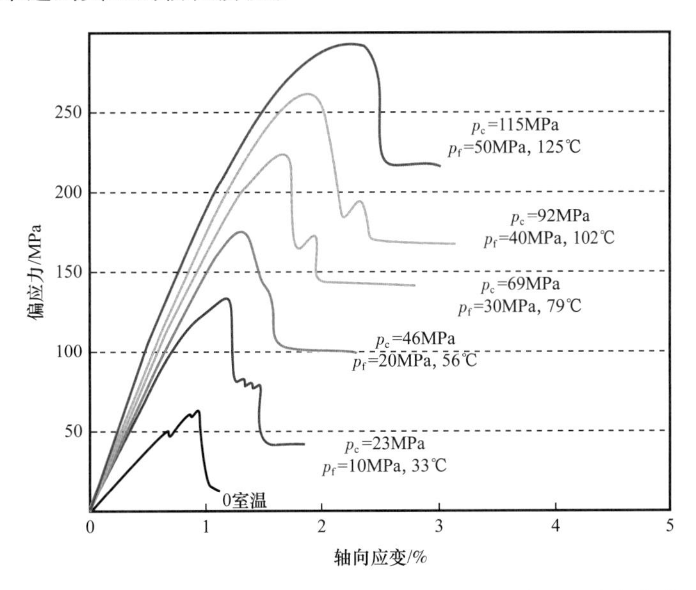

图4-3-4 准南缘露头白垩系泥岩样品不同温压下应力—应变曲线

p_c—孔隙流体压力，MPa；p_f—围压，MPa

（3）侏罗系泥岩。

同样，对准南缘齐古背斜、清 1 井和独山 1 井的侏罗系泥岩段也钻取了大量岩心柱子，开展了三轴岩石力学实验。实验结果表明，侏罗系泥岩成岩程度高，泥岩密度大，总体以脆性变形为主。

2）断—泥组合时空演化与控藏作用

构造演化的不同决定了不同构造带断—盖组合主要类型和油气分布的差异。由霍尔果斯背斜、玛纳斯背斜和吐谷鲁背斜组成的霍—玛—吐构造带，在空间上呈“品”字形分布在南缘中段第二排背斜构造带上。霍尔果斯背斜区正常原油、稠油、天然气均有分布，玛纳斯背斜区以产气为主，而吐谷鲁背斜区以产油为主。

（1）构造演化与断—泥组合空间分布。

霍—玛—吐构造带目前主要勘探目的层为中上组合的白垩—古近系—新近系。中上组合背斜构造形成于喜马拉雅运动末期，在北天山隆升向北挤压力的作用下，沿安集海河组泥岩层发生顺层滑动形成霍—玛—吐断裂滑脱冲出地表，滑脱断层之下形成以古近系安集海河组（$E_{2-3}a$）、紫泥泉子组（$E_{1-2}z$）及白垩系东沟组（K_2d）为地层组合的背斜构造。目前，三个背斜均已发现油气藏，三个背斜构造的油气藏既有相似之处，又存在明显的差异性，石油主要聚集在中上组合，天然气主要聚集在安集海河组盖层之下，这是由于安集海河组盖层品质好，能够满足封盖大量天然气的要求，在无断裂破坏的情况下，其上没有聚集油气，虽然上部塔西河组盖层封闭能力也较好。相对于霍—玛—吐构造带，准南缘山前冲断带紧靠山前，断裂发育，盖层封闭能力很差，油气沿着断裂散失到地表，形成大量地表油气苗。

霍尔果斯构造形态为长轴背斜构造，由沿安集海河组泥岩内滑脱的霍—玛—吐逆冲断层，将背斜分成两个构造层：霍—玛—吐滑脱断层之上为南倾的单斜地层，组成地面背斜的南翼，北翼近于直立甚至倒转，南翼较缓，倾角约为 50°～60°，核部为古近系安集海河组（$E_{2-3}a$），两翼为中新统—更新统沙湾组（N_1s）、塔西河组（N_2t）和独山子组（N_2d）；浅层背斜下伏断层沿安集海河组（$E_{2-3}a$）泥岩滑脱，并出露地表，构成上穿型断层—泥层组合；霍—玛—吐滑脱断层之下深层东西向长轴背斜被多条逆断裂切割，形成地层重叠的垂向叠片式楔形构造样式，深层背斜内部的构造楔形体表现为完全叠加，主要形成了由“之”字状断层组合沟通的上下贯穿型断层—泥层组合，其次为下穿型断层—泥层组合。向东至玛纳斯背斜和吐谷鲁背斜交会地区，深层背斜核部的楔形体则由完全叠加转化为部分叠加，因而导致背斜内部高点发生分异，断层—泥层组合由上下贯穿型演变为下穿型。

（2）油气成藏过程。

通过对霍—玛—吐构造带白垩系东沟组—古近系紫泥泉子组砂岩储层流体包裹体样品的系统分析，综合判定霍—玛—吐构造带主要存在两期油气成藏，第一期成藏大约为塔西河组沉积时期（10Ma 左右），此时下白垩统湖相烃源岩处于生油高峰时期，该期成藏主要为成熟原油的充注；第二期成藏大约为在西域组沉积之前（3Ma 左右），该时期中侏罗统—下侏罗统煤系烃源岩处于高成熟演化阶段，以生成干气为主，伴随较高成熟原油充注（图 4-3-5）。

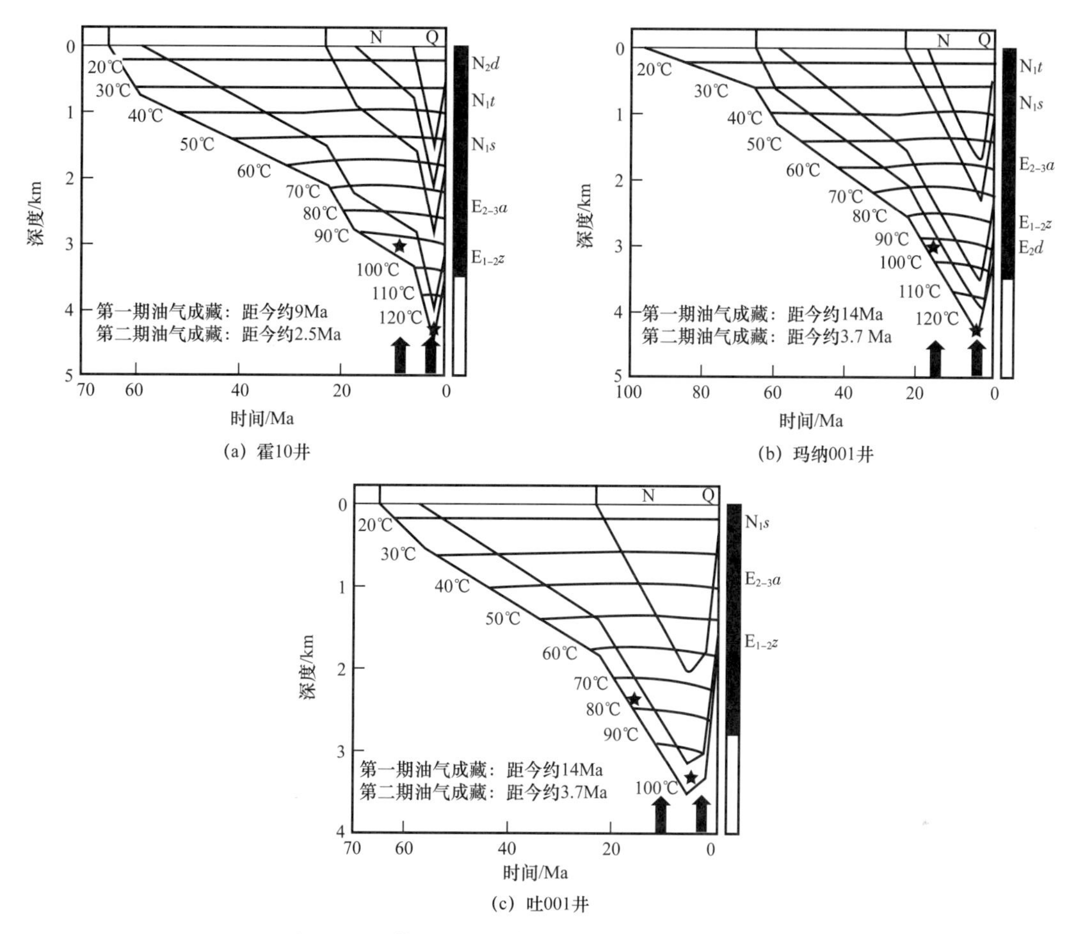

图 4-3-5 储层沉积埋藏史、热史及油气成藏时期

储层颗粒荧光技术的应用证实了霍—玛—吐构造带第一期油气充注以中低成熟度原油为主。玛纳 002 井位于玛纳斯背斜主体部位，现今气水界面为 2464m，烃柱高度为 48m。对 2429.3～2507.5m 的取心井段内系统采集了 20 块岩石样品。其中，气水界面 2464m 之上样品 12 块，气水过渡带 2464～2470m 样品 1 块，水层 2470m 之下样品 8 块。岩石样品定量颗粒荧光分析表明，储层岩石 QGF—E 荧光光谱强度可以与现今的气水剖面有较好的对应关系，现今水层的样品 QGF—E 荧光光谱强度均小于 150，而油气层该值则多大于 250；对应分析 QGF 指数垂向变化，则表明在埋深 2492m 以上具有了古油藏特征，埋深 2492m 以上 QGF 指数普遍大于 5，即使是现今的气水过渡带和水层的部位也是如此，而 2492m 以下 QGF 指数则迅速下降到 5 以下（图 4-3-6）。因此，可以界定 2492m 是玛纳 002 古油藏的古油水界面位置，对比现今气水界面位置 2464m，古油水界面低于现今气水界面 28m，推测古油柱高度可达 76m，表明原古油水界面在后期成藏演化过程中发生了向上的调整。

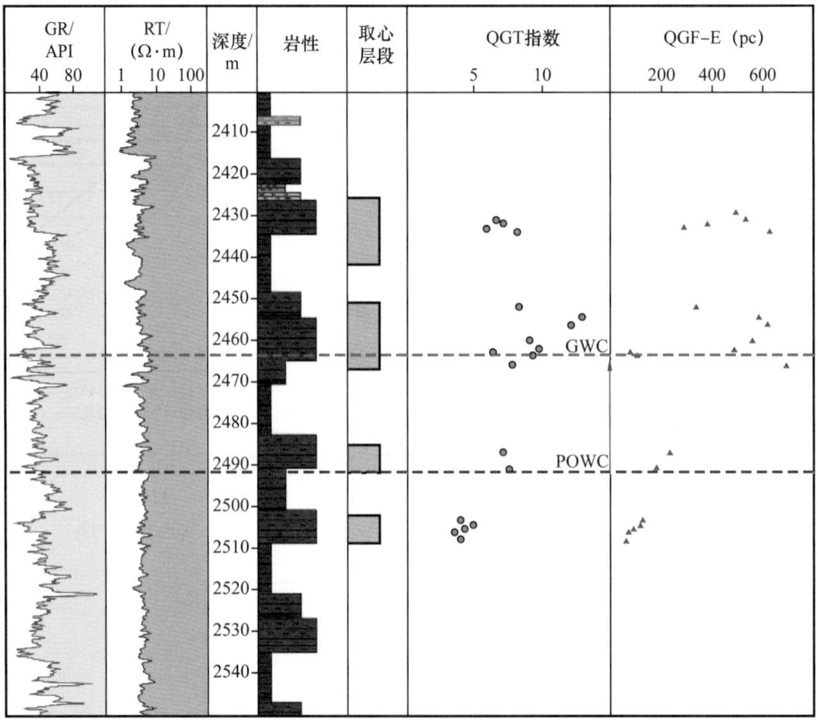

图 4-3-6 玛纳 002 井储层颗粒荧光剖面

受后期断—盖组合有效性的控制，早期油藏或发生调整，或受后期高成熟天然气的气侵作用，形成高蜡稠油或凝析油。

霍 002 井 3097～3110m 井段的试油结果为稠油，其原油相对密度可达 0.96g/cm^3，平均凝固点为 38.5℃，含蜡量为 11.57%～18.68%，最高黏度（50℃）可达 15436.02mPa·s，属于典型的稠油，而霍尔果斯油气田其他井均为正常原油，二者成熟度和分子化学特征相似（表 4-3-2），显然为次生成因。由霍 002 井稠油的生物标志物分析结果表明，饱和烃中正构烷烃分布完整，没有明显的奇偶优势，在重碳数部分也没有见到明显的“鼓包”，也没检测到 25- 降藿烷，可以排除霍 002 井被生物降解的可能。轻烃成分中含有较丰富的轻烃组分，其苯和甲苯含量高，说明该井稠油主要是由于遭受气侵“蒸发分馏”而形成的。综合分析认为，霍 002 井稠油是由后期充注的天然气气侵、轻质油气散失而保留的残余油。

表 4-3-2 霍 002 井稠油与霍 10 井正常原油成熟度和甾烷含量数据

井号	深度 /m	层位	相对密度 D20/（g/cm^3）	成熟度	相对含量 /%		
				参数 1	C_{27} 甾烷	C_{28} 甾烷	C_{29} 甾烷
霍 002（稠油）	3097～3110	$E_{1-2}z$	0.96	0.43	34.37	21.49	44.14
霍 10（原油）	3064～3067	$E_{1-2}z$	0.79	0.45	35.13	23.66	41.21
参数 1：$C_{29}20S/(20S+20R)$							

玛河气田凝析油也是后期气侵所致，玛纳001井储层沥青甾烷和萜烷生物标志物分布特征与霍尔果斯及吐谷鲁背斜的生物标志物分布特征相似。玛纳001井凝析油 $\alpha\alpha\alpha C_{29}$ 甾烷 $20S/(20S+20R)$ 为0.53，异胆甾烷的含量也高，属于成熟油。该凝析油苯和甲苯含量很高，甲苯 $/n-C_7$ 大于1.5，存在明显的“蒸发分馏”作用，由于断裂活动，后期天然气的注入将原先的油藏改造为凝析油气藏。

（3）断—泥组合时空演化控藏。

白垩纪沉积前，早侏罗纪—中侏罗纪时期（燕山运动第一幕），包括霍—玛—吐构造在内的准南缘为弱伸展构造背景下的泛湖沉积，沉积了巨厚的湖沼相的两套含煤层夹一套灰黄色泥质岩，形成了准南缘重要的煤系气源岩。

古近系沉积前，白垩纪早期（燕山运动第二幕），该区处于整体抬升后的沉降阶段，接受了吐谷鲁群的浅水湖相沉积，形成了霍—玛—吐构造带主要油源岩和区域泥岩盖层，此时侏罗系的烃源岩开始生烃、排烃，但此时仅有沿西山窑组煤系地层产生的顺层滑脱断层，油气主要为近源或长距离水平运移，该区无穿层型断—泥组合形成，不利于向上远距离汇聚成藏。

新近系独山子组沉积前为第一期油气成藏阶段。在喜马拉雅构造运动Ⅰ幕的影响下，北天山持续隆升，沿西山窑组煤系地层产生顺层滑脱断层，向上扩展至吐谷鲁群，并顺势继续沿吐谷鲁群泥岩滑动，当顺层滑脱断层在吐谷鲁群泥岩滑动受到阻碍时，则向上逆冲形成了霍尔果斯断背斜，卷入构造的层位包括侏罗系、白垩系吐谷鲁群。沙湾组的快速沉积使下部安集海河组泥岩发生欠压实而形成异常高压；此时下白垩统烃源岩在古近纪进入生油门限开始生油，侏罗系烃源岩已进入大规模生气阶段，油气开始沿反冲断层向上运移，并在安集海河组泥岩盖层下的紫泥泉子和东沟组聚集，该期油气聚集可能以油为主（图4–3–7）。吐谷鲁背斜区古流体势最低，为该期油气运移的有利汇聚区，且此时正值白垩系烃源岩大量生油高峰期，发育下穿型断—盖组合，沟通油源和储层，由此推测吐谷鲁背斜区以聚集白垩系烃源岩生成的油为主。

独山子沉积时期为第二期油气成藏阶段。在喜马拉雅运动Ⅱ幕的影响下，准南缘中段第二排构造带上的霍—玛—吐断层开始形成，其构造活动强度大，向下切穿深部地层，形成上穿型断—泥组合。此时正是中侏罗统—下侏罗统烃源岩生气高峰期和下白垩统烃源岩生油高峰期。由于强烈的构造运动和接近地层破裂强度的超高压可能导致部分油气逸散，在安集海河组上部地层中形成次生油气藏聚集，如霍8a井与霍2井的浅层油气藏。而霍尔果斯背斜区和玛纳斯背斜区的古流体势相对较低，是该期油气运移的有利汇聚区，此时中侏罗统—下侏罗统煤系烃源岩处于大规模生气阶段，并且受喜马拉雅运动Ⅱ幕的影响，在霍—玛—吐构造带上形成了沟通中侏罗统—下侏罗统煤系烃源岩的霍—玛—吐大断层和与其伴生的次级调节断层，下部为下穿型断—盖组合，沟通气源，上部为上下贯穿型断—盖组合，使中侏罗统—下侏罗统生成的气沿断层穿过下白垩统烃源隔层垂向运移至紫泥泉子组，然后向低势中心玛纳斯背斜区运移聚集，由此推测玛纳斯背斜区以聚集中侏罗统—下侏罗统煤系烃源岩生成的气为主。

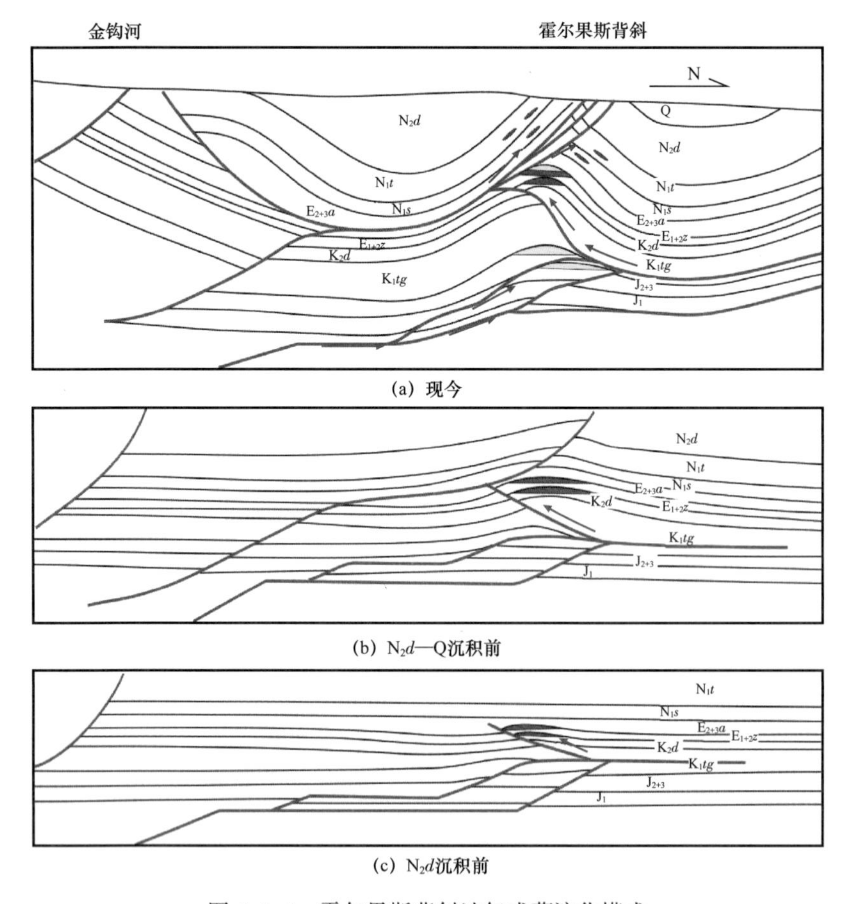

图 4-3-7 霍尔果斯背斜油气成藏演化模式

此外，由于霍—玛—吐断层沟通了上、下不同的压力系统，使得侏罗系干酪根裂解气沿断层向白垩系东沟组和古近系紫泥泉子组大规模涌流，白垩系油藏发生气侵，大部分形成凝析油气藏。

总体而言，霍—玛—吐构造主要形成于喜马拉雅中期并定型于喜马拉雅晚期，构造形成时间与烃源岩大规模排烃期相匹配。天然气来源于侏罗系烃源岩，为干酪根裂解气，油来源于白垩系烃源岩，油先充注，气后充注，早油晚气，后期改造调整，并局部发生气洗改造作用。

霍尔果斯构造的霍—玛—吐大断层和与其伴生的次级及调节断层发育，除上下贯穿型断—泥组合外，还存在上穿型断—泥组合，形成了稠油、凝析油、天然气共存于一个构造的复杂局面。

由于玛河气田所在背斜两侧发育侧断坡式构造转换带，发育上下贯穿型断—泥组合，是油气指向的有利部位，油气供给持续充足，这可能是玛河气田油气丰度高的主要原因。又由于霍—玛—吐构造带具有早油晚气、晚期成藏的特征，玛纳斯背斜后期持续干气供给充足，原有的正常油藏在蒸发分馏作用的充分改造下逐渐演变为凝析油气田。

吐谷鲁构造缺乏反冲断层，仅发育下穿型断—泥组合，下部煤成气没有有效断层的沟通进入上部油藏，现今保存主要为正常油藏的面貌，含气很少，且油藏的充满程度很低，呈现大圈闭小油藏的面貌，油藏改造有限。

3）盖层脆塑性与深层油气藏保存

无论是盐岩盖层、膏岩盖层，还是泥岩盖层，随着埋深（温度和围压）的增大，盖层的塑性逐渐增强，当埋深增大到一定深度时，盖层呈塑性特征，断层将消失于塑性盖层之中或形成韧性断层带，盖层垂向有效性增强，有利于深层油气的保存。当然，由于岩石力学性质不同，不同岩性盖层达到塑性的深度有所差异，对于岩盐盖层，当埋深超过3000m左右进入塑性变形阶段；对于膏岩盖层，当埋深超过4000m时进入塑性变形阶段；对于泥岩盖层，虽然在沉积盆地埋深范围内很难达到真正的塑性，但在埋深超过6000m以后，泥岩的脆性指数较低，多处于脆—韧性过渡阶段，主要形成压剪性断裂，盖层完整性较难受到破坏，有利于深层油气的聚集；对于层理性页岩，当层理面倾角小于30°左右时，容易发生沿着层理面的剪切滑移破坏，即形成层间滑脱，不易形成穿层断裂，有利于盖层下伏油气的保存。

综上所述，随着埋深的增大，温度和围压的增大，盖层的塑性逐渐增强，深层盖层有效性增强，更有利于深层油气的保存。

第四节　富油气构造带形成模式

在典型油气藏解剖的基础上，深化认识重点前陆盆地源圈匹配、源储配置控藏机制，建立了山前断阶构造型富油气构造带、滑脱冲断构造型富油气构造带和古隆起派生构造型富油气构造带大型油气田形成模式，明确了油气分布规律。

一、山前断阶构造型富油气构造带形成模式

山前断阶构造带发育基底卷入构造，多期构造叠加，早期弱的古构造、晚期强烈挤压抬升冲断，如库车北部构造带、准南缘齐古断褶带、昆北断阶带、阿尔金山前带等。

1. 成藏条件

上盘一般缺乏有效烃源岩，或晚期烃源岩生烃中止，但下盘紧临生烃中心；发育大型逆冲断裂带，油气沿断裂带上向运移，然后沿上盘不整合风化壳或砂体侧向由低断阶向高断阶运移；继承性古背斜构造是油气长期运聚指向区，晚期构造活动相对稳定的推覆带中背斜圈闭、构造岩性圈闭远源成藏；晚期发生规模抬升剥蚀，盖层保存条件是关键。

2. 形成模式

构造脊控制油气侧向运移路径，只有位于运移路径上的圈闭才有可能成藏；受抬升剥蚀影响，脆性泥岩盖层封盖能力降低，一般薄层成藏，近油源的低断阶油气多层系成藏、油气富集（图4-4-1）；横向上沿大型逆冲断裂带走向，一系列近垂直于大型断裂带

的断裂或断鼻构成多个油气侧向运移构造脊，一个构造脊形成一个油气聚集区，多个油气聚集区形成一个富油气构造带。

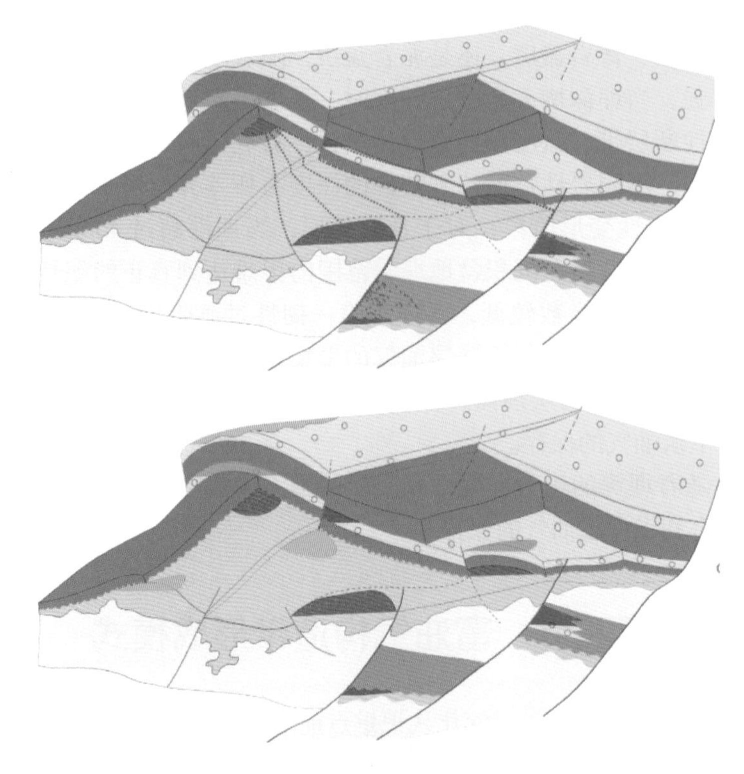

图 4-4-1 山前断阶富油气构造带大型油气田形成模式图
绿色为油，红色为气，蓝色为水，红色虚线代表主要运移路径

3. 有利勘探区带

山前断阶构造带油气有利勘探区带受构造脊和盖层控制，低断阶油气富集。

准南缘齐古断褶带于晚侏罗世末期开始活动，在侏罗纪末期—白垩纪早期，齐古本地及齐古北地区的二叠系烃源岩进入大量生排烃阶段，二叠系来源的石油就近运移至构造高部位的三叠系小泉沟组（$T_{2-3}xq$）和二叠系储层中，形成早期油藏。白垩纪沉积末期的冲断抬升作用，齐古北断裂活动使下盘二叠系生成原油上运至齐古地区古构造高部位的中侏罗统—下侏罗统中形成第Ⅰ期油气聚集。在古近系沉积时期，齐古地区本地侏罗系烃源岩尚未进入生烃门限，下盘齐古北地区的下侏罗统八道湾组烃源岩进入生油气高峰，通过齐古北断裂上运至齐古地区古构造高部位形成第Ⅱ期油气充注。新近纪以来，受北天山隆升影响，齐古背斜开始褶曲形成，侏罗纪末形成的古构造区被掀斜形成现今齐古背斜的北翼，早期古构造区形成的油藏向背斜高部位调整形成次生油藏；下盘齐古北地区的下侏罗统八道湾组和中侏罗统西山窑组烃源岩此时已进入高—过成熟大量生气阶段，晚期生成的高成熟煤成气沿着齐古北断裂面向断裂上盘高部位运移，受断块分割，分块充注，充注方向总体自北向南、自西向东（图 4-4-2）。

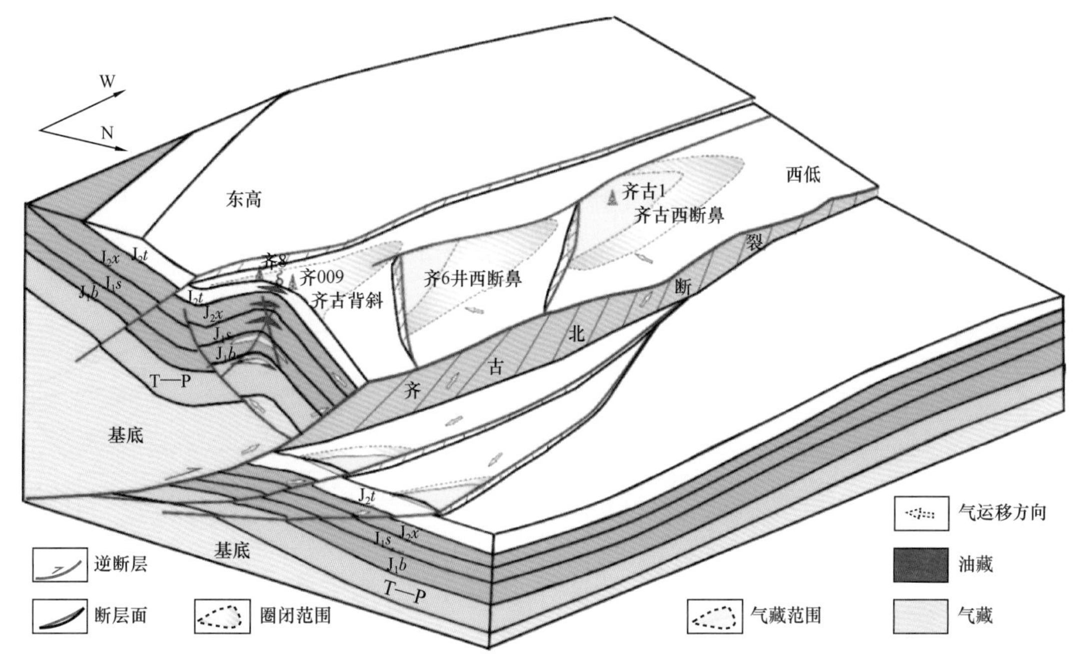

图 4-4-2 齐古断阶带油气运聚成藏模式图

在齐古背斜主体构造高部位的下侏罗统八道湾组和三叠系小泉沟组形成气侵富化的凝析油气藏，如齐 8 井、齐 009 井区，早期油藏被晚期天然气气洗，重质组分残留，原油含蜡量高。齐 009 井比齐 8 井更接近沟通气源岩的深大断裂，天然气先经过齐 009 井，因此齐 009 井下侏罗统八道湾组储层原油含蜡量高于齐 8 井的下侏罗统八道湾组储层原油，气洗程度更强。在背斜西翼的分割断块如齐古西断鼻早期没有原油充注，晚期天然气大量充注形成原生凝析气藏，齐古 1 井为凝析气藏，相对密度 0.7713g/m^3，为晚期天然气聚集的产物。

盖层评价表明，构造高部位中浅部盖层超固结化 OCR（Over Consolidation Ratio）大于 2.5，封闭能力下降，反而是低断阶的齐 6 井西断鼻和齐古西断鼻易于成藏保存。

二、滑脱冲断构造型富油气构造带形成模式

滑脱冲断构造包括叠瓦冲断构造、多滑脱冲断构造，如准南缘霍—玛—吐构造带、川西北复杂构造带、柴西英雄岭构造带、库车克拉苏构造带等。

1. 成藏条件

处于生烃中心之上，发育多套烃源岩、多套盖层、多层构造圈闭群及油源断裂和调整断裂，具有 2～3 个成藏组合。

2. 形成模式

断裂垂向运移，远源成藏和近源成藏并存。依据区域滑脱层性质及与断裂组合方式，考虑构造叠加，该类富油气构造带可分为四个亚类。

第一亚类，膏盐岩盖层。塑性强，构造挤压膏盐岩层塑性流变或顺层滑脱，形成盐下和盐上两套断裂体系，盐下叠瓦冲断构造生储盖圈输导五位一体，形成油气富集层系，围绕膏盐岩分布区盐下形成富油气构造带。如库车克拉苏富气构造带和迪那—中秋富气构造带（图 4-4-3）。再如川西北复杂构造区，晚期构造挤压作用使中三叠统膏盐岩盖层之下形成独立的冲断构造，基本分隔了盐下海相成藏体系与盐上陆相成藏体系。

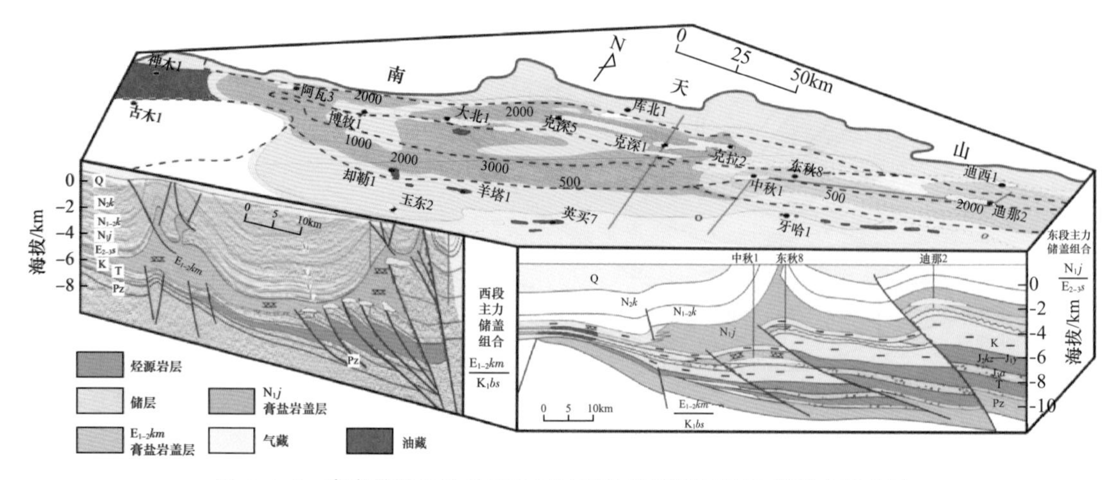

图 4-4-3 库车前陆盆地盐下叠瓦冲断构造型富气构造带形成模式图

第二亚类，泥岩夹膏盐岩盖层。柴西英雄岭构造带英西地区古近系发育以泥岩为主、夹薄层膏盐岩的一套区域盖层，下干柴沟组上段上部薄层膏盐岩较发育，盐上形成滑脱冲断构造，盐下形成叠瓦冲断构造，与库车冲断带类似，但由于膏盐岩层薄，且不连续，上下断裂体系中油源断裂和调整断裂相连，原油垂向运移、盐下近源和盐上远源层系均富集成藏（图 4-4-4）。鉴于盐下发育优质烃源岩，围绕古近系膏盐岩发育区形成盐上和盐下均富集原油的富油构造带。

第三亚类，泥岩盖层，含煤泥岩盖层也归入此类。下部具有主力烃源岩的区域盖层之下均可形成油气富集层。准南缘前陆冲断带发育多套区域泥岩盖层，深层厚层泥岩产状相对较缓，发育异常高压，塑性强，封闭性好。主力烃源岩位于深层侏罗系和二叠系。烃源灶位于霍—玛—吐构造带—东湾背斜带，其次为四棵树凹陷带。除山前断阶带发育基底卷入的穿层断裂外，盆内主要发育滑脱断层，因而下组合霍—玛—吐构造带—东湾背斜带为潜在的富气构造带（图 4-4-5）。

第四亚类，早期发育古构造，晚期叠加滑脱冲断构造。前陆冲断带及复杂构造区晚期强烈构造挤压，将原有古构造断块化，形成多个构造圈闭，包括断块、断背斜，由此油气水分布复杂化，而按照一个构造来勘探，往往造成勘探失利（圈闭不落实）。如库车前陆冲断带大北气田，新近系康村组沉积末期，即 5Ma 前，大北 1 号构造为一大型背斜，源自上三叠统黄山街组湖相烃源岩的成熟原油充注成藏，大北 102 井储层颗粒荧光分析证实大北 1 号构造白垩系储层曾存在古油藏。晚期前陆构造挤压使大北 1 古构造形成多个叠瓦逆冲构造，在该构造随后钻探大北 103 井、大北 201 井等分属于不同的断块、断背斜，气水界面均不同，大北 104 井钻到了大北 1 断块的边水，试油出少量水。

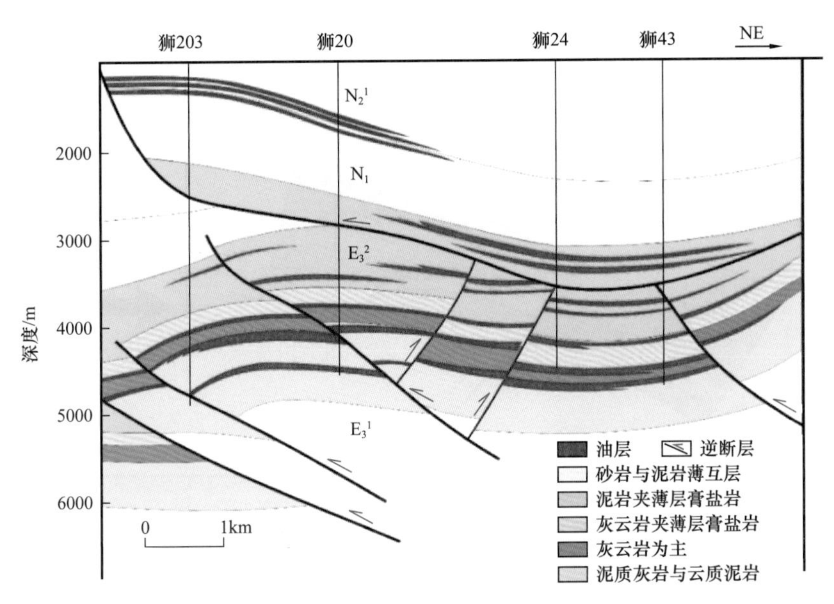

图 4-4-4　英西富油构造带形成模式图

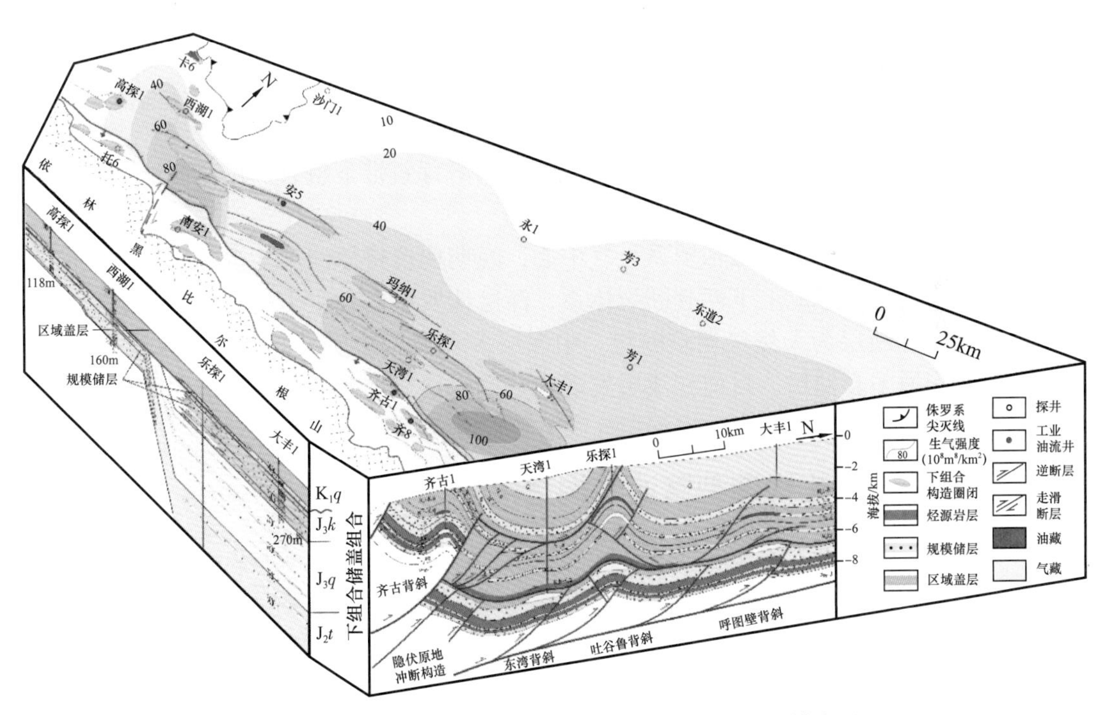

图 4-4-5　准南缘多滑脱冲断构造型富气构造带形成模式图

类似的如塔西南前陆冲断带柯东 1 气藏，柯东 1 井发现工业凝析气流，在该背斜构造高部位钻探的柯东 101 井钻遇水层，进一步落实构造，两井分别位于一断层分隔的两个构造圈闭。再比如准南缘高泉构造带，古构造受晚期构造挤压构造高点调整、大构造断块化，这种现象具有普遍性，控制了油气的调整和油气的再充注（图 4-4-6），迎烃面构造圈闭油气富集。

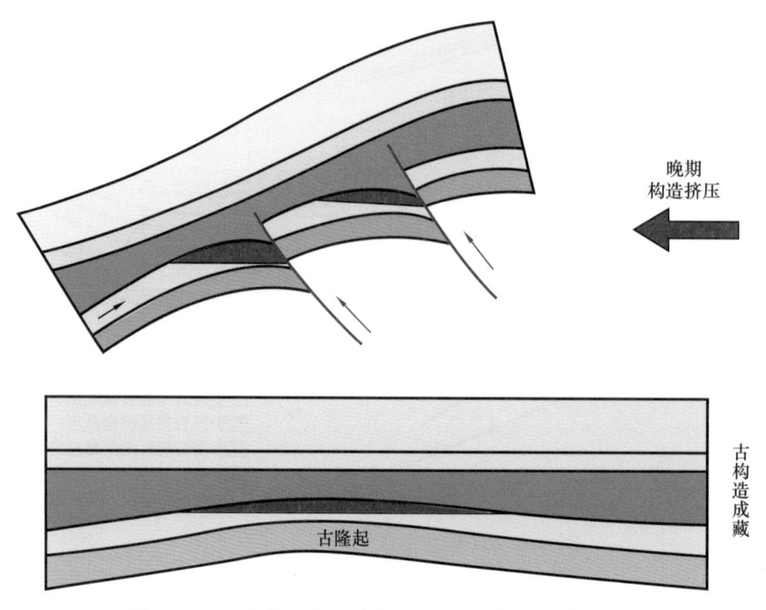

图 4-4-6　古构造叠加晚期构造型油气成藏模式图

3. 有利勘探区带

根据上述分析，准南缘霍—玛—吐构造带—东湾背斜带下组合、川西北地区双鱼石构造带二叠系、鄂博梁构造带深层为有利勘探区。

鄂博梁构造带位于柴北缘侏罗系生气中心，晚期构造挤压浅层为滑脱构造、深层为基底卷入冲断构造，形成上下两套断裂体系，深层侏罗系发育主力烃源岩，下部断裂为气源断裂，上部断层为天然气调整断裂。中深层多套泥岩盖层没有明显的区域滑脱层，油气源断裂沟通多套储层，目前在浅层发现构造或构造岩性气藏，因而推判中深层存在多套天然气富集层（图 4-4-7），沿深层气源断裂带形成潜在的富气构造带。

三、古隆起派生构造型富油气构造带形成模式

前陆斜坡—隆起带早期基底隆升发育古构造，晚期前陆挤压挠曲，古隆起掀斜、背斜调整、断块化，古油气藏或油气充注亦将发生相应的调整。典型的古构造如川西北地区九龙山构造带、库车西秋构造带等。

1. 成藏条件

处于盆内生烃中心之外或边缘，古构造带为油气长期运聚指向区；发育断裂或不整合侧向输导体系。

2. 形成模式

古隆起派生构造油气成藏规律受早期古构造带展布和晚期叠加构造双重控制。古构

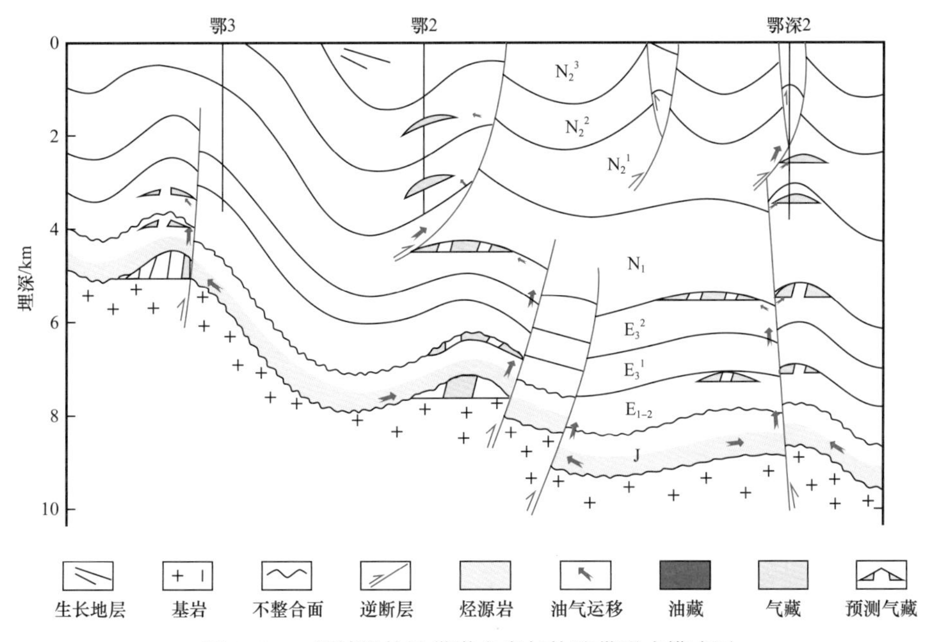

图 4-4-7　鄂博梁构造带潜在富气构造带形成模式图

造早期构造形态与展布决定油气充注方向和聚集部位，晚期构造叠加决定古构造派生构造的完整性及有效性。

前陆斜坡带早期为大型古隆起构造带，前陆期形成单斜带。准南缘斜坡带莫索湾凸起西南为沙湾凹陷、东南临阜康凹陷、西邻盆 1 西凹陷，均为较好的生烃凹陷，油源充足。该区侏罗系三工河组、八道湾组和白垩系清水河组砂岩分布均稳定，为较好储层。油源对比表明，原油主要来自南部凹陷的二叠系下乌尔禾组和风城组，混有少量侏罗系原油。侏罗系三工河组上部泥岩、八道湾组顶部泥岩和白垩系清水河组上部泥岩分布稳定，为良好的区域盖层。

储层流体包裹体分析表明，莫索湾凸起油气成藏有两期，第一期为白垩纪，是二叠系下乌尔禾组烃源岩的排烃高峰期，该区为隆起高部位，是油气聚集主要场所，形成原生油气藏；第二期为古近纪末期，即喜马拉雅期，由于构造运动使该区掀斜形成南倾斜坡，原构造圈闭被破坏，且断层两盘砂体与砂体对接，从而使原油发生调整，沿砂体向北运移（图 4-4-8），形成现今的莫西庄油田、莫索湾油田。

调整散失型古油层是指古油气层中油气基本遭受散失，残留部分极少的古油气层。通常这类砂体最厚、物性最好，古油气充满度与含油饱和度最高，由于砂体厚、规模较大，砂层的侧向遮挡条件差，因此，古油气层遭受调整的程度最高，油气基本已散失。总体上具有以下特征：

（1）岩心观察可见到“油班”，镜下流体包裹体 GOI 大于 4%，且通常超过 8%；

（2）砂层通常较厚，物性较好；

（3）测井解释含油水层，试油为水层，由于古油气层遭受散失的程度高，残余油饱和度极低，因此测试结果基本不含油气；

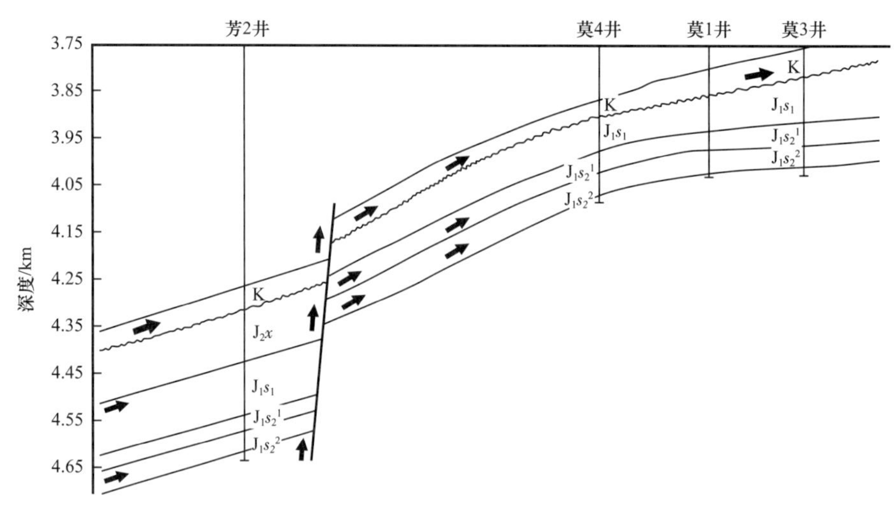

图 4-4-8 莫索湾凸起过芳 2 井—莫 3 井连井剖面图

（4）储层抽提物非烃 + 沥青质含量高，油气在调整过程中遭受散失的程度最大，残余油中的轻质组分基本散失。

对莫索湾地区储层开展了大量的流体包裹体观测，烃类包裹体 GOI 指数（烃类包裹体丰度）进行统计，总体储层 GOI 指数较大，大多样品 GOI 指数大于 5%，说明储层都有油气运移的痕迹；现今储层含油性好的样品，其 GOI 指数也相对较高，如油浸级别的储层样品 GOI 指数都大于 9%。而同一口井的储层样品中，含油的明显高于不含油的样品 GOI 指数。有些样品 GOI 指数较高，但是钻井显示不含油，说明早期的古油层受到构造运动影响而被破坏，导致古油层的油气散失，如芳 2 井侏罗系西山窑组和三工河组，莫 1 井白垩系清水河组和齐古组，储层中非烃 + 沥青质含量高达 21.75%。

车排子—莫索湾古隆起构造演化控制了油气藏的调整。中侏罗世—晚侏罗世，受燕山运动影响，盆地腹部演变为压扭构造环境。压扭作用使车排子—莫索湾一带逐渐隆升，形成车排子—莫索湾古隆起。由于古隆起隆升，使该区中侏罗统—上侏罗统遭受不同程度剥蚀。燕山运动晚期，盆内表现为以腹部为中心的整体下沉，白垩系沉积厚度大且稳定，凹陷开始向南掀斜。喜马拉雅期，强大的挤压应力使北天山快速大幅隆升，并向盆地冲断，使盆地腹部整体向北抬升，至车排子—莫索湾古隆起消失。该区主要勘探层系下侏罗统三工河组整体演变为南倾单斜构造，断裂系统不发育，构造形态简单。由于车排子—莫索湾古隆起演化作用，使腹部地区原来稳定的构造格局发生变化，车排子—莫索湾古隆起南翼，如永进地区地层下倾深埋，北翼如莫西庄、沙窝地地区地层抬升，原来在车排子—莫索湾古隆起背斜构造中形成的油气藏发生调整改造，向北散逸到陆梁、莫北等油田中，在莫西庄、沙窝地、莫南东侧等斜坡带发育调整后的上倾尖灭岩性油气藏。

3. 有利勘探区带

古隆起派生构造晚期调整处于迎烃面的构造圈闭为油气勘探有利区，目前的高断块对油气的运聚和保存不利，如川西北地区九龙山寒武系古隆起背斜圈闭为有利勘探区带。

第五章　构造变形物理模拟和数值模拟技术

构造建模技术方法在油气勘探中得到了广泛的应用，已经成为地震解释人员确定圈闭、落实储层的基本技术。同时，复杂构造地质结构的认识需要从三维空间进行约束，从而更合理地认识构造变形在走向上的变化，并从区带构造角度检验复杂构造解释模型的合理性。

第一节　构造变形三维物理模拟实验技术

构造物理模拟是通过将地质原型进行一定比例的几何缩小，在实验室条件下，利用满足相似强度比例的实验材料，辅以相似比例的动力和时间条件，再现构造变形过程，开展构造几何学、运动学和动力学分析的技术。基于相似性原理建立的构造物理模拟实验模型通常被称为相似模型或尺度模型。实验在模拟自然界地质构造变形的同时，可以确定控制构造几何学特征和演化的参数，有助于分析构造形成与发展的地质过程，辅助地震解释。实验中，相似性比例关系的计算和模型变形结构的分析构成了物理模拟研究的两项重要内容。其中，实验结果的三维重构作为一种新兴的技术手段，是变形结构分析的重要内容。

一、构造物理模拟实验基本流程

实现构造变形物理模拟的基本工作流程如图 5–1–1 所示。完整的物理模拟分析可包括：（1）前处理阶段的相似性分析、边界设置和初始模型构建；（2）实验实施阶段的系统控制和记录；（3）后处理阶段的变形分析处理和模型重建。实验的相似性分析属于前处理技术，它用以解决实验材料的选择、模型大小的确定和运动参数的设置（如运行速度）等问题，而变形模型的三维重构通常属于实验后处理技术。

1. 初始模型结构分析

图 5–1–2 为示例未变形盆地结构的简化地层柱状图，其自上而下的地层组成为：上层砂岩 4250m，为脆性地层；中层膏盐岩 607m，为韧性地层；下层砂岩至基底拆离面 4250m，为脆性地层。由此可确定模拟设计初始应为三层结构的脆—韧性组合模型。脆性地层段可选择石英砂作为实验材料，韧性地层段选用黏性硅胶作为实验材料。

2. 相似比例参数计算

在开展根据地质原型建立实验模型的构造变形物理模拟实验中，已知的参数分别为：原型地层厚度（h_n 和 h_{dn}）、原型地层密度（ρ_n 和 ρ_{dn}）、原型地层黏聚强度（C_n）和黏度（η_n）、重力加速度（g）、实验材料的密度（ρ_m 和 ρ_{dm}）、实验材料的黏聚强度（C_m）、实验

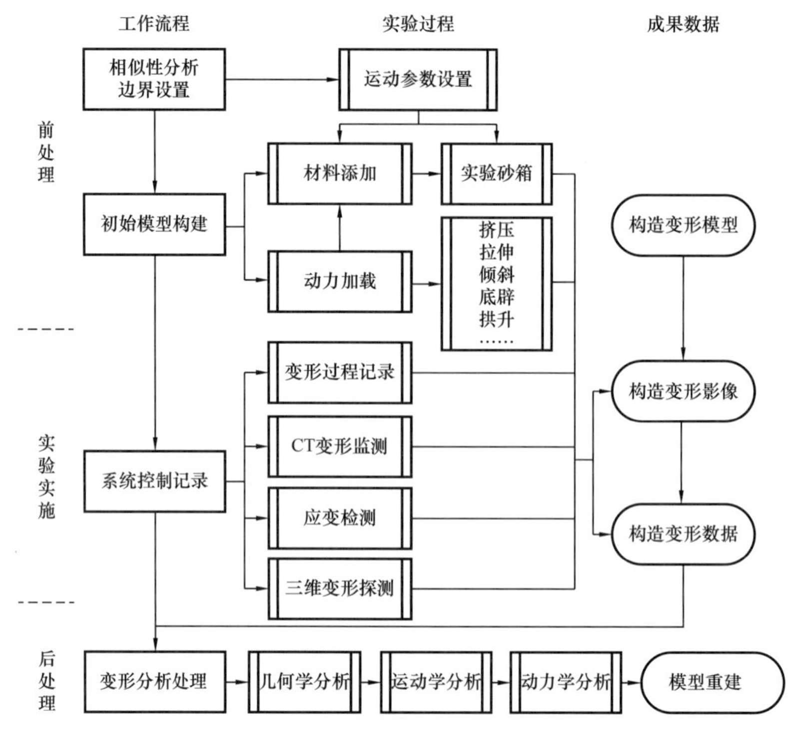

图 5-1-1 构造变形物理模拟实验的基本工作流程

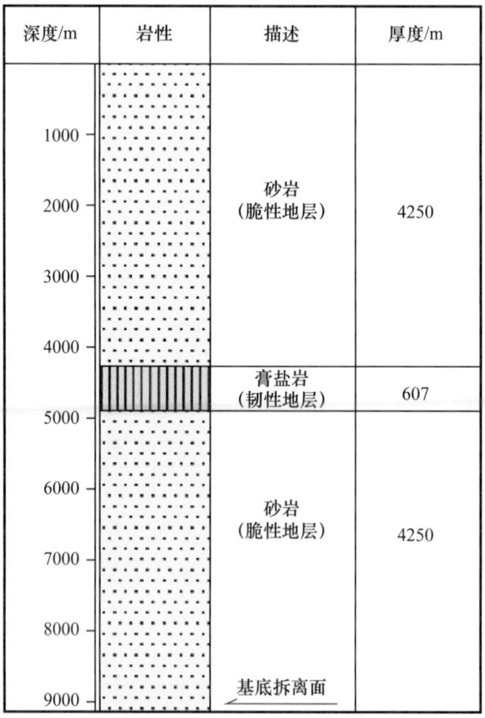

深度/m	岩性	描述	厚度/m
1000–4000		砂岩（脆性地层）	4250
		膏盐岩（韧性地层）	607
5000–9000		砂岩（脆性地层） 基底拆离面	4250

图 5-1-2 示例盆地结构的简化地层柱状图

材料的黏度（η_m）及地质变形的时间（t_n）或速率（v_n）。其中，重力加速度 g 通常取常数值（g=9.81m/s^2）。在实际构建实验模型中，原型地层或实验材料的密度、黏聚强度、黏度等相关参数可采用地质实测值或平均值、实验测量值或理论（经验）数据。

表 5-1-1 为根据已知参数计算的实验模型相关参数和比例值。该示例的实验模型与地质原型的几何比例尺度约为 1∶100000，相当于实验尺度的 1cm 代表了地质尺度的 1km。其中，假定地质变形的速率约 5mm/a（相当于 1.6×10^{-10}m/s），则计算得出实验上需施加的运动速率约为 0.001mm/s。

表 5-1-1 示例模型计算参数和相似性比例

参数		代号	SI 单位	模型	原型	相似比例
重力加速度		g	m/s^2	9.81 *	9.81 *	1
脆性层	上部脆性层厚度	h_{b1}	m	0.042	4250 *	9.9×10^{-6}
	下部脆性层厚度	h_{b2}	m	0.042	4250 *	9.9×10^{-6}
	密度	ρ_b	kg/m^3	1457 *	2400 **	0.6
	黏聚强度	C	Pa	30 *	5×10^6 **	
	垂向应力	σ_b	Pa	600	10^8	6×10^{-6}
韧性层	中间韧性层厚度	h_d	m	0.006	607 *	9.9×10^{-6}
	密度	ρ_d	kg/m^3	930 *	2200 **	0.42
	黏度	η	Pa/s	6900 *	10^{-18} **	6.9×10^{-15}
	速率	v	m/s^1	1×10^{-6}	1.6×10^{-10} *	5981
	垂向应力	σ_d	Pa	54.7	13104770	4.2×10^{-6}
	垂向应变率	$\acute{\varepsilon}$	s^{-1}	0.00016	2.6×10^{-13}	6.1×10^8

注：* 为输入值，** 采用理论（或经验）值，其余为计算值。

3. 模型制作和实验实施

基于相似比例的计算结果，示例实验模型底部铺设石英砂厚度为 4.2cm，硅胶层厚度 0.6cm，最上层铺设石英砂厚度为 4.2cm。实验设计模型如图 5-1-3 所示。为了便于构造变形的观察，铺设的石英砂层中通常采用染色的石英砂作为小的分层标志，染色的石英砂不影响实验材料的物性。图 5-1-4 为初始铺设的示例实验模型。

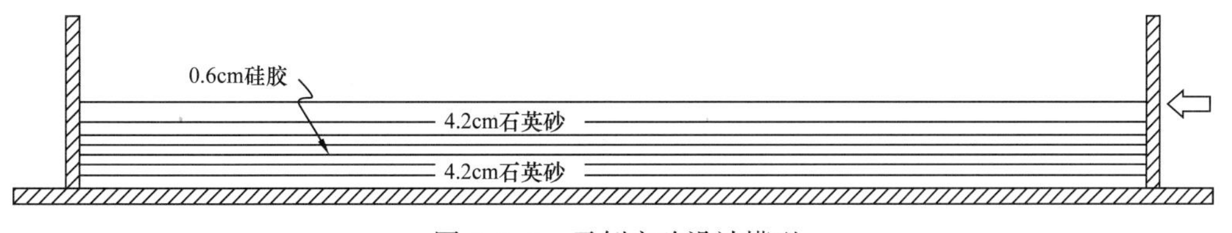

图 5-1-3 示例实验设计模型

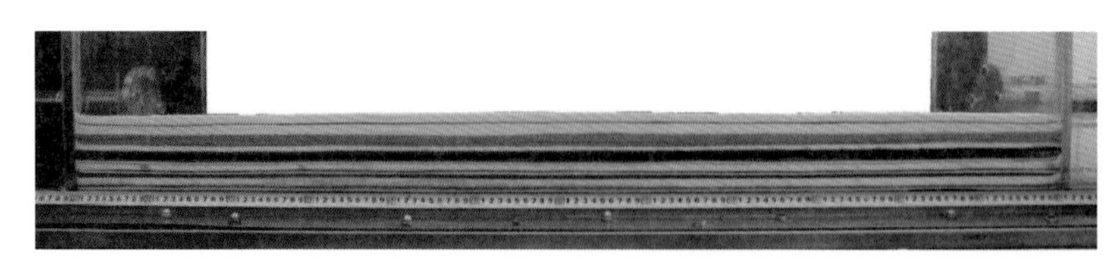

图 5-1-4 初始铺设的示例实验模型

实验动力的施加通常因实验室和工作平台的差异而不同。目前，国内外大多数实验室已实现实验工作平台的自动控制，挤压、拉伸、走滑、拱升等动力的施加可通过电动缸装置来完成，通常只需设置电动缸的运行速率和运行距离。

此外，在构造变形物理模拟的实验过程中，图像数据是分析实验过程的主要数据。一般说来，它主要利用相机进行间隔拍照来完成。拍照间隔取决于研究者和成果分析的需求，通常以设置整数间隔为宜（如 1min、2min、5min 或 10min）。一般说来，实施的实验变形速率越大（快），拍照设置的时间间隔越短。实验结束后，需要对这些图像数据进行旋转、裁剪、数值化校正等后处理整理，并进一步分析实验模型的变形特征（图 5-1-5）。

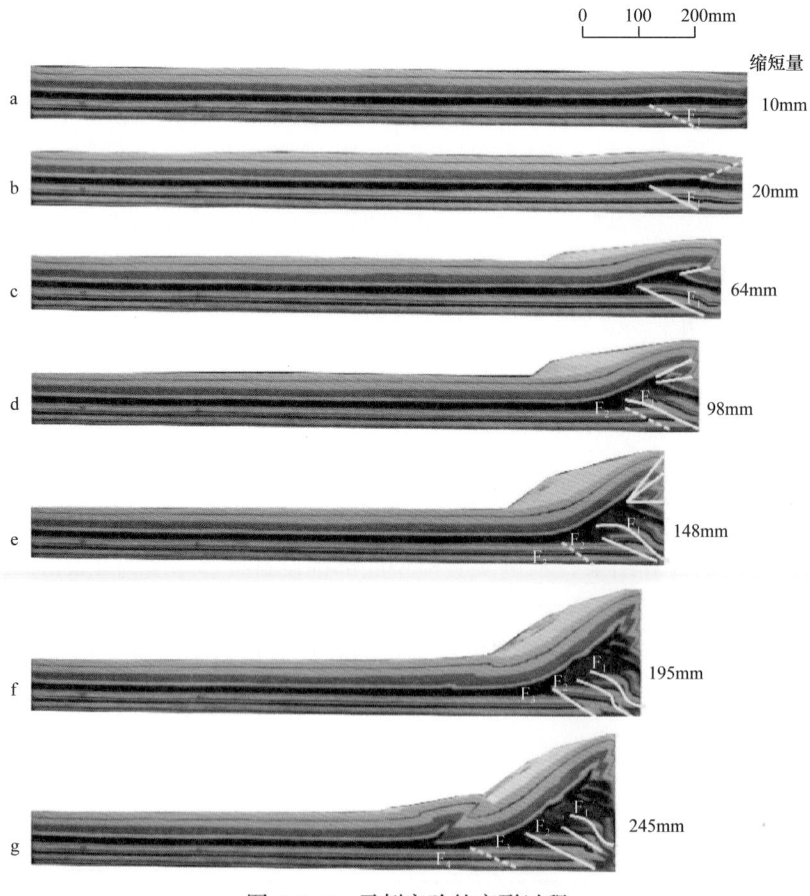

图 5-1-5 示例实验的变形过程

a 至 g 表示缩短量从 9mm 增加到 225mm、断层 F_1—F_4 的发育过程

二、实验模型三维重构技术

实验模型的三维重构在技术原理上是基于已完成实验的模型的切片照片（包括 CT 数据或人工切片图片数据两种方式），利用图像处理和图像数字化技术，对图像像素数据进行重新取样和重建比例，同时在软件中实现图像的空间重组。

实现三维重构的技术流程主要有：（1）开展模型切片，获取切片或照片；（2）对切片或照片的图像处理；（3）处理后的图片导入三维建模软件，开展图像重取样和图像组合（图 5-1-6）。而切片数据的获取主要由两种方式，一是 CT 切片图像，二是人工切片图片。

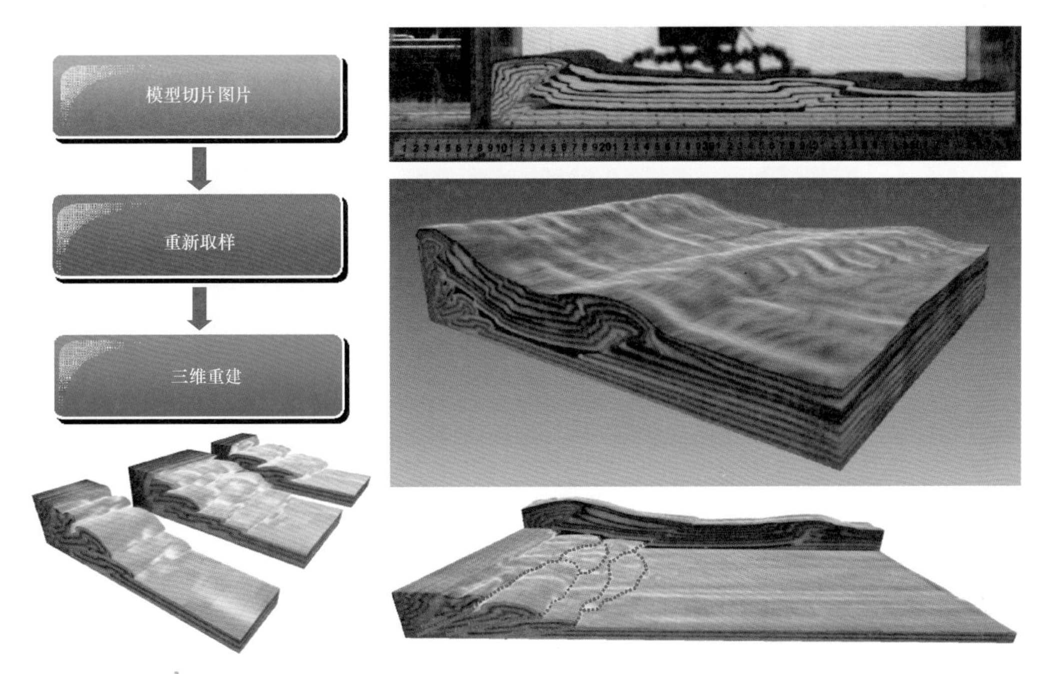

图 5-1-6 构造模型三维重建的技术流程和效果

1. CT 扫描数据三维重建

通过 CT 扫描仪获取的模型切片数据为 DCM（即 DICOM 格式）数据，包含有数据的位置和数值信息。CT 扫描对硅胶和砂层的模型物质组合可以清楚地分辨，其中，模型内深色为硅胶层物质。

CT 图像的数量和精度随参数设置的不同有一定差别。通常情况下，垂直挤压方向上的精度越高，图像数量越多；其余两个方向上的精度则受视域控制，视域越大，图像精度越低，但可见范围越大，反之视域越小，图像精度越高，可见范围也小。

目前，基于 CT 扫描数据的三维重建主要借助 3D—Slicer 和 Avizo 软件来处理完成。在 Avizo 中，用 Open data 功能加载数据的同时，可以对不必要的数据（如玻璃侧板和底板等）进行裁剪，如在图 5-1-7 下方选中 Crop editor，或在 Image crop 部分直接输入数字，也可以在图片显示区直接在图片上进行选择；同时也可以在这个功能里变换 xyz 坐标（图 5-1-7 下部的 Flip and swap 部分），使得其更符合使用者的习惯。

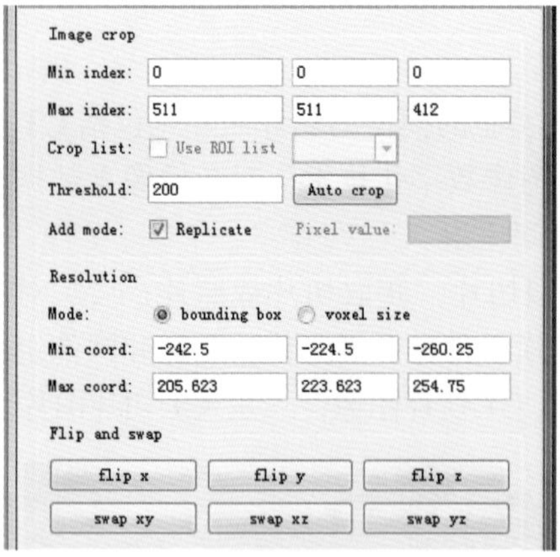

图 5-1-7 Avizo 软件的 Crop editor 模块

由于 CT 切片数据包含空间位置信息，通常情况下，软件对导入的数据可直接显示成图。Avizo 提供了强大的显示功能，可以在一个窗口或几个窗口同时显示一套或几套数据，对它们进行对比。在软件里可以同时比较多个正切片或是斜切片。此外，还可以进行体绘制（Voltex）和等值面显示（Isosurfaces）。如图 5-1-8 所示，顶部为等值面显示的效果，其余为体绘制效果，中空部分原为硅胶层物质，但通过阈值设置可以从模型中分离出去，从而显示透明效果，观测下部构造的顶面。断层表现出较深的颜色。

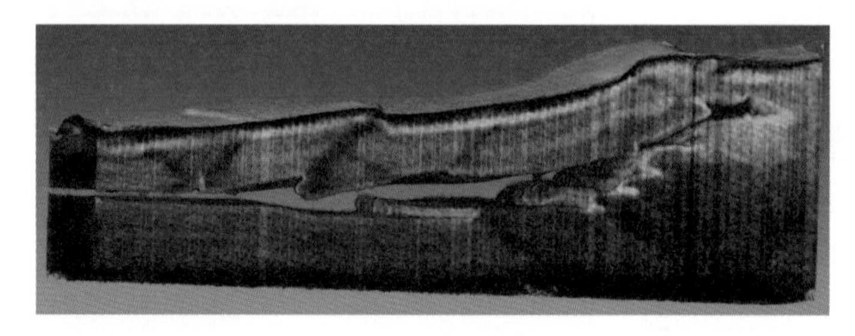

图 5-1-8 CT 数据的体绘制和面绘制效果

为了获得更好的显示效果还需要对图像数据进行分割（Segmentation），在分割之前最好对图像进行降噪过滤（Noise reduction median filter）。通过将中心体素的值替换为周围体素灰度值的中值，过滤器可以减少噪点的数目，使图像平滑并保留边缘（图 5-1-9）。

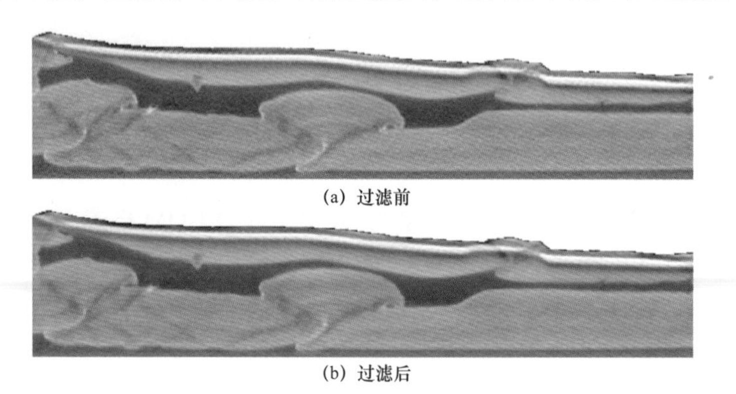

(a) 过滤前

(b) 过滤后

图 5-1-9 过滤前后图像对比

对 CT 建模数据进行物质分割软件提供了多种分割方式，从全手工到全自动：刷子（Brush）、套索（Lasso）、魔棒（Magic wand）、阈值（Thresholding）等。由于实验模型所用的材料主要为硅胶、石英砂和玻璃珠，其中只有硅胶的区分度比较大，可以与其余两种材料区分开，所以通常只将硅胶从 CT 扫描图像中分割了出来。由于 CT 扫描图像可能受到两边玻璃板对射线的影响，表现出两边和中间数据显示差异较大（图 5-1-10）。

图 5-1-10 中可见边缘切片硅胶的颜色和中心切片硅胶的颜色，还有底部硅胶和中间夹层硅胶的颜色都有较大差别，不能使用全自动的方法分割，目前采用手动和阈值结合的方法进行逐张图像的分割，需要对不同的图像采用不同的阈值，并手动去除异常区域。

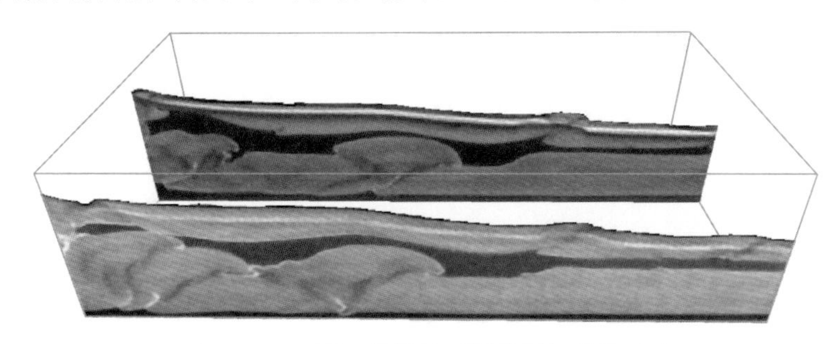

图 5-1-10 同一数据体不同位置切片的对比

分割后的 CT 三维成像数据可以进行数量分析（利用分割界面中的 Segmentation->Material Statistics 模块）。图 5-1-11 是用其中的单切片面积统计（Area per slice）数据，切片编号方向与模型的挤压方向平行，数据反映了不同切片上的硅胶面积的变化；由于 CT 原始切片数据是等间距的，因此，按切片间距（通常为 0.25mm）计算可获得总体分割物质体的体积。图 5-1-12 为模型分割硅胶部分的单独显示，这需要对分割的数据进行面生成（SurfaceGen）和面显示（SurfaceView）两步处理。

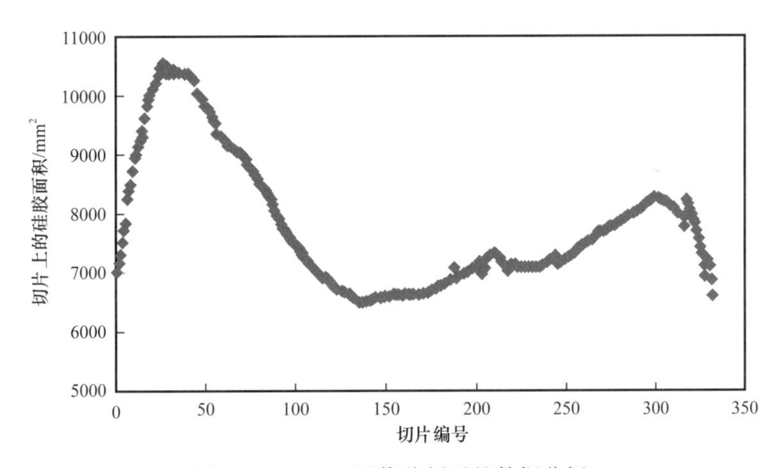

图 5-1-11 CT 图像分割后的数据分析

图 5-1-12 硅胶物质的三维显示（右上为底辟构造，中空白色部分为焊接构造）

图 5-1-13 为删掉了上表面的结果，所显示出的是硅胶的底面构造，也就是其下部构造的顶面构造。从底面构造可以看出，在挤压端一侧的变形强，盐下构造叠瓦堆垛，局部还有盐焊接（面上的空缺）。

图 5-1-13 硅胶物质底面构造图

2. 切片图像的三维重建

除了 CT 图像可以进行三维重建，还可以利用人工切片照片来进行三维重建。与 CT 原始切片数据相比，人工切片照片为真彩色，分辨率更高。

一般而言，人工切片照片通常是对模型进行等间距的切割（1cm 或 2cm），切割间距越小，预期的三维重构结果越精细。同时，对每一次切割后的模型剖面进行拍照记录，获取模型切片的照片（原始照片文件通常为 jpg 格式）。

切片照片的图像处理是实现三维重构之前的一个关键步骤。其中需要利用图像处理软件（如 Photoshop、ImageJ 等）进行照片的旋转、裁剪、统一图片尺寸、删减背景（设置背景为透明）、更改图像保存格式（png 或 gif，支持透明背景的图片文件格式）等一系列操作。处理后的图片（图 5-1-14），原则上需按顺序排列。当开展三维重建时，这些处理后的图片将按文件集顺序导入三维建模软件（如 Avizo、3D-Slicer）。导入的图片集通常需要进行图像数字化的像素重新取样，这一过程实质上是在图像集内部进行像素插值，以增加三维成像效果的精细度和厘定图像在虚拟三维中的空间位置。在此基础上，对数据集进行渲染，即可呈现虚拟的三维重构模型。

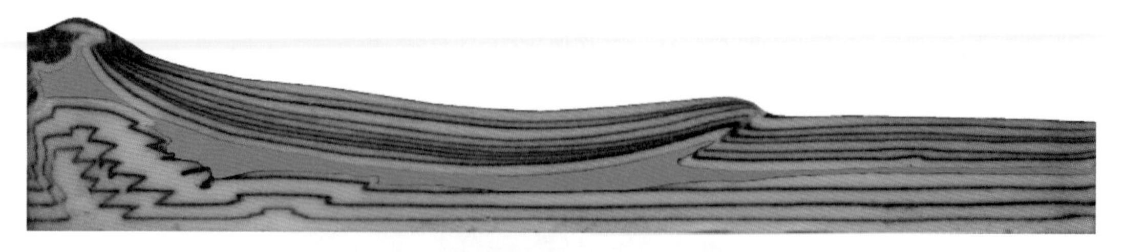

图 5-1-14 切片照片的图像处理结果（上部为透明色，硅胶为蓝色）

以 Avizo 软件处理为例，建模首先将选中的所有图片导入。和 CT 数据不同，导入的图片数据需要设置解析度（Resolution）（图 5-1-15），有两种方式：一种是边框大小（bounding box），另一种是体素尺寸（voxel size）。为了以后的测量方便，可以在这里将

bounding box 的值按实际模型的尺度进行输入（mm 单位），这种改动不会降低图片的分辨率。

导入后的图片在软件中具有了体素的值和相应的位置，可以进行一些三维显示，但是为了提高垂直切片方向上的解析度，需要进行重取样（Resample）。重取样是一个插值的过程，取样前的图片分辨率较低，过渡很突兀，图片之间的界线很明显，经过重取样后平滑了很多，线条也更连续。重取样计算的功能在 Compute->Resample 中选取。需要注意的是，重取样过程可能会降低另外两个方向图片的分辨率。

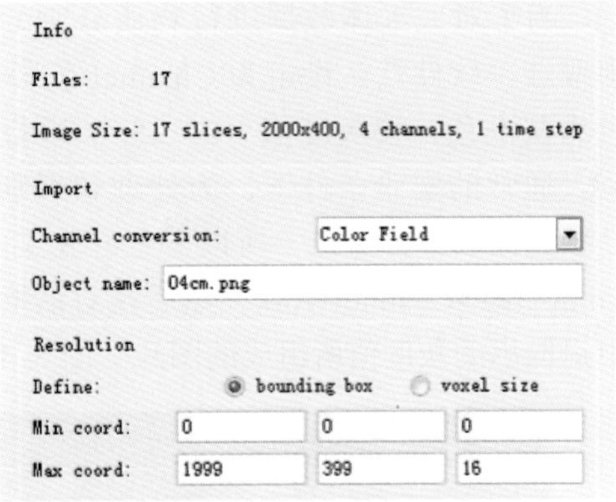

Info
Files: 17
Image Size: 17 slices, 2000x400, 4 channels, 1 time step
Import
Channel conversion: Color Field
Object name: 04cm.png
Resolution
Define: bounding box voxel size
Min coord: 0 0 0
Max coord: 1999 399 16

图 5-1-15 切片照片导入设置

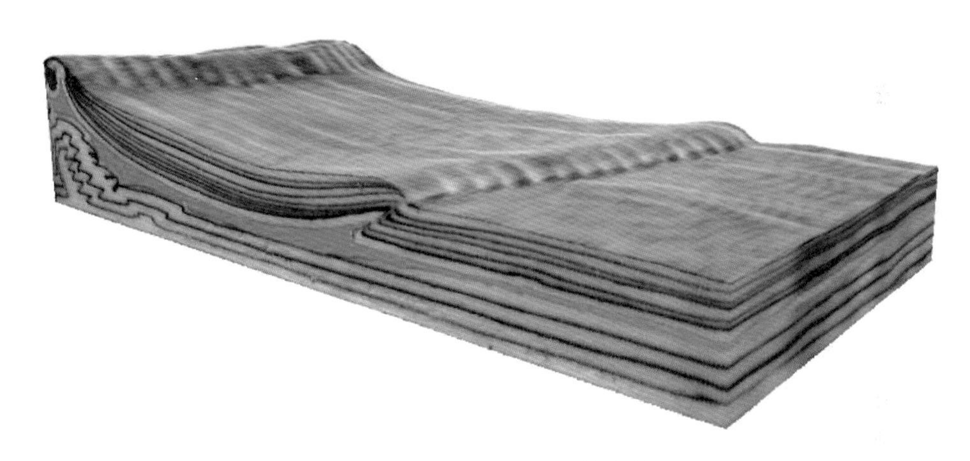

图 5-1-16 切片照片的体绘制

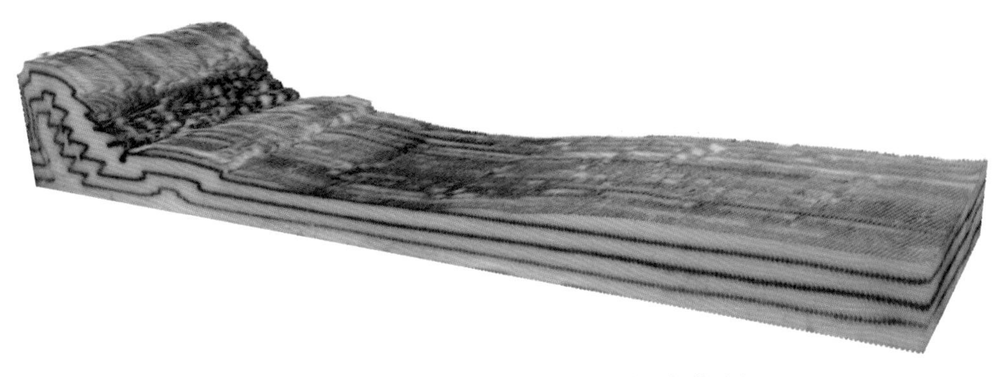

图 5-1-17 切片照片的体绘制（硅胶下部构造）

在利用切片图像进行三维重建中，由于处理后的照片通常是由红、绿、蓝、透明度 4 个值所组成，所以不能进行等值面显示，但是可以进行体绘制（Voltex）。图 5-1-16 为整体模型数据体绘制的结果，图 5-1-17 为硅胶层下部构造的三维体绘制的结果。

为了对三维体数据进行物质分割，首先需要先把数据转为灰度图片。操作上可以提取红（软件默认设定为 Channel 色彩通道）、绿（Channe2）或蓝（Channe3）任一颜色为基准色，按灰度值（0～255）进行数据转换（选定的基准色在转换中将被赋值为0）。通常的实验条件下，为处理和识别的方便，模型的硅胶层部分在照片图像处理中已预先被调整为蓝色，所以蓝色硅胶层的区分度相对就很大。选取重取样后数据，进行 Compute->ChannelWork，然后在对话框里选择 Channel3（即蓝色），就可以得到从蓝色中提取出的灰度值所组成的图片（图 5-1-18）。

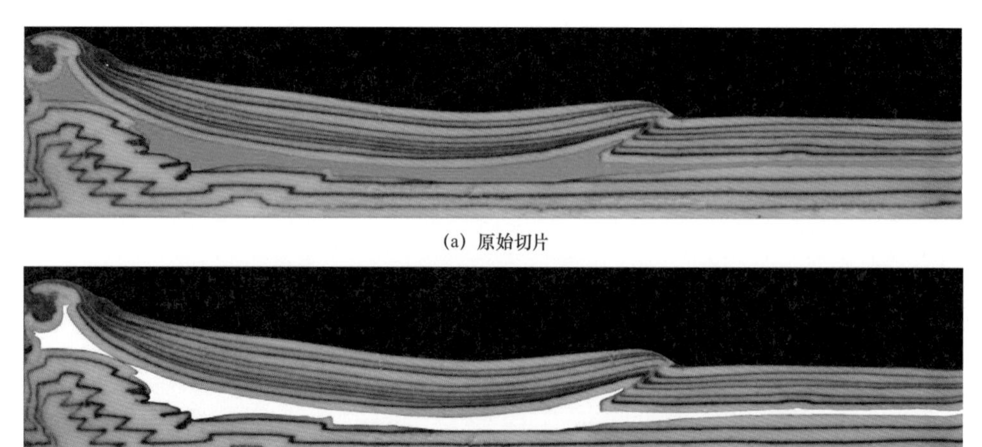

(a) 原始切片

(b) 提取蓝色通道后的图片

图 5-1-18　原始切片图片和提取蓝色通道后的图片对比

对转为灰度图像后的切片数据可以进行物质分割和等值面绘制，其过程与 CT 数据的分割类似。在分割之前同样可以选择过滤器对数据进行过滤。图 5-1-19 为三维重构数据中提取的硅胶分割体形态，显示硅胶物质变形前和变形后的形态差异。在变形后的图中可见右侧有盐舌构造，中间的不连续部分则是盐焊接构造。

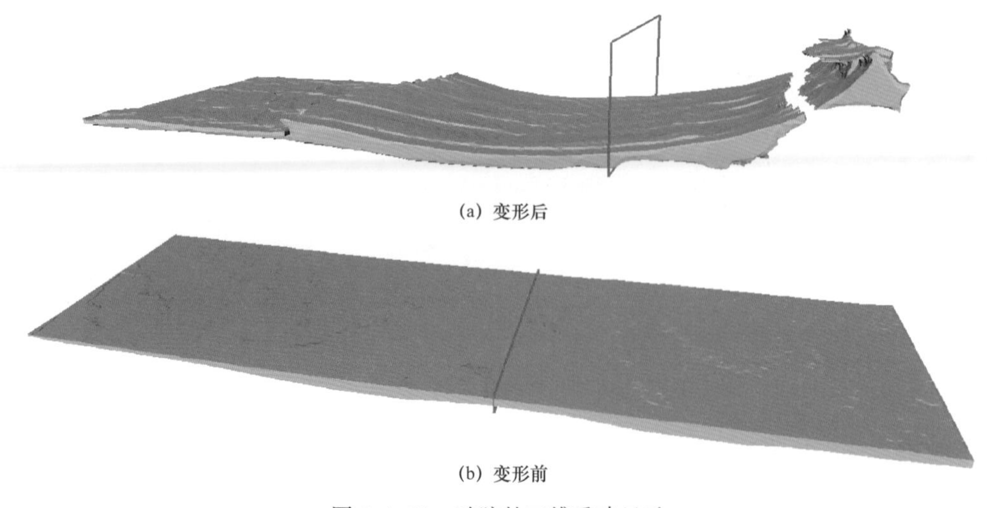

(a) 变形后

(b) 变形前

图 5-1-19　硅胶的三维重建显示

三维重构不但可以形象地展示构造的形态，依据三维重建所做的数据统计分析还可以量化构造变形作用的效果。从之前的实验模型分析结果来看，塑性物质在流动的过程中不但在推挤方向移动，而且在与推挤方向垂直的横向上也存在明显流动。物理实验模型的三维重构的重要意义，在于可以为研究者提供直观的模型深部结构展示，分析深部构造的结构组合及特征。同时，结合相似性分析，实验模拟的结果可以向地质勘探领域的研究认识拓展。

三、基于 CT 检测三维物理模拟技术

将实验模拟与 CT 扫描观测相结合研究多滑脱和多向挤压构造结构特征。

1. 实验材料与模型设计

实验依然采用干燥石英砂和聚酯硅胶（PDMS）来分别模拟上地壳脆性地层和滑脱层（盐岩层）。松散石英砂粒径在 200～400μm，其抗张强度接近为零，变形特性遵循摩尔—库伦破裂准则，破裂内摩擦角约 20°，聚合强度约 200Pa 左右，非常接近地壳浅部沉积地层的脆性变形行为。聚酯硅胶是牛顿流体（Boninim，2007），其常温下有效黏度约 1×10^4Pa·s，可以在较小的差异应力下变形，适合作为模拟自然界中盐岩的材料。

实验中，材料物理性质及模型比例化参数见表 5-1-2。模型与自然界原型的长度相似比 $L^*=2.5\times10^{-6}$（即实验中 1cm 代表自然界 4km），也就是说实验模型代表了基底滑脱层在 18km 深度（脆韧性转换带）的褶皱冲断带。根据 Hubbert（1937）最早提出的相似理论，动力学应力相似比应表示为：$\sigma^*=\rho^*g^*L^*$，其中，ρ^* 表示密度相似比，g^* 表示重力加速度相似比。另外，颗粒材料的平均粒度也会影响扫描成像效果，最理想的粒度约为 0.2mm（Adam et al.，2013）。

表 5-1-2　材料物理性质及模型比例化参数

物理量	模型	自然界	比例
长度 l/m	0.01	4000	2.5×10^{-6}
脆性层密度 ρ_b/（kg/m³）	1294	2400	0.54
塑性层密度 ρ_d/（kg/m³）	987	2200	0.45
重力加速度 g/（m/s²）	9.81	9.81	1
应力 σ/（Pa）			1.25×10^{-6}
黏度 η/（Pa·s）	1×10^4	1×10^{19}	1×10^{-15}
应变速率 ε/（s^{-1}）			1.25×10^{10}
时间 t/（s）	3600	0.14Ma	8×10^{-10}
缩短速率 v/（m/s¹）	1×10^{-6}	10mm/yr	3.125×10^3

实验中所用材料与自然界岩石的密度相似比 $\rho^*\approx0.5$，实验在正常重力加速度场中进行，所以重力加速度相似比 $g^*=1$。因此，模型与自然界原型的应力相似比 $\sigma^*=1.25\times10^{-6}$。

设自然界滑脱层黏度系数为 1×10^{19}Pa·s（Cotton et al.，2000；Boninim，2007），那么模型与自然界原型的黏度系数相似比 $\eta^*=1\times10^{-15}$。因此，模型与原型之间的应变速率相似比：$\varepsilon^*=\sigma^*/\eta^*=1.25\times10^9$。

时间相似比是应变速率相似比的倒数，所以时间相似比 $t^*=8\times10^{-10}$，即实验中的1h代表了自然界的0.14Ma。四组实验挤压过程都分别用时近28h，代表了自然界中的3.92Ma。实验模型与自然界原型的缩短速率相似比为：$v^*=\varepsilon^*\times L^*=3.125\times10^3$。因此，实验中推挤速率0.001mm/s就代表了自然界缩短速率为10mm/a。

2. 初始模型与实验观测

实验主要采用了在实验模型挤压端的底部设置前端为斜向边界的薄板，构成一个斜向的速度不连续界限，剖面上设置了3mm厚的硅胶层，作为浅部的一个塑性滑脱层（图5-1-20）。

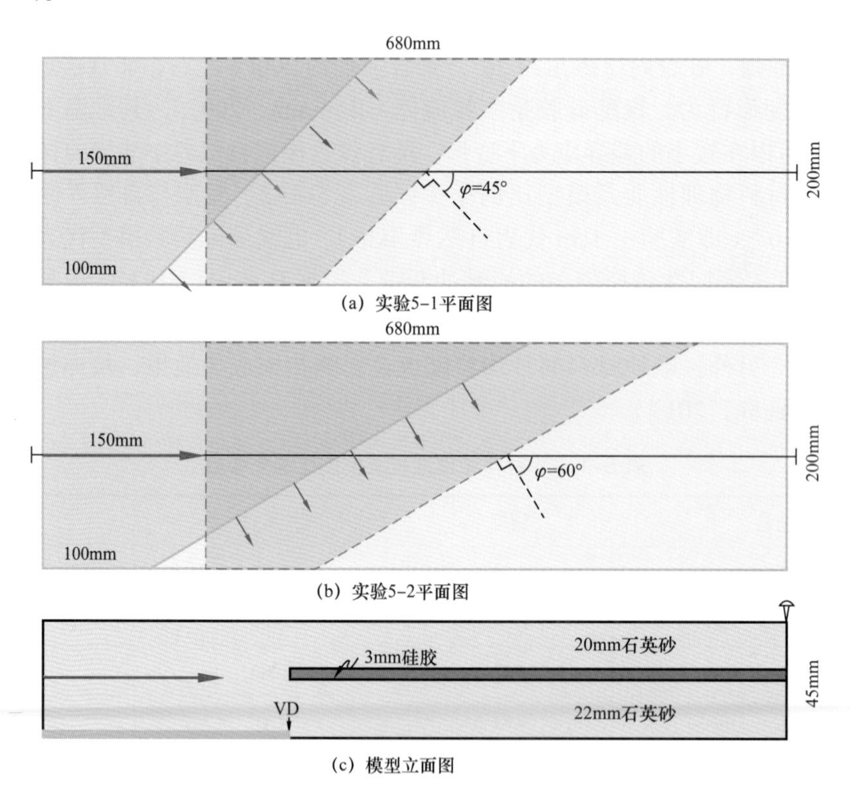

图5-1-20 实验5-1和实验5-2设计图

实验模型中，早期的构造变形均受斜向边界的影响，经历的是垂直于斜向边界方向的挤压作用，模型设计图中用红色小箭头表示。后期随着挤压缩短量的增加，斜向边界对构造变形的影响逐渐减弱，直至构造变形完全经历垂直于推板方向的挤压作用，模型设计图中用红色大箭头表示。这样，所有模型中均经历了两个方向的挤压作用。所有模型都在一个长680mm，宽200mm，高200mm的箱子里进行。挤压缩短速率均为0.001mm/s，实验过程中，挤压缩短量每增加5mm，进行一次CT扫描，获取的数据体，可以恢复出模型内部的三维结构。整个实验过程中，就可以得到一系列实验模型的三维重构体，研究人员便可以利用其讨论实验过程中模型的构造变形。

1）实验 5-1

实验 5-1 中，挤压端底部设置了 2mm 厚的薄板，薄板后端与推板固定，前端边界与模型边界呈 45°角，这样就形成了一个斜向的速度不连续界限。剖面上设置了硅胶层，将模型划分为浅部层和深部层，硅胶平面上后端与底部薄板边界对应，前端直到模型固定端。当挤压缩短量为 15mm 时，模型产生了第一期构造变形，形成了一组共轭的逆冲断层，水平切片（图 5-1-21）和剖面切片（图 5-1-22）显示，逆冲断层发育于底部薄板边

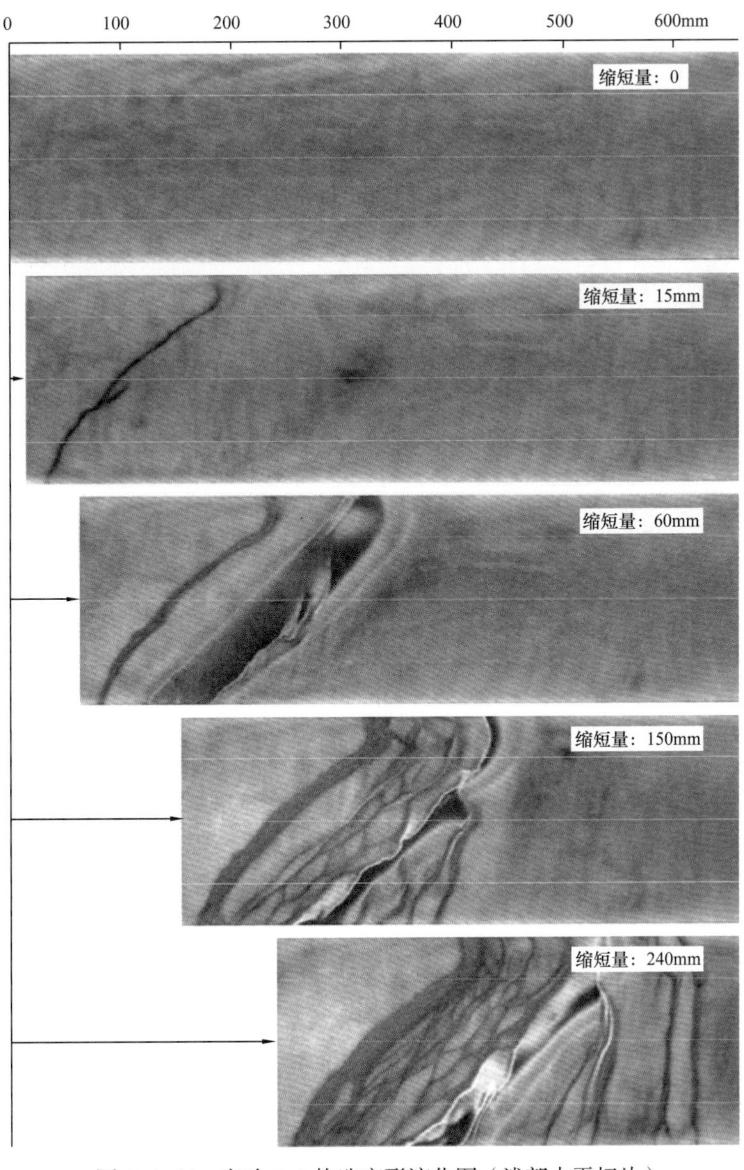

图 5-1-21 实验 5-1 构造变形演化图（浅部水平切片）
黄线代表剖面切片位置

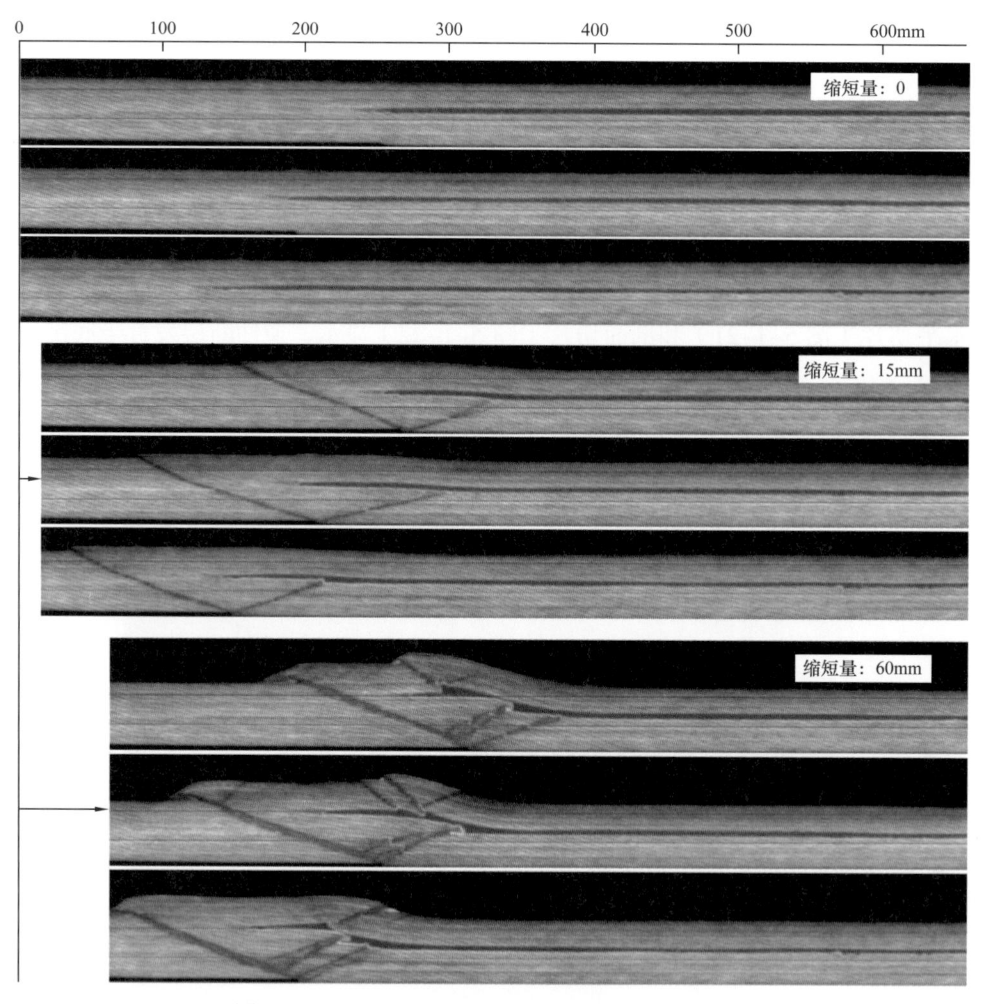

图 5-1-22 实验 5-1 构造变形演化图（剖面切片）
红线代表水平切片位置

界，构造走向与此边界平行。反冲断层贯穿模型深部层和浅部层，而前冲断层没有刺穿塑性层，仅发育于模型深部。塑性层之上的模型浅部层在对应深部前冲断层的位置有轻微褶皱现象。随后的变形主要以沿着反冲断层逆冲为主，同时产生与之共轭的前冲断层，塑性层之上的浅部层也随之产生构造变形。当挤压缩短量为 60mm 时，浅部层上发生了明显地构造变形，形成了小的箱状褶皱。水平切片上显示，其构造走向与先前的构造走向一致，与底部薄板边界平行。之后构造整体上仍然以沿反冲构造的逆冲为主，同时产生与之共轭的多条前冲断层，浅部层随之变形。到挤压缩短量为 150mm 时，浅部层之上又产生了新的褶皱，切片显示，其构造走向已经发生变化，不再与底部薄板边界平行，而是与模型边界近垂直。之后的过程与前面相似，到挤压缩短量为 240mm 时，模型整体上仍然是以沿反冲构造的逆冲为主，同时产生与之共轭的多条前冲断层，浅部层随之变形，形成了新的褶皱，切片显示，其构造走向与模型边界近垂直，在左侧靠近模型边界的地方向挤压端方向轻微转向（图 5-1-23）。

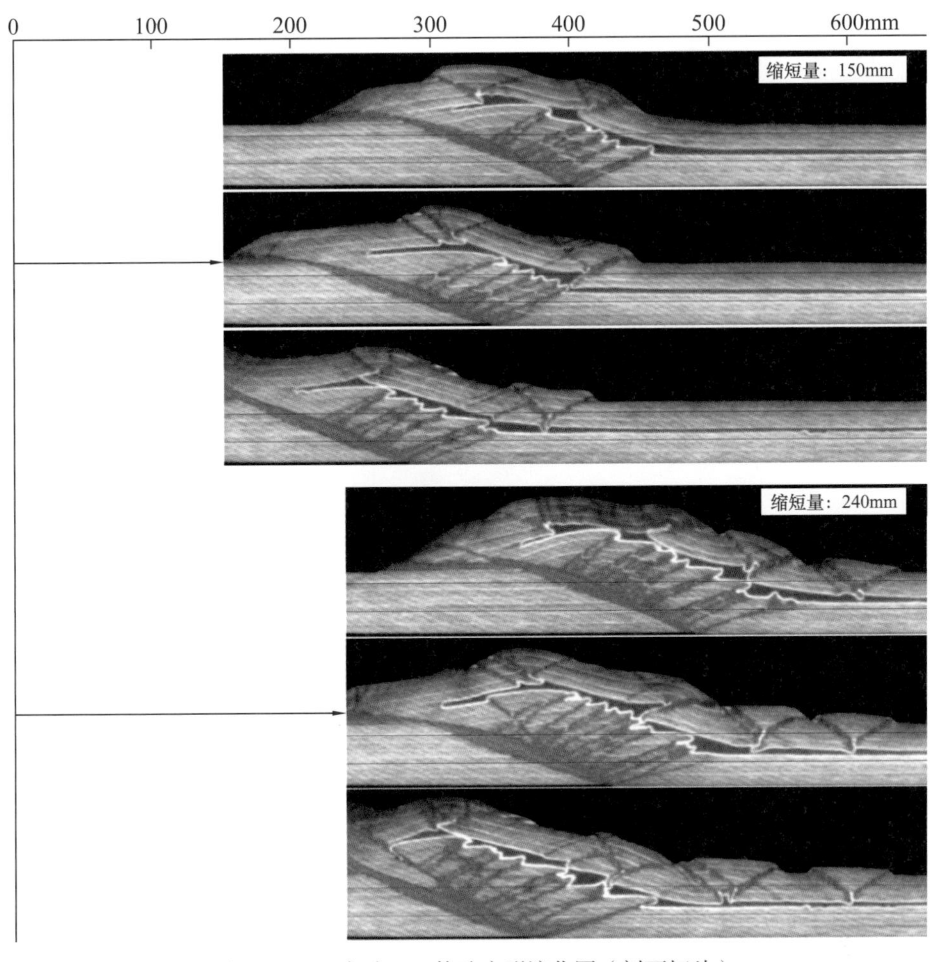

图 5-1-23　实验 5-1 构造变形演化图（剖面切片）
红线代表水平切片位置

2）实验 5-2

实验 5-2 中，挤压端底部设置了 2mm 厚的薄板，薄板后端与推板固定，前端边界与模型边界呈 30°角，这样就形成了一个斜向的速度不连续界限。剖面上设置了硅胶层，将模型划分为浅部层和深部层，硅胶平面上后端与底部薄板边界对应，前端直到模型固定端。当挤压缩短量为 25mm 时，模型产生了第一期构造变形，形成了一组共轭的逆冲断层，水平切片（图 5-1-24 和图 5-1-25）和剖面切片（图 5-1-26）显示，逆冲断层发育于底部薄板边界，构造走向与此边界平行。

反冲断层贯穿模型深部层和浅部层，而前冲断层没有刺穿塑性层，仅发育与模型深部。塑性层之上的模型浅部层在对应深部前冲断层的位置有轻微褶皱现象，在靠后位置有反冲断层形成，但其走向上没有贯穿整个模型，仅局限于模型右侧部分。随后的变形主要以沿着反冲断层逆冲为主，同时产生与之共轭的前冲断层，塑性层之上的浅部层也随之产生构造变形。分别在挤压缩短量为 75mm、120mm 和 150mm 的时候产生了三排箱状褶皱，水平切片和剖面切片显示，这三排构造的走向均与模型边界近垂直。

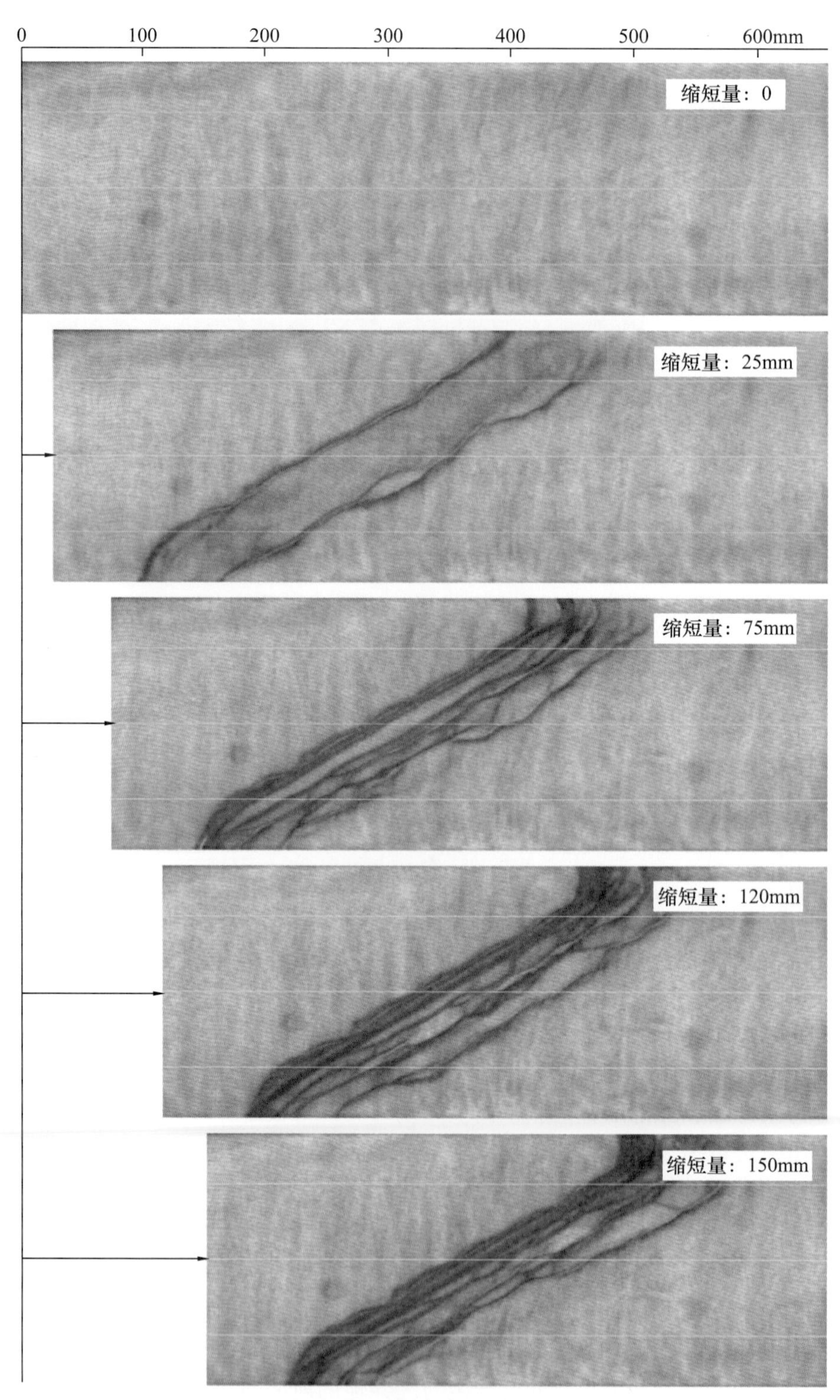

图 5-1-24　实验 5-2 构造变形演化图（深部水平切片）
黄线代表剖面切片位置

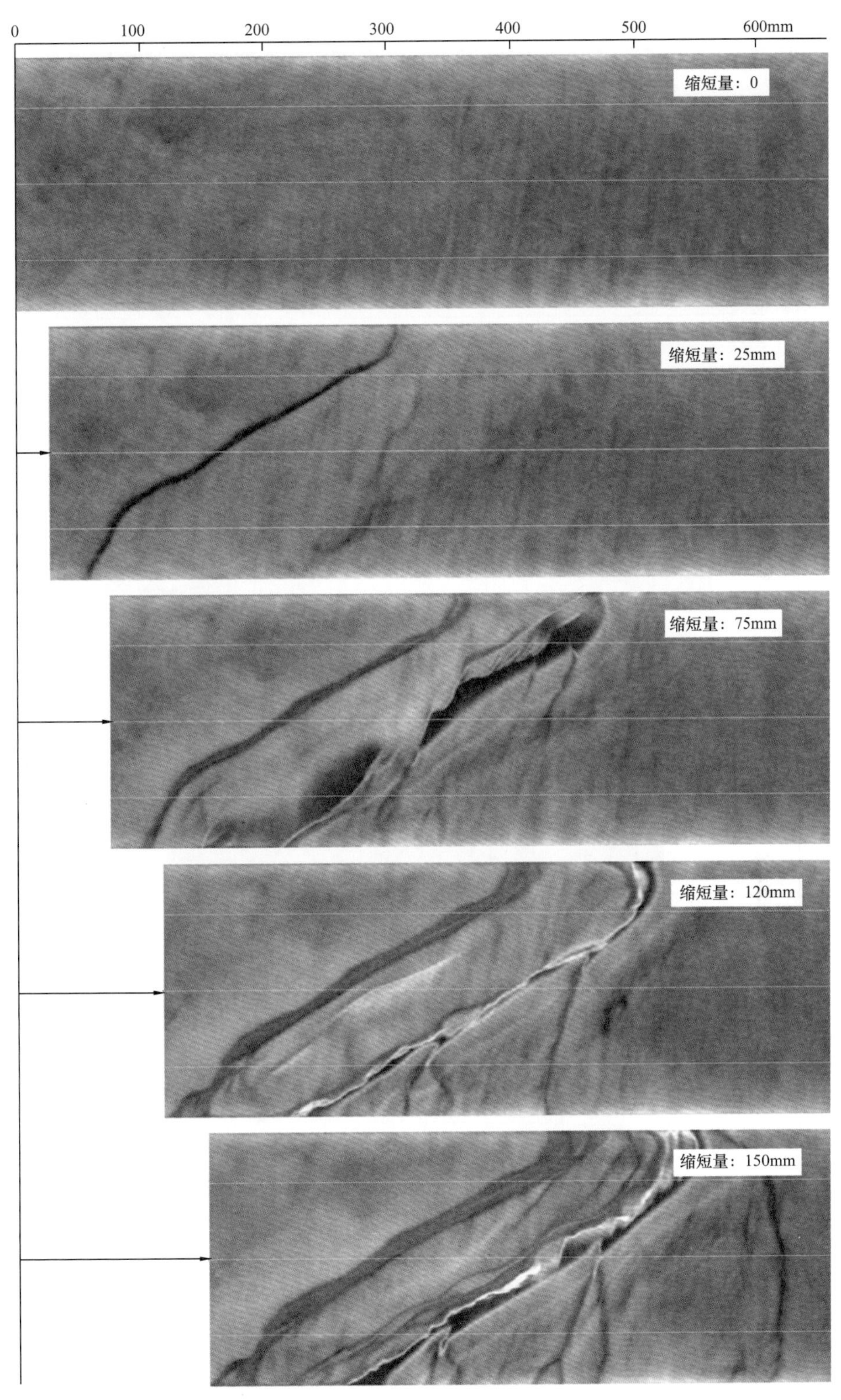

图 5-1-25　实验 5-2 构造变形演化图（浅部水平切片）

黄线代表剖面切片位置

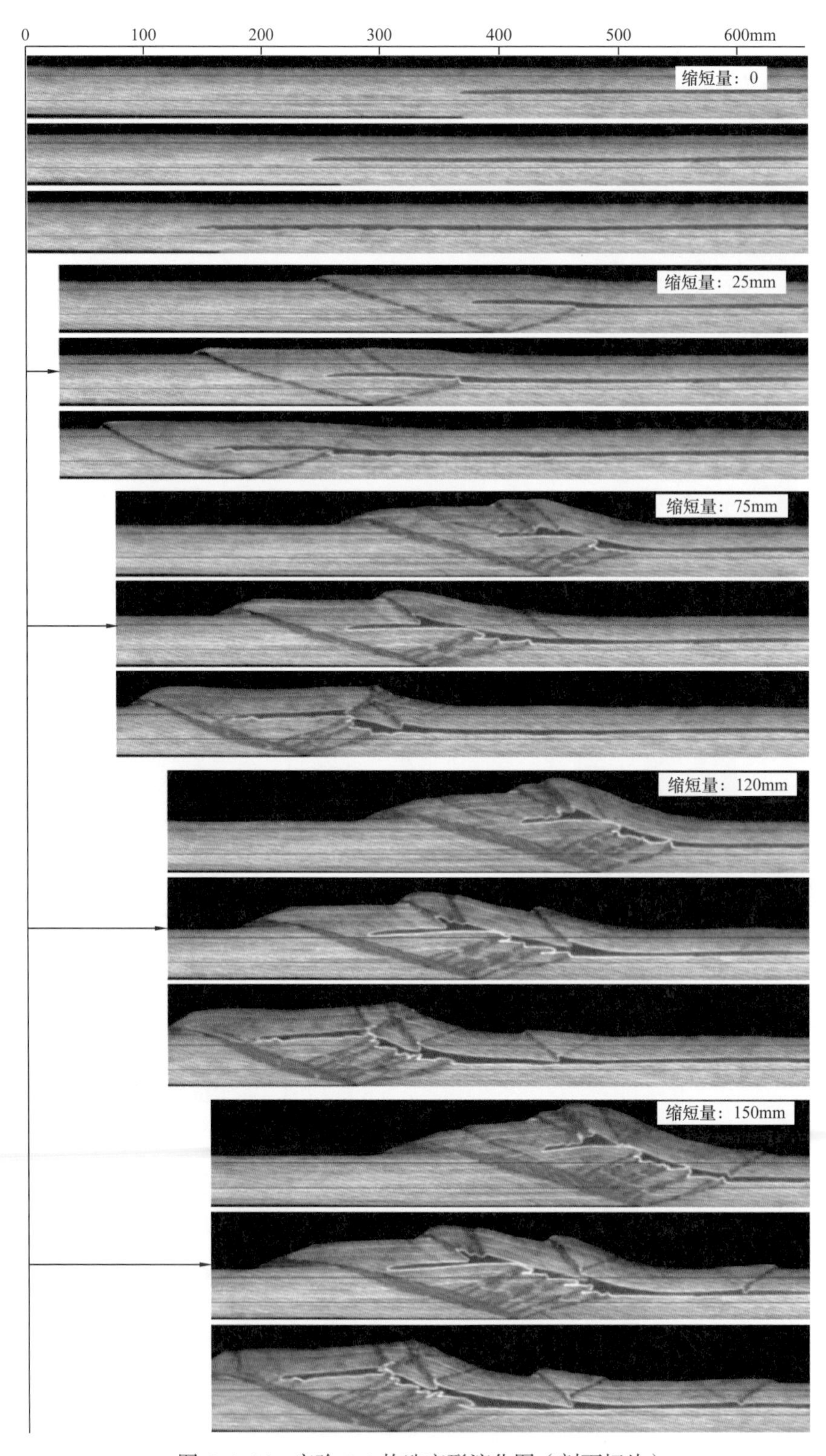

图 5-1-26　实验 5-2 构造变形演化图（剖面切片）
红线代表水平切片位置

3. 实验结果与地质意义

在挤压端设置斜向边界挤入体和在挤压端模型底部设置斜向边界薄板这两种方案都实现了多向挤压构造的模拟。模型第一期构造都明显受控于斜向边界，其构造走向均与斜向边界平行，说明这一期构造主要受到垂直于斜向边界的挤压作用。而随着挤压缩短量的增加，后期的构造变形所产生的构造其走向都转变为与模型边界垂直的方向。尤其在剖面上设置了塑性层的实验中，将这种现象呈现得非常明显，说明后期构造主要受到垂直于模型边界的挤压作用。系列实验表明，无论初始接触边界条件为斜向的还是更为复杂的情况，在单向挤压条件下，造山带向盆地方向远距离传播的构造结构往往表现出正向挤压冲断特征，而近边界地区则表现出复杂冲断体系和结构。这种现象解释了盆内成排成带构造发育的成因机制。

第二节 构造变形离散元数值模拟技术

数值模拟具有快捷、安全和低成本的优势，已经与理论分析和科学实验形成鼎足而立之势，并称为当代科学研究的三大支柱。

与构造物理模拟相比，数值模拟可以得到更多的系统内部的信息（如应力、应变等），并且可重复性高，边界条件设置更容易。而且，数值模拟中，研究单一变量对结果的影响更方便、准确，通过调整材料的力学参数可以得到自然界观察到的真实的构造现象。实验室中，人们很难做出完全一样的两个试验，人为影响不可避免，如很难保证沙子压实度、沙层的水平度、高度、厚度和环境温度等。而数值模拟中，采用相同的初始模型及边界条件下，则可以得到完全相同的计算结果。另外，在实验室中，只能选用有限的相似材料；而数值模拟中，理论上有无数种材料可供选择。一般的，可以通过大量数值试验得出相对可靠的数种到数十种材料。

一、二维离散元数值模拟技术

数值模拟包括有限元（FEM）数值模拟和离散元（DEM）数值模拟，在一定程度上突破了物理模拟存在的流变学和比例化问题。

FEM 属于连续体数值模拟方法。FEM 曾经用来模拟韧性滑脱层的盐底辟和盐席构造（Van Keken et al.，1993；Gemmer L et al.，2004，2005），在这些模拟过程中，需要预先赋予岩层具有流变性质。一些 FEM 模型把上覆的地层看作是黏性的，因此不能很好地模拟这些沉积地层中出现的断层及断层相关褶皱等脆性变形。

DEM 方法与 FEM 不同，DEM 是采用颗粒相互作用来模拟系统的动力学机制，实验者可以对系统的运动演化进行模拟和观测。DEM 的离散性质一方面允许颗粒间较大相对位移，定量分析作用在每个颗粒上的力和位移，这对于断层及节理高度发育的不连续系统提供了非常有价值的技术方法，非常适于研究存在大变形间断（如断层、节理、破裂）的问题。另一方面，对于流变材料的模拟，材料的流变性质来自组成材料的颗粒之间相互作用的结果，并且可以随着时间而演化，因此通过运用 DEM 可以更好地模拟上覆和侧翼沉积地层的变形，从这方面来说，DEM 与物理模拟的砂箱实验类似。同时，DEM 的数值模拟与物理模拟相比较在研究盐构造脆性变形时具有重要的优势。通常来说，符合比例化物理模拟需求的材料力学性质比较难以实现，而在 DEM 方法中则可以通过参数设置与调试，模拟合适材料的物理性质。

1. 离散元法（DEM）原理

离散元模型起源于颗粒动力学研究，该方法已经广泛应用于探讨气体和液体行为及原子和亚原子相互作用等问题。在地质研究领域中，DEM 方法最先由 Cundall 和 Stack 完整提出（Cundall et al.，1979），最初主要用于研究岩块的节理破裂及粒状物质和土壤力学问题的实验模拟中。DEM 通过构建一个由自由弹性颗粒组成的系统，并给系统施加外力来观测系统运动行为及动力学特征。近年来，地质学家将其应用于剪切带（Saltzer et al.，1992）、断层及断层相关褶皱等地质构造问题的研究中（Saltzer et al.，1992；Scott et al.，1991；Strayer et al.，2002；Finch et al.，2003；Strayer，et al.，2001；Hardy et al.，2005；张洁等，2008）。

DEM 方法是一种网络固体模拟（LSM）方法的变体。LSM 理论中包括三个基本假设：（1）模型中的颗粒不可分；（2）颗粒间的相互作用遵循特定的势能函数；（3）数值计算的结果给定颗粒的运动。模型把岩块抽象为圆形颗粒组成的集合体。

DEM 方法利用牛顿第二定律计算弹性摩擦接触的颗粒之间力（图 5-2-1）。这个方法首先解决由相邻颗粒或者边界施加在每个相邻颗粒表面上的作用力，然后通过计算这些力的合力来计算每个颗粒的加速度，结果是每个颗粒把力传递给相邻的其他颗粒。颗粒之间的作用力在每个时间步长内予以计算。颗粒之间的作用力包括法向作用力（f_n），及剪切力（f_s）。

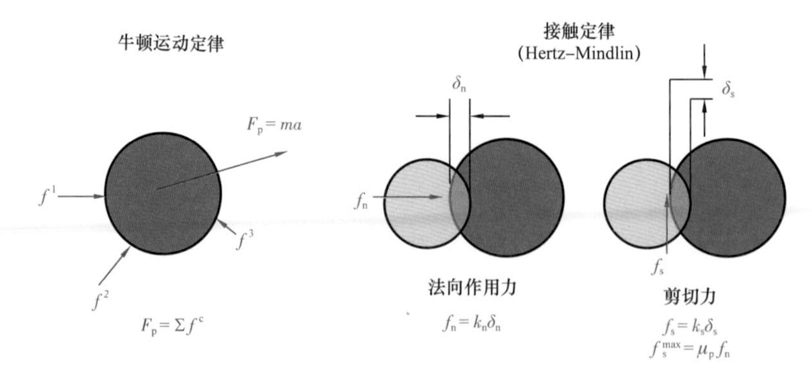

图 5-2-1 DEM 方法颗粒间作用力示意图

f_n—法向作用力，N；f_s—剪切力，N；k_n—法向粒间刚度，MPa；δ_n—粒间法向叠合量，m；δ_s—粒间切向叠合量，m；μ_p—粒间摩擦系数，无量纲

法向作用力（f_n）可以用以下公式表示：

$$f_n=k_n\delta_n \tag{5-2-1}$$

式中　k_n——法向粒间刚度；

δ_n——颗粒之间法向上重叠的大小（Morgan et al.，2017）。

重叠度是两个颗粒之间的半径之和与两个颗粒之间中心之间的距离之差。重叠度为正值说明两个颗粒有接触。

剪切力（f_s）的计算公式是：

$$f_s=k_s\delta_s \tag{5-2-2}$$

式中　k_s——剪切方向的粒间刚度；

δ_s——颗粒之间剪切方向上重叠量，m。

模型的运动时间被分割为有限多个单位时间，在每一个单位时间内（Δt），每个小球会根据它在本单位时间内的受力情况计算出它下一个单位时间的加速度：

$$a_{(t+\Delta t)}=\frac{F_{(t)}}{M} \tag{5-2-3}$$

式中　a——加速度，m/s^2；

$F_{(t)}$——t 时刻的合力，N；

M——颗粒质量，kg。

小球下一单位时间内的速度由下式求得：

$$v_{(t+\Delta t)}=v_{(t)}+\frac{a_{(t)}+a_{(t+\Delta t)}}{2}\times\Delta t \tag{5-2-4}$$

式中　$v_{(t)}$——t 时刻的速度，m/s；

$a_{(t)}$——小球在本时间单元内的加速度，m/s^2。

模型中为了避免小球运动方向不合理的频繁改变，将速度该变量定义为它与前一个单位时间加速度值的平均值。小球在下一个单位时间内的位移 $x_{t+\Delta t}$：

$$x_{(t+\Delta t)}=x_{(t)}+\Delta v_{(t+\Delta t)}+\frac{\Delta t^2}{2}a_{(t+\Delta t)} \tag{5-2-5}$$

式中　Δv——速度变化值，m/s；

x——位移，m；

t——当前时间，s；

$x_{(t)}$——当前位移，m。

在每个时间单元内，每个小球都经历上述计算，整个实验过程中，所有的小球都在重复“力—速度—位移—力”的循环计算，模型通过计算小球在各个时刻的位置来模拟构造的形成与演化历史，在实验的不同阶段，产生不同的构造分布、不同的演化特征。

2. 离散元（DEM）数值建模技术

在地质构造变形的数值模拟中，离散元模拟方法通过构建一个由系列弹性粒子（小球）组成的系统，并给系统施加外力来观测系统运动行为及构造动力学特征。通过定义微观颗粒间的接触力来模拟整个系统的行为。DEM 的迭代计算可以概括为两步：第一步，应用不同的力—位移法则（即本构模型，如固体晶格模型、线性接触模型等）计算颗粒间的接触力；第二步，对每个颗粒应用牛顿第二定律，更新其位置。反复执行这两个步骤，直到计算结束（图 5-2-2）。一般说来，DEM 建模通常包括样品生成、邻居搜索与接触判断、接触力学模型三部分（图 5-2-3）。结合地质构造变形分析的需求，技术上还涉及构造应变计算和并行算法设计。

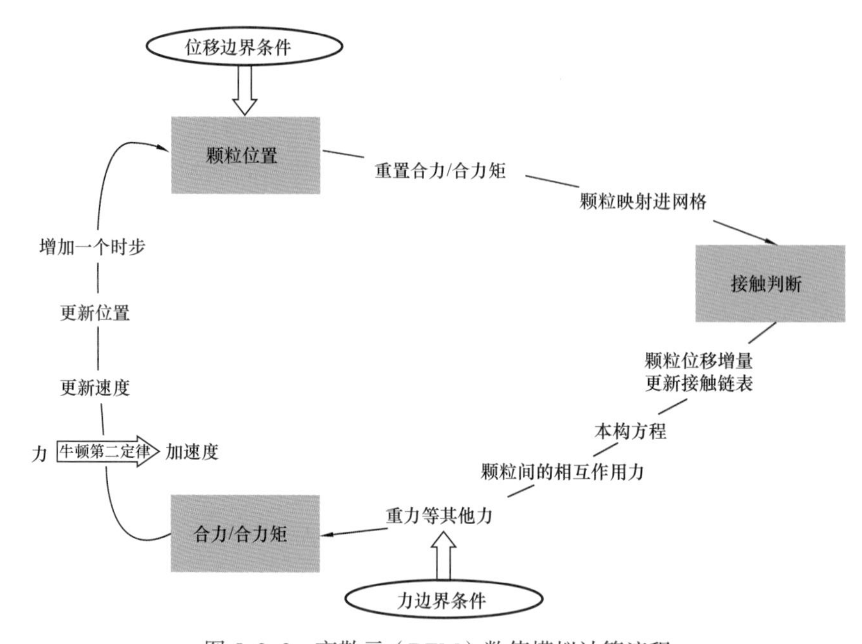

图 5-2-2 离散元（DEM）数值模拟计算流程

图 5-2-3 DEM 主要建模构成示意图

1）邻居搜索与接触判断

离散元的接触检测通常分两步进行：

第一步为邻居的确定。这里采用一种划分网格算法，通过将研究区域划分成大小相等的网格，将所有小球映射到的相对应的网格中，这样每个网格都保存了一个记录小球编号的链表，记录当前网格的所有小球编号。当前小球所在的盒子为当前网格，当前网格周围的网格为邻居网格，当前网格和邻居网格中的小球即为当前小球 O 的邻居（图 5-2-4 邻居小球）。

对某个小球 O，将其映射到相对应的盒子中，可用如下公式。

$$\text{MeshIndex}=\left[\frac{y-y_{\min}}{d}\right]\times \text{MeshRow}+\left[\frac{x-x_{\min}}{d}\right] \tag{5-2-6}$$

式中　$x_{\min}$ 和 $y_{\min}$——整个研究范围的左下角的坐标，软件中默认为（0，0），即 $x_{\min}=0$，$y_{\min}=0$；

MeshIndex——网格编号；

MeshRow——划分的网格总行数；

(x, y)——颗粒的圆心坐标；

[ ]——向负无穷取整；

d——一个网格的边界长。

为了保证小球圆心落在网格边界上时，有唯一的网格归属，采用了负无穷取整的方法。如图 5-2-4 所示，小球圆心落在网格左边界和下边界及网格内部时，该小球才属于该网格，图中所示小球 O 的圆心恰好处在右边界，则小球 O 不属于该网格。

第二步做精确的接触判断。通过各个邻居小球与当前小球的圆心距离与彼此的半径之和比较，判定在邻居小球中只有 A 和 B 与当前小球 O 接触（图 5-2-5）。

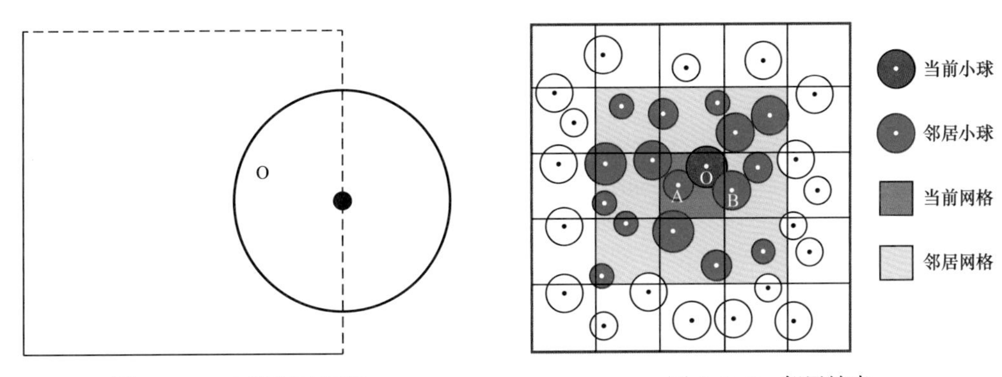

图 5-2-4　小球归属规定　　　　图 5-2-5　邻居搜索

分析时往往不需要每步都把小球都映射进网格。设分析中的最大的小球半径为 r，网格的边长设置为 $3r$。如图 5-2-6 所示，左网格中的小球 O，如果想和右网格中的小球 a 接触，小球 O 和小球 a 需要分别向右、向左移动 $r/2$。此时小球 O 才可能与其邻居网格之外的小球接触。这时，更新小球所在的网格。

2）接触力学模型

为了方便计算分析，引入全局坐标系和局部坐标系。全局坐标系在计算过程中固定不变，选取分析区域左下角为原点，如图 5-2-7 所示的 oxy 坐标系。局部坐标系原点，选当前颗粒的圆心 o' 为坐标原点，取当前颗粒 i 的圆心 m 到与其接触的颗粒 j 圆心 n 为 x' 轴，$\overline{mn}$ 为 x' 轴正方向，x' 轴逆时针旋转 90 度为 y' 轴，得到 $o'x'y'$ 坐标系。

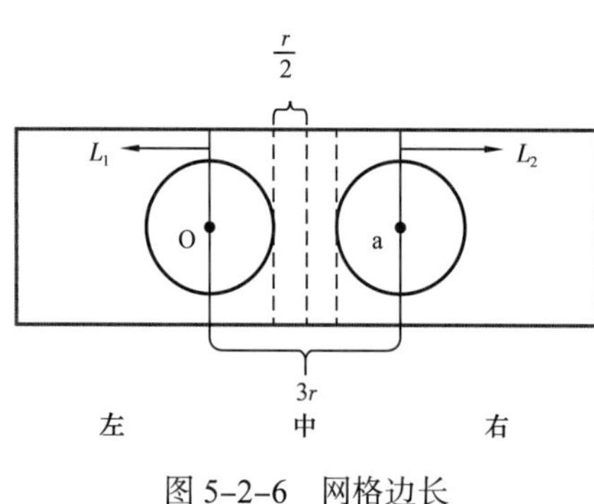

图 5-2-6 网格边长

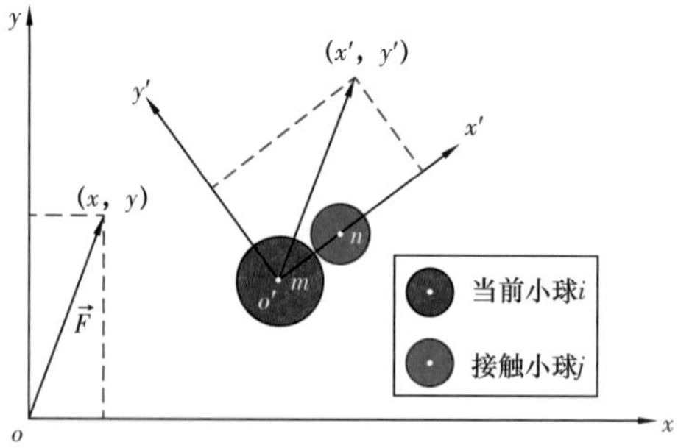

图 5-2-7 坐标系的定义

假设平面中有一列向量 $\vec{F}$，其在全局坐标系 oxy 中表示为（x，y），在局部坐标系下表示为（x'，y'）则有：

$$\begin{bmatrix} x' \\ y' \end{bmatrix} = A \begin{bmatrix} x \\ y \end{bmatrix} \tag{5-2-7}$$

其中，

$$A = \begin{bmatrix} \cos\alpha & \cos\beta \\ -\cos\beta & \cos\alpha \end{bmatrix} \tag{5-2-8}$$

其中 $\cos\alpha$，$\cos\beta$ 为 x' 轴在全局坐标系中的方向余弦。

设当前颗粒和接触颗粒的圆心在全局坐标系中坐标分别为（x_m，y_m）和（x_n，y_n），则有：

$$\cos\alpha = \frac{x_n - x_m}{\sqrt{\left(x_n^2 - x_m^2\right) - \left(y_n^2 - y_m^2\right)}} \tag{5-2-9}$$

$$\cos\beta = \frac{y_n - y_m}{\sqrt{\left(x_n^2 - x_m^2\right) - \left(y_n^2 - y_m^2\right)}} \tag{5-2-10}$$

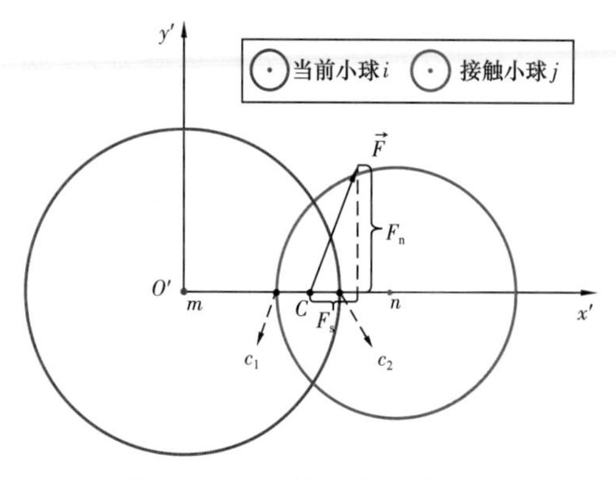

图 5-2-8 t 时刻，接触力分解

Cundall 等自 1979 年提出线性接触模型之后，各个学科领域的学者提出了各种适用于不同问题的接触力学模型。如图 5-2-8 所示，点 m 和点 n 分别为小球 i 与小球 j 的圆心，点 c_1 和点 c_2 分别为小球 i 与小球 j 与线段 mn 的交点，点 c 为点 c_1 和点 c_2 的中点。点 c 即为两个小球的接触点，两个小球之间的力作用在该点上。当前小球 i 与接触小球 j 相互作用时，t 时刻，当前小球 i 所受到的法向力用下式计算：

$$F_{n(t)}=k_n\left|\overrightarrow{c_1c_2}\right|_{(t)} \quad (5\text{-}2\text{-}11)$$

其中 k_n 为法向刚度，$\left|\overrightarrow{c_1c_2}\right|_{(t)}$ 为小球之间的叠合量，易知：

$$\left|\overrightarrow{c_1c_2}\right|_{(t)}=\left|\overrightarrow{mn}\right|_{(t)}-\left(r_i+r_j\right) \quad (5\text{-}2\text{-}12)$$

其中 r_i，r_j 分别为当前小球 i 和接触小球 j 的半径。

t 时刻，当前小球 i 所受到的切向力求解用下式计算：

$$F_{s(t)}=F_{s(t-\Delta t)}+k_s v_{s(t-\Delta t/2)} \quad (5\text{-}2\text{-}13)$$

其中 k_s 为切向刚度，$F_{s(t-\Delta t)}$ 为 $t-\Delta t$ 时刻小球受到的切向力大小，$V_{s(t-\Delta t)}$ 为 $t-\Delta t$ 到 t 时刻的平均切向速率，图 5-2-9 形象地表示了它们在时间步轴线上的位置。

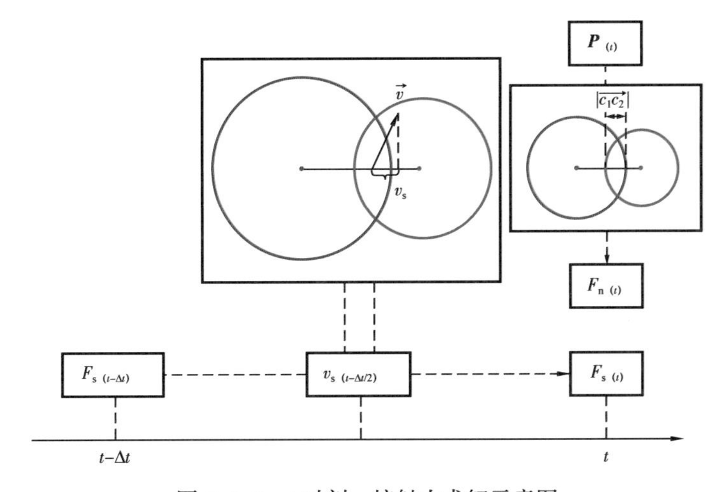

图 5-2-9　t 时刻，接触力求解示意图

从图 5-2-9 可以看出，要求出 t 时刻某一当前小球的受力，用该时刻当前小球和接触小球的位置即可求出其相互作用的法向力，而切向力需要用到上一时刻该当前小球和与其接触小球之间的切向力及上一时刻内的平均速度。

最终，对颗粒 A 而言，其所受合力为：

$$F_A=\sum_{i=1}^{n}F_i+G+\eta\cdot v \quad (5\text{-}2\text{-}14)$$

式中 F_i——颗粒 i 作用在颗粒 A 上的力；

n——与颗粒作用的总颗粒数；

G——颗粒所受重力；

η——阻尼系数；

v——颗粒的绝对速度。

固体晶格模型刚刚提出时，颗粒的相互作用力仅有法向力，但数值试验中已经观察到黏滑行为，进一步研究中加入了颗粒切向作用力。在微小应变的假设下，Liu et al.（2013）通过实验室测得的模型宏观参数（即泊松比、杨氏模量、内摩擦角、内黏聚力、抗拉强度）推导出颗粒相互作用的微观参数（即法向及切向刚度、摩擦系数、黏聚力、抗拉强度），数值模拟中采用这些微观参数测得模型的宏观参数与实验室测得结果较为一致。

两个接触的颗粒间的法向力用下式计算：

$$F_n = k_n X_n \tag{5-2-15}$$

式中 k_n——法向刚度；

X_n——两颗粒间法向相对位移，压缩时，$X_n<0$，即压力定义为负数。

两颗粒如果处于连接状态，则颗粒间可能处于拉伸状态，此时，$X_n>0$。当拉力超过一定值时，即 $F_n>F_m$，连接拉伸断裂，该抗拉强度 $F_{n\max}$ 为：

$$F_{n\max} = k_n X_b \quad （X_b>0，连接状态） \tag{5-2-16}$$

颗粒间的切向力用下式计算：

$$F_s = k_s X_s \tag{5-2-17}$$

式中 k_s——切向刚度；

X_s——两颗粒间切向相对位移。

对于处于连接状态的颗粒，切向力不能无限增加，它们之间的最大切向力 $F_{s\max}$ 应符合莫尔库伦准则：

$$F_{s\max} = F_{s0} - \mu_p F_n \quad （连接状态） \tag{5-2-18}$$

式中 F_{s0}——剪切强度；

μ_p——内摩擦角。

当 $|F_s|>F_{s\max}$，颗粒间连接切断，剪切强度不复存在，进入纯滑动状态，则最大切向力修正为：

$$F_{s\max} = -\mu_p F_n \quad （断裂状态） \tag{5-2-19}$$

$$F_{s(t)} \leqslant \begin{cases} F_{s0} + F_{n(t)} & 连接状态 \\ \mu \cdot F_{n(t)} & 断裂状态 \end{cases} \tag{5-2-20}$$

连接状态和断裂状态，相应的切向力都应该满足 $F_s \leqslant F_{s\max}$。当两颗粒发生拉伸断裂时，删除该连接，期间的法向力与切向力都不复存在。

与之前的线性接触模型一样，把两个颗粒的相互作用力累加到相应颗粒所受的合力上，计算完颗粒的合力之后更新颗粒位置完成一个时间步的迭代计算，由于不考虑颗粒转动，颗粒旋转角度不参与计算即可，其中颗粒的质量 m、直径为 d，通过下式计算：

$$m=\rho\left(\sqrt{3d^2}\ /\ 2\right) \tag{5-2-21}$$

任意时刻 t，对某个颗粒 i，根据牛顿第二运动定律有：

$$a_{(t)}=F_{(t)}/m \tag{5-2-22}$$

式中　$a_{(t)}$ 和 $\eta_{(t)}$——表示 t 时刻某颗粒的线加速度和角加速度；

$F_{(t)}$——合力。

假设 $a_{(t)}$ 和 $\eta_{(t)}$ 在 $t-\Delta t/2$ 到 $t+\Delta t/2$ 时步内为常数，可得到颗粒在 $t+\Delta t/2$ 时的速度 $v_{(t-\Delta t/2)}$，m/s。

$$v_{(t+\Delta t/2)}=v_{(t-\Delta t/2)}+a_t\Delta t \tag{5-2-23}$$

同理，假设速度 $v_{(t+\Delta t/2)}$ 和角速度 $\omega_{(t+\Delta t/2)}$ 在 t 到 $t+\Delta t$ 时步内为常数，可得颗粒位置 $P_{(t+\Delta t)}$，一直迭代至计算结束：

$$P_{(t+\Delta t)}=P_t+v_{(t+\Delta t/2)}\Delta t \tag{5-2-24}$$

3）应变计算

在离散元模型中，作为离散单元的颗粒无法变形且不可分割，因此颗粒集合体在空间上是离散的。要研究模型的宏观应变，可以采用三角剖分的方法重新构造连续体。这里，采用 Delaunay 方法，以每个颗粒圆心作为顶点剖分整个空间，如图 5-2-10 所示。

图 5-2-10　Delaunay 三角剖分法示例

3. 与物理模拟实验模型比对

典型的构造物理模拟和离散元数值模拟结果对比如图 5-2-11 所示，两者之间具有较好的一致性。在相同的缩短量条件下，物理模拟和数值模拟模型展示了相似的宏观楔形叠瓦冲断构造模型，但断层数量和前锋断层位置仍有所差异。

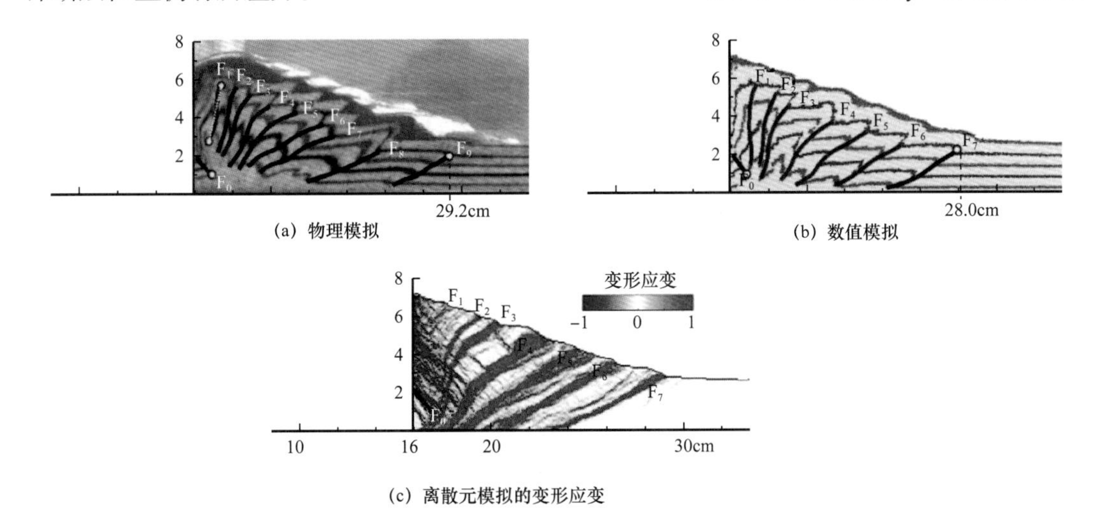

图 5-2-11　物理模拟和数值模拟结果对比图（据李长圣，2019）

二、三维离散元数值模拟技术

相较于二维模拟研究，三维模拟能够完整地认识构造的形成机制，突破二维模型不能平面迁移的局限性，多角度观察构造变形的不同程度。三维模拟中，颗粒的运动可以传递不同的方向，不再局限于单个剖面内。近年来，随着GPU等高性能并行计算技术的快速发展，三维离散元数值模拟逐渐兴起，基于离散元的三维数值模拟定量分析构造变形机制，将成为未来构造变形的重要研究方向之一。三维离散元数值模拟能够从多角度分析了冲断带构造主应力方向及其垂直方向，更完整认识构造形成机制，为构造油气藏的勘探提供指导。本项目组基于三维离散元数值模拟对库车前陆冲断带西部古近系盐构造变形过程进行了研究，结果表明，盐构造形成过程中主要在靠近挤压端的岩盐具有较强的侧向流动性，岩盐有向中部运动的速度分量，且越靠近中部运动速率越大，导致岩盐向中部聚集并强烈变形，发育复杂的褶皱样式并出现盐构造与源盐分离的构造组合，局部随逆冲断层冲破地表。

1. 褶皱冲断构造的三维离散元模拟

如同二维模拟实验，在三维模拟实验中，首先要调试实验的模拟参数。在合适的参数下，离散元方法可以很好地模拟岩石的变形和断裂。在开始试验前调试微观参数，可以使颗粒集合体的宏观参数和实际岩石的力学性质相吻合。通过大量模型试验和结果对比，得出了一组挤压实验结果比较符合实际的模型参数，在该套参数下的模拟实验中不会出现不符合实际的滑坡或孔穴（Hughes et al.，2014）。本试验所用参数见表5-2-1，颗粒半径R均匀分布在$0.75\text{m}\times\left(1\pm\frac{1}{3}\right)$区间内，所有颗粒的密度为$4.8\text{g/cm}^3$，由于颗粒堆积时存在孔隙，实际样品的密度会小于单个颗粒的密度。所有颗粒的杨氏模量为5GPa，泊松比为1/3，内摩擦角为18°，抗张强度为4.5MPa，黏聚力为5MPa。接触范围系数设置为1.01。

表5-2-1 颗粒参数设置

颗粒半径	密度	杨氏模量	泊松比	内摩擦角	抗张强度	黏聚力	接触范围系数
$0.75\text{m}\times\left(1\pm\frac{1}{3}\right)$	4.8g/cm^3	5GPa	$\frac{1}{3}$	18°	4.5MPa	7.5MPa	1.01

Hughes等人曾利用三轴剪切试验导出样品宏观参数，并分析其力学性质是否符合实际情况（Hughes et al.，2014）。本试验借鉴了Hughes等人的方法，利用三轴剪切试验导出宏观参数，并分析其实际意义，过程如下：首先将10000个颗粒填充于一个尺寸为1∶2∶1的剪切试验容器中，如图5-2-12所示。采用内压缩的方式对样品施压。

随后，以足够缓慢的速度让容器壁压缩样品，保证其始终处于准静止状态。5个试验围压为5MPa，15MPa，30MPa，50MPa，75MPa，每个围压下的样品都是独立随机生成的。由导出数据可以绘制应力应变曲线图，曲线在弹性变形阶段的斜率即为样品宏观杨氏模量，如图5-2-13所示。

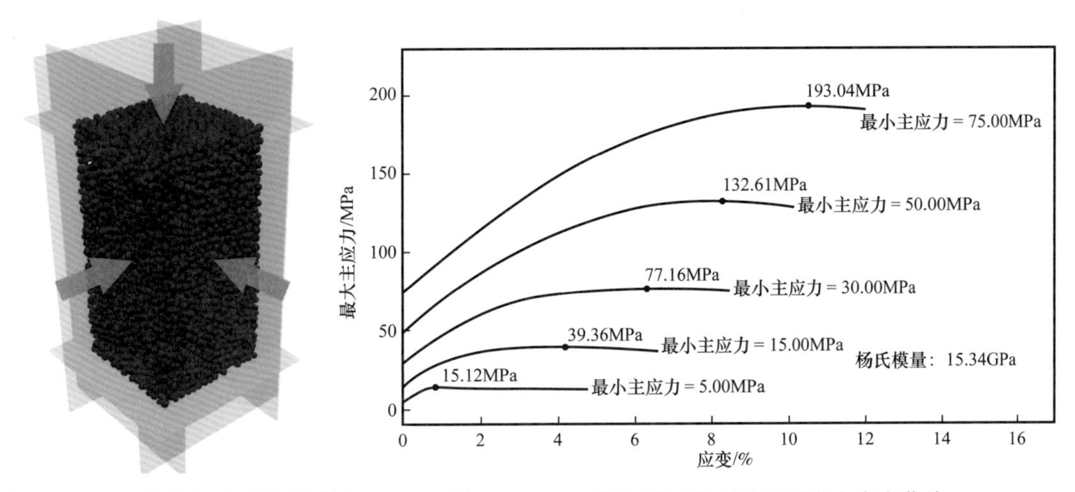

图 5-2-12　三轴剪切试验模型示例　　　　图 5-2-13　三轴压缩试验下样品的应力应变曲线

在此基础上，根据莫尔—库伦破裂准则可得到样品的内聚力和内摩擦角，如图 5-2-14 所示。样品宏观力学性质如下：杨氏模量 15.34GPa，内摩擦角 φ26.06°，内聚力 S_0 0.50MPa。本实验的参数与其他离散元构造模拟实验所用参数基本一致（Hardy et al., 2005；Finch，et al.，2003；Hughes et al.，2014）。其中，试验得出的杨氏模量比实验室结果低一个数量级左右，这是因为自然界中的岩石体积越大，就可能含有越多的节理和小断层，所以一般情况下岩石体积越大则强度越弱。

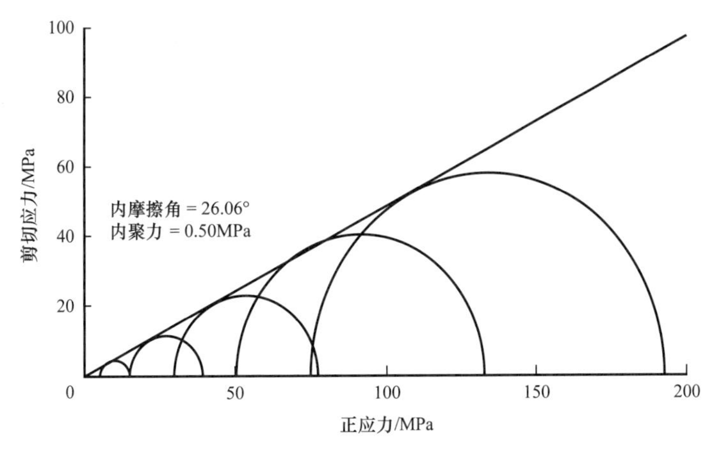

图 5-2-14　样品莫尔应力圆分析

2. 实验模型及过程

初始实验模型长 160m，宽 120m，高 40m 的盒子中，颗粒在空间中随机生成后自由沉降在盒底，颗粒总数量为 24.5382×10^4 个。整个模型的平均密度（所有颗粒质量 / 盒子的体积）为 2691kg/m^3。模型初始结构如图 5-2-15 所示。实验中用不同的颜色区分出 5 层颗粒，自下而上，编为 1～5，每层厚 8m，它们的参数相同且各向同性。所有边界都是刚性的，且具有不同的摩擦角，其中侧面边界的摩擦角为 18°，底部边界摩擦角为 0.5°。

左侧活动边界以 1m/s 的速度向右端挤压模型，直至缩短量达到 15%（缩短量 / 模型长度）实验停止。

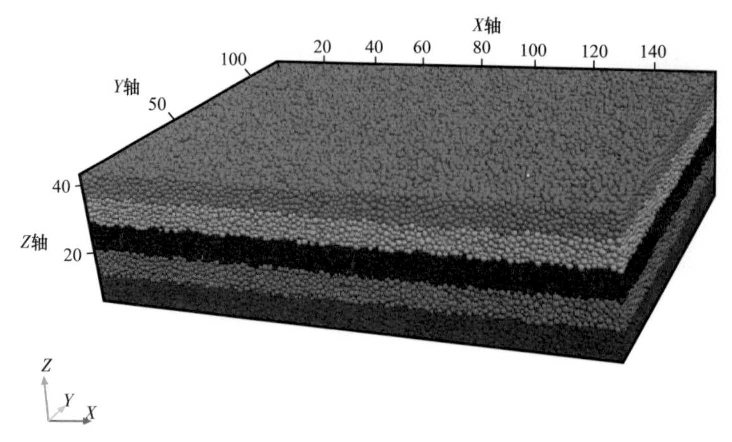

图 5-2-15　模型初始结构

3. 模拟结果及分析

当缩短量为 5% 时，可见挤压端出现微小隆起。随着挤压量的增大，形成一个背斜。模型缩短量达到模型长度的 15% 时，挤压停止，总挤压量约为 24m。各阶段变形情况如图 5-2-16 所示。

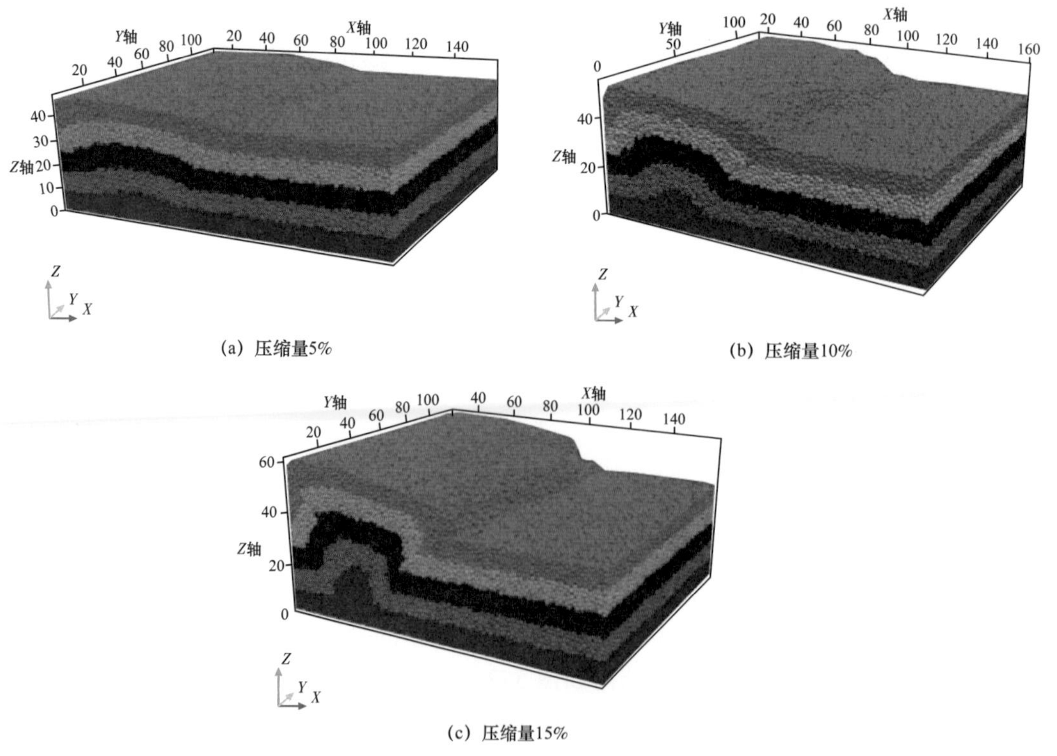

(a) 压缩量5%

(b) 压缩量10%

(c) 压缩量15%

图 5-2-16　模型变形阶段图

在构造变形特征模拟的基础上，对模型不同阶段的应力应变特征做了分析。缩短量5%时，最大主应力分布如图5-2-17所示。这里最大主应力反映了该状态下，瞬时的受力情况。背斜核部为主应力最大值，压应力为主。应力传播到远离挤压端区域，背斜顶部主应力较小，但是可见局部应力较大的区域零星分布。深部应力较大的地方集中在背斜核部地区。

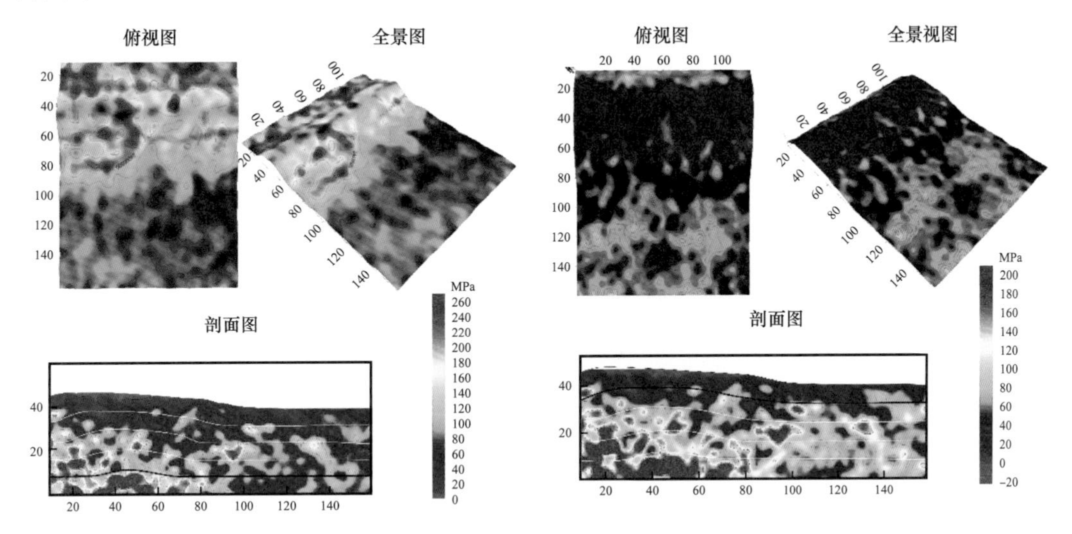

图5-2-17 最大主应力云图（缩短量5%）

当压缩量为5%时，累积体应变增量如图5-2-18所示。褶皱两翼已经出现较为明显的应变集中现象，反映了两翼的强烈变形情况。这里体应变为正表示体积膨胀。背斜核部压缩程度最大。两翼为体膨胀最大的地方（深红色）。浅层应变俯视图中可见，总体上远离挤压端的背斜顶部相对挤压端应变相对较大，可能裂隙较为发育，有可能成为较好的储层。局部地区还有应变较小区域，应变较大反映了这里体膨胀程度较小，相对来说不是利于裂缝型储层的发育。

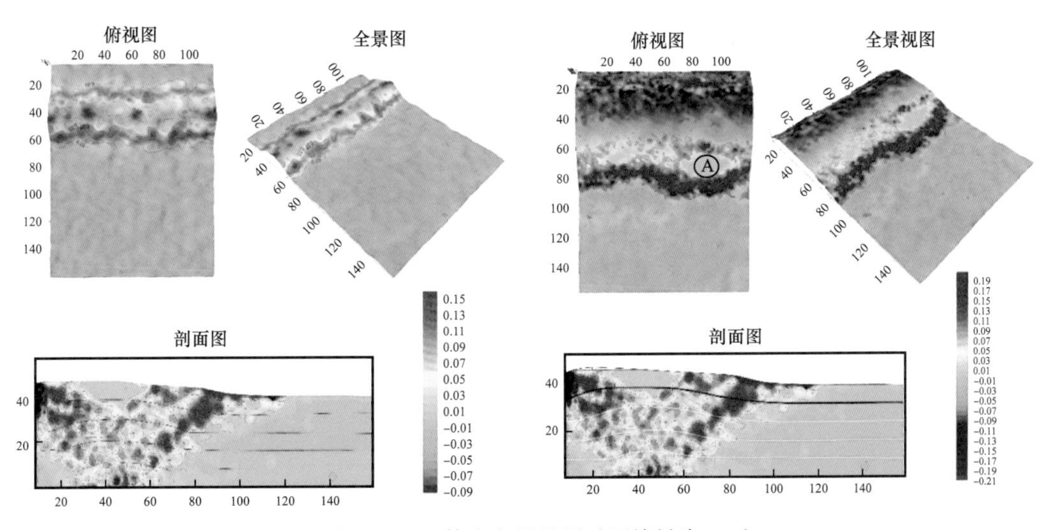

图5-2-18 体应变增量图（压缩量为5%）

4. 构造转换带三维离散元数值模拟

在长为 20km，宽为 15km，高为 10km 的模型空间，随机生成平均半径为 100m 且半径分布符合正态分布的颗粒，颗粒参数与表 5-2-1 相同。沉积结束后，剥蚀掉 3.5km 以上颗粒，进行沉积后作用形成固结模型。在固结模型的基础上，建立倾向与挤压方向相同的同向型转换带。规定离挤压方向近的断层为 F_1，较远的断层为 F_2。在 YOZ 平面内，F_1 断层下端位于（12km，0），上端位于（8km，3km）。沿 X 轴方向，F_1 断层范围为（0，7.5km）。在 YOZ 平面内，F_2 断层下端位于（9km，0），上端位于（5km，3km）。沿 X 轴方向，F_2 断层范围为（−7.5km，0），如图 5-2-19 所示。

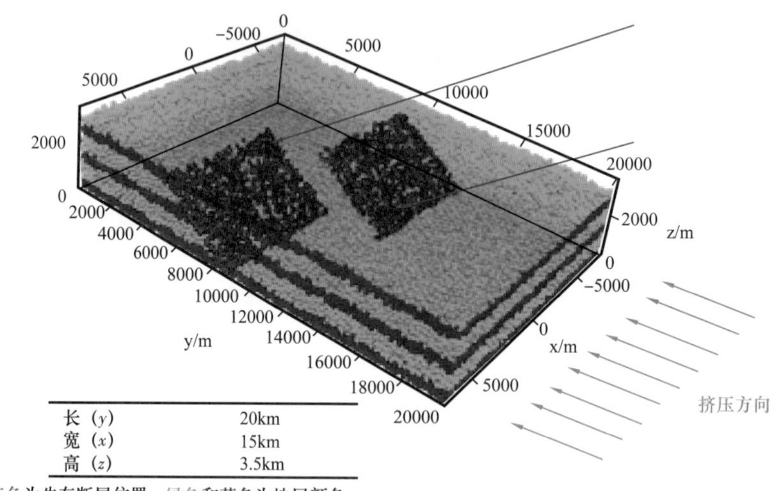

图 5-2-19 构造转换带离散元地质模型

当缩短率达 3.75%，如图 5-2-20 和图 5-2-21 所示，顶面开始发育两条逆冲断层，发育位置和基底先存断裂位置相对应，显示了基底断裂对浅部构造的控制作用，转换带发育处应变范围明显较大，断层间发展撕裂断层趋势。

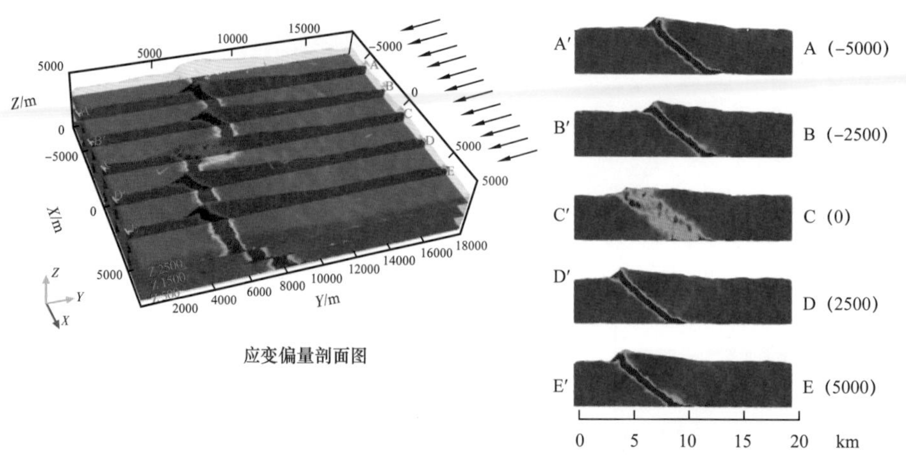

图 5-2-20 缩短率 3.75% 时离散元地质模型体应变偏量纵切图（红色代表发生剪切应变）

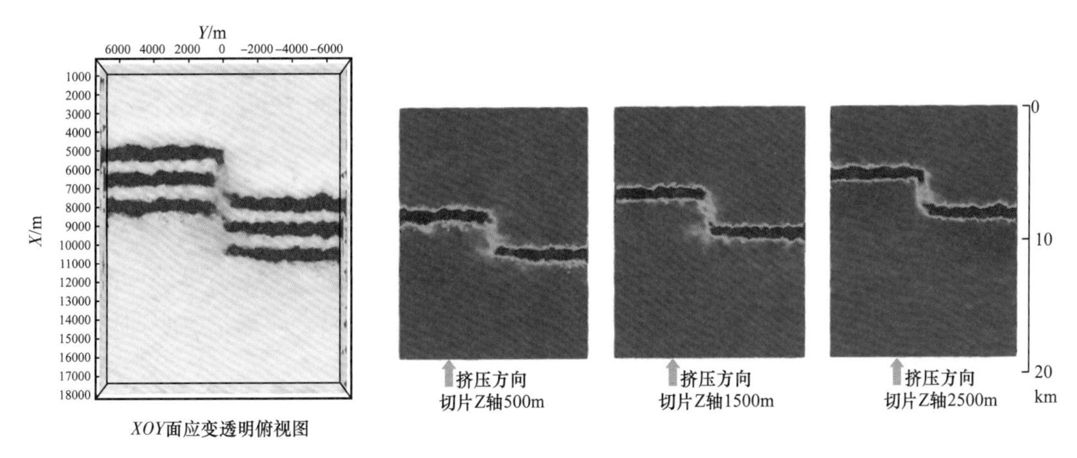

图 5-2-21　缩短率 3.75% 时离散元地质模型体应变偏量横切图

当缩短率达 18.38%，离挤压端近的 F1 断层发育两条反冲断层，如图 5-2-22 和图 5-2-23 所示。构造转换带位置形成两条斜交雁列断层。随着挤压程度的增大，转换带裂缝数量增多，转换带内的雁列断层与两条主断层相交，最终融合为一条大的区域断层。

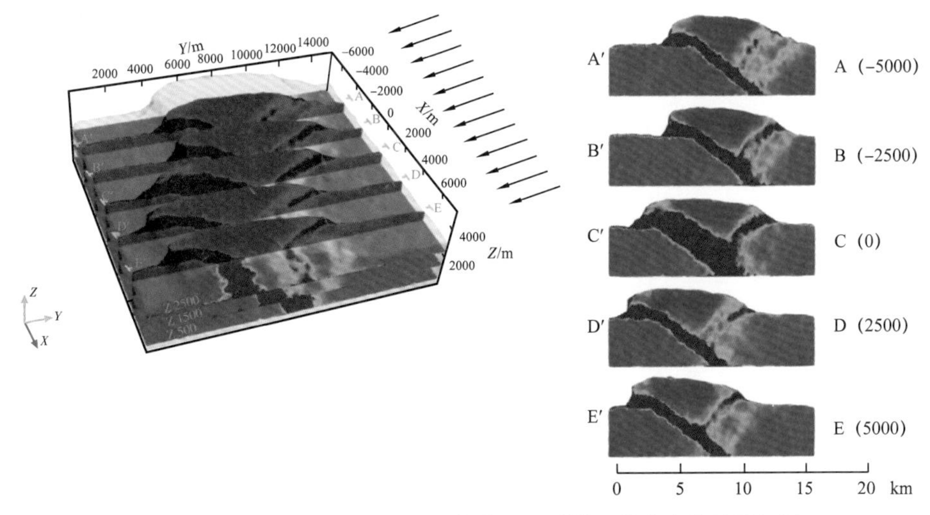

图 5-2-22　缩短率 18.38% 时离散元地质模型体应变偏量纵切图

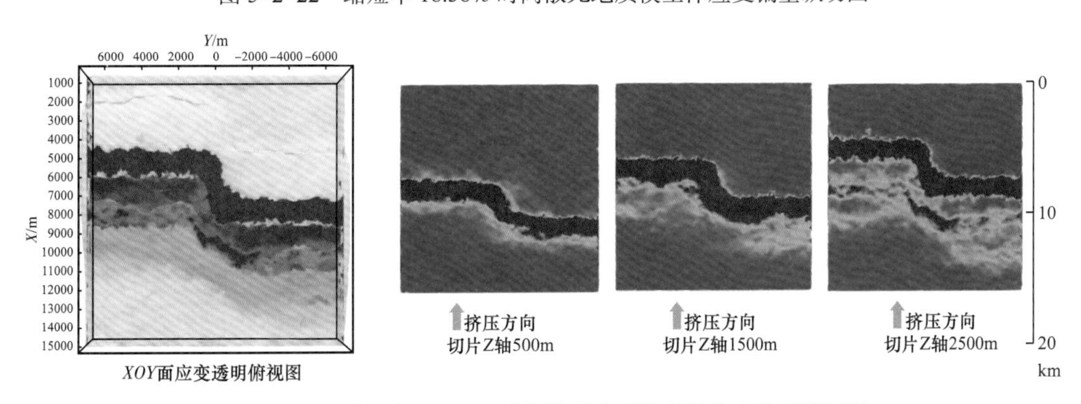

图 5-2-23　缩短率 18.38% 时离散元地质模型总应变偏量横切图

第三节　多滑脱构造分析及深层背斜判识技术

鉴于复杂构造区精确的深度域地震资料难以获得，探讨利用时间域地震资料来开展相关构造分析是研究的出发点。研究基于一个双层滑脱结构模型，结合深时转换模拟和地震正演模拟结果来分析滑脱褶皱的面积—深度法（Epard et al.，1993）在时间域地震资料中的适用性，提出多滑脱挤压构造的构造层划分、构造缩短量厘定、滑脱面位置计算和深层背斜判识的方法，并开展相关的实例分析。

一、技术操作流程

1. 构造解释

对时间域地震剖面开展地震层位追踪和解释，获得含分层特征的时间域层位结构数据。开展地震剖面可连续追踪的同相轴解释，层位不限于地质分层界面。地震层位追踪和解释包含连续同相轴追踪、厘定未变形层位和褶皱变形层位、断层切割关系等（图 5-3-1）。

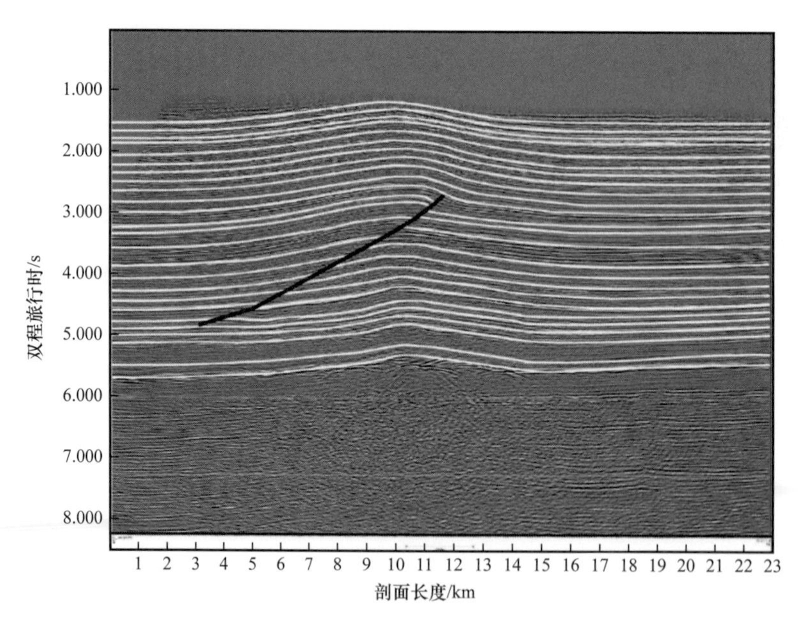

图 5-3-1　地震剖面解释

2. 伪时深转换

利用均一的层速度对时间域层位结构数据进行简单时深转换，建立层位深度结构剖面。层速度为任意均一速度值，基于水平层状速度模型或垂向梯度速度模型除外，适用于上述的所有层位的时深转换计算（图 5-3-2）。严格说来，对时间域数据进行时—深转换需要依赖准确的速度模型。但这在多数情况下是难以实现的，研究中借助了均匀速度进行时深转换处理。实践证明，这一处理对多滑脱构造的分析是可行的，均匀速度便于时间域和深度域的地震数据在比例上进行简单的互算，对分析结果没有影响。

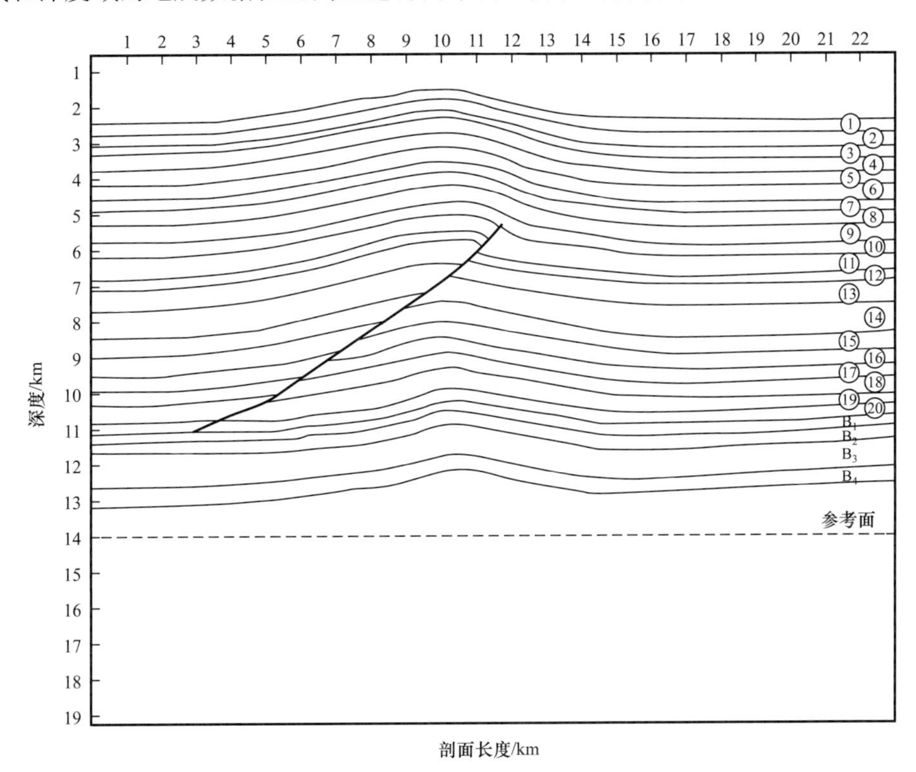

图 5-3-2　时深转换后的伪深度剖面

3. 面积—深度数据测量

基于伪深度结构剖面，设定一水平层面基线深度作为参考面，记录参考面深度，测量各个未变形层位到参考面的垂直距离，获得分层距参考面的垂直深度。测量各分层线褶皱变形部分高于未变形层位的面积，获得各分层的层变形面积。其中，参考面为任意深度位置的水平层面。垂直深度根据层位的原始水平状况，包含以下取值策略：当原始层位水平，取直接测量值；当原始层位非水平，需测量褶皱变形层位两侧的未变形层到参考面之间的垂直距离（H_1，H_{14}），并取二者的平均值。

层变形面积的测量结果包含了单个分层由于层长缩短造成变形部位褶皱增厚的面积，以及该层下部层位由于相应的构造作用所抬升的面积（S_1，S_{14}）（图 5-3-3）。

4. 相关性分析

根据测量结果，开展分层距参考面的垂直深度和层变形面积相关关系分析。拟合分段线性函数，计算相关系数和分段线性斜率，厘定滑脱层距参考面深度。绘制垂直深度和层变形面积的关系图，以层变形面积为纵坐标（因变量）、距参考面的垂直深度为横坐标（自变量）拟合分段线性函数，确定分段的线性相关性、计算相关系数、分段函数斜率和截距等。滑脱层距参考面深度为各分段函数直线交点处的深度值，计算上可获得多个交点深度，不限于一套滑脱层（图 5–3–4）。

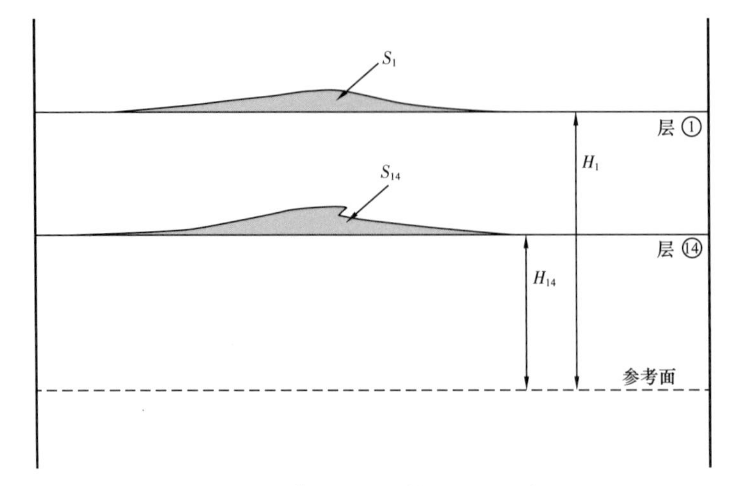

图 5–3–3　伪深度剖面数据测量示意图

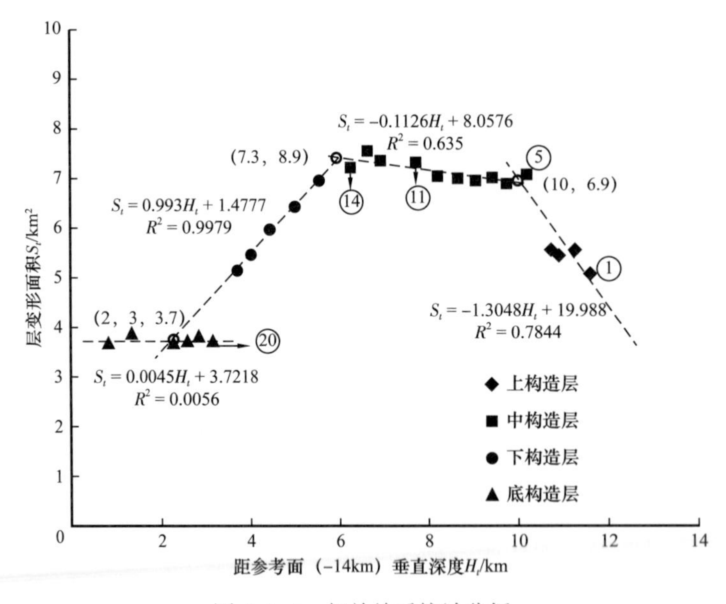

图 5–3–4　相关关系统计分析

5. 多滑脱构造分析

1）滑脱面和构造真实性判识

根据滑脱层距参考面深度，并结合层速度和参考面深度，厘定时间域地震剖面的滑脱层位置。滑脱层位置为滑脱层在时间域地震剖面中的实际双程旅行时，可匹配测井分层位置。具体计算是利用记录的参考面深度减去滑脱层距参考面深度，结合层速度数据，利用深—时转换得到时间域的双程旅行时。

根据相关关系的分析结果，确定滑脱层控制下的构造分层特征，判识各个构造层褶皱的真实性。构造分层为按线性相关程度分段划分的构造层，可对应地质上的结构分层。所述构造层褶皱真实性的判别依据为相关系数和分段线性函数的斜率，其内涵包括：（1）当所述相关系数 $|R|$ 大于 0.3，构造层的褶皱为真，正相关关系（斜率大于 0）对应地质结构上的褶皱冲断构造，负相关关系（斜率小于 0）对应地质结构的生长构造；（2）当所述相关系数 $|R|$ 小于 0.3，为弱相关或不相关性，且斜率在 0 到 ±0.01 区间时，对应构造层的褶皱可鉴定为时间域内的虚假构造形态。

2）多构造层叠置结构关系模板

利用层变形面积—垂直深度 S_t—H_t 关系区分的多滑脱构造层，相邻构造层的分段拟合斜率一定是不同的，即相邻分层之间的变形缩短必然存在差异。因此，根据构造缩短量的变化，多滑脱的构造分层可能存在多种配置关系。例如，图 5-3-5（a）至图 5-3-5（c）显示了三种可能的滑脱构造配置模式。对于自上而下分三个构造层Ⅰ、Ⅱ和Ⅲ的模型，图 5-3-5（a）和图 5-3-5（b）均表明层缩短量自上而下减少（$D_{\mathrm{I}}>D_{\mathrm{II}}>D_{\mathrm{III}}$），但图 5-3-5（a）的下构造层（Ⅲ）存在构造变形（$D_{\mathrm{III}}>0$），而图 5-3-5（b）的下构造层（Ⅲ）则未发生变形（$D_{\mathrm{III}}=0$，$R_{\mathrm{III}}=0$）；图 5-3-5（c）的配置中 $D_{\mathrm{I}}<D_{\mathrm{II}}$ 说明中构造层（Ⅱ）的缩短量大于上构造层（Ⅰ）。

然而，并非所有的构造层叠置都与滑脱作用相关。从准南缘的实例中可以发现，除滑脱构造分层外，S_t—H_t 的负相关（$R<0$）可以揭示由生长地层或披覆地层所组成的构造层［图 5-3-5（a）］。在滑脱构造中，如果同时伴有生长或披覆地层，S_t—H_t 关系往往是

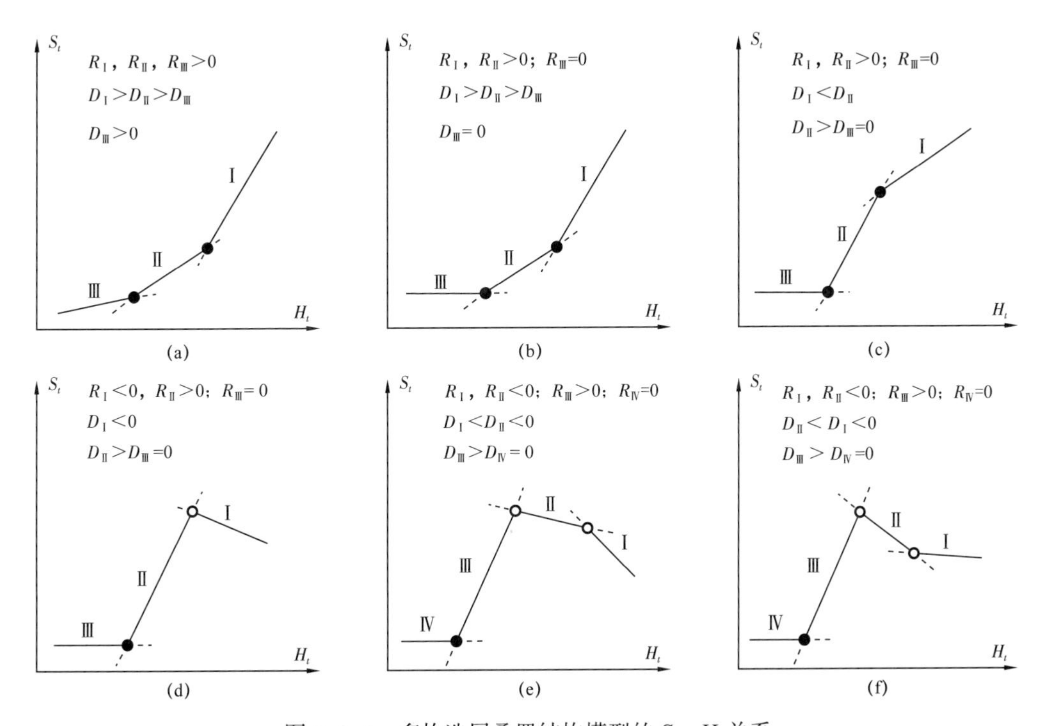

图 5-3-5 多构造层叠置结构模型的 S_t—H_t 关系

滑脱构造：正相关（$R>0$）；生长或披覆地层：负相关（$R<0$）；未变形：R 等于或趋于 0

复杂多变的。如图 5-3-5（d）至图 5-3-5（f）所示，在图 5-3-5（d）的三个构造层Ⅰ、Ⅱ和Ⅲ中，构造层Ⅰ由生长或披覆地层组成（$R_{\text{I}}<0$），Ⅱ为滑脱构造层（$R_{\text{II}}>0$），Ⅲ为未变形层（$R_{\text{III}}=0$）；在图 5-3-5（e）和图 5-3-5（f）的四个构造层Ⅰ、Ⅱ、Ⅲ、Ⅳ中，构造层Ⅰ和Ⅱ均由生长或披覆地层组成（R_{I}，$R_{\text{II}}<0$），其中图 5-3-5（e）的模式与准南缘实例相类似，$D_{\text{I}}<D_{\text{II}}<0$ 指示构造层Ⅰ发育期间的沉积 / 抬升比率较构造层Ⅱ要小得多，而图 5-3-5（f）的情况则相反。

3）相关关系分析的不确定性

基于 S_t—H_t 关系分析多滑脱构造，地震结构解释、地层剥蚀或测量的不确定性可能会引起层变形面积或垂直深度的高估或低估，这对于变形层的滑脱面位置或构造缩短量的精确厘定是有一定影响的。

图 5-3-6 显示了一种中、下构造层的层变形面积 S_t 可能被低估的情况。理想条件下，根据三个构造层Ⅰ、Ⅱ、Ⅲ的交点 A、B 对应的深度 h_1、h_2 可以厘定滑脱面的位置。然而，由于中（Ⅱ）、下构造层（Ⅲ）的层变形面积 S_t 被低估，它们的实测数据分别分布于Ⅱ′和Ⅲ′，导致拟合交点 A′ 和 B′ 的位置与地质解释不匹配，因而通过深度 h_1'、h_2' 不能合理地推导出滑脱面所处的位置。

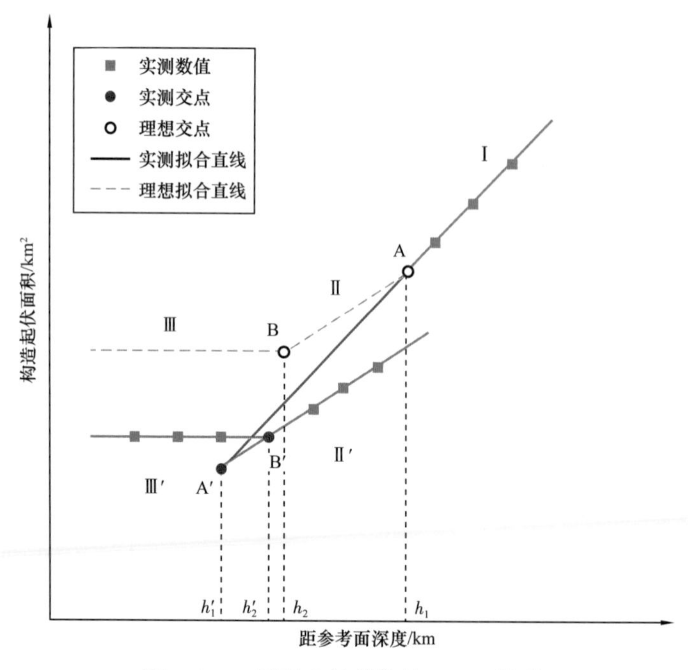

图 5-3-6　面积 S_t 被低估的 S_t—H_t 关系

垂直深度 H_t 被高估或低估的情况通常可能出现在原始地层非水平或不等厚的结构中。图 5-3-7（a）为一个底部非水平、上部地层不等厚的滑脱褶皱模型。其中上构造层褶皱缩短量为 2.068km，下构造层未变形，滑脱面倾斜。由于剖面中地层非水平展布，褶皱左（L）、右（R）两翼的地层距离参考面的垂直深度 H_t 是不一致的（$H_{\text{L}}\neq H_{\text{R}}$），它的值将随测量位置的不同而变化。图 5-3-7（b）显示了根据褶皱左（$H_t=H_{\text{L}}$）、右（$H_t=H_{\text{R}}$）两翼及两者的平均深度［H_t=H_M=（H_L+ H_R）/2］建立的 S_t—H_t 关系。对于上构造层而言，由于 H_L>H_M>H_R，三组 S_t—H_t 关系的线性拟合斜率存在左翼小（1.824）、右翼大（2.383），只有按平均深度拟合的斜率（2.068）与褶皱的缩短量相吻合。如果以构造缩短量为检验标准，对于原始地层非水平或不等厚的褶皱变形，在其 S_t—H_t 关系中垂直深度 H_t 的高估可导致构造缩短量被低估，反之则反。

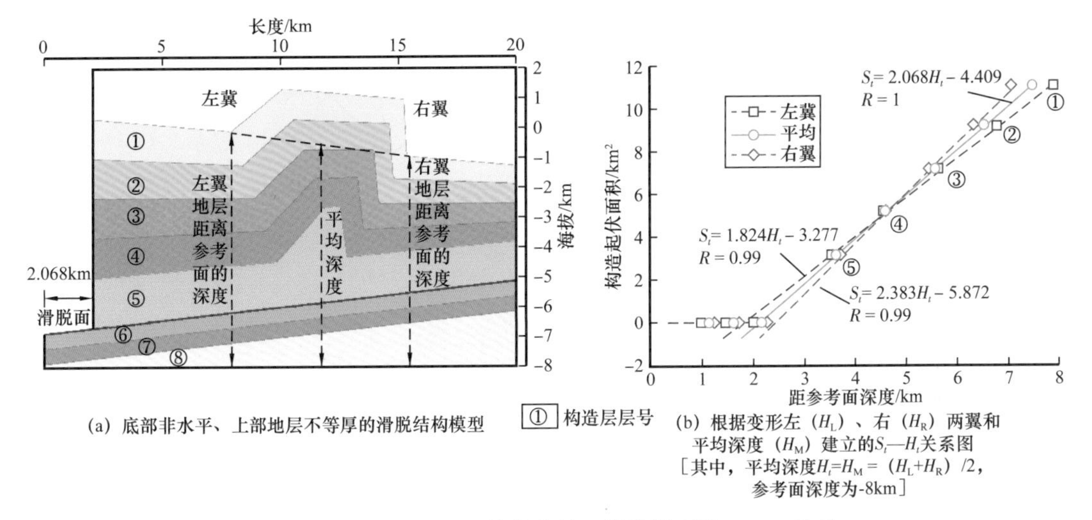

(a) 底部非水平、上部地层不等厚的滑脱结构模型　① 构造层层号　(b) 根据变形左（H_L）、右（H_R）两翼和平均深度（H_M）建立的S_t—H_t关系图［其中，平均深度H_t=H_M =（H_L+H_R）/2，参考面深度为-8km］

图 5-3-7　非水平地层结构的挤压滑脱模型及 S_t—H_t 关系

值得注意的是，研究案例显示，S_t—H_t 关系的不确定性影响主要与变形层有关，并不影响构造层的划分和未变形层中构造假象的判识。

二、典型多滑脱构造实例应用

图 5-3-8（a）为川东某滑脱构造带的一条时间域剖面。经均匀速度（4000m/s）时深转换和构造解释后，获得了一个伪深度域剖面［图 5-3-8（b）］，其结构包含了与滑脱作用相关的上、中、下三个构造层。

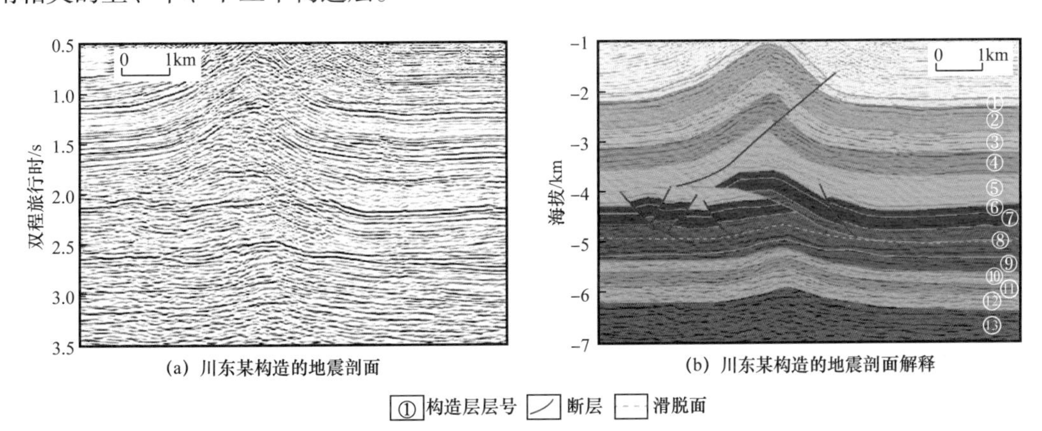

(a) 川东某构造的地震剖面　(b) 川东某构造的地震剖面解释

① 构造层层号　断层　滑脱面

图 5-3-8　川东某构造的地震剖面及解释

时深转换速度为 4000m/s，测量参考面深度 H_r=–7.2km

图 5-3-9 显示了伪深度域剖面的 S_t—H_t 关系，其中参考面深度设置为 H_r=-7.2km。数据的三分段关系与结构剖面中三个构造分层是相对应的。三个分段的拟合直线交点为（3.14，2.69）和（2.3，0.8），对应指示伪深度剖面中两个滑脱面分别距参考面 3.14km 和 2.3km，即滑脱面深度位于 -4.06km 和 -4.9km 处。将此结果反算回时间域剖面，获得两个滑脱面分别位于 2.03s 和 2.45s 的位置。

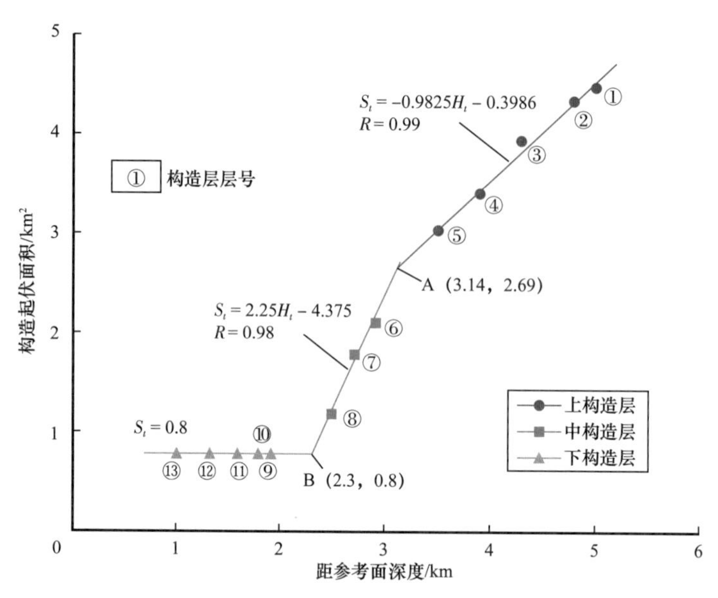

图 5-3-9 川东某构造的 S_t—H_t 关系

对于中、上构造层，图 5-3-9 中线性拟合的相关性和斜率指示它们分别发生了 2.38km 和 0.86km 的缩短构造变形。其中，中构造层的构造缩短大于上构造层可能与中构造层的挤压楔入作用有关。下构造层中拟合的斜率为 0，指示该层在该时间剖面中的背形特征并非真实的背斜构造变形。

分析表明，对于川东地区的这一时间域地震剖面，该构造受 2.03s 和 2.45s 处的两套滑脱面控制，可划分出上、中、下三个构造分层。中、上构造层表现出明显的滑脱冲断褶皱变形，其构造缩短量分别为 2.38km 和 0.86km，而下构造层存在构造假象，实际构造中应为未变形层。

第六章 复杂构造多尺度地震深度域速度建模成像技术

中国中西部前陆盆地油气资源丰富，前陆冲断带及复杂构造区油气富集，具有良好的勘探前景，但其地表、地下地质条件极其复杂，导致地震波场复杂，多种类型、不同波长尺度的地震波携带地下介质的速度信息。直达波、折射波、潜水波、面波主要携带近地表介质速度信息，可用于近地表建模。反射波主要携带中深层地下介质信息，用于中深层速度建模。走时、包络主要携带低频信息，可用于建立大尺度背景速度，波形则可用于建立模型高频部分。针对速度反演需求，在走时层析研究基础上，充分利用地震资料所包含的多种尺度波场信息，从低频到高频，从初至波到反射波逐级建立深度域速度模型，在自适应加权走时层析基础上，形成融合初至波和反射波的全深度多尺度整体速度建模与成像技术。

第一节 全深度多尺度速度建模与成像技术

在复杂山地起伏地表叠前深度偏移成像处理流程中，传统静校正用于消除地表高程、低降速带厚度及低降速带速度变化对地震资料的影响。它假设地震波在近地表介质中垂直传播，静校正量不随反射层埋深和炮检距变化而变化，应用时对地震道进行整体时移。在求得高程和低速带静校正量后，为了满足动校正和叠加的要求，对地表高程或静校正量进行平滑，构建一个时间域浮动基准面（平滑参数通常是大于或等于半个接收排列长度，在此称为大光滑面）。用这个浮动面对静校正进行分解，获得与地形有关的中高波数静校正量，以及与低速带速度有关低波数静校正量。

传统深度域起伏地表是将这个时间域浮动面转换到深度域，显然这个时间域大光滑面只是用于时间域处理的时间等效面，与实际地表形态相差甚远，在复杂山地对地形和近地表速度场的改造非常剧烈，导致地震波传播时间路径发生了严重畸变，利用这样的数据进行深度域速度估计从浅层就出现偏差，从而导致中深层构造圈闭空间归位不准。因此，针对传统时间域处理方法对起伏地表深度域成像精度的制约，需采用从实际地表小平滑面出发的全深度成像处理方法。

首先在高精度近地表反演基础上利用初至波与地形高程的匹配关系计算匹配静校正量，将这个校正量应用到偏移前数据上，实现了把地震数据校正到消除地表高程的高频抖动，保留地形和近地表变化的地表高程小平滑面上；其次利用高精度近地表结构反演建立近地表速度模型，结合近地表速度模型和中深层反射波速度模型进行全深度整体速度建模；最后做小平滑地表高程面出发的拟真地表叠前深度偏移。

全深度成像处理的核心是获得高精度速度模型，这个模型包含复杂近地表速度和中深层复杂构造速度信息。在速度建模过程中，不仅仅使用常规的反射波建模方法，更重要的是要充分利用初至波和早至波等包含近地表速度的波场信息，也就是说，要充分利用地震波场中不同波长、不同频率特征的尺度信息，从低频到高频，从初至波到反射波逐级开展速度建模。首先开发形成包含不同偏移距成分的自适应加权初至走时层析技术，提高复杂近地表低频速度场精度。在此基础上，研发起伏地表早至波波形层析方法，进一步提高浅层速度模型精度，刻画速度模型细节。之后再融合初至波和反射波速度建模结果。最终开发出一套从地表小圆滑面出发，包含地震初至波和反射波建模的起伏地表全深度速度建模技术。在高精度速度建模方法研究基础上，探索了基于反演思想的真振幅逆时偏移和基于干涉测量理论的成像方法，为发展保真成像技术奠定方法基础。

一、自适应加权初至波走时层析反演技术

近年来，利用地震初至波层析成像方法重构近地表速度模型成为人们的研究热点。该方法能同时利用直达波、回折波、折射波等不同类型的初至时间，对近地表不均匀速度进行反演。初至波走时层析依赖于高质量的初至拾取，初至波走时路径受地下介质复杂程度和采集观测系统的影响较大。从初至波传播路径可以看出，近偏移距主要在低降速带传播，而中、远偏移距传播路径主要为高速层。因此，层析反演中选用不同偏移距初至时间所反演的速度信息也就不同，仅利用近偏移距数据，极浅层反演速度精度会增加，但往往速度模型深度不能满足要求，而增加远偏移数据，可以提高模型反演的深度，但是近地表速度精度却会降低。受陆地采集观测系统影响，近偏移距和远偏移距覆盖次数较低，走时射线密度低，反演稳定性差。通过偏移距加权处理，增加近偏移距参与反演权重，提高近偏移数据在反演过程中的贡献度，从而较好改善浅层低速带反演模型精度，也可以根据介质复杂程度自适应调整走时反演权重，增加反演稳定性。

本研究采用自适应加权 SIRT 层析反演技术。基本思想是：在实际观测走时数据存在噪声干扰的情况下，SIRT 算法同时对各条射线采用平均权值对模型参数进行修正也是不合理的，因为较长射线路径的走时会受到较多的噪声干扰，因此该射线对应的方程所产生的修正值应给予较小的权值，反之，较短的射线路径对应的走时数据会比较可靠，应给予较大的修正权值。同时修正权值还与射线密度有关。射线密度是指网格内穿过射线的条数，射线密度越大，修正权值越小，射线密度越小，修正权值越大。

为了提高层析反演效果，增加了速度场的插值算法及平滑处理。由于检波点数量十分有限，会有许多网格没有初至波射线穿过，这些没有射线经过的网格，在反演的过程中速度得不到修正。试验表明，这些网格的速度值如果不进行处理，对层析静校正的效果会产生较大的不利影响。可以通过周围有修正值网格的速度插值得到未修正网格的速度值。具体的插值算法是反距离平方法，即把未知点与已知点的距离作为权重因子，未知点与已知点的距离越近，其权重越大，反之则越小，权重由距离平方的反比给出。为了使更新的速度场变化不过于激烈，更接近于实际当中的速度场分布特点，以及保证反演的稳定性，有必要对更新的速度场作平滑处理。图 6-1-1 是四川龙门山前近地表走时反演结果，上图是常规走时层析结果，下图是自适应加权走时层析结果，可见自适应加权走时层析更适应复杂近地表结构地区和山地观测系统，更接近实际地质情况。

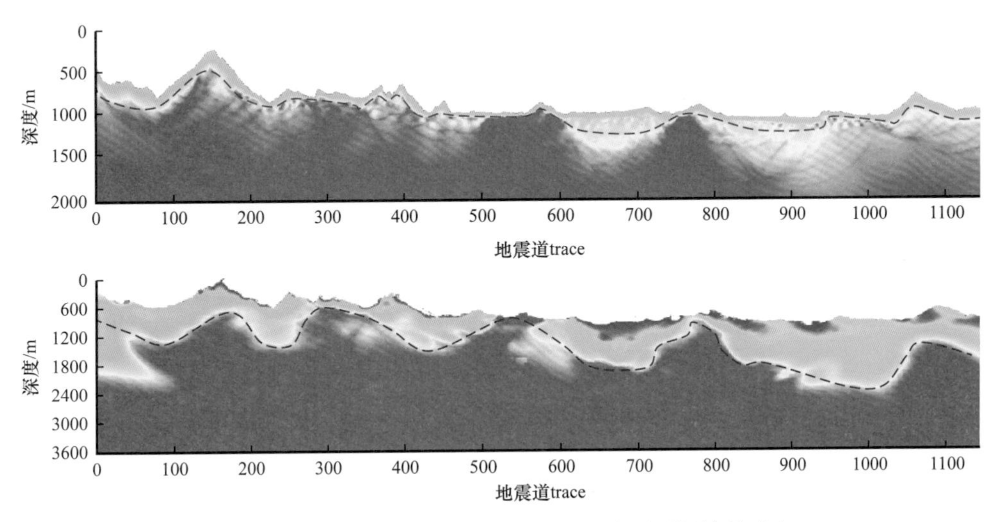

图 6-1-1　常规走时层析与自适应加权走时层析结果对比

二、保持走时特征的拟真地表波场校正技术

传统浮动面成像技术是利用静校正方法简化表层低降速带速度模型，由时间域处理浮动基准面构建深度域偏移成像平滑面，导致复杂山地地震波场畸变，深度域成像不聚焦。在高精度近地表速度反演基础上，构建剧烈起伏地表小平滑面（图 6-1-2），研发了保持走时特征的拟真地表波场校正技术，将时间域道集和深度域模型统一到小平滑面上，保持了复杂地表地震波场特征。首先根据地形构建小平滑面（图 6-1-3），根据反演速度模型基于垂直路径假设计算真地表到小平滑面校正量，然后，将模型误差做地表一致性分解，组合后成为拟真地表波场校正量，原始数据应用完拟真地表波场校正量，速度模型、地震数据和偏移面完全统一。

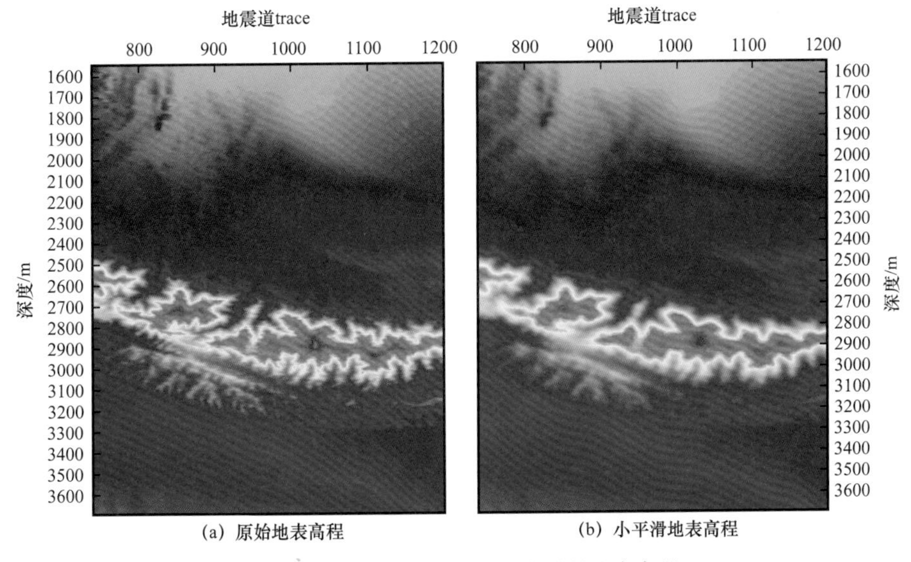

图 6-1-2　原始地表高程和小平滑地表高程

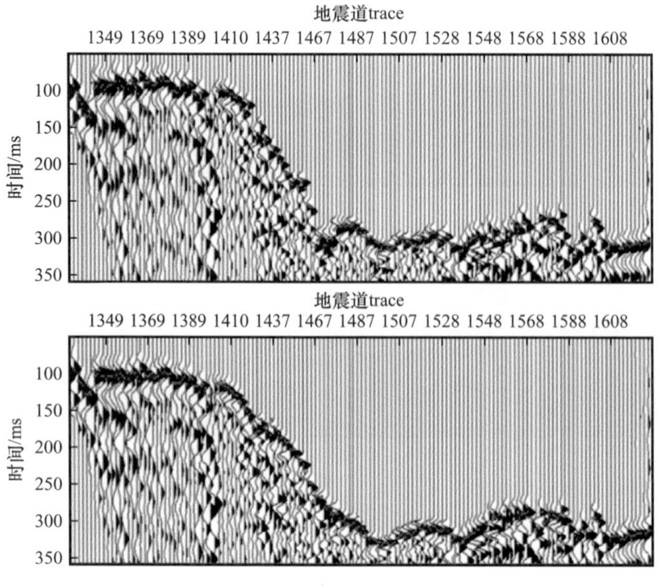

图 6-1-3 原始单炮和波场保持校正后单炮（红线为小平滑面）

保持走时特征的拟真地表波场校正技术一方面最大程度保持了波场的运动学信息，另一方面消除了由于高频速度估计不准导致的道集时差，提高了同相轴局部相关性。

三、速度模型融合

速度模型精度是制约地震成像的瓶颈。目前生产中主要采用反射波层析技术建立叠前深度成像所需要的层速度模型。由于近地表区域很难识别有效反射，所以反射波层析技术无法更新近地表模型，导致近地表模型精度低，而近地表速度模型精度直接影响了中深层成像效果，所以在速度模型建立时必须整体考虑。只有整体速度模型都达到较高精度，才能得到好的成像效果，整体速度建模可通过两步完成。第一步是依据近地表和中深层有效波不同的特点，采用不同技术方案分别对近地表和中深层进行速度建模；第二步是在第一步的基础上，实现近地表和中深层速度模型融合，达到建立整体速度模型的目的。与图像融合原理相似，速度融合是指将一组相互间存在重叠部分的速度进行空间匹配对准，经重采样融合后形成包含各部分速度信息的整体速度模型。速度拼接算法包含速度配准和速度融合两部分（图 6-1-4），速度配准是速度拼接的核心技术，用来实现速度对齐，而速度融合用来消除速度拼接中的接缝，实现无缝拼接。

速度配准通常需要三步实现。第一步是匹配策略的选择，即通过一定的匹配策略，找出待拼接速度图像中的模板或特征点在参考速度图像中对应的位置，进而确定两幅速度图像之间的变换关系；第二步是数学变换模型的建立，即根据模板或者速度图像特征之间的对应关系，计算出数学模型中的各参数值，从而建立两幅速度图像的数学变换模型；第三步是统一坐标变换，即根据已建立的数学变换模型，将待拼接速度图像转换到参考速度图像的坐标系中，完成统一坐标变换。最后，通过融合重构技术，将待拼接速度图像的重合区域进行融合得到拼接重构的平滑无缝的整体速度模型图像。

由于深度域速度模型浅中深层相互依赖，所以在实施过程中也可以先将要融合的两个深度域层速度模型转换到时间域，并将顶底层位数据也转换为时间域，在时间域对两个速度模型进行融合，融合后两个模型走时均得到保持，再将融合后模型转换到深度域。

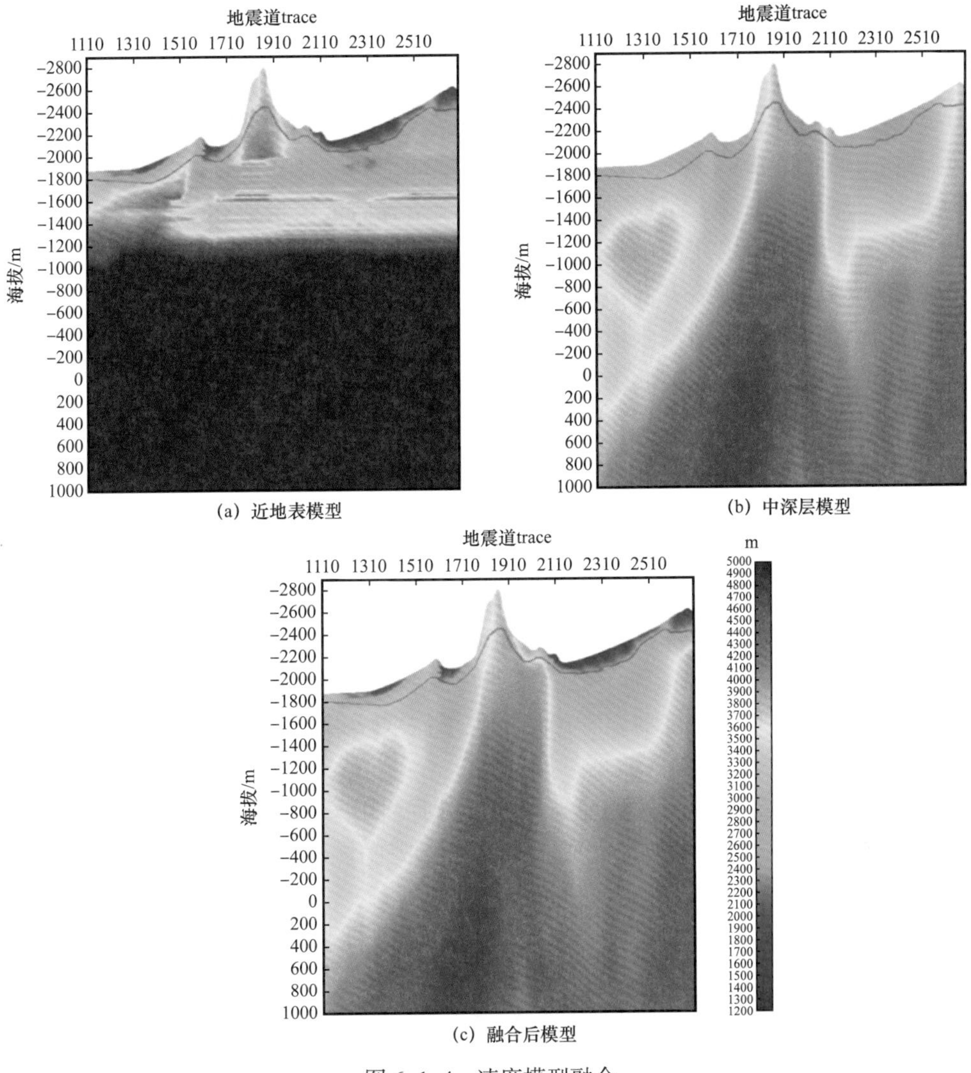

图 6-1-4　速度模型融合

第二节　低信噪比深度域速度建模配套处理技术

一、配套处理技术

低信噪比条件下基于数据驱动的速度建模难度较大。在复杂地表复杂构造区，成像道集和剖面信噪比低，不能满足层析建模自动拾取要求。通过研究形成了一套针对低信噪比资料的网格层析配套处理技术，一方面尽可能提升道集和剖面信噪比，另一方面采用子波形态特征表达的自动拾取技术，提高低信噪比条件下道集和剖面同相轴拾取质量，并且利用构造约束倾角场提取技术，提高倾角场可靠性，最终形成复杂地区地震深度域成像配套处理技术。

1. 子波形态特征表达的自动拾取技术

在地震图像中自动识别与拾取同相轴方面，前人已进行了大量的研究，归纳起来就是基于数据的空间分布特征，利用局部相似性寻找线性相关的同相轴。目前使用最广泛的是基于倾角信息的拾取算法，即根据地震数据的空间局部相似性，估计出整个数据空间的倾角场，然后给定参考道或种子点，沿着倾角方向依次拾取相邻道，最后将拾取的点进行模式分类，构造出相应的反射层或反射面。计算倾角的方法也有很多种，大致可以分为：（1）利用瞬时波数方向估计反射层的倾角；（2）利用平面波分解或预测计算局部空间的倾角；（3）利用结构张量的方法估计倾角。另外，一种比较常用的拾取方法是基于多项式拟合的拾取算法，此类方法大多用在成像道集上的剩余深度差拾取，通过构造多项式系数拟合剩余曲率曲线，来完成拾取的工作。

在偏移成像剖面和成像道集上，反射层同相轴实际上就是地震子波在该位置处的空间展布，是子波在该处的同相轴，大部分可认为是波峰或波谷极值处。在地震记录上，每一地震道上的子波表明相应波型的到达时刻和幅值。在 CMP 道集上，这种空间分布特征就是相应波型的时距关系。基于子波形态特征进行自动识别是很重要的工作，可以在很多方面发挥作用。例如，在数据域的层析反演中，需要分辨并提取出不同波型（初至波 / 早至波、反射波）的地震记录，进行逐步反演。在角道集（或偏移距道集）层析反演中，需要在偏移成像剖面上自动识别出地下反射层或反射面，在角道集中自动拾取出剩余深度差，为层析反演提供输入数据。

通过引入子波特征矢量来表达地震数据，然后利用子波特征矢量序列相似性的动态匹配来寻找局部相似的地震子波，完成同相轴的拾取工作（图 6-2-1）。

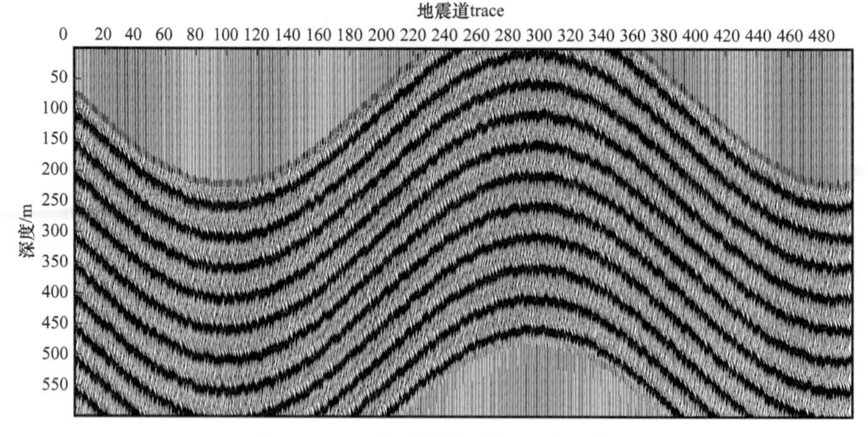

图 6-2-1　自动拾取结果波形显示

2. CRP 道集提高信噪比和一致性处理技术

对于高陡构造区深度偏移 CRP 道集信噪比低及横向一致性差的问题，采用构造约束

CRP 道集精细去噪技术，提高道集信噪比和横向一致性，从而为剩余时差自动拾取提供一个可靠的道集。如图 6-2-2 所示，精细去噪后 CRP 道集的信噪比得到明显提高，图中红框部分原始道集信噪比横向差异较大，常规去噪后信号特征横向差异仍然较大，而通过精细去噪处理道集横向一致关系保持较好。深层道集由于仅仅在远偏移距有信号，近偏移距基本为噪声，常规去噪方法压制后，近、远偏移距道集的特征存在较大差异，精细去噪后近、远偏移基本保持相同的反射特征。图 6-2-3 为不同去噪方法道集拾取效果对比，通过精细去噪道集浅层拾取密度达到提高，深层拾取横向一致性得到明显改善，从 Gamma 平面图上也可以看出常规去噪拾取 Gamma 无论是浅层还是深层均存在明显的异常变化。

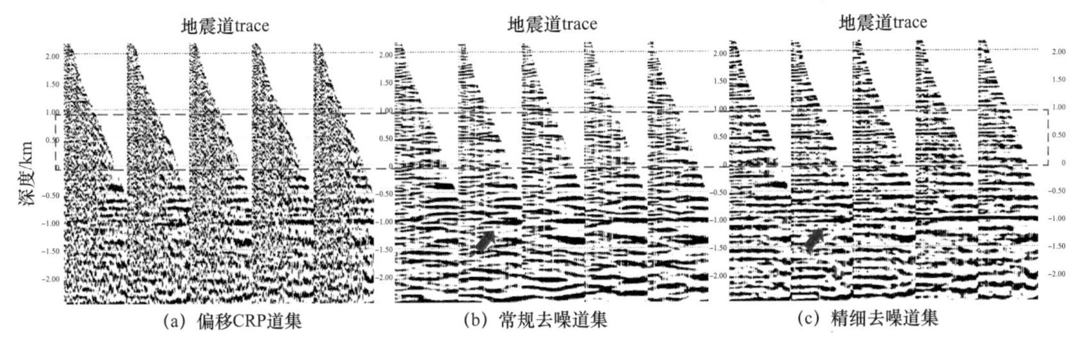

图 6-2-2　精细去噪与常规去噪效果对比

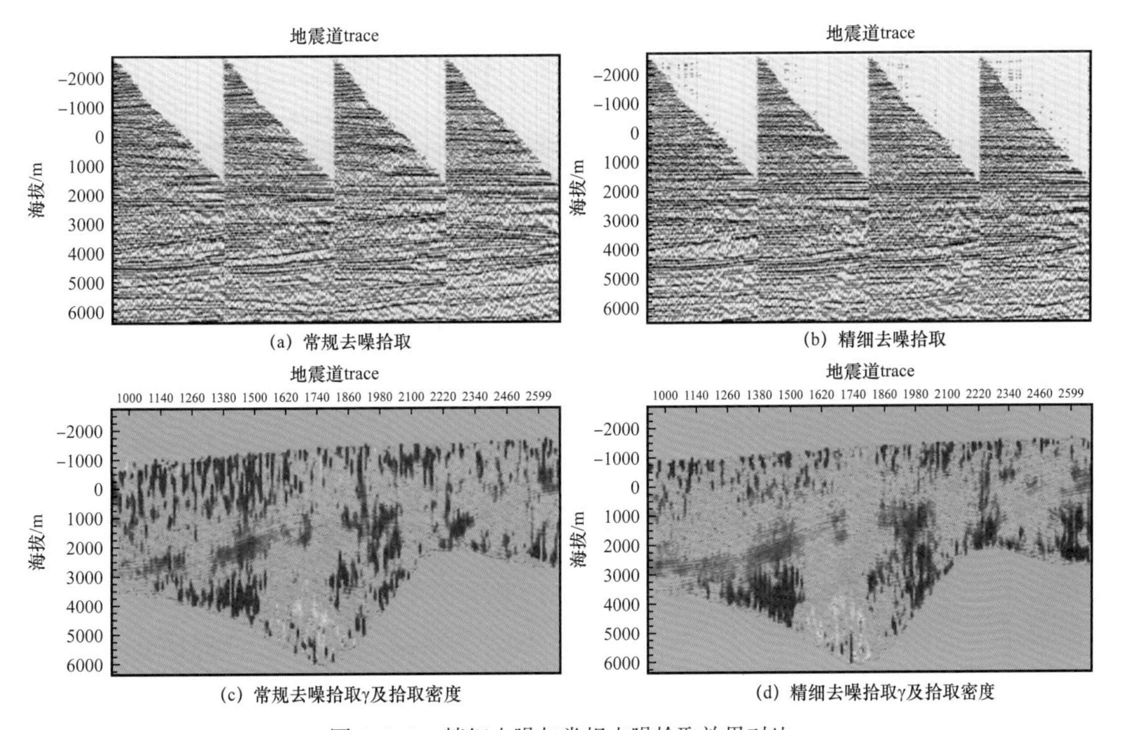

图 6-2-3　精细去噪与常规去噪拾取效果对比

由反演速度模型对比可以看出（图 6-2-4），通过提高拾取精细和一致性，更新后速度模型更为平滑，尤其是浅层常规方法更新后速度明显偏高，同时还存在很多的异常点，而提高精度后浅层速度变化较稳定。

3. 地质认识指导速度建模技术

在复杂构造情况下，仅仅借助层析反演利用 CRP 道集是否拉平为准则来建立地下速度模型，往往产生局部速度异常。在速度建模过程中，必须参照地下构造来指导构造建模，利用层析反演在高信噪比区反演的地层速度结合构造模式，实现复杂构造区的速度建模。对于复杂构造地区，道集拉平只能作为判断速度是否准确的一个参考，层析反演后的速度模型还需满足实际地下构造及地层间速度变化关系。图 6-2-5 为网格层析迭代后速度模型和构造模式约束后速度模型，利用纵横向地层关系将利用垂向速度修正层析反演后速度模

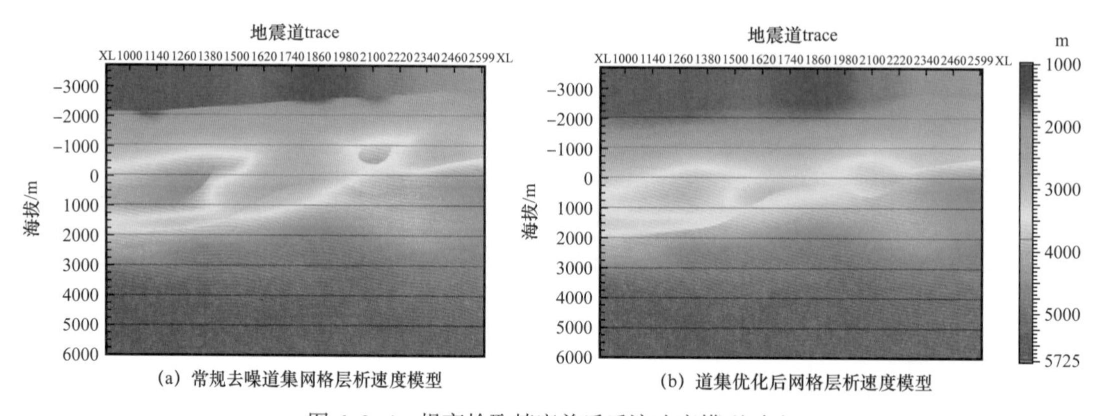

(a) 常规去噪道集网格层析速度模型　(b) 道集优化后网格层析速度模型

图 6-2-4　提高拾取精度前后反演速度模型对比

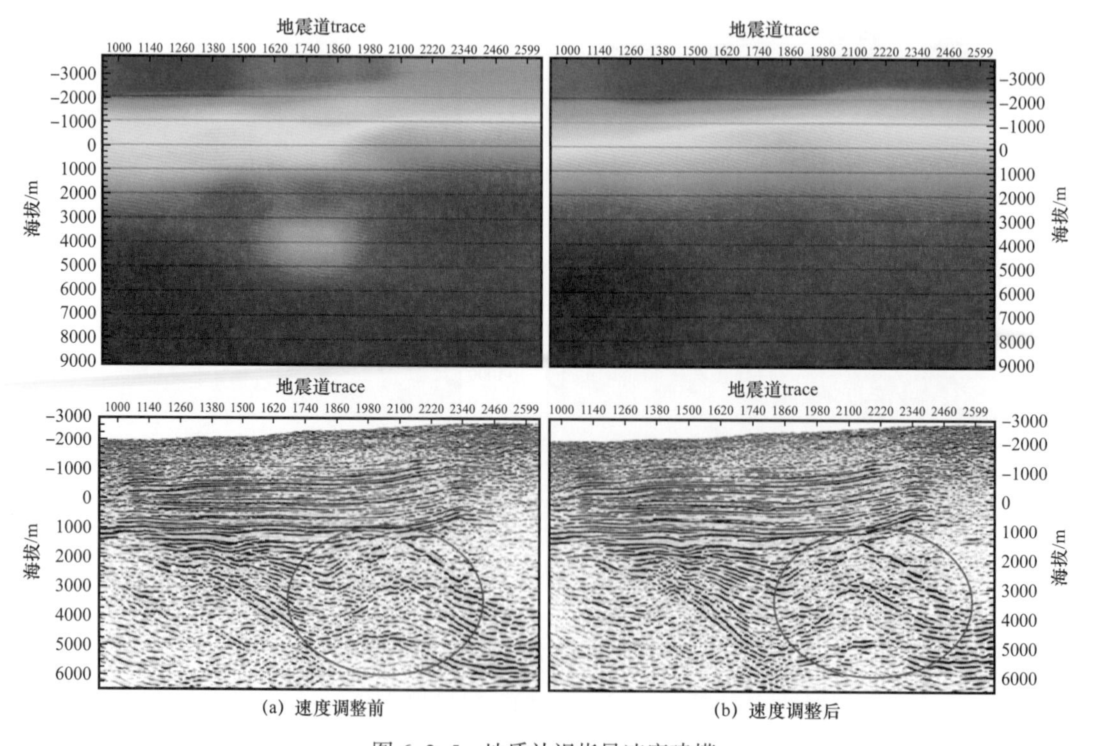

(a) 速度调整前　(b) 速度调整后

图 6-2-5　地质认识指导速度建模

型。通过地质认识的指导，深层的局部速度异常得到修正，同时调整浅层受边界影响的高速异常。从叠前深度偏移后结果可以看出，通过这种地表速度信息和地下构造模式约束后深层潜山面和基底成像效果得到较大改善，偏移后地层关系更为简明，剖面画弧噪声更少。

二、正则化与高斯束角道集

深度域速度建模的方法包括分析类方法（如扫描速度分析、剩余曲率分析），射线层析方法，波动方程类方法（如全波形反演）等。分析类方法估计的速度精度及分辨率非常低，只能用于初始速度建模；波动方程类反演方法的效率非常低，且严重依赖于初始速度模型；基于射线理论的层析方法是目前应用最广泛的深度域速度估计方法。射线层析方法也存在明显的缺点，如只能反演光滑的背景速度、建立的反问题病态性比较明显。所幸的是正则化可显著解决射线层析中的上述问题，层析反演正则化也是目前高精度网格层析研究重点。尽管正则化的本质思想十分明确，但具体实现方法及种类繁多，针对模型参数之间的关联性和数据之间的关联性如何在层析反演中加入正则化，提高反演稳定性、可靠性、和分辨率尚需深入研究。

正则化是地球物理反问题中非常重要的环节，可以显著减弱层析反演解的非唯一性，提高层析反演结果的质量。地震层析反演中的模型是地下介质参数（通常是地震波速度），数据是观测到的波场信息（通常是旅行时）。地下不同空间区域的介质参数不是相互孤立的，不同介质参数之间有一定关联性，同样，不同观测点的数据也是相互关联的。此外，测量的地震波数据良莠不齐，可靠性存在明显差异。如何把这些信息加入层析过程中以提高反演质量是一个值得研究的问题。

在角度域成像道集中，角度范围随深度的增加而减小的现象，影响层析偏移速度分析中模拟反射射线的过程。在一般的实现过程中，以反射点为初始点向地表进行射线追踪时，反射角度的间隔与角度域成像道集中横坐标的采样间隔相等或者差一个常系数。这样，不同深度的射线反射角度间隔均相等，由于深度越大，角度范围越小，从而深度越大，射线个数越少。这样导致了两个问题，一是有效射线个数减少加剧了反演问题的病态性，二是反演时的正演模拟与实际的物理问题不符。

为解决上述问题，在实际计算时要改变模拟反射射线时的角度间隔。整体的思路是令不同深度的反射点对应的反射射线个数相同，即对层析偏移速度分析中的射线照明进行均衡化处理。在反射层水平的假设下，不是按照传统角道集反射角度间隔相等规则，令不同深度反射点对应的反射射线个数相等，而是通过插值获取每个射线参数信息。

如图 6–2–6 所示为理论模型高斯束偏移角度域共成像点道集 ADCIG（Angle Domain Comonn Imaging Gather）。理论模型中有四个沉积层，其中第三层内有一个高速体，具体的速度值如图 6–2–6（a）所示。图 6–2–6（b）为高斯束偏移剖面，图 6–2–6（c）、图 6–2–6（d）分别是模型对应 2100m 和 3000m 位置的角度域共成像点道集。

基于一条实际二维数据开展算法测试，该测线共 232 炮，每炮最大偏移距 3200m，最小偏移距 100m，左侧单边接收，道间距 50m，炮间距大部分为 100m，小部分为 50m。偏移速度模型共 952 个 CDP 点，CDP 间隔 25m，深度采样点数为 501，深度采样间隔为 10m。通过速度分析获得的初始速度模型和相应偏移剖面如图 6–2–7（a）、图 6–2–7（b）

所示。在横向位置为2500m、15000m和22500m的三个CDP点抽取出三个角度域成像道集，如图6-2-8所示。从成像道集中可看出x=2500m附近初始速度比较准确，同相轴基本水平，x=15000m附近同相轴有微小的下拉现象，速度略微偏大，x=22500m附近的同相轴下拉更加明显，速度偏大。在此初始速度模型的基础上，利用模型正则化和数据正则化约束的角度域层析偏移速度分析经过两次迭代得到的速度模型如图6-2-9（a）所示，其中的构造特征不是很明显，这是因为初始速度模型比较接近真实速度的低波数成分，从而速度更新量比较小。图6-2-9（b）是层析反演的速度模型与初始速度模型之差，从中可看出速度模型的更新速度变化体现了地下介质的地质构造特征。

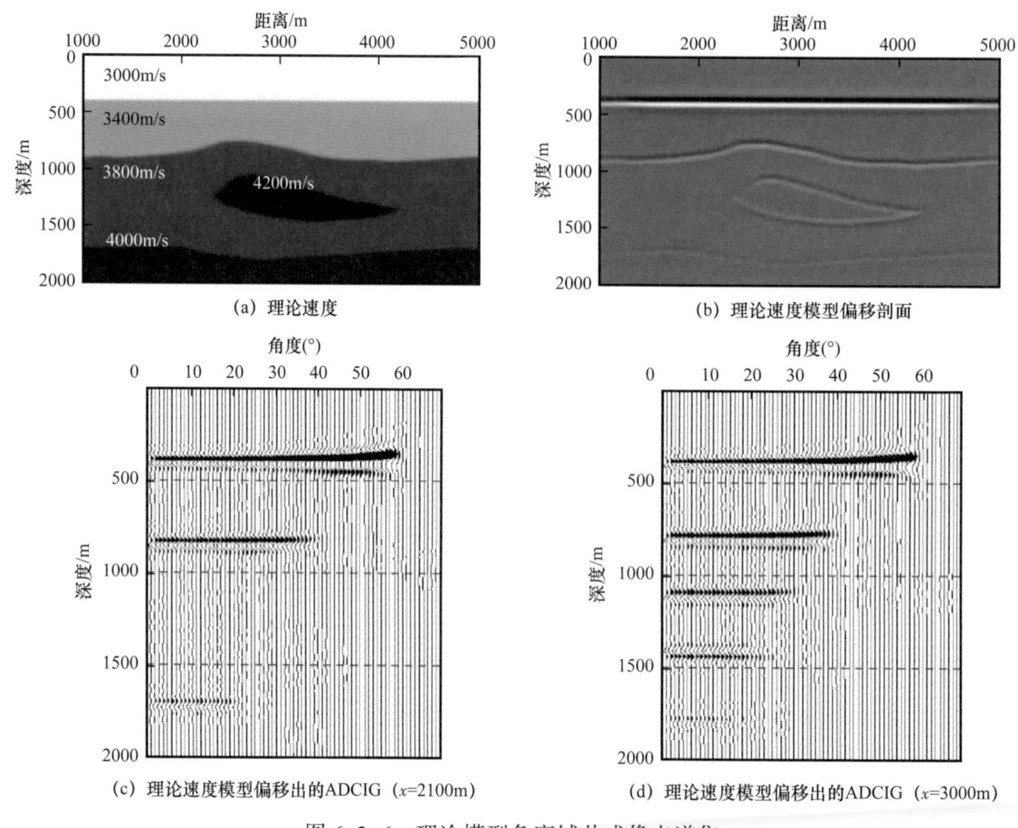

图6-2-6 理论模型角度域共成像点道集

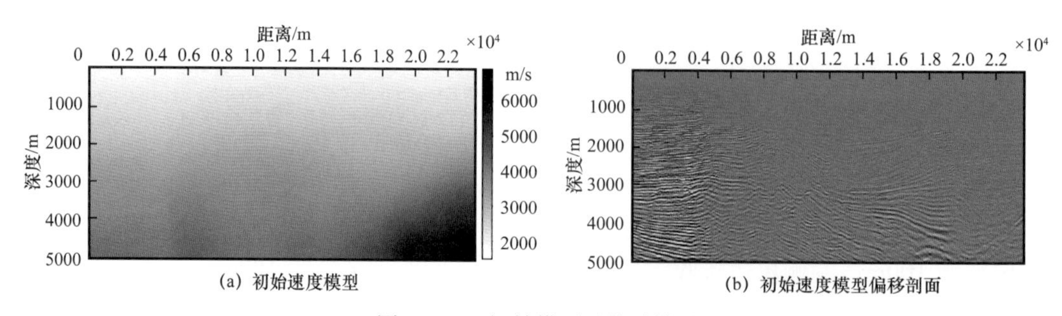

图6-2-7 初始模型及偏移结果

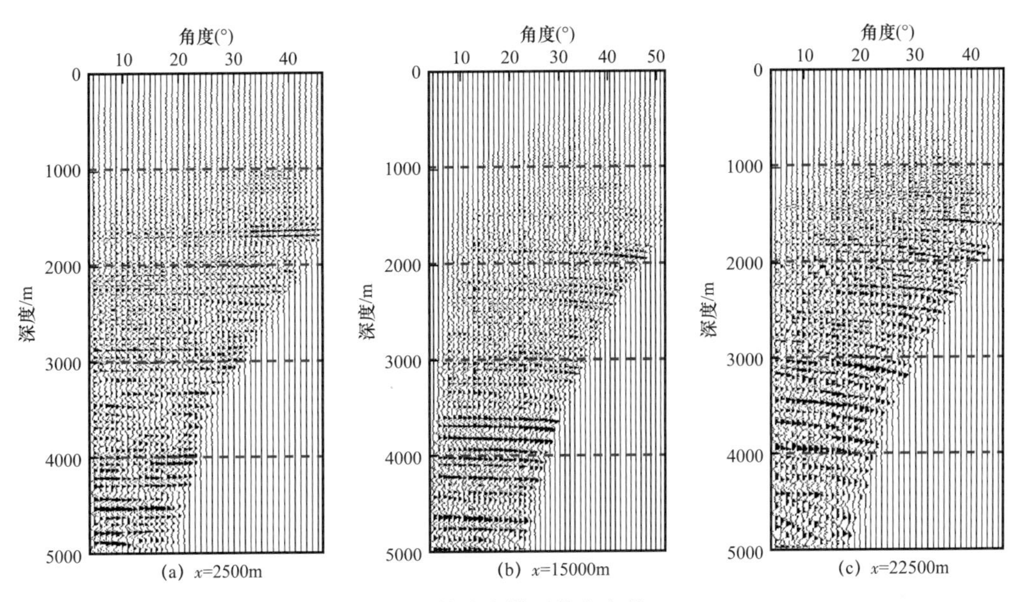

图 6-2-8　初始速度模型偏移出的 ADCIG

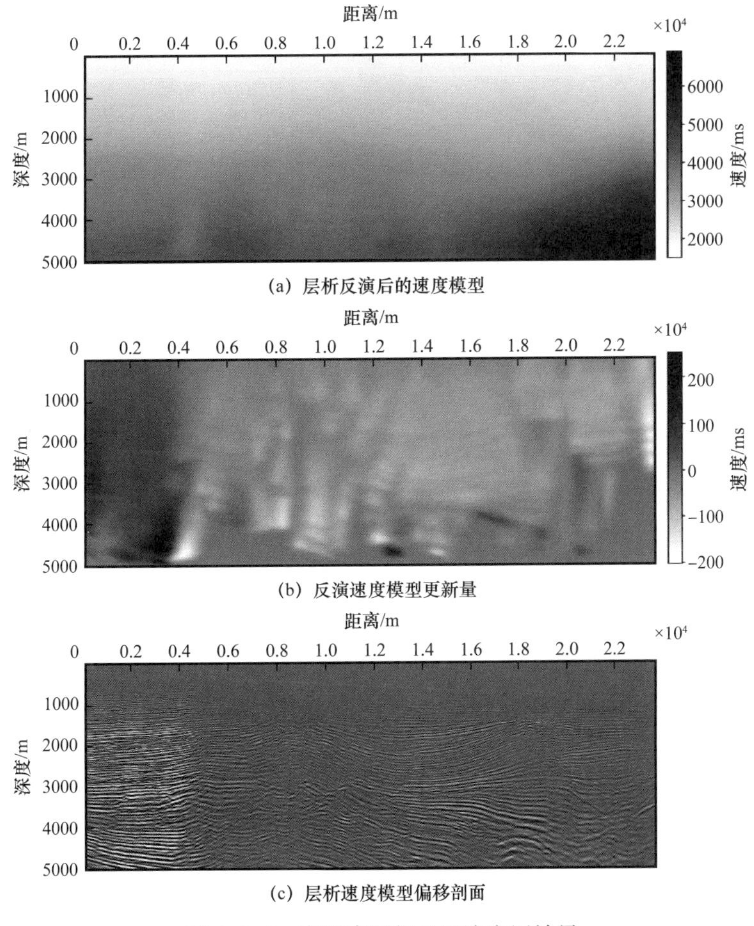

图 6-2-9　高斯束层析及反演应用效果

基于成像道集的层析偏移速度分析是目前地震成像中主要的深度建模方法，其方法原理业已成熟，技术进展方向之一是正则化的应用。通过层析反演正则化后的层析反演得到的速度模型体现了地下介质的地质构造特征，理论和实际数据测试偏移剖面和成像道集的质量得到显著改善。

第三节　前陆复杂构造区构造成像和圈闭刻画技术系列

中国前陆冲断带大都位于塔里木、准噶尔、柴达木、四川等中西部前陆盆地的盆山结合部，地表条件差别非常大，从川西北地表森林密布、水系发育，到塔里木库车、准南缘地表荒漠、戈壁，从平缓丘陵地貌到地势起伏剧烈的山地地貌。地下地质条件和构造样式也同样差别较大，从多滑脱层变形到高角度逆冲推覆构造、再到基底卷入及伴生的走滑断裂。总体而言，可以大致划分为造山构造带、盆内构造带两大类（表 6-3-1）。

表 6-3-1　不同前陆冲断带地表和地下地质条件总结

<table>
<tr><th>构造单元</th><th>构造类型</th><th>地表地形</th><th>浅部构造</th><th>深部构造</th><th>典型实例</th></tr>
<tr><td rowspan="3">造山构造带</td><td>山前断褶构造</td><td>起伏，高差大</td><td>地层倾角高陡，结构复杂</td><td>老地层，基底构造</td><td>库车单斜带、准南缘齐古构造带</td></tr>
<tr><td>逆掩推覆构造</td><td>起伏，高差大</td><td>老地层出露、复杂冲断构造</td><td>新地层掩伏，构造简单或复杂</td><td>龙门山北段、酒泉盆地南缘、吐哈北部山前带、齐古构造带下盘</td></tr>
<tr><td>深层冲断构造</td><td>平缓</td><td>构造清晰（盐构造）</td><td>强烈冲断，构造复杂</td><td>克深构造带、米仓山前缘、大巴山前缘</td></tr>
<tr><td rowspan="2">盆内构造带</td><td rowspan="2">盆内背斜构造</td><td>平缓</td><td>地层倾角高陡、结构复杂</td><td>构造简单或复杂</td><td>准南缘霍—玛—吐构造带、川东褶皱带</td></tr>
<tr><td>平缓，局部剧烈起伏</td><td>冲断构造复杂</td><td>构造简单或复杂</td><td>英雄岭构造带、西秋构造带、川西南冲断带</td></tr>
</table>

造山构造带的地表地势都具有起伏较大的特点，而造成地表地势起伏较大的地质成因为浅层构造变形剧烈，地层产状高陡，局部地区盆地基底已经出露并卷入前陆冲断构造变形体系，如准南缘齐古断褶带，地表出露中生界，局部出露古生界，而在盆地内部地表均出露新生界。深层构造同样复杂，基底楔状构造普遍发育，另外逆冲推覆距离较大时，往往会发生古老地层掩覆较新地层，如酒泉盆地南缘和龙门山北段，古生界下伏有中生界—新生界。

盆内构造带地表地势起伏可以差别很大，如准南缘安集海背斜，地表为丘陵起伏，高度差不足百米，地震布线车可以翻越，而塔里木库车秋里塔格构造带，同样位于远离山前带的盆地内，但地表地层高陡，地势起伏特别剧烈，山体呈现“刀片山”形态，只能人攀爬翻山，地震勘探异常困难。浅层构造和深层构造的复杂程度取决于滑脱层的发育，当存在多套滑脱层时，构造样式十分复杂，如准南缘霍—玛—吐背斜带往往深层发育复杂的楔状构造，而浅层发育复杂的冲断构造，而当发育单一滑脱层时，如准南缘安集海背斜，浅层和深层构造相对简单得多。

影响山地地震采集、处理品质的关键因素是地表地质条件，复杂地表导致地震资料信噪比低，波场复杂，给地震资料处理带来巨大困难：（1）冲断带及复杂构造区表层岩性多变，老地层出露地表，低降速带速度和厚度纵横向变化剧烈，静校正问题严重，初至折射能量较弱、初至波受干扰严重，利用初至折射反演近地表模型的静校正方法很难解决好静校正问题；（2）由于受后期构造运动的影响，地下地质构造复杂，地层高陡，发育大量逆冲断层和冲断构造，地震波传播路径复杂，各种波相互混杂干涉，地震反射显的杂乱无章，资料噪声干扰严重，干扰波类型多样，信噪比极低，叠前叠后的去噪问题尤为突出；（3）山地地震资料由于震源类型的差异和地表地质条件的不同造成地震子波差异较大，处理时必须做好子波处理与振幅补偿，在频率、振幅能量、相位上做好补偿和校正，使地震波形一致，能量均衡，相位对齐，叠加时尽可能实现同相叠加；（4）复杂山地构造主体部位地层倾角大，断层发育，在地层上倾方向和下倾方向地震记录质量差异大，不同炮检距段资料信噪比不同，不加选择地全部叠加会严重影响剖面质量，也对精确速度分析不利；（5）山地、山前复杂地表及地下复杂构造地区波组复杂，断点绕射波、断面反射波、回转波和复杂地区高陡构造形成的侧反射等异常波发育，给地震剖面偏移成像带来很大影响。

一、复杂地表复杂构造区地震成像处理技术系列

针对前陆冲断带深度域速度建模与成像技术需求，经过多年研究开发出一套适合复杂地表复杂构造区的保持波场运动学特征的波场保真全深度成像处理技术系列和流程（图 6-3-1）。该套技术重点在于地震资料处理过程中避免水平层状介质假设，保持地震波场的运动学特征，提高复杂构造深度域速度建模和成像精度。该处理流程的核心是高精度近地表速度反演，在此基础上分两部分开展数据处理。（1）在高精度初至波速度建模基础上开展低速带层析静校正计算是为了进行山地规则噪声压制，应用了静校正量之后，线性干扰波的相干性增强，更有利于叠前噪声衰减和子波一致性处理，目标是得到高信噪比的叠前数据。（2）在获得高信噪比叠前数据之后，把层析静校正计算的静校正总量去掉，使数据回到实际地表，重新构建近似真地表的小圆滑面，开展基于地表小平滑面的真地表深度域速度建模和偏移。相对于传统基于时间大平滑浮动面处理流程，波场保真全深度处理流程的重点是叠前深度偏移从地表小平滑面出发，偏移输入的叠前数据采用与深度偏移相匹配的初至波地形匹配高频剩余静校正方法，减小基准面静校正对地震波场的影响，使得时间域数据上的运动学信息更符合叠前深度偏移所需要地下速度场的特征，起到保护复杂速度场的目的。这套地震深度域成像处理技术系列中，近地表速度反演、静校正、叠前去噪和深度域速度建模是核心的处理方法，也是前陆冲断带地震资

料与东部简单地表区地震资料处理区别较大的几个关键环节。在处理项目实施中，需要依据不同的地形、地表结构选择具体的静校正、去噪和速度建模处理技术策略，应用到整个流程中。

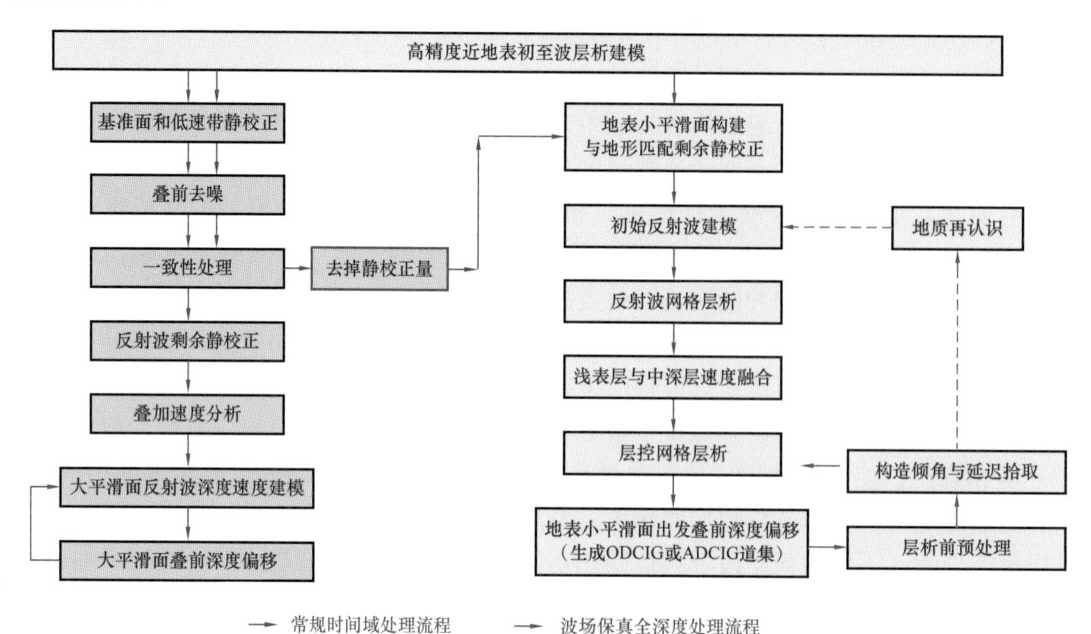

图 6-3-1 波场保真全深度建模与成像流程

针对塔里木、准噶尔、柴达木、四川等前陆盆地地震成像问题，开展了大量处理方法研究和技术攻关试验，在地震全深度建模与成像框架下，针对不同地震地质情况，较为系统地梳理了复杂地表及地下复杂构造区地震成像关键技术和配套处理技术。按照表 6-3-1 的构造单元分类，再结合影响地震勘探精度的地表条件，把构造单元进一步归类，从成像处理角度，按照造山构造带和盆内构造带两大类进行技术集成。造山构造带地表地形起伏剧烈，高差大，浅层构造复杂，传统的水平叠加处理不满足要求，这类构造成像需要高精度深度域速度建模和真地表偏移技术。盆内构造带的地表特征包含山前带地形起伏剧烈，近地表结构复杂的特点，但是它含有的地表特征更为多样，即有局部出露的“刀片山”，又有山下巨厚的砾石堆积，还有距离山根较远的丘陵、戈壁，近地表低速带速度和厚度空间变化均较大，导致地震资料品质变化大、一致性差，这类构造类型又分为地形平缓区域和局部剧烈起伏区域，地形平缓、近地表呈层状结构的背斜构造区可以依靠静校正和深度偏移成像，但是在地形变化剧烈，近地表冲积扇发育地区，仍然需要高精度近地表速度反演和高精度成像技术。叠前去噪作为一个基础环节，依据地表地形和单炮噪声发育特点，需要基于“六分法”思想的分区、分域、分步、分级、分时、分频开展叠前噪声衰减处理，为速度建模和成像提供高品质叠前数据。

结合复杂构造建模需求，围绕山前断褶构造、逆掩推覆构造、深层冲断构造、盆内构造等典型地震地质特征，重点梳理了近地表反演、叠前去噪、速度建模、偏移等关键处理技术的应用难点和技术对策，形成了针对性处理技术系列（表 6-3-2）。下面以准南缘齐古三维和库车东秋 8 三维成像处理说明山前断褶、盆内构造带成像处理技术应用策略。

表 6-3-2 复杂地表复杂构造地震成像关键技术

构造单元	构造类型	关键处理技术
造山构造带	山前断褶构造	高精度初至层析建模与静校正； 面波及散射噪声衰减、高陡地层保护去噪、弱信号保护迭代去噪； 全深度 TTI 速度建模、浅层砾石发育区刻画、构造导向建模； 拟真地表 TTI 偏移
	逆掩推覆构造	高精度初至层析建模； 面波及散射噪声衰减、极浅层有效信号和逆冲断层下盘弱信号识别与迭代去噪； 全深度 TTI 速度建模、构造导向约束非线性层析； 真地表 TTI 偏移
	深层冲断构造	初至层析静校正； 散射噪声衰减、盐下弱反射识别与迭代去噪； 盐上高精度网格层析、盐体构造导向建模、TTI 速度建模； 平滑地表 TTI 偏移
盆内构造带	盆内背斜构造	层析或折射静校正； “六分法”精细去噪； 浅层砾石区刻画、TTI 速度建模； 平滑地表 TTI 偏移
		高精度初至层析建模与静校正； 逐级组合去噪、频散面波与散射噪声衰减、复杂波场信号保护迭代去噪； 整体速度建模、构造导向网格层析建模、TTI 速度建模； 拟真地表 TTI 偏移

1. 山前断褶构造成像处理关键技术

准南缘前陆冲断带位于北天山和博格达山山前地区，是受天山陆内造山作用控制的叠加型前陆冲断带。齐古背斜位于南缘冲断带齐古断褶带上，隶属于南缘第一排构造带。吐谷鲁背斜位于南缘冲断带第二排构造霍—玛—吐背斜带上。这两个区带圈闭多、埋藏浅、产量高，为浅层高效背斜油气藏。齐古背斜和霍—玛—吐背斜带下组合圈闭发育、储盖组合好，是勘探有利区。下面以准南缘齐古三维为例，梳理山前断褶构造成像与圈闭刻画关键技术系列。

准南缘齐古三维和吐谷鲁线束三维成像处理面临的技术难题较为相似。(1) 准南缘地形主要为起伏山地，地面海拔高差为 900～2100m，近地表存在松软黄土层 (400～900m/s) 及巨厚高速砾石，岩层出露区速度 2000～3000m/s；在黄土砾石区，表层为黄土，速度 400～900m/s，其下为砾石层（降速层）速度 1000～1400m/s，含水砾石层速度一般1500～1800m/s，低降速层总厚度15～30m以上，局部巨厚砾石层总厚度能到达70m左右，复杂的近地表结构使得表层岩性及构造复杂多变，近地表建模及静校正难度较大。（2）南缘地区地震资料信噪比较低，受地表条件的影响，各种噪声十分发育，发育较强的面波及其散射干扰，此外该地区障碍物较发育，有河、公路、煤矿，带来变观和强烈的外源干扰，有效波能量横向变化大，去噪难度大。（3）受多期推覆构造影响，构造极其复杂，目标构造背斜埋深较浅，且两翼为高陡构造地层，岩性横向多变，速度横向变化较大，造成速度建模难度大，同时也带来高陡倾角TTI各向异性成像问题。构造主体部位资料信噪比偏低，浅层反射能量弱，给速度分析带来困难。深层有效信号能量弱，造成偏移成像画弧现象严重。从时间域剖面上看推覆体下方存在“向斜构造”，如何对这种低速异常进行刻画是深度域速度建模的难点。（4）合理构造样式与断裂发育模式建立难度大，控圈、控藏小断裂识别难度大。

根据准南缘齐古和吐谷鲁地区工区地表、地质构造及地震资料的特点，采用保持波场运动学特征的全深度保真成像处理技术思路，具体技术措施如下。

1）自适应加权初至波层析反演技术

针对该地区小尺度低速异常发育问题，采用自适应加权初至波层析反演技术，应用表层资料约束，地质戴帽，提高近地表模型反演的精度，解决静校正问题。从初至波传播路径可以看出，近偏移距主要在低降速带传播，而中、远偏移距传播路径主要为高速层。层析反演中选用不同偏移距初至时间所反演的速度信息也就不同，仅利用近偏移距数据，近地表反演速度精度会增加，但往往速度模型深度不能满足要求，而增加远偏移数据，可以提高模型反演的深度，但是近地表速度精度却会降低。为了解决初至波层析反演中这一矛盾问题，处理中采用自适应加权层析反演技术，通过偏移距加权处理，增加近偏移距参与反演权重，提高近偏移数据在反演过程中的贡献度，较好改善浅层低速带反演模型精度，为时间域静校正和深度域速度建模提供一个可靠的近地表模型（图6-3-2和图6-3-3）。

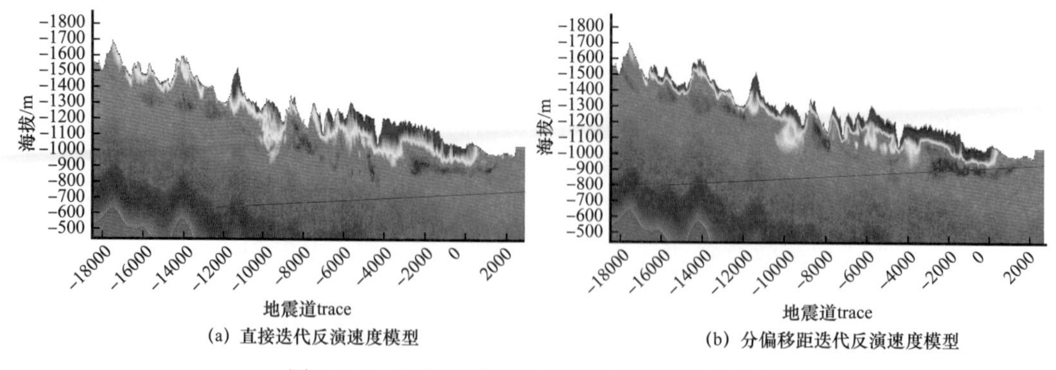

(a) 直接迭代反演速度模型

(b) 分偏移距迭代反演速度模型

图6-3-2　不同反演方法的近地表速度模型对比

2）基于信号保护的叠前逐级组合去噪技术

该地区地震记录中噪声除了一般的规则干扰外，还有多种地表相关散射噪声，不同类型的噪声其特征、性质不同，影响有效波的程度不同，对其压制的方法及参数选取决定了成果剖面的质量。因此要根据噪声发育规律，采用不同数据域，多种方法、多个模块，形成一套处理流程和处理思路。噪声压制过程中将异常能量干扰压制与叠前振幅补偿进行迭代处理，在保证有效波能量基本一致的情况，再进行异常能量干扰压制，从而最大限度保护有效波不受伤害。由于十字排列域对线性噪声的空间采样更为充分，对于规则干扰和外源干扰采用十字排列域方法进行压制。此外，由于该工区地表为剧烈起伏的山地，激发、接收点基本间隔基本不是等间隔采样且不在一条直线上，因此去噪方法的选取上，采用能够适应空间不规则采样的线性噪声衰减技术，能够更好对噪声进行压制（图 6-3-4、图 6-3-5）。

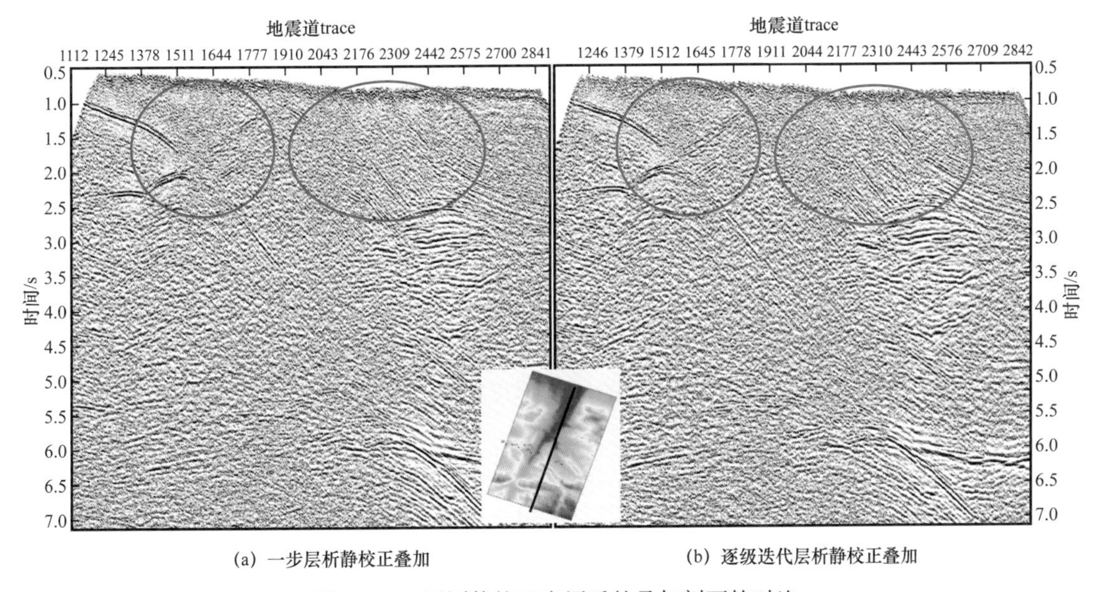

图 6-3-3　不同静校正应用后的叠加剖面的对比

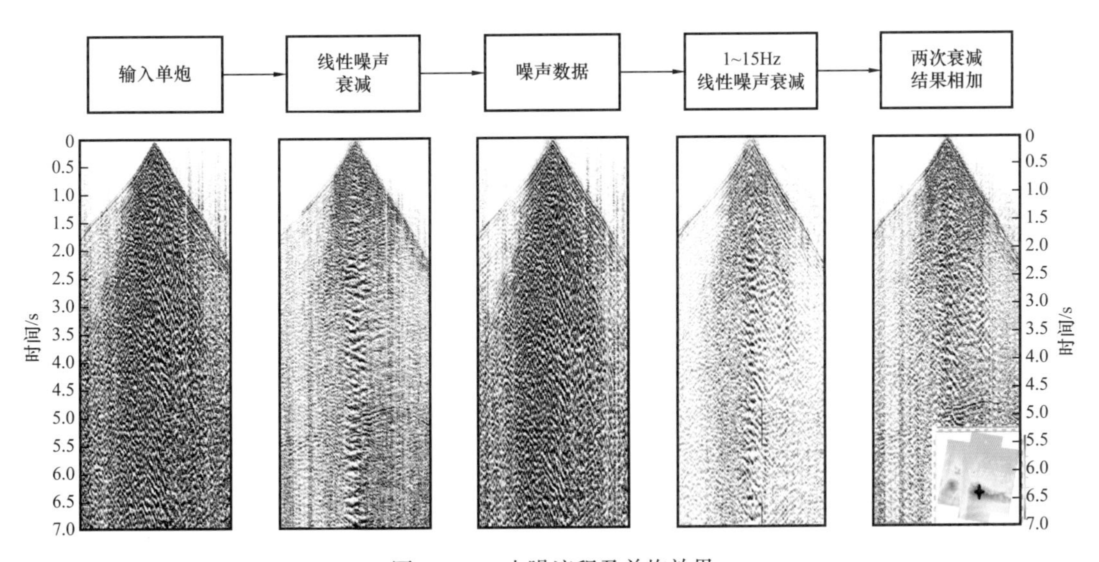

图 6-3-4　去噪流程及单炮效果

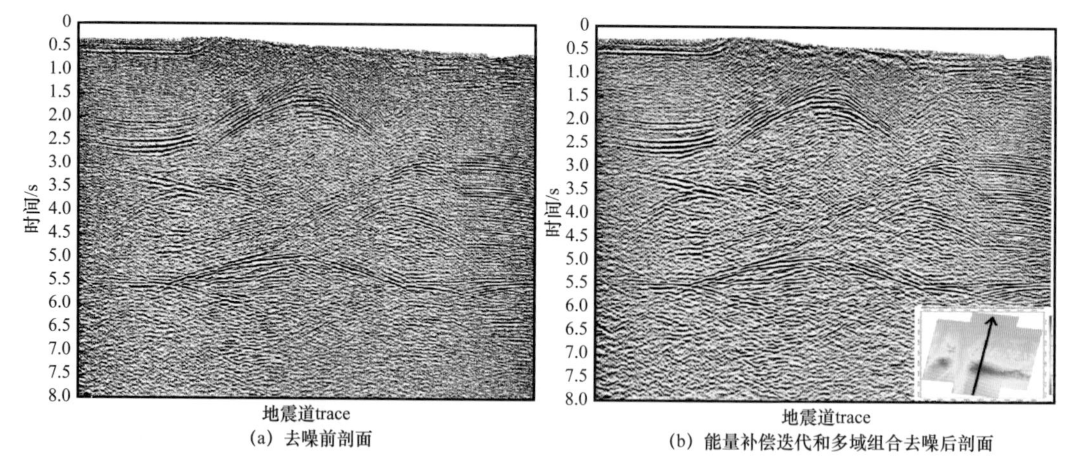

图 6-3-5 去噪前剖面与能量补偿迭代和多域组合去噪后剖面效果对比

3）全深度整体速度建模技术

如图 6-3-6 所示，叠前深度偏移和速度建模从地表相关小圆滑面开始，建立了包含初至波层析和反射波层析结果的初始全深度速度模型，再结合构造约束非线性网格层析技术迭代优化初始模型，建模过程中采用处理解释一体化工作思路，综合应用工区内各种信息如测井速度、分层信息、VSP 分层信息、地表野外露头信息及地下地质认识等，约束速度建模，直到求得一个比较合理的成像速度模型。

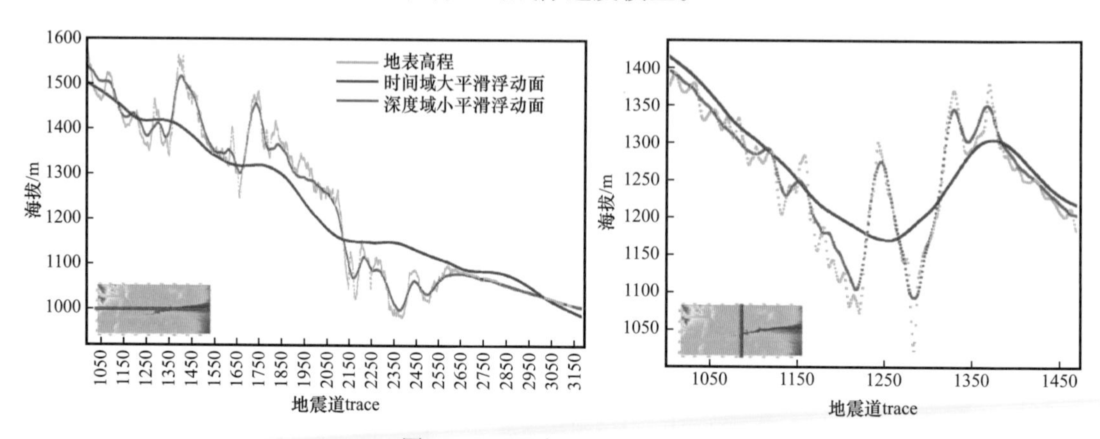

图 6-3-6 地表平滑面对比图

4）TTI 各向异性叠前深度偏移技术

该地区浅层为陡峭地层，构造背斜埋深较浅，且两翼为高陡构造成像难度大，存在较为严重的各向异性问题，因此叠前深度偏移采用了 TTI 各向异性偏移技术。利用关键井分层信息求 Delta 参数，Epslion 参数，采用双谱分析确定 Epslion 与 Delta 关系，扫描建立 Epslion 场。利用解释层位和求取的各向异性参数计算出各向异性速度模型，用于叠前深度偏移。如图 6-3-7 叠前深度偏移剖面对比，TTI 偏移结果在陡倾地层下方及地层下凹地层成像效果得到明显改善，偏移噪声得到消除，TTI 效果明显优于 Kirchhoff 各向同性偏移。

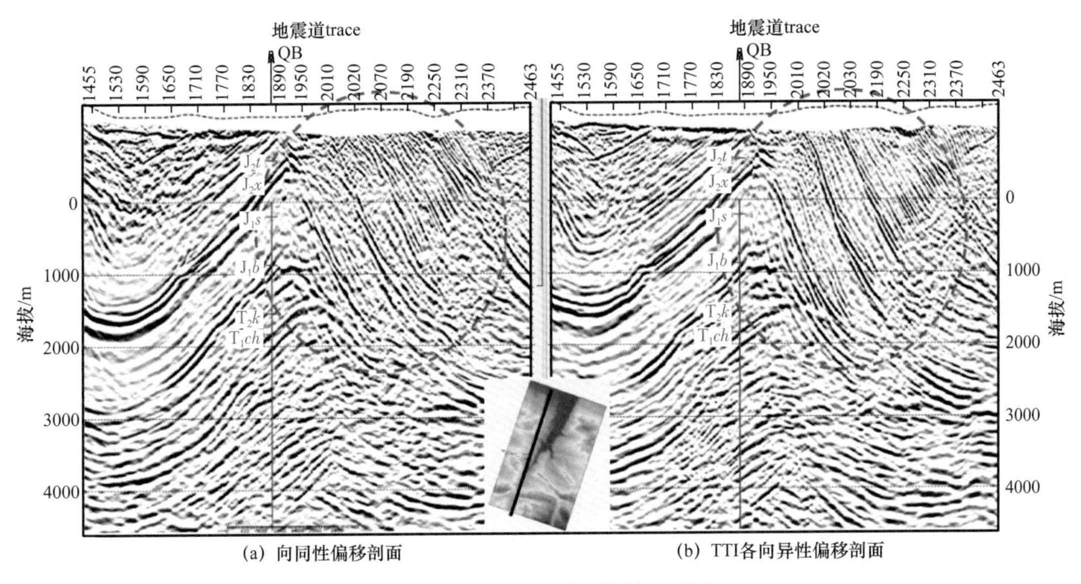

图 6-3-7　过井深度偏移效果对比

2. 盆内背斜构造成像处理关键技术

库车秋里塔格、柴达木英雄岭、川西南等盆内构造带虽然地表地形差异较大，但是地震资料处理主要面临三大共同难点：（1）近地表低降速带厚度和速度变化大，近地表反演和静校正是最大的难点；（2）原始单炮记录干扰波发育，资料信噪比变化大，叠前、叠后去噪难度大；（3）断裂发育，地震波场复杂，速度纵、横向变化大，准确偏移成像难度大。库车秋里塔格构造带三维为例介绍适合该区的地震成像关键技术。

秋里塔格构造带三维主要处理难点包括四个方面：（1）为典型的山地地貌，海拔在 1000～2300m。中部为陡峭山体区，地形起伏剧烈，相对高差达 900m 左右，山体区风化层较薄，一般小于 10m，局部高速层出露，但山前过渡带，低速带厚度较大，一般为 50～100m，局部厚达 180m，存在较为严重的静校正问题。（2）东秋 8 三维资料，采用高密度单点采集，原始资料噪声能量强，信噪比与宽线相比有所降低，叠前噪声压制难度要大于以往二维宽线资料，工区近地表相关噪声发育有面波、多次折射、工频干扰、散射干扰等干扰，有效信号识别困难，叠前去噪难度大。（3）不同岩性激发单炮能量差异较大，存在地表一致性问题。（4）区域发育两套砾石层（Q、N_2k），第四系砾石层最大厚度 1200m，新近系库车组砾石层最大厚度 4300m。库姆格列木群膏盐岩呈北东向条带状展布，北部克拉苏构造带前缘的最大厚度 1500m；南部秋里塔格构造带的最大厚度 1300m。地层高陡，构造区浅层信噪比较低，断层发育，速度建模困难。

秋里塔格构造带地表及地下构造均为复杂的“双复杂”探区，地震资料处理核心是深度域偏移成像。采用地表小平滑面出发的叠前深度偏移及全深度整体速度建模技术，建立从近地表到深层的全深度偏移速度场，确保深度域速度模型准确可靠，提高叠前深度偏移成像质量。针对近地表速度横向变化剧烈问题，采用优化层析反演及静校正量计算方法，通过偏移距逐级迭代反演，较好利用大偏移距数据提高山前低速、砾石区、山体区反演精度，同时在静校正计算中，优化静校正计算方法，人工拾取速度模型底界面，解决山前底降速带巨厚和速度反转问题，提高静校正和速度建模精度。针对地震资料信噪比低问题，采用分时、分频、空间划分不同区域压制异常能量，根据视速度分级压制不同速度线性干扰，同时采用不同数据域（炮域、十字排列域）组合进行去噪。针对地层高陡、巨厚膏盐速度横向变化剧烈带来的偏移成像问题，采用从地表小平滑面出发的叠前深度偏移技术，将近地表速度与深层偏移速度融合，从浅到深建立全深度速度模型，提高复杂构造成像精度。速度建模过程中，通过地质构造认识落实浅层构造样式和盐发育情况，指导速度建模工作，提高资料盲区的模型精度。

1）分偏移距逐级迭代层析静校正技术

库车东秋8三维工区地形起伏剧烈，海拔高差1000～2300m，地表高程在山体区局部变化剧烈，较为平坦的斜坡区变化不大。近地表低降速带平均厚度较大，低降速带平均厚度约47.1m，低降速带速度和厚度剧烈变换，使得准确反演近地表模型、提高构造主体部位成像精度十分困难。结合工区地表地质露头及近地表调查风化层发育特点，采用了分偏移距逐级迭代走时层析的静校正方法，处理过程中在充分利用近排列数据的基础上，采用分偏移距逐级反演策略，提高小偏移距数据的反演权重，从而获得精度更高的近地表反演速度模型。层析静校正应用后分偏移距逐级反演层析静校正叠加剖面品质较常规层析静校正有明显提升。

2）基于“六分法”思想的叠前迭代组合去噪技术

三维工区地表为高差变化剧烈的刀片山、山下冲积扇，以及平缓的斜坡区，地表条件变化大。地震波场十分复杂，各种干扰波发育，原始数据信噪低，且数据空间能量、频率一致性差。工区内噪声在不同数据域表现形式不同，不同的去噪技术都有其针对性和适应性，只有具体地分析噪声在不同数据域中与有效波之间的差异，在噪声与有效波差异较大数据域内进行处理，才能有效实现信噪分离。因此，采用“分区、分类、分步、分域、分时、分频”（“六分法”）去噪思路，开展精细叠前去噪试验，压制强能量、面波干扰，提高资料信噪比。对整个工区单炮分析后发现不同高程单炮记录异常能量特征存在很大的差异，因此采用以炮点高程为依据，划分不同的区域，进行分区域的异常能量衰减，设计不同的参数进行异常能量压制。针对线性噪声压制，采用十字排列域的分视速度线性噪声衰减，在十字排列域进行线性噪声衰减更能有效地分离有效信号与线性噪声，在不同的视速度窗对线性噪声进行分级压制，既要最大限度地压制线性噪声又能保护好有效信号。在处理过程中首先对原始数据进行振幅一致性处理，消除数据浅层与中深层、空间的能量差异，同时采取多域组合去噪思路，利用分频异常能量干扰压制，十字排列域压制线性干扰和表层多次折射的综合叠前去噪策略和流程，应用效果如图6-3-8。

3）盐构造相关的全深度整体速度建模

库车东秋8地区地表和地下构造都非常复杂，存在塑性较强的膏盐层，速度模型建立非常困难。数据处理中利用逐级迭代加权初至层析反演建立近地表模型，在高精度近地表反演基础上构建地表相关小圆滑面，将叠前预处理数据中的低速带静校正量减去，重新计算并应用与小圆滑面相关的地形匹配校正量，再将浅表层模型与深层模型有效融合。地下构造高陡，且发育膏盐速度异常体，盐体内部基本为空白反射区，同时盐下资料信噪比也较低，无法采用数据驱动的网格层析技术进行速度模型优化。速度建模过程中采用处理解释一体化模式，在构造认识指导的基础上，落实盐体发育边界，根据盐空间变化特征进行速度模型优化，实现盐体形态和盐速度的精细刻画。图 6-3-9 是盐构造相关的全深度整体速度建模流程。经过一轮盐体速度和边界刻画前后的速度模型和对应的叠前深度偏移结果，可见调整后盐下成像效果改善明显，在此基础上可以继续优化模型图 6-3-10。

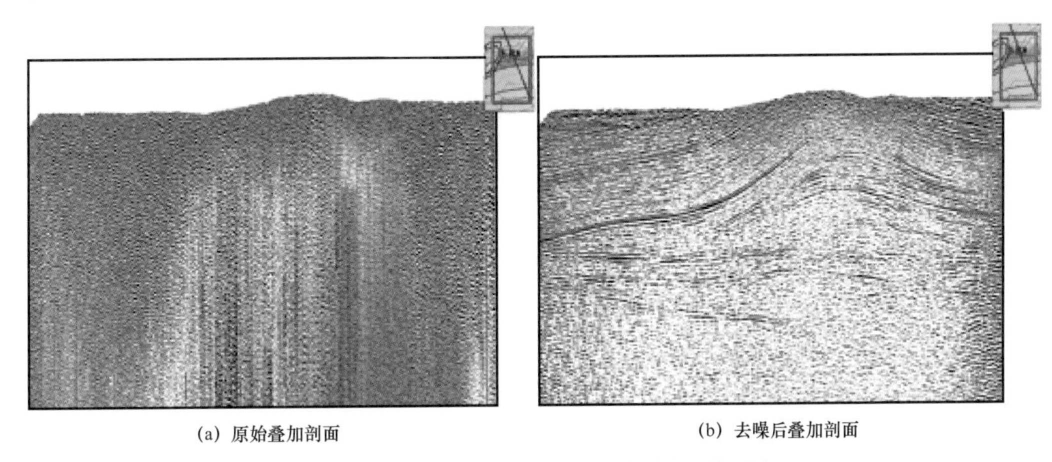

(a) 原始叠加剖面　　(b) 去噪后叠加剖面

图 6-3-8　叠前组合去噪前后叠加剖面对比图

二、复杂地表复杂构造区圈闭刻画技术系列

目前，业界普遍认识到时间域成像结果存在空间归位不准、反射不聚焦等技术局限性，叠前深度偏移才是成像复杂构造的有效技术。借鉴于时间域地震资料解释流程，深度域地震资料解释流程也可以大致分为以下几个具体步骤：（1）深度域井震标定；（2）深度域层位追踪和断层解释；（3）深度域构造成图；（4）深度域误差校正；（5）深度域圈闭划分等。由于时间域和深度域本身就是两个不同的数据空间，在时间域适用的解释方法不一定在深度域同样适用，重点是如何在深度域开展井震标定工作，围绕如何实现深度域地震资料直接解释开展了一系列探索性研究，初步形成了深度域地震资料解释流程。

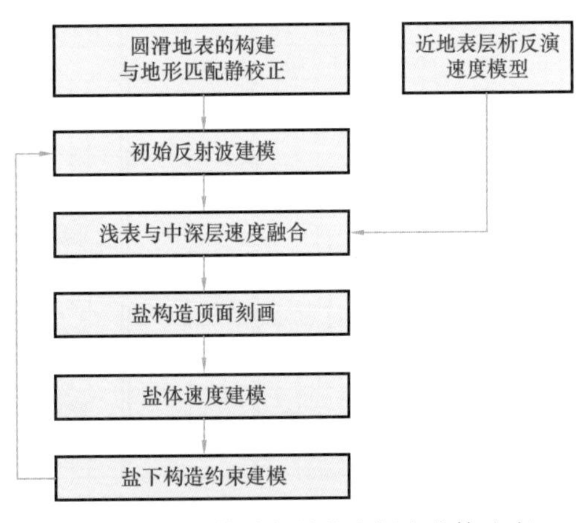

图 6-3-9　盐构造相关的全深度整体速度建模流程

1. 深度域合成地震记录制作方法

与时间域地震资料解释流程类似，深度域地震资料解释的首要工作也是进行井震标定工作，其井震标定结果的好坏直接影响到后续解

释结果的准确性，深度域井震标定的核心仍然是合成地震记录的制作，深度域地震子波则是一个必须重视的问题。图6-3-11为在不同的空间和时间段地震子波对应的合成地震记录。从图中可以看出，在时间域中随着介质速度的增加，地震子波形状并没有发生变化，而在深度域中随着介质速度的增加，地震子波长度增大。从两种剖面第二层和第三层的间隔对比可以看出，深度域的间隔大于时间域。由此可见，当介质速度变化较大时，深度域地震子波在传播过程中波形会产生较大的伸缩变化。

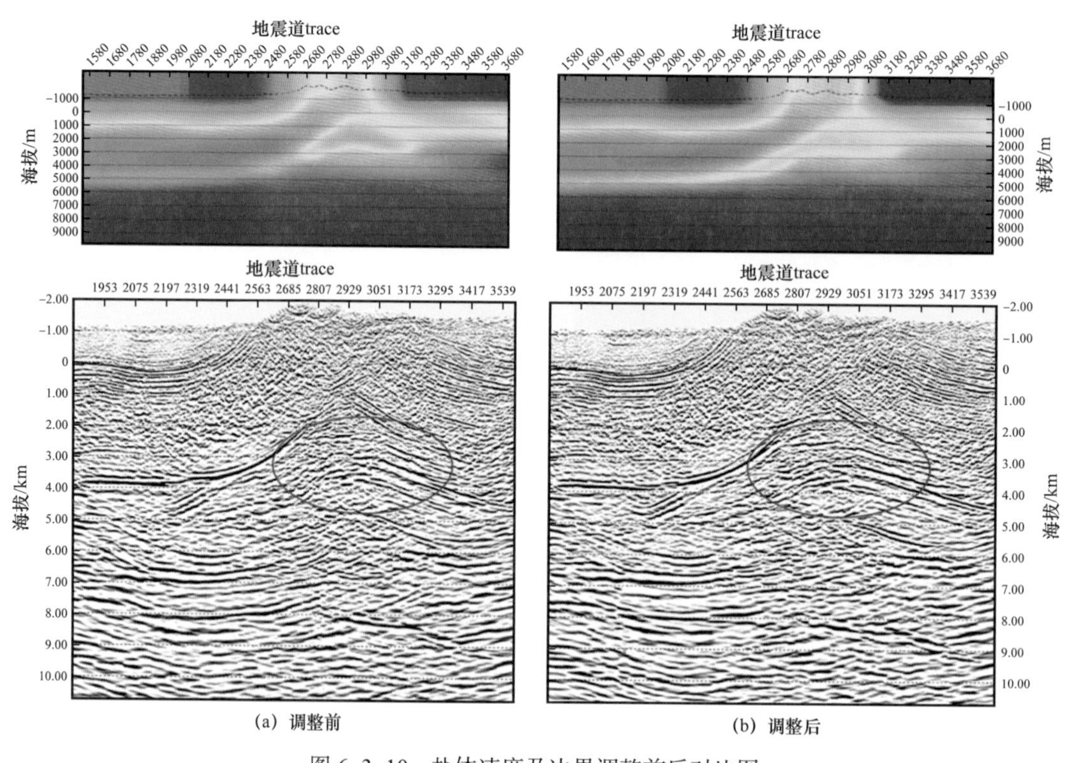

图6-3-10 盐体速度及边界调整前后对比图

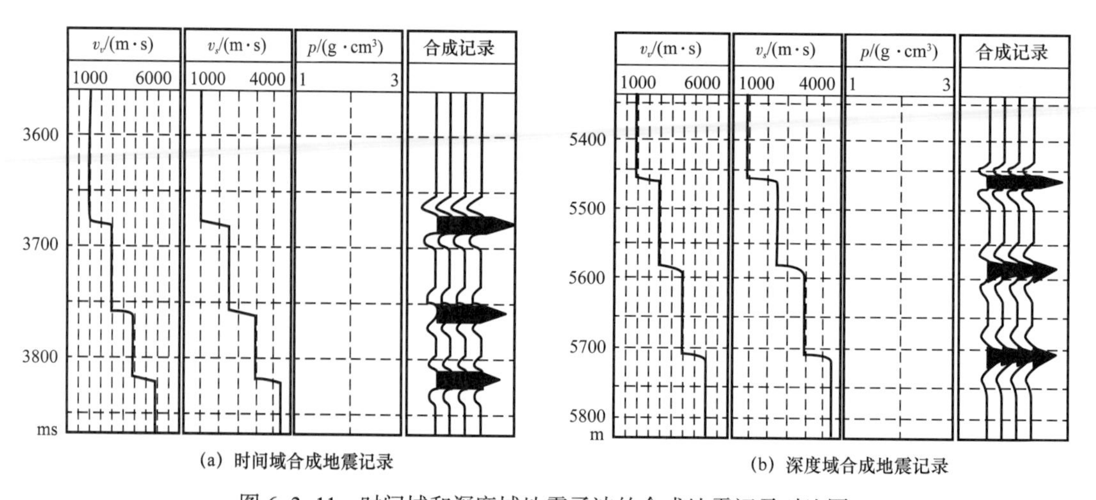

图6-3-11 时间域和深度域地震子波的合成地震记录对比图

由前面分析可知，不能直接应用褶积模型确定深度域合成地震记录，因此必须对深度域模型参数进行一定的变换，使其满足线性时不变的假设条件。为此，提出了伪深度域合成地震记录制作方法，其基本原理主要是首先将深度域的深度、速度和密度等参数以某一恒定速度转换到“伪深度域”，然后将其与由测井数据计算的伪深度域反射系数进行褶积得到伪深度域合成地震记录，最后将其逆转换回原始深度域即可得到真实深度域的合成地震记录。图 6-3-12 展示了上述对应的深度域合成地震记录制作流程。

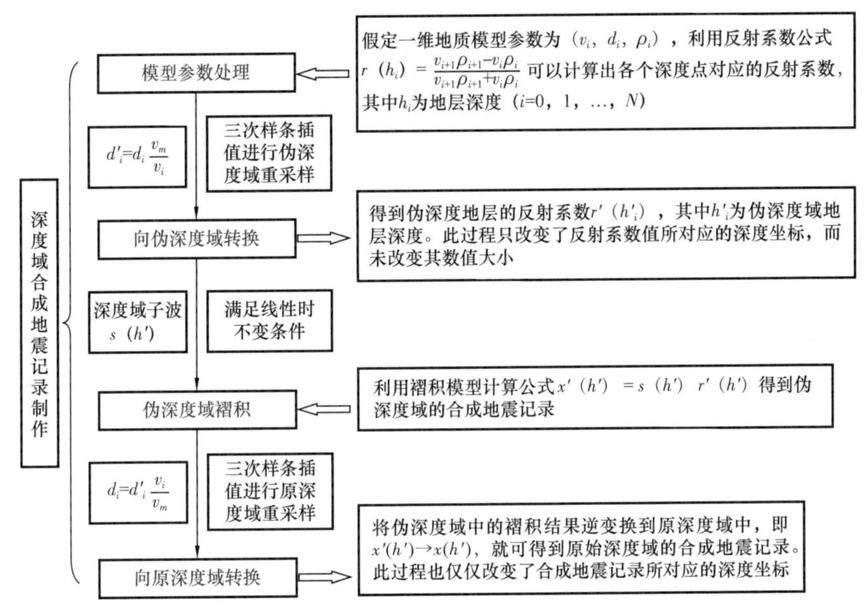

图 6-3-12　深度域合成地震记录制作流程

地震子波是影响深度域合成地震记录的重要因素之一，深度域地震子波是空变的，不能直接对其进行提取。因此，在上述深度域合成地震记录制作方法的基础上研究了伪深度域地震子波的提取方法。在此，主要讨论深度域井旁地震子波提取方法，利用迭代反演方法来求取深度域精细地震子波，具体流程如图 6-3-13 所示。

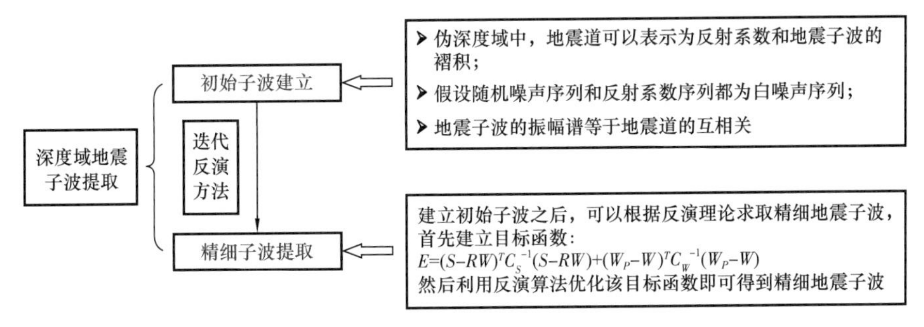

图 6-3-13　深度域地震子波提取方法流程

图 6-3-14 展示了利用本方法制作的准南缘齐古地区某井深度域合成地震记录的全过程，将其结果与井旁地震道进行对比。可以看出，深度域合成地震记录与井旁地震道吻合程度较好，该方法能为后续的深度域井震标定工作奠定基础。

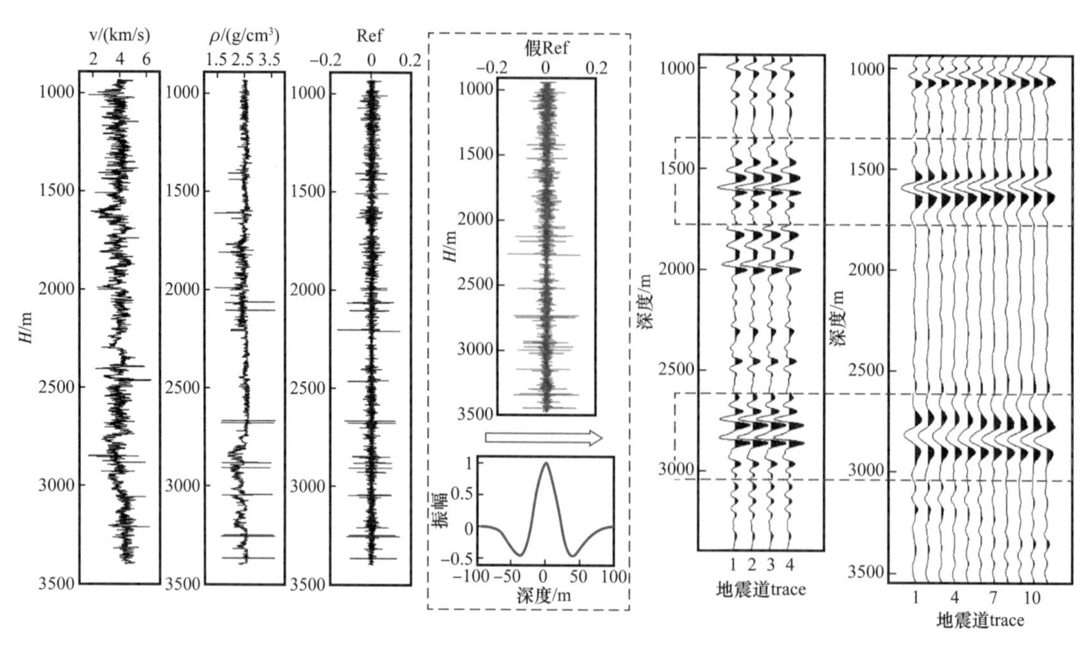

图 6-3-14　齐古某井深度域合成地震记录制作

2. 深度域地震资料解释与圈闭刻画流程

时间域地震资料构造解释技术基础理论较为成熟和完善，但是在构造成图过程中需要经过时深转换才能得到对应的深度域构造图，因此会较大可能地引入误差，这个误差是由于时深转换速度不准而造成的。深度域地震资料直接构造解释可以有效地避免时深转换过程，因此可以减少解释误差，但是其理论基础不够成熟。借鉴于时间域地震资料构造解释流程，可以总结出一套深度域地震资料构造解释流程（图 6-3-15）。从图中可以看出，该构造解释流程的主要思想是以深度域地震资料直接解释为主，时间域地震资料解释为辅，二者之间相互验证，从而极大可能地提高深度域地震资料构造解释的准确度。深度域地震资料构造解释分为以下几个主要步骤：（1）资料收集阶段，对于深度域地震资料构造解释工作，收集到尽可能多的资料和数据，包括地质资料、测井资料、岩心资料、分层资料、叠前深度偏移数据体及工区其他相关研究资料等，为后续的构造解释工作奠定坚实的数据基础。（2）井震标定步骤，首先需要对工区内的测井资料进行整理和分类，进而对其进行综合解释，获得单井岩性柱和连井剖面，确定所要解释的层位。利用合成地震记录法标定法进行井震标定，达到测井资料和地震资料相统一的目的，确定标志层及其地震响应特征，熟悉每套波组的特征。（3）层位解释阶段，根据井震标定结果，对深度域地震资料进行剖面解释，主要包括层位追踪和断层解释，尽可能地认清各个层位的走势和分布特征，各个断层的形态和展布特征。（4）构造成图阶段，该过程主要是根据层位解释和断层解释成果进行平面解释和空间解释，绘制出深度域构造图及地层厚度图等，与时间域地震资料解释的该过程不同，深度域地震资料构造解释在构造成图阶段不需要进行时深转换就可以直接进行构造成图，可以减少由于时深转换速度不准所带来的解释误差。(5)圈闭划分阶段，对于前面获得的深度构造图，可以根据地质背景等相关因素，进行有利圈闭的划分，统计各个圈闭的地质要素，指导后续的井位设置工作。深度域地震资料构造解释和时间域地震资料构造解释流程步骤大体一致，有些时间域地震资料解释方法可以直接使用，比如层位追踪、断层解释、圈闭划分等，但是有些方法却要进行一定的调整或改进，如井震标定、构造成图等。

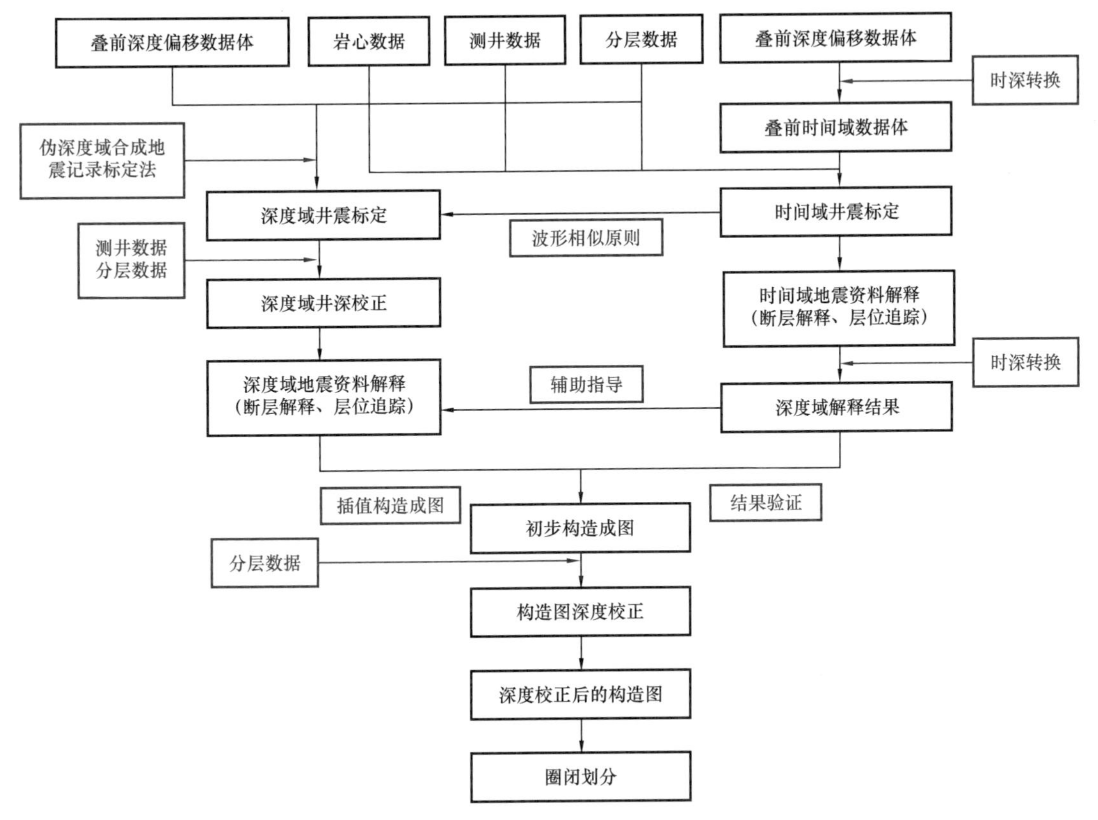

图 6-3-15　深度域地震资料解释流程

3. 大比例尺地表地质填图技术辅助速度建模

对于中西部复杂构造而言，普遍发育地表复杂构造，通过大比例地质填图建立准确地表构造，特别是局部构造的正确认识，可以为近地表速度建模和偏移成像提供更加准确的地层倾角、岩性信息，提高模型精度，进而改善深部成像质量。下面以准南缘古牧地背斜为例进行介绍。古牧地背斜南北两翼基本对称，地层倾角为 60°～70°，靠近核部地层产状明显变缓（图 6-3-16）。北翼最前端发育阜康断层破碎带，断层上盘紫泥泉子组（E_{1-2z}）发生明显倒转，古牧地背斜形态单一，并不存在背斜、向斜相间的构造样式，因此用断层传播褶皱解释背斜前翼地层倒转较合理，并且断层突破古牧地背斜前翼至地表，形成在地表所见的阜康断层破裂带。

在地震反射剖面中，古牧地背斜南翼地层地震反射成像清晰，且近地表处地震反射同相轴产状与地表地层产状测量结果一致。背斜核部和北翼由于地表起伏大、地层较陡及断层对下盘地震成像的“屏蔽”作用等原因造成核部和北翼地震反射成像很差（图6-3-17）。通过与地表地质建模相结合，建立了浅层断层突破型断层传播褶皱模型（图6-3-18）。在地震反射剖面双程旅行时间3500～5000ms处，清晰可见中侏罗统西山窑组煤层连续强反射特征，垂向上还有地层重复的现象。另外在中侏罗统西山窑组强反射之下，能够识别出较可靠的逆断层，与中侏罗统西山窑组煤系滑脱层构成了双重构造系统，内部还发育起到调节作用的反冲断层。

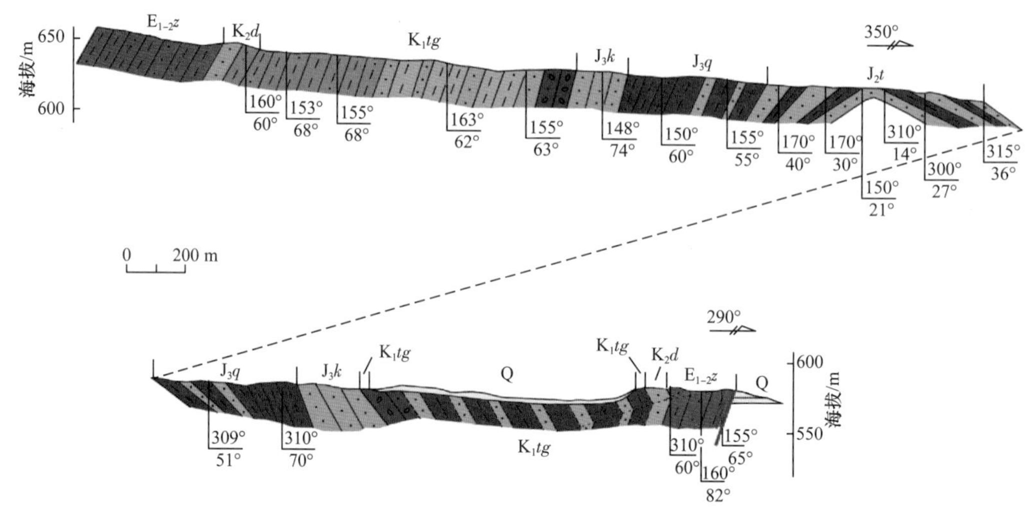

图6-3-16　古牧地背斜野外地表实测剖面

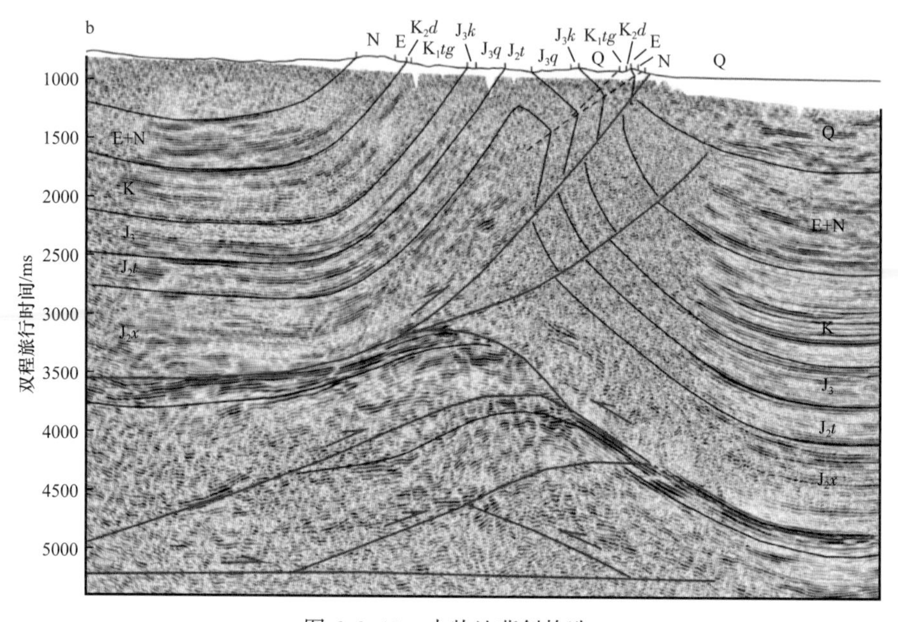

图6-3-17　古牧地背斜构造

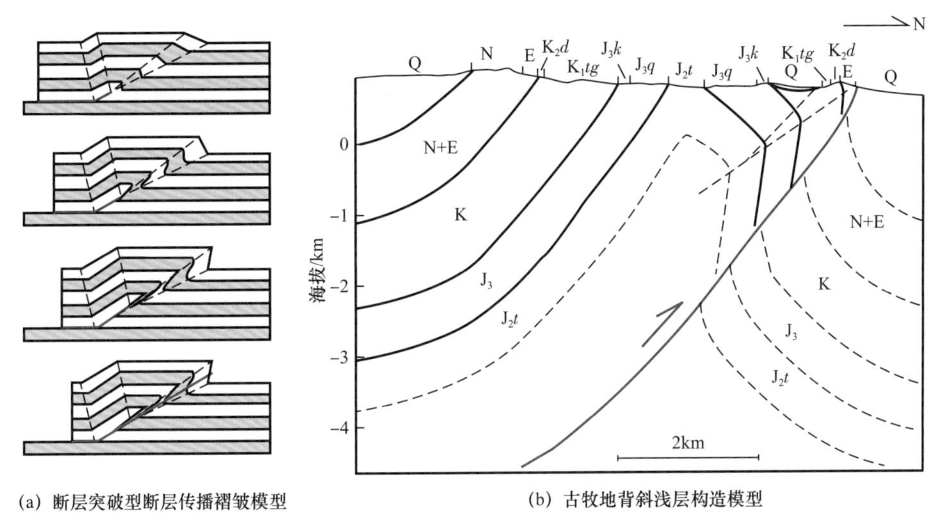

(a) 断层突破型断层传播褶皱模型　　(b) 古牧地背斜浅层构造模型

图 6-3-18　断层突破型断层传播褶皱模型和古牧地背斜浅层构造模型对比图

第七章　复杂构造油气勘探目标综合评价技术

基于前陆盆地石油地质综合研究成果和实验分析，形成了以冲断带深部储层评价技术、储层含油气性检测技术、断裂—膏盐岩封挡圈闭有效性3R评价方法、泥岩盖层封闭性动态评价方法为核心的中西部前陆盆地复杂构造油气藏综合评价技术。

第一节　前陆冲断带深部储层评价技术

前陆盆地深部储层评价技术包括前陆冲断带物源区与湖岸线迁移过程恢复技术、冲断带深层储层孔隙演化与溶蚀增孔物理模拟技术和前陆冲断带深层储层裂缝评价与预测技术。

一、前陆冲断带物源区与湖岸线迁移过程恢复技术

在陆相沉积盆地中，砾岩主要分布在盆地边缘，一般情况下，盆地边缘发育巨厚的砾岩层段，相应的向盆地内延伸则有厚层的砂砾岩、砂岩等存在。砾石大小的变化与水流的速度和流程有密切关系，如果水流的速度加大，则砾石常大小杂陈，粒度中值亦随之增加。当水流的速度减小，由于巨砾常不能搬动，砾石大小比较接近一致，粒度中值相对减小。通过大量野外观察，无论是在物源区的山间河流，还是沉积区的冲积平原河流、冲积扇（扇三角洲）辫状河道等河道内、坝体表面，牵引流作用下砾石粒径的大小向下游有明显变小趋势，国内外学者在此方面开展了大量研究（吴锡浩等，1964；张庆云等，1986；万静萍等，1989；Nicola Surian，2002；Michael Singer，2008；Gale et al.，2019）。

准南缘深层下组合（中生界）勘探程度低，野外剖面展示出侏罗系砂体分布厚度大、面积广、储集性好等特征。中段乌奎背斜带侏罗系埋深达6000～7000m，由于揭示侏罗系深层的钻井非常少，地震成像复杂、多解性强，造成传统的利用地震相、测井相、岩心资料等研究沉积相并预测砂体展布较为困难，严重制约了准南缘深层的油气勘探。采用“将今论古”的方法，通过分析天山前现代沉积相及定量评价砾石参数特征，建立现代冲积扇、扇三角洲平原、河流等沉积体砾石与搬运距离关系式，应用于准南缘侏罗系—白垩系野外露头中的沉积相、平均砾石径与沉积搬运距离关系等对比，形成判断沉积物源区与湖岸线的地质参数，力求恢复准南缘等低勘探程度区盆地原型的岩相古地理特征，为预测有利储集体的展布范围提供依据。

1. 砾石粒度及与沉积搬运距离关系

为了测量砾石大小，给每个砾石设立三个互相垂直的轴，每一个砾石延长的最大距

离为长轴（a 轴），另一轴为短轴（c 轴），再就是中轴（b 轴）。砾石的粒度是通过测量每个砾石长径、中径和短径的长度，然后进行计算和统计而得的，其中的平均砾径 $\bar{d}$，是首先计算出各砾石轴的平均砾径 $\bar{d}_a$，$\bar{d}_b$，$\bar{d}_c$，再计算等体积球径而得出的，即 $\bar{d}=\sqrt[3]{\bar{d}_a \cdot \bar{d}_b \cdot \bar{d}_c}$。砾石平均中值粒径 d_{50}，即 $d_{50}=\sqrt[3]{d_{a50} \cdot d_{b50} \cdot d_{c50}}$，其中 d_{a50}、d_{b50}、d_{c50} 分别在长径、中径和短径累积频率曲线上求出。不论是平均砾径（$\bar{d}$），还是中值砾径（d_{50}），以靠山近源的最大，中间次之，前缘最小。砾石的扁度和球度是根据实地测量砾石 a 轴、b 轴、c 轴的长度计算求得，其中扁度 $F=(a+b)/2c$，球度 $B=\sqrt[3]{abc/a}$。

国外学者针对冲积扇与河流等沉积相砾石粒径（中值粒径 D_{50} 等）向下游变细及其与搬运距离的关系等方面做了较多研究，并建立了如下较为经典的关系式：

$$D_x=D_0 e^{-\alpha x} \tag{7-1-1}$$

式中 D_0——所观测的最初的砾石粒径，mm；

α——砾石粒径变细的指数，km^{-1}；

x——向下游砾石搬运距离；

D_x——搬运距离为 X 时的砾石粒径，mm。

国内在此方面的工作开展的较少，万静萍等（1987，1989）测量大量砾石直径，利用砾石的平均砾径随搬运距离增加而成指数减少的关系，建立了河西走廊昌马盆地、花海盆地及酒西盆地中三个现代冲积扇扇根、扇端的平均砾径与搬运距离关系式，计算砾石距物源区的搬运距离：

$$L=69.7-26.3\ln\bar{d} \tag{7-1-2}$$

式中 L——砾石搬运距离，km；

$\bar{d}$——平均砾径，cm。

2. 现代沉积砾石与物源区和湖岸线的关系

采用“将今论古”的方法分析现代沉积的砾石与物源区和湖岸线的关系，考察天山南北地区发育的现代冲积扇与河流等沉积，其中，焉耆盆地的博斯腾湖及其周缘发育冲积扇、扇三角洲、河流—三角洲、沼泽、滨浅湖及滩坝等多类型沉积体。焉耆盆地是天山主脉与其支脉之间的中生代断陷盆地，东西长 170km，南北宽 80km，面积约 $13000km^2$。博斯腾湖是中国最大的内陆淡水湖，东西长 55km，南北宽 25km，水域面积 800 多平方千米，其周缘发育了开都河及其三角洲、黄水沟冲积扇、马兰红山扇三角洲、湖相滩坝、风成沙丘等多类型沉积体。从多类型沉积相发育特征、物源区碎屑组分等多方面来看，博斯腾湖是现今陆相湖盆沉积特征与天山南北古代沉积体类比的理想场所（图 7-1-1）。

依据前人提出的测量砾石粒度的方法，对分布于博斯腾湖北缘有持续物源供给的黄水沟冲积扇辫状河道内、马兰红山扇三角洲平原分流河道内、开都河山间河段—辫状河段—曲流河段河道内的砾石，开展了砾石粒径和倾向倾角的测量，并开展研究。

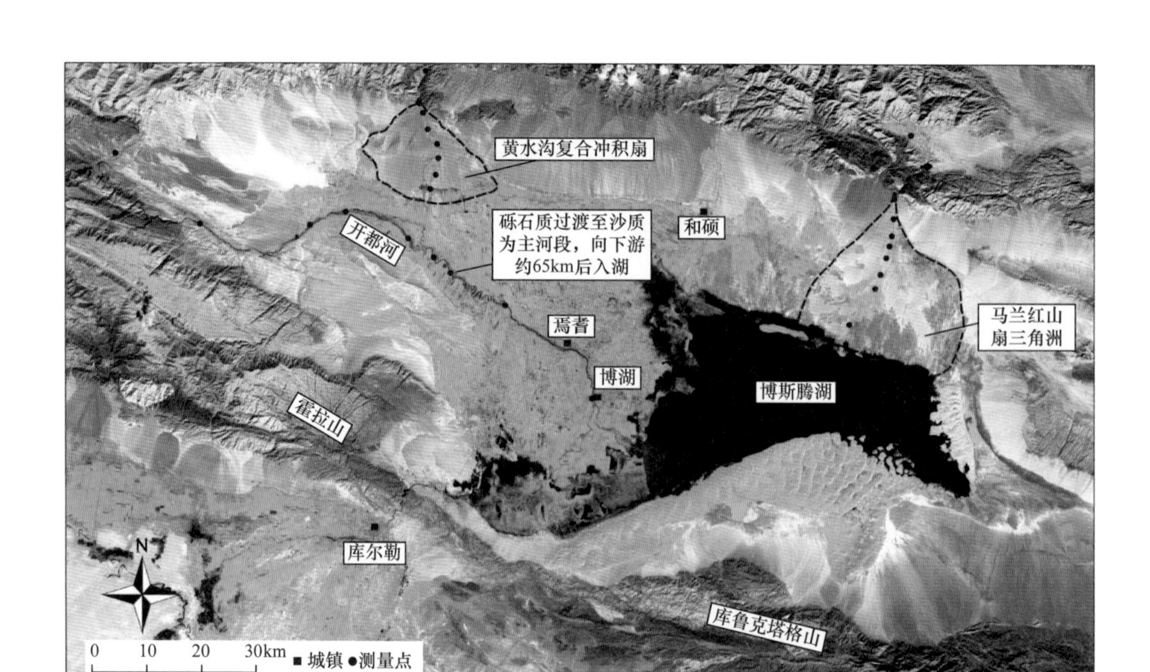

图 7-1-1 博斯腾湖周缘多种类型现代沉积体系展布图

1）冲积扇相砾石沉积与物源区关系

位于博斯腾湖西北缘的黄水沟发源于天山中部的天格尔山南坡，为雨雪混合型河流，自和静县城北 218 国道黄水沟收费站向南流出山口，出山口以上河流长 110km，流域面积为 4311km^2，多年平均径流量为 2.87×10^8m^3。黄水沟出山口后形成复合冲积扇，扇体长约 18km，宽约 19km，扇中部有新近系安吉然组沉积的弱固结扇体抬升并出露，现今多期冲积扇前积。通过分析冲积扇辫状河道内砾石成分，测量砾石径，计算砾石的球度、扁度及平均砾径并与沉积搬运距离进行对比可知，平均砾径由黄水沟收费站北 10km 山间河段的 15.63cm，降低至冲积扇端的平均 5.48cm，沉积搬运距离为 28.8km，平均砾径减少了 65% 左右，并向下游逐步演化为以沙质沉积为主。对平均砾径变化值与沉积搬运距离进行了数据拟合，建立了如黄水沟复合冲积扇辫状河道内的平均砾径变化与沉积搬运距离关系式：

$$S=-25.52\ln\bar{d}+71.747 \tag{7-1-3}$$

式中 S——砾石沉积搬运距离，km；

$\bar{d}$——平均砾径，cm。

式中的系数 −25.52 反映了平均砾径纵向变化的速率，S 与 $\bar{d}$ 呈负相关关系，该式为定量分析冲积扇辫状河道内砾石沉积变化提供了重要的分析参数，如图 7-1-2（a）所示。

2）扇三角洲相砾石沉积与物源区、湖岸线关系

位于博斯腾湖北缘的茶汗通古河（乌什塔拉河），发源于哈依都他乌山系南麓冰川区，以降水补给为主、冰川冰雪融化水补给为辅的河流。茶汗通古河全长 80.0km，出山口以上河流长 50.0km，集水面积 1017km^2，出山口以下河流长约 30km，最终流入博斯腾

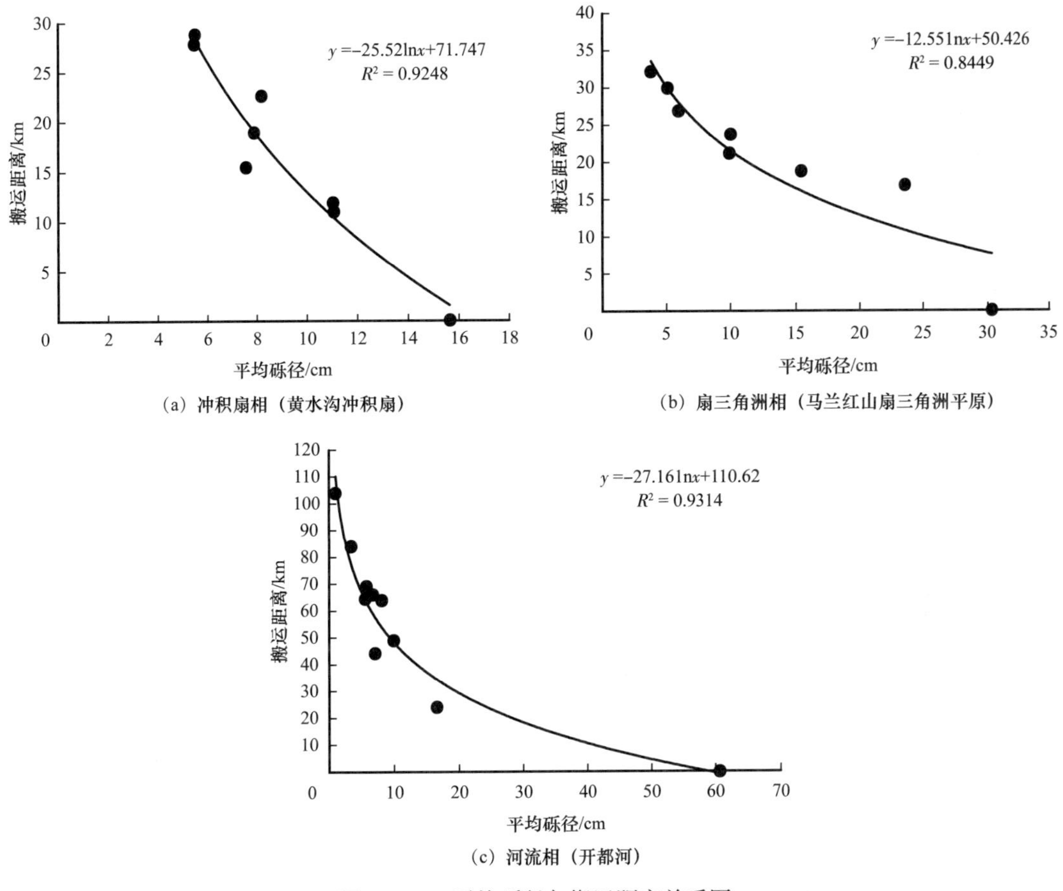

(a) 冲积扇相（黄水沟冲积扇）

(b) 扇三角洲相（马兰红山扇三角洲平原）

(c) 河流相（开都河）

图 7-1-2　平均砾径与搬运距离关系图

湖，形成马兰红山扇三角洲沉积。沿乌什塔拉乡公路向北进入山间盆地，山间盆地内茶汗通古河辫状河道带宽约 130m，河道内发育砾石与沙质沉积，植被较发育，砾石粗大，磨圆较好，呈次棱—次圆状。砾石成分较多，以花岗岩、花岗斑岩为主，少量脉石英、变质岩等（表 7-1-1）。通过分析物源区和扇三角洲平原辫状河道内砾石成分，测量砾石径，计算砾石的球度、扁度及平均砾径并与沉积搬运距离进行对比可知，由上游山间河段平均砾径为 30.34cm，降低至近湖区扇三角洲平原远端的 3.83cm，沉积搬运距离为 32.09km，平均砾径减少了 87% 左右，并向下游逐步演化为以沙质沉积为主。对表 7-1-1 中平均砾径变化值与沉积搬运距离进行了数据拟合，建立了如马兰红山扇三角洲平原辫状河道内的平均砾径变化与沉积搬运距离关系式：

$$S=-12.55\ln\bar{d}+50.426 \tag{7-1-4}$$

式中　S——砾石沉积搬运距离，km；

$\bar{d}$——平均砾径，cm。

式中的系数 -25.52 反映了平均砾径纵向变化的速率，S 与 $\bar{d}$ 呈负相关关系，该式为定量分析扇三角洲平原辫状河道中砾石沉积变化提供重要的分析参数，如图 7-1-2（b）所示。

表 7-1-1 博斯腾湖北缘马兰红山扇三角洲砾石沉积特征及搬运距离关系数据表

河型	剖面位置	主要砾石成分	较多砾石成分	少量砾石成分	球度	扁度	平均砾径 /cm	倾向 / 倾角 /（°）	累计搬运距离 / km
物源区山间河	军博园	混合岩	脉石英	花岗岩、细砂岩、大理岩	（0.46～0.82）/0.67	（1.14～4.67）/2.05	（7.83～73.38）/30.34	—	0
扇三角洲平原辫状河道	出山口	花岗岩、混合岩	暗色火山岩	细砂岩等	（0.34～1.14）/0.65	（0.22～5.86）/2.28	（4.16～141.88）/23.55	30/25	16.8
	出山口南 2km	花岗岩、混合岩	暗色火山岩	细砂岩等	（0.16～1.00）/0.66	（1.00～12.25）/2.40	（2.01～80.82）/15.42	13/33	18.8
	出山石桥处	花岗岩、大理岩	混合岩砾石	砂岩、凝灰岩	（0.47～0.89）/0.63	（1.22～3.50）/2.19	（3.96～54.47）/9.89	—	21.15
	高速路桥南	花岗岩、混合岩	暗色火山岩	细砂岩、大理岩等	（0.34～0.89）/0.67	（1.28～9.00）/2.21	（1.82～49.66）/10.05	39/24	23.66
	机场路	花岗岩、混合岩	暗色火山岩	细砂岩、大理岩等	（0.45～0.98）/0.69	（1.08～4.67）/2.01	（1.82～8.43）/5.06	357/36	29.93
	沙井子村西	花岗岩、混合岩	暗色火山岩	细砂岩、大理岩等	（0.49～0.93）/0.67	（0.64～4.00）/2.00	（1.43～7.88）/3.83	—	32.09

3）河流相砾石沉积与物源区关系

开都河位于博斯腾湖西北缘，发源于天山中部的依连哈比尔尕山和蒙尔宾山，经大山口流出山口后最终注入博斯腾湖，是博斯腾湖最重要的水源供给河流，常年流水不断并有大量的砂砾质与泥质供给。开都河由上游的察汗乌苏水电站至入湖口发育有山间河段、辫状河段、曲流河段、顺直河段四种河型，以及三角洲平原分流河道。对开都河山间河段—辫状河段—曲流河段的砾石沉积特征进行了分析，测量砾石径，认为由察汗乌苏水电站至军垦大桥北侧砾石搬运距离超过100km，平均砾径由60.62cm，降低至1.02cm，减少了90%以上，并逐步演化为以沙质沉积为主。砾石成分中脉石英砾石、凝灰岩砾石增多，粉细砂岩砾石减少。对平均砾径变化值与沉积搬运距离进行了数据拟合，建立了如开都河此种由山间河段—辫状河段—曲流河段的平均砾径变化与沉积搬运距离关系式：

$$S=-27.16\ln\bar{d}+110.62 \tag{7-1-5}$$

式中 S——砾石沉积搬运距离，km；

$\bar{d}$——平均砾径，cm。

式中的系数 −27.16 反映了平均砾径纵向变化的速率，S 与 $\bar{d}$ 呈负相关关系，如图 7–1–2（c）所示。

3. 准南缘地质剖面砾石搬运距离恢复

准南缘侏罗系分布广泛，昌吉一带最厚，由此向东西方向逐渐减薄。对郝家沟—头屯河、呼图壁河、玛纳斯河红沟及安集海河等剖面的侏罗系—白垩系各组主要砾岩发育段的砾石成分和砾石径进行了测量和搬运距离恢复。

1）郝家沟—头屯河剖面

剖面位于乌鲁木齐市西南约 40km 处。下侏罗统八道湾组底部砂砾岩呈灰白色、灰绿色，与下伏郝家沟组颜色较深的砂砾岩区别明显。八道湾组下段砾岩为灰白色、浅灰绿色中、细砾岩，单层厚 40～80cm。砾石成分主要为中酸性火山岩、凝灰岩，少量脉石英、花岗岩、粉细砂岩砾石，呈次棱角状、次圆状，砾径为 0.80～2.51cm，平均砾径为 1.39cm（表 7–1–2），反映了远源沉积搬运特征。中侏罗统西山窑组中上部发育灰色、浅灰绿色砂砾岩，砾石成分以中酸性火山岩、凝灰岩、脉石英、粉细砂岩、花岗岩等为主，砾径为 0.50～2.01cm，平均砾径为 1.19cm，同样具有远源沉积搬运特征。中侏罗统头屯河组下段发育多套砂砾岩—泥岩正韵律层，砾岩厚 30～60cm，砾石呈次棱角状、次圆状，砾石成分主要为花岗岩、脉石英、粉细砂岩、混合岩等，砾石径 1.02～3.15cm，平均砾径为 1.62cm。下白垩统吐谷鲁群与上侏罗统不整合接触，吐谷鲁群底部为灰绿色巨厚砂岩夹含砾粗砂岩、砂质砾岩。砾石成分主要为粉细砂岩、凝灰岩砾石，少量中酸性火山岩等砾石，砾径为 0.52～1.64cm，平均砾径为 0.93cm。

2）呼图壁河剖面

剖面位于呼图壁县城南呼图壁河上游齐古油田西南。中侏罗统西山窑组砾岩主要位于中上部厚层砂岩底部，属河道底部滞留沉积。砾岩厚 35～50cm，砾石成分主要为凝灰岩、脉石英、花岗岩砾石，少量中基性火山岩、灰岩、砂岩砾石，呈次棱角状—次圆状，砾石径 0.5～3.1cm，平均砾径为 0.95cm。中侏罗统头屯河组砾岩厚度增大，一般厚 50～130cm，砾石的主要成分为脉石英、花岗岩、凝灰岩砾石，少量中基性火山岩、混合岩、砂岩、灰岩砾石，呈次棱角状、次圆状，砾石径为 0.71～2.45cm，平均砾径为 1.23cm。上侏罗统喀拉扎组整体为一套巨厚的砾岩沉积，褐色及少量灰绿色砾岩的砾石成分主要为凝灰岩等中酸性火山岩砾石，少量石灰岩、细砂岩、变质岩砾石，呈棱角状、次棱角状，沉积搬运距离较近，砾石径为 0.93～14.52cm，平均砾径为 3.55cm。下白垩统清水河组底部发育灰绿色砾岩，厚 1.5～2.5m，砾石呈层状分布。砾石成分主要为粉细砂岩、凝灰岩砾石，少量灰岩、变质岩、脉石英、花岗岩砾石，呈棱角状、次棱角状，属较近沉积搬运距离产物。砾石径主要为 1.13～9.86cm，平均砾径为 3.26cm。

3）玛纳斯河红沟剖面

剖面北距石河子市约 70km。中侏罗统西山窑组下部为灰黄色、灰绿色砾岩，厚度较薄，单层厚 25～35cm，主要位于厚层状河道砂体底部，属滞留沉积。砾石成分主要为脉石英、花岗岩、中基性火山岩砾石，砾径 0.3～2.5cm，平均砾径为 0.8cm 左右。中侏罗统头屯河组黄绿色中、细砾岩厚度较薄，单层厚 15～35cm，主要位于厚层状河道砂体底部，属滞留沉积。部分砾石位于槽状交错层理的层理面之上，厚度较薄，呈砾石层分布。砾石成分主要为脉石英、凝灰岩、中基性火山岩、花岗岩砾石，砾石径 0.5～3.1cm，平均砾径为 1.1cm 左右，呈次棱角状、次圆状，为远源沉积搬运产物（表 7–1–2）。上侏罗统喀拉扎组发育灰褐色、黄褐色厚层状砾岩，厚 300 余米，砾石成分主要为凝灰岩、粉细砂岩、石灰岩砾石，少量脉石英、花岗岩砾石。砾石径为 0.36～15.12cm，平均砾径为 2.93cm。下白垩统吐谷鲁群底部发育灰色色、灰绿色厚层状砾岩，砾石成分主要为粉细砂岩、凝灰岩砾石，少量脉石英、花岗岩、中酸性火山岩砾石。砾石径为 0.84～7.06cm，平均砾径为 2.35cm。

4）安集海河剖面

剖面位于沙湾县城西南安集海河上游。下侏罗统八道湾组发育厚层砂砾岩与泥粉砂岩互层，砾岩厚 0.5～1.5m，呈灰色、灰褐色，砾石呈层状排列，砾石成分主要凝灰岩、花岗岩、脉石英砾石，少量混合岩、中基性火山岩、粉细砂岩砾石，呈次棱角状、次圆状，砾石径为 1.10～21.74cm，平均砾径为 3.46cm。中侏罗统头屯河组中下部发育厚层状砂岩、砂砾岩，砾岩厚 1.2～2.2m，呈灰色、灰黄色。砾石成分主要为花岗岩、凝灰岩、脉石英砾石，少量混合岩、泥粉砂岩、石灰岩砾石，呈次棱角状、次圆状，砾石径为 0.84～3.84cm，平均砾径为 2.09cm。

4. 物源区迁移恢复

准南缘下侏罗统八道湾组砾岩主要为河流、辫状河三角洲沉积，中侏罗统西山窑组砾岩为河流、三角洲沉积，头屯河组砾岩主要为河流相沉积，上侏罗统喀拉扎组砾岩主要为冲积扇沉积，下白垩统清水河组底部砾岩主要为扇三角洲沉积（表 7–1–3）。

表 7-1-2 准噶尔盆地主要野外剖面砾石成分与平均砾径统计表

主要剖面与层位		八道湾组（J_1b）	西山窑组（J_2x）	头屯河组（J_2t）	喀拉扎组（J_3k）	吐谷鲁群（K_1tg）
安集海河剖面	砾石成分	凝灰岩、花岗岩、脉石英，少量混合岩、中基性火山岩、粉细砂岩	砾石分选、磨圆中等	花岗岩、凝灰岩、脉石英，少量混合岩、泥粉砂岩、石灰岩	—	—
	砾石径 /cm/ 平均砾径 $/\bar{d}$	（1.10～21.74）/3.46	1.0～3.0	（0.84～3.84）/2.09	—	—
玛纳斯剖面	砾石成分	—	灰绿色砾岩，脉石英、花岗岩、中基性火山岩	脉石英、凝灰岩、中基性火山岩、花岗岩	褐色砾岩，主要为凝灰岩、粉细砂岩、灰岩，少量脉石英、花岗岩	灰绿色砾岩，主要粉细砂岩、凝灰岩，少量脉石英、花岗岩、中酸性火山岩
	砾石径 /cm/ 平均砾径 $/\bar{d}$	—	（0.3～2.5）/0.8	（0.5～3.1）/1.1	（0.36～15.12）/2.93	（0.84～7.06）/2.35
呼图壁河剖面	砾石成分	—	凝灰岩、脉石英、花岗岩砾石，少量中基性火山岩、石灰岩、砂岩	脉石英、花岗岩、凝灰岩，少量中基性火山岩、混合岩、砂岩、石灰岩	褐色为主，少量灰绿色砾岩；主要凝灰岩等中酸性火山岩，少量石灰岩、细砂岩、变质岩	灰绿色砾岩，主要粉细砂岩、凝灰岩，少量石灰岩、变质岩、脉石英、花岗岩
	砾石径 /cm/ 平均砾径 $/\bar{d}$	—	（0.5～3.1）/0.95	（0.71～2.45）/1.23	（0.93～14.52）/3.55	（1.13～9.86）/3.26
郝家沟～头屯河剖面	砾石成分	灰白色、灰绿色砾岩，主要中酸性火山岩、凝灰岩，少量脉石英、花岗岩粉细砂岩	中酸性火山岩、凝灰岩、脉石英、粉细砂岩、花岗岩等	花岗岩、脉石英、粉细砂岩、混合岩、凝灰岩	—	粉细砂岩、凝灰岩，少量中酸性火山岩等
	砾石径 /cm/ 平均砾径 $/\bar{d}$	（0.80～2.51）/1.39	（0.50～2.01）/1.19	（1.02～3.15）/1.62	—	（0.52～1.64）/0.93
沉积相类型		河流—辫状河三角洲	河流—三角洲	河流	冲积扇为主	扇三角洲

下侏罗统八道湾组在安集海河剖面中砾石沉积搬运距离约为76.91km，头屯河—郝家沟剖面约为101.68km，而在西北缘吐孜阿克内沟剖面为48.08～91.79km。中侏罗统西山窑组在安集海河剖面中砾石沉积搬运距离为80.78～110.62km，玛纳斯河剖面约为116.68km，呼图壁河剖面约为112.01km，头屯河—郝家沟剖面约为105.90km。中侏罗统头屯河组在安集海河剖面中砾石沉积搬运距离为90.60km，玛纳斯河剖面约为108.03km，呼图壁河剖面约为104.99km，头屯河—郝家沟剖面约为97.52km。上侏罗统喀拉扎组在玛纳斯河剖面中砾石沉积搬运距离约为44.31km，呼图壁河剖面中约为39.41km。下白垩统清水河组底部玛纳斯河剖面中砾石的沉积搬运距离约为39.70km，呼图壁河剖面约为35.60km，头屯河—郝家沟剖面约为51.34km（表7-1-3）。

表7-1-3 依据砾石沉积特征恢复的距物源区与距湖岸线距离数据表

剖面	安集海河		玛纳斯河		呼图壁河		郝家沟—头屯河		沉积相类型/距湖岸线距离/km
层位	距物源区距离/km	距湖岸线距离/km	距物源区距离/km	距湖岸线距离/km	距物源区距离/km	距湖岸线距离/km	距物源区距离/km	距湖岸线距离/km	
清水河组底部			39.70	10～15	35.60	约15	51.34	约10	扇三角洲/10～20
喀拉扎组			44.31	10～15	39.41	约15			冲积扇、扇三角洲平原/15～20
头屯河组	90.60	50～65	108.03	约50	104.99	约50	97.52	50～60	河流/50～65
西山窑组	110.62～80.78	50～65	116.68	约50	112.01	约50	105.90	约50	河流—三角洲/50～65
八道湾组	76.91	65～70					101.68	50～60	河流—辫状河三角洲/65

计算准南缘古代沉积剖面距湖岸线距离依据如下：（1）与现代沉积体沉积坡度相近条件下，河道内砾石质为主转变为砂质沉积为主河段与湖岸线距离。在现代开都河远源河流—三角洲沉积体系中，沉积物供给充分条件下，由砾质沉积转变为砂质沉积为主河段至湖岸线距离约为65km。马兰红山扇三角洲平原辫状河道内砾质沉积转变为砂质沉积为主河段至湖岸线距离约为15km。（2）砾质沉积转变为砂质沉积为主河段的砾石产状与平均砾径范围。现代开都河远源河流—三角洲沉积体系中，砾质转变为砂质沉积为主河段的砾石主要为河道内滞留砾石，平均砾径为1.02～3.33cm。马兰红山扇三角洲平原辫状河道内砾质沉积转变为砂质沉积为主河段，砾石主要为河道内滞留沉积，平均砾径为3.83cm。（3）河流出山口距湖岸线距离。现代开都河由大山口出山口至湖岸线距离约为126km，马兰红山扇三角洲的茶汗通古河出山口至湖岸线距离约为30km。（4）古代露头

中砾岩所属沉积相、砾石产状及平均砾径等。

依据上述原则，下侏罗统八道湾组、中侏罗统西山窑组—头屯河组砾岩发育层段在准南缘地区以河流三角洲沉积为主，且沉积物供给较充分，以厚层状砂砾岩与泥岩互层为主。由于各剖面中的砾岩主要为河道滞留沉积，砾岩厚度较薄，故以平均砾径来计算的八道湾组沉积时期剖面位置距沉积湖岸线约为65～70km；西山窑组与头屯河组沉积时期剖面位置距沉积湖岸线为50～65km。上侏罗统喀拉扎组以冲积扇沉积为主，下白垩统清水河组底部砾岩发育层段以扇三角洲沉积为主。以平均砾径来计算，上侏罗统喀拉扎组冲积扇平均砾径大于八道湾组，向下游变换为以砂质沉积为主搬运距离至少要60km。下白垩统清水河组剖面位置距湖岸线约10～15km，但此为以砂岩沉积为主，且砾石为河道滞留沉积，砾岩厚度较薄。若兼顾露头区较大厚度砾岩，如厚达1～3m甚至更厚砾岩，则剖面位置距湖岸线可能要达到20km以上。故认为上侏罗统喀拉扎组剖面位置距湖岸线约至少60km，下白垩统清水河组剖面位置距湖岸线约10～20km。

在此基础上，同样考虑自新近纪（23Ma）以来，准南缘由东向西自三屯河剖面、金钩河—安集海河剖面、四棵树凹陷剖面平衡恢复计算出构造缩短量分别为37km、19.5km和7.2km，即与侏罗纪—白垩纪沉积时相比，现今的头屯河—郝家沟剖面、呼图壁河剖面、玛纳斯河剖面及安集海河剖面，向北移动了37～19.5km，故现将此四剖面向南回推37～19.5km（图7-1-3中红色圆点位置）。进而计算的侏罗纪—白垩纪准南缘湖岸线位置自东向西也同样向南回推37～19.5km（图7-1-3中彩色虚线位置）。

如图7-1-3所示，恢复的湖岸线与现今盆地边缘线相比，有一向西北方向敞开的夹角，表明在呼图壁河及其以西地区，以河流冲积平原、三角洲平原沉积为主，分流河道与河道间泥质较发育，砂砾岩储层的非均质性较强。在呼图壁河及其以东地区，以三角洲前缘沉积为主，水下分流河道及砂坝发育，砂岩储层分选及物性相对好。该认识对在编制岩相古地理图过程中，对以现今盆地边缘线作为湖岸线的观念提出了不同见解，为今后岩相古地理图或者沉积相的编制提供了一个新的视角。

二、深层储层孔隙演化与溶蚀增孔物理模拟技术

深部优质储层的存在往往与大量次生孔隙及微裂缝的发育有关，其研究的难点是深部异常孔隙的成因、保存机理及异常孔隙带的预测。国内外学者对长石、岩屑和碳酸盐矿物的溶蚀及长石溶蚀增孔量开展了研究，特别是Taylor等（2010）统计了墨西哥湾三叠系、中新统、始新统，英国北海二叠系、三叠系，俄罗斯白海侏罗系，西非渐新统等全球富含长石的海相砂岩中长石溶蚀孔隙度平均值0.2%～4.8%。目前，国内学者针对中国陆相沉积盆地高长石骨架颗粒含量储层中长石溶蚀增孔量的研究较少，特别是关于储层埋藏成岩过程中长石溶蚀增孔量演化过程及定量计算的研究涉及更少。因此，以库车坳陷克拉苏构造带白垩系巴什基奇克组深层储层为例，开展成岩物理模拟实验研究，定量计算巴什基奇克组储层在早期长期浅埋—后期快速深埋地质过程下，长石骨架颗粒的

溶蚀率及溶蚀增孔量，可为中国陆相盆地中高长石骨架颗粒含量的深层有利储层评价与预测提供重要的实验技术。

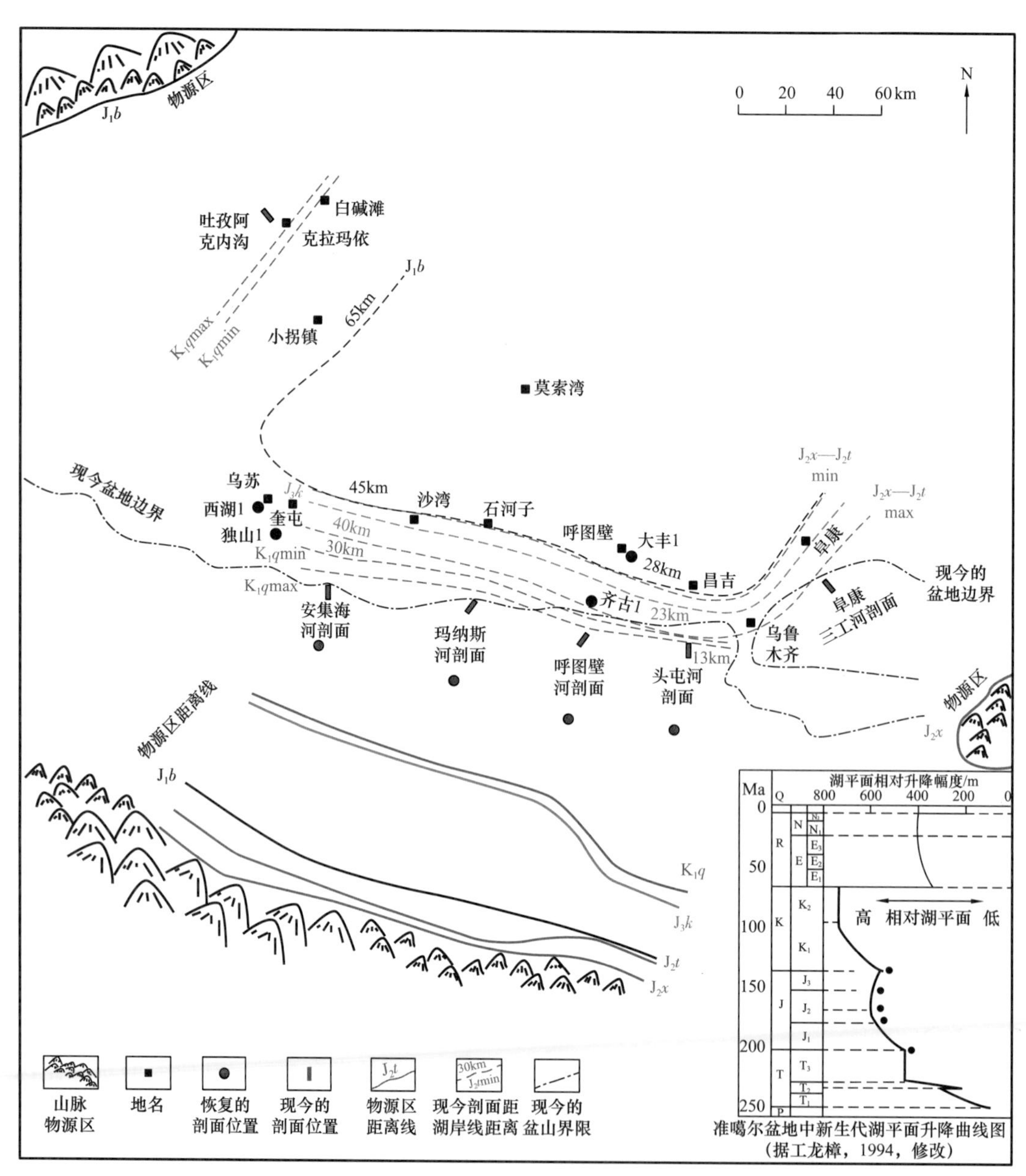

图 7-1-3　恢复的准噶尔盆地侏罗—白垩纪物源区与湖岸线位置

1. 成岩物理模拟实验

1）实验条件

模拟目的层为白垩系巴什基奇克组深层砂岩储层，统计克深地区多口钻井巴什基奇克组砂岩储层样品中石英、长石及岩屑的种类与含量，模拟的砂质样品按照实际岩心地质样品统计的矿物种类及含量来配比，选取的砂质粒径为0.10～0.25mm的细砂质；白垩系的地层水以氯化钙型为主，故实验流体设定为重量浓度2%的氯化钙溶液；在实验过程后期加入重量浓度为0.5%的醋酸溶液，模拟深埋后地层内的溶蚀作用。实验中流体以恒流方式供给，流经每块样品的速度是0.3mL/min。在流体供给达样品总体积的20%后，将反应釜体封闭，流体与砂质样品进行充分的水岩反应后再放出收集，如此循环至整个实验结束。

2）实验模拟结果

对模拟的不同埋深的砂质成岩样品，运用OlympusBX51型偏光显微镜进行储层微观结构的观察，模拟的白垩系深层储层具有如下四阶段演化特征。

（1）模拟埋深低于3000m，浅埋藏阶段。细砂岩碎屑颗粒以点接触为主，颗粒间剩余原生孔保存较多。溶蚀扩大孔面孔率为1.5%～2.0%（表7-1-4），主要是少量岩屑、石英等颗粒溶蚀为主。粒间铁泥质含量6%～12%，方解石约为1%。测量成岩流体pH值为7.5～8.5，为淡水—半咸水成岩环境。

（2）模拟埋深3000～4500m，浅埋藏—快速深埋藏转换阶段。细砂岩碎屑颗粒仍以点状接触为主，少量线状接触，长石及岩屑颗粒等被溶蚀，孔隙类型为剩余原生孔和溶蚀扩大孔，溶蚀扩大孔面孔率为1.5%～2.1%。粒间铁泥质含量3%～10%，方解石约为1%。测量成岩流体pH值为7.5～4.0，为淡水—半咸水—酸性水成岩环境。

（3）模拟埋深5000～6000m，深埋藏早期阶段。碎屑颗粒点—线状接触、线状接触。压实作用使石英、石英岩岩屑、长石等颗粒裂纹较发育，裂纹内铸体浸染。颗粒间泥质、方解石及部分长石颗粒、岩屑被溶蚀，溶蚀现象局部较发育且溶蚀作用主要发生在碎裂纹及裂缝的基础上，溶蚀扩大孔面孔率为3.0%～5.0%。粒间铁泥质含量2%～3%，方解石约为1%。测量成岩流体pH值为3.5，为酸性成岩环境。

（4）模拟埋深7000～8000m至更深阶段，深埋藏晚期阶段。碎屑颗粒线状接触为主，溶蚀扩大孔面孔率为4.0%～5.0%。碎屑颗粒点—线状接触、线状接触，颗粒间泥质、方解石及部分长石颗粒、岩屑被溶蚀。粒间铁泥质含量6%～8%，方解石约为3%。测量成岩流体pH值为5.0～5.5，为酸性成岩环境。

在模拟克深地区巴什基奇克组砂岩储层经历的早期浅埋藏阶段，淡水—半咸水成岩环境下，长石、石英、岩屑等骨架颗粒发生了溶解现象。如图7-1-4（a）、图7-1-4（b）、图7-1-4（c）所示，模拟埋深2000m时，长石内部发生微量溶蚀，由内部呈线状扩大。长石的平均溶蚀度为5.75%（表7-1-4）；在模拟埋深3000m时，长石颗粒内部及粒缘发生溶蚀，呈港湾状［7-1-4（b）］。钠长石表面被溶蚀呈蜂窝状，且沿解理缝溶蚀为主，平均长石溶蚀度为7.25%。在模拟的早期浅埋—由浅埋至深埋转换阶段，淡水—半咸水—酸性水成岩环境，埋深4000m时，沿长石颗粒内部解理缝发生溶蚀，解理缝扩大，局部呈港湾状，火山岩岩屑内部也发生溶蚀，呈港湾状，平均长石溶蚀度为8.5%。该阶段平均长石溶蚀度值为5.75%～9.25%，长石溶蚀主要沿解理缝发生，并有少量的石英颗粒、岩屑颗粒溶蚀。

表 7-1-4　物理模拟克深—大北井区深层埋藏过程中孔隙演化、长石溶蚀增孔量统计表

薄片面孔率 / %	剩余原生孔 / %	溶蚀扩大孔 / %	泥质含量 / %	方解石含量 / %	溶蚀率 / %	pH 值	长石溶蚀度 / %	克深最大溶蚀增孔 / %	克深长石溶蚀贡献率 / %	大北最大溶蚀增孔 / %	温度 / ℃	压力 / MPa	模拟埋深 / m	埋藏阶段与成岩环境
25.0	23.0	2.0	6	1	5.0	8.5	5.75	0.86	43.0	0.62	300	110	2000	浅埋藏阶段淡水—半咸水
18.0	16.5	1.5	12	1	3.8	7.5	6.75	1.01	67.33	0.73	325	123.5	2500	
22.0	20.4	1.6	8	1	4.0	—	7.25	1.09	68.13	0.78	350	137.5	3000	
20.0	18.5	1.5	8	1	3.8	7.5	8.0	1.2	80.0	0.86	362.5	151.5	3500	转换阶段淡水—半咸水—酸性环境
15.0	13.3	1.7	10	<1	4.3	—	8.5	1.28	75.29	0.92	375	165	4000	
20.0	17.9	2.1	3	1	5.3	4	9.25	1.39	66.19	1.0	387.5	178.5	4500	
16.0	13.0	3.0	2	1	7.5	3.5	7.0	1.05	35.0	0.76	400	192.5	5000	深埋藏早期酸性环境
17.0	12.0	5.0	3	<1	12.5	3.5	7.67	1.15	23.0	0.83	425	220	6000	
12.0	8.0	4.0	8	<1	10.0	—	9.75	1.46	36.5	1.05	450	247.5	7000	深埋藏晚期酸性环境
11.0	7.0	4.0	7	<1	10.0	5.0	11.75	1.76	44.0	1.27	462.5	261.5	7500	
10.0	5.0	5.0	6	3	12.5	5.5	13.67	2.05	41.0	1.48	475	275	8000	

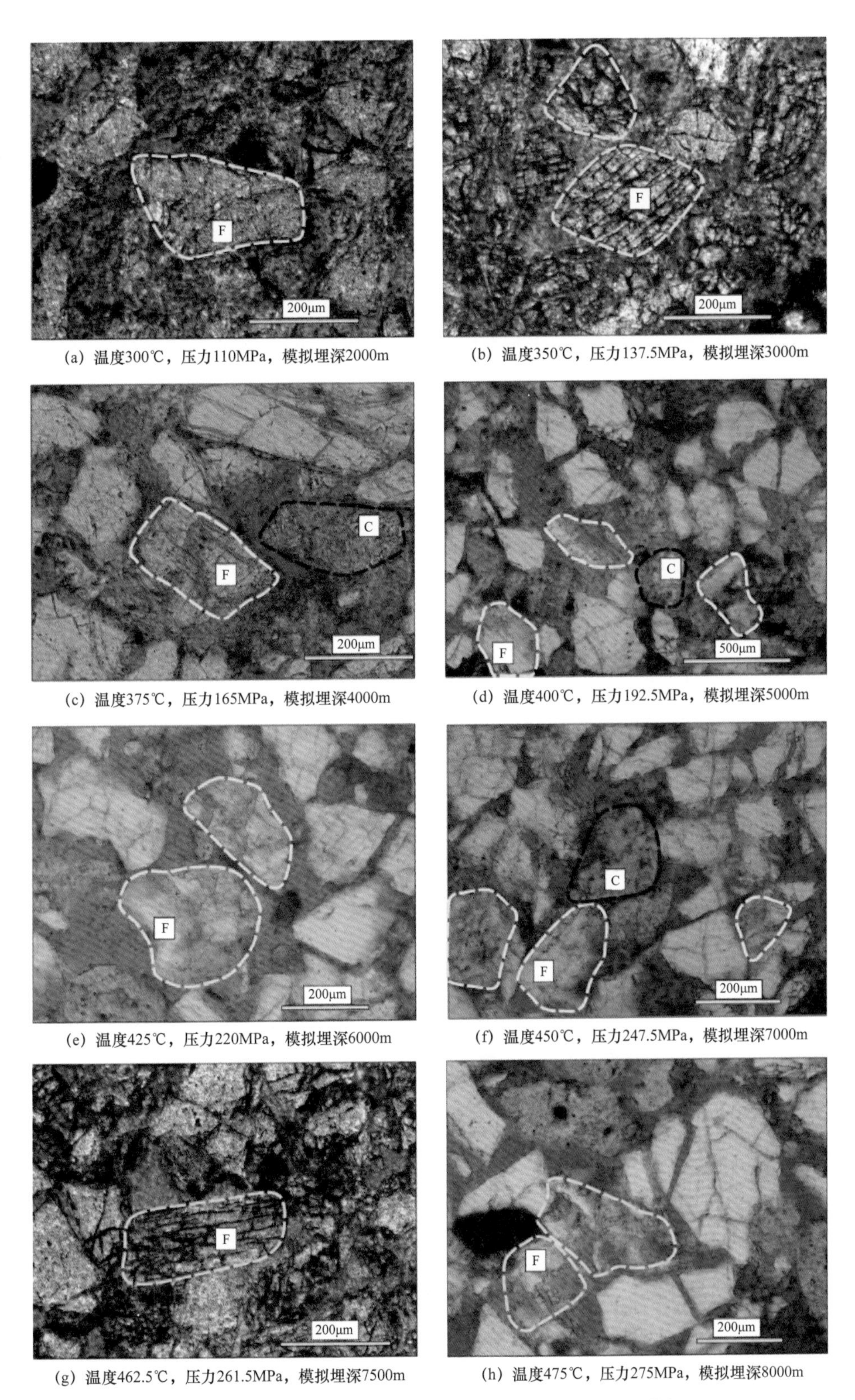

(a) 温度300℃，压力110MPa，模拟埋深2000m

(b) 温度350℃，压力137.5MPa，模拟埋深3000m

(c) 温度375℃，压力165MPa，模拟埋深4000m

(d) 温度400℃，压力192.5MPa，模拟埋深5000m

(e) 温度425℃，压力220MPa，模拟埋深6000m

(f) 温度450℃，压力247.5MPa，模拟埋深7000m

(g) 温度462.5℃，压力261.5MPa，模拟埋深7500m

(h) 温度475℃，压力275MPa，模拟埋深8000m

图 7-1-4　物理模拟深层储层中长石及岩屑溶蚀微观特征

快速深埋藏阶段，在与实际地质演化相一致的酸性成岩环境下，储层中部分碎屑颗粒发生更为明显的溶解现象。在模拟埋深 5000m 的深埋藏早期阶段，如图 7-1-4（d）至图 7-1-4（h）所示，长石颗粒边缘发生溶蚀，呈港湾状，平均长石溶蚀度为 7.0%，并见有少量火山岩岩屑被溶蚀。在模拟埋深 6000m 时，较多的长石颗粒发生破裂，在破裂缝的基础上发生溶蚀扩大，呈港湾状、长石小碎块孤立状，平均长石溶蚀度为 7.67%。在模拟埋深 7000m 的深埋藏晚期阶段，长石颗粒发生了大量溶蚀，表现为长石粒缘、粒内溶蚀及沿破裂缝溶蚀，呈港湾状，平均长石溶蚀度为 9.75%。沿钠长石内破裂缝、解理缝均有明显的溶蚀现象发生（图 7-1-5），同时，火山岩岩屑也溶蚀呈港湾状。在模拟埋深 7500～8000m 阶段，较多的长石沿解理缝、破裂缝发生溶蚀，溶蚀呈明显的港湾状，平均长石溶蚀度为 11.75%～13.67%。由此可见，在快速深埋藏晚期，长石颗粒受挤压作用发生破裂的基础上，沿破裂缝、解理缝发生大量的溶蚀，产生次生孔隙是较为普遍的。

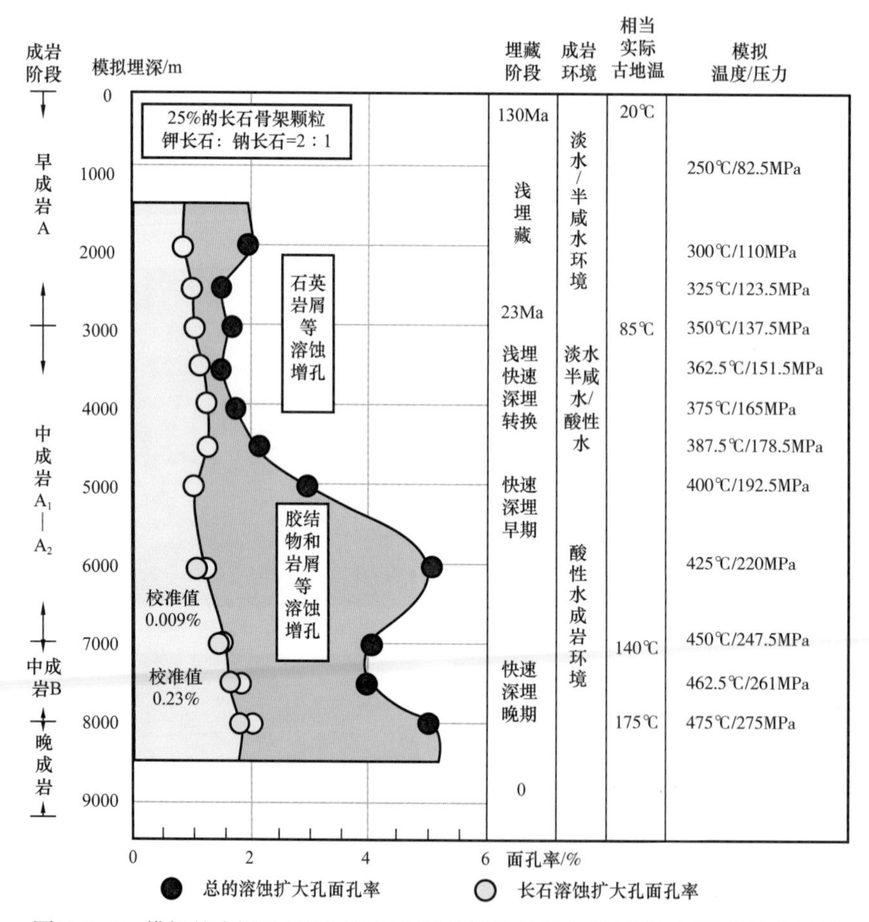

图 7-1-5 模拟的克深地区深层储层在地质演化过程中长石溶蚀增孔量演化过程

模拟的克深地区早期长期浅埋—后期快速深埋地质过程中，长石最大溶蚀增孔量为 0.86%～2.05%。在早期长期浅埋藏的淡水—半咸水成岩环境下，最大长石溶蚀增加的孔隙度（面孔率）为0.86%～1.39%，长石溶蚀增孔量在次生孔隙中的贡献率比值较高，达43.0%～66.19%。次要的溶蚀孔贡献来自岩屑、石英颗粒及少量粒间填隙物的溶蚀。在后期快速深埋藏的酸性成岩环境下，最大长石溶蚀增加的孔隙度（面孔率）为1.05%～2.05%，长石溶蚀增孔量在次生孔隙中的贡献率比值降低为23.0%～44.0%，主要的溶蚀贡献者为颗粒间的方解石、岩屑颗粒等。长石溶蚀增孔量占次生孔隙度的相对比值在早期长期浅埋藏阶段大、在后期快速深埋藏阶段小，但绝对孔隙增加量是变大的。

在克拉苏构造带大北地区，模拟的大北地区在早期长期浅埋—后期快速深埋地质过程中，长石最大溶蚀增孔量值为0.62%～1.48%。

2. 实际样品分析与长石溶蚀增孔量检验

1）实际岩心样品长石溶蚀增孔量

运用FEI HELIOS NANOLAB 650聚焦离子束双束扫描电镜，对克拉苏构造带多口井巴什基奇克组砂岩岩心样品进行了扫描分析和统计（表7-1-5）。

博孜—大北—克深井区深层白垩系储层基质孔隙中长石骨架颗粒与方解石等胶结物的溶蚀增孔量与溶蚀贡献率有较大差异（图7-1-6）。（1）克深2-2-8井区长石骨架颗粒增孔量较大，一般为1.61%～3.45%，实测岩心孔隙度为2.62%～5.88%，长石溶蚀增孔量对储层孔隙的贡献率也较高，达58.67%～61.45%。方解石溶蚀增孔量很少，少量石膏溶蚀增孔量仅为0.12%。（2）克深2-2-14井区长石骨架颗粒增孔量较低，仅为0.21%，实测岩心孔隙度为3.06%，长石溶蚀增孔量对储层孔隙的贡献率为6.86%。方解石溶蚀增孔量相对高，为0.37%，方解石溶蚀对储层孔隙贡献率则为12.09%。（3）克深5井区长石骨架颗粒增孔量变化较大，为0.06%～1.24%，实测岩心孔隙度为3.48%～4.55%，长石溶蚀增孔量对储层孔隙的贡献率较低，为1.72%～27.25%。方解石溶蚀增孔量较少，为0.11%～0.38%，方解石溶蚀对储层基质孔隙贡献率则为2.42%～10.92%。（4）克深9井区长石骨架颗粒增孔量变化较大，达0.53%～2.82%，实测岩心孔隙度为2.61%～5.53%，长石溶蚀增孔量对储层孔隙的贡献率20.31%～50.99%。其中，克深902井埋深7926.59m井段的长石增孔量为2.82%，长石溶蚀对孔隙贡献率为50.99%，可见深层储层中长石的溶蚀作用是很发育的，该井区方解石溶蚀增孔量很少。（5）大北井区长石骨架颗粒增孔量较小，一般为0.56%～0.90%，实测岩心孔隙度为2.60%～4.75%，长石溶蚀增孔量对储层孔隙的贡献率较低，一般为18.95%～21.54%。大北井区方解石溶蚀增孔量变化较大，为0.29%～2.43%，方解石溶蚀对储层孔隙贡献率为11.15%～51.16%。（6）博孜井区长石骨架颗粒增孔量较小，为0.36%，实测岩心孔隙度为9.55%，长石溶蚀增孔量对储层孔隙的贡献率很低，为3.77%，方解石溶蚀增孔量很少，表明博孜井区基质孔隙以剩余原生孔为主，次生溶蚀作用不发育。

由此可见，次生溶蚀作用对本区深层储层基质孔隙中储集性能的改善发挥了重要作用。埋深超过6000m的克深井区，特别是埋深达到7926.59m的克深902井深层仍发育有效储层，钾长石、钠长石溶蚀作用的贡献是主要的，方解石溶蚀作用的贡献次之。在大北井区，方解石溶蚀作用对次生溶蚀孔隙的贡献是主要的，而长石的贡献次之。博孜井

表 7-1-5 博孜、大北、克深井区储层长石骨架颗粒溶蚀度、最大增孔量及方解石溶蚀特征表

代表井 / 井深	矿物含量 /%			长石体积 / %	填隙物组合 / 含量	主要成岩环境	长石溶蚀增孔量 / %	方解石溶蚀增孔量 / %	岩心孔隙度 / %	长石溶蚀贡献率 / %	方解石溶蚀贡献率 / %
	石英	钾长石	钠长石								
博孜 102 井 / 6856.67m	51.0	7.0	13.0	12.0	白云石 + 硬石膏 / 5.6%	偏碱性水介质	0.36	很少	9.55	3.77	很少
大北 304 井 / 6932.53m	42.6	4.9	13.6	11.1	方解石为主 /2.9%	淡水—半咸水介质	0.56	0.29	2.60	21.54	11.15
大北 304 井 / 7079.17m	26.3	2.3	16.3	11.2	方解石为主 /30.4%		0.90	2.43	4.75	18.95	51.16
克深 2-2-8 井 / 6741.76m	60.0	5.6	17.4	13.8	白云石 + 硬石膏 / 2.5%	偏碱性水介质	3.45	很少	5.88	58.67	很少
克深 2-2-8 井 / 6824.47m	43.6	7.9	18.9	16.1	白云石为主 /4.5%		1.61	很少	2.62	61.45	很少
克深 2-2-14 井 / 6850.29m	41.1	9.0	26.5	21.3	方解石 + 白云石 / 11.7%	淡水—半咸水介质	0.21	0.37	3.06	6.86	12.09
克深 501 井 / 6510.58m	40.5	2.3	8.2	6.3	方解石 + 硬石膏 / 2.3%	淡水—半咸水介质	0.06	0.38	3.48	1.72	10.92
克深 505 井 / 6767.44m	43.8	5.0	10.9	9.5	方解石为主 /4.4%		1.24	0.11	4.55	27.25	2.42
克深 904 井 / 7732.50m	48.1	8.1	21.4	17.7	白云石为主 /5.7%	偏碱性水介质	0.53	很少	2.61	20.31	很少
克深 902 井 / 7926.59m	44.4	7.8	28.4	21.7	白云石为主 /2.1%		2.82	很少	5.53	50.99	很少

区虽然仅有少量的溶蚀作用发生，但长石的贡献仍是最主要的。分析克深、大北与博孜井区长石、方解石次生溶蚀作用差异的原因有二：一是原始沉积时期长石骨架颗粒体积含量的差异，克深2井区与克深9井区高、大北与博孜井区低；二是后期成岩环境、成岩流体等的差异所致，如克深2-2-8井区、克深9井区及博孜井区储层粒间胶结物主要为白云石—硬石膏组合，其表现为偏碱性水介质成岩环境。克深2-2-14井区、克深5井区及大北井区储层粒间胶结物主要为方解石和少量硬石膏组合，其表现为淡水—半咸水介质成岩环境，易溶矿物方解石的含量多少也对次生溶蚀孔的含量具有重要影响。

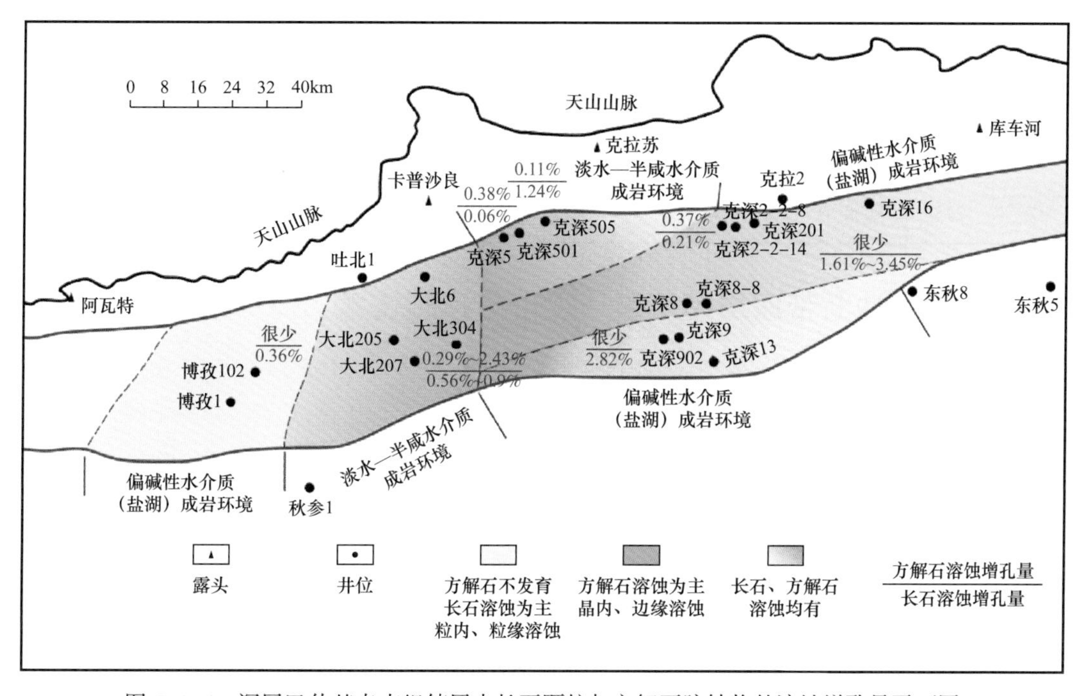

图7-1-6 深层巴什基奇克组储层中长石颗粒与方解石胶结物的溶蚀增孔量平面图

2）实验数据校正与误差分析

将模拟计算的克深地区与大北地区长石溶蚀增孔量与实际岩心样品计算获得的长石溶蚀增孔量作对比（表7-1-6）。（1）模拟的埋深6000～7000m计算的长石增孔量为1.15%～1.46%，平均为1.305%。实际的克深2井区、克深5井区埋深6510.58～6850.29m岩心样品计算的长石增孔量0.06%～3.45%，平均为1.314%。模拟实验计算的长石增孔量与实际岩心计算的增孔量误差值很低，仅为0.009%，相对误差率为0.68%。（2）模拟克深地区埋深7500～8000m计算的长石增孔量为1.76%～2.05%，平均为1.905%。实际的克深9井区埋深7732.5～7926.59m岩心样品计算的长石增孔量0.53%～2.82%，平均为1.675%。模拟实验计算的长石增孔量与实际岩心计算的增孔量误差值为0.23%，相对误差率为13.7%。（3）模拟大北地区埋深7000m计算的长石增孔量为1.05%，实际的大北304井埋深7079.17m岩心样品计算的长石增孔量0.90%，模拟实验计算的长石增孔量与实际岩心计算的增孔量误差值为0.15%，相对误差率为16.7%。

表 7-1-6 库车坳陷大北—克深地区模拟的长石溶蚀增孔量与实际岩心样品计算值对比表

<table>
<tr><th>温度 / ℃</th><th>压力 / MPa</th><th>模拟埋深 / m</th><th>模拟克深地区计算的长石增孔量 /%</th><th>实际岩心计算的长石增孔量 /%</th><th>误差值 /% 与误差率 /%</th><th>模拟大北计算的长石增孔量 /%</th><th>实际岩心计算的长石增孔量 /%</th><th>实验数值相对岩心计算的误差值 /% 与误差率 /%</th></tr>
<tr><td>425</td><td>220</td><td>6000</td><td rowspan="2">1.15～1.46
平均：1.305</td><td rowspan="2">0.06～3.45
平均：1.314</td><td rowspan="2">误差值：0.009
误差率：0.68</td><td>0.83</td><td>—</td><td>—</td></tr>
<tr><td>450</td><td>247.5</td><td>7000</td><td>1.05</td><td>0.90</td><td>误差值：0.15
误差率：16.67</td></tr>
<tr><td>462.5</td><td>261.5</td><td>7500</td><td rowspan="2">1.76～2.05
平均：1.905</td><td rowspan="2">0.53～2.82
平均：1.675</td><td rowspan="2">误差值：0.23
误差率：13.7</td><td>1.27</td><td>—</td><td>—</td></tr>
<tr><td>475</td><td>275</td><td>8000</td><td>1.48</td><td>—</td><td>—</td></tr>
</table>

三、前陆冲断带深层储层裂缝评价与预测技术

1. 常规测井综合评价方法

1）评价参数

利用单一常规测井方法得到的曲线对裂缝的响应较弱，且具有很强的多解性，很难应用到研究区的裂缝识别与评价工作中。但综合分析各种测井信息，可以总结出常规测井对储层裂缝存在的响应特征。针对常规测井曲线对裂缝的敏感性提取用于识别裂缝的特征参数，并综合这些参数提出了两种综合识别裂缝的方法。在裂缝的测井数值响应方面，通过对多种常规测井曲线进行混合运算，构建了 14 种特征参数曲线，包括声波时差差比、自然电位异常、井径相对异常等。结合岩心观察资料和成像资料，依据特征参数对裂缝的敏感性确定不同特征参数的权系数，再将加权后的特征参数综合起来，即综合概率指数法。因此，可以对每条曲线的分形维数进行计算，再将计算结果综合起来，即综合维数法。最终通过分析这两种方法在裂缝识别中的敏感程度来进行加权求和，构建裂缝指示参数。这两种方法的结合使用可以将单一测井方法中较弱的裂缝响应合理地放大，并有效地剔除非裂缝因素造成的影响。

（1）综合指数法。

综合指数法 CIM（Comprehensive Index Method）的基本思路是：各种方法在实际应用时，都有其有利条件和不利因素，为此提出了综合概率指数法进行裂缝识别。基本方法是：将各种计算的特征参数曲线，同钻井取心段的岩心观测资料对比，分析各特征参数反映裂缝的能力，并确定其加权系数，然后将所有特征参数进行综合，得出反映是否存在裂缝及其发育程度的综合指标，然后根据综合指标的大小进行裂缝发育级别分类。

对所提取特征参数，按下式得出综合反映裂缝发育程度的综合指数 CIM：

$$CIM = \sum_{i=1}^{m} w_i \cdot CV_i \tag{7-1-6}$$

式中 CV_i——第 i 种反映裂缝的特征参数值；

w_i——第 i 种反映裂缝特征参数值的加权系数。

显然，CIM 越大，裂缝越发育，再结合地质和录井资料可以对裂缝发育程度作出合理的分类。在确定反映裂缝的权系数 w_i 时，注意选取不扩径的微裂缝发育段，因为一旦发生扩径通常各种方法都可指示裂缝发育。

（2）综合维数法。

综合维数法 CFM（Comprehensive Fractal Method）思路是：断层、裂缝、微裂纹可视为不同尺度下的裂缝，而裂缝具有统计意义上的自相似性即自仿射性。这样，将分形用于裂缝的研究之中，潘保芝曾对英国北海的裂缝分布、裂缝性岩石标本图片等用“网格覆盖法”测算了分维，证实裂缝具有统计意义下的自相似特征。欧阳健在对岩心裂缝观测和分析中应用分维，表明裂缝越密集，分维值越高。分形中的自相似概念可用来比较不同的裂缝分布，并核对它们之间的相互关系，而沿井孔裂缝的分布特征也可以用分形来研究。

对于某一储层段，其岩性、物性和裂缝孔隙空间结构及其所含流体性质等方面的分形特征综合反映在这种具有自相似性的不规则曲线（图形）—测井曲线上，测井曲线是一类很典型的分形实例，而且是一多重复合分形。测井曲线在形态、幅值等特征上的复杂性或非均一性可通过计算其分维值加以定量精细描述。而相对致密层而言，储层岩性、物性、含流体性质和裂缝孔隙空间结构越复杂（如裂缝型储层、孔隙型储层、双重介质的裂缝孔隙型储层和裂缝溶洞型储层等），则其测井曲线高低起伏越大，左右摆动越剧烈，形状幅值相对异常越明显，曲线的分形结构就越复杂，分维值就越大。储层构造裂缝的分维值反映了储层的裂缝发育程度。分维值越高，裂缝越发育。

测井曲线分形维数的计算方法是将所研究的储层段的测井曲线所在的平面逐次加密网格（实际上，测井图上的曲线都被绘在二维平面纸上，具有左右刻度和纵横向刻度分隔线，第一次网格化时，可以原图上的刻度分隔线作为网格线），如记曲线依次所穿过的网格数分别为 $N(L_1)$，$N(L_2)$，…，$N(L_i)$，则网格数的统计公式为：

$$N(L_i) = \sum_{j=1}^{n} INT\left|\frac{V_{j+1} - V_j}{(V_{max} - V_{min}) / L_i}\right| \tag{7-1-7}$$

式中 N——网格数；

n——该层段内曲线数据点数；

L_i——第 i 次网格加密后纵向网格等分数 $1 \leqslant i \leqslant j \leqslant n$；

V——测井值，对于电阻率测井可以用测井值的对数值。

用尺寸大小不同的平面网格去覆盖测井曲线并统计曲线所穿过的网格数 N，不难发现，若地层纵向上变化均匀，裂缝孔隙空间结构较一致，其测井曲线形状变化近于平稳直线段，此时曲线所穿过的网格数就少。反之，地层的纵向均质性差，裂缝较发育或裂缝与孔隙都较发育，曲线变化越复杂，所穿过的网格数 N 越多，同时网格数随网格尺寸变小、网格加密而增大，网格越密越能刻画测井曲线的细微变化及地层纵向上的非均质变化。在网格尺寸值的上下限范围内（适当的度量区间范围内），穿过网格数 N 与网格尺寸或纵向（或横向）等分数 L 的 D 次方成“幂律”关系。则这些数据对存在下述统计关系：

$$N\left(L_i\right)=C\cdot L_i^{D_k} \tag{7-1-8}$$

C 为回归待求系数，两边取对数则有：

$$\lg N\left(L_i\right)=\lg C+D_k\cdot\lg L_i \tag{7-1-9}$$

用该方程去拟合前面不同网格数 L_i 与曲线穿过网格次数 N（L_i）的数据系列，可以得到分形维数值 D_k。

然后，计算各种曲线的综合维数值 CFM：

$$CFM=\sum_{k=1}^{m}w_k\cdot D_k \tag{7-1-10}$$

式中 W_k——第 k 种反映裂缝特征曲线的加权系数；

D_k——第 k 种反映裂缝特征参数曲线的分形维数。

显然，综合维数值越大，裂缝越发育。

（3）裂缝指示参数。

裂缝指示参数 FIP（Fracture Indicating Parameter）的研究思路是：以岩心观察裂缝和成像测井识别裂缝结果为基础，依据综合指数法及综合维数法对裂缝响应的敏感性，对两种方法赋予相应的权系数进行加权求和，最终得出裂缝指数参数。

$$FIP_1=W_1\cdot CIM+W_2\cdot CFM \tag{7-1-11}$$

$$FIP=\frac{FIP_1-FIP_{1\min}}{FIP_{1\max}-FIP_{1\min}} \tag{7-1-12}$$

式中 FIP——裂缝指示参数；

CIM——综合指数法值；

CFM——综合维数法值；

W_1——综合指数法的权系数；

W_2——综合维数法的权系数。

2）评价实例

将综合指数法和综合维数法合成的裂缝指示参数初步应用到准噶尔南缘冲断带 13 口井的裂缝评价中，裂缝在纵向上的发育规律如图 7-1-7 所示。

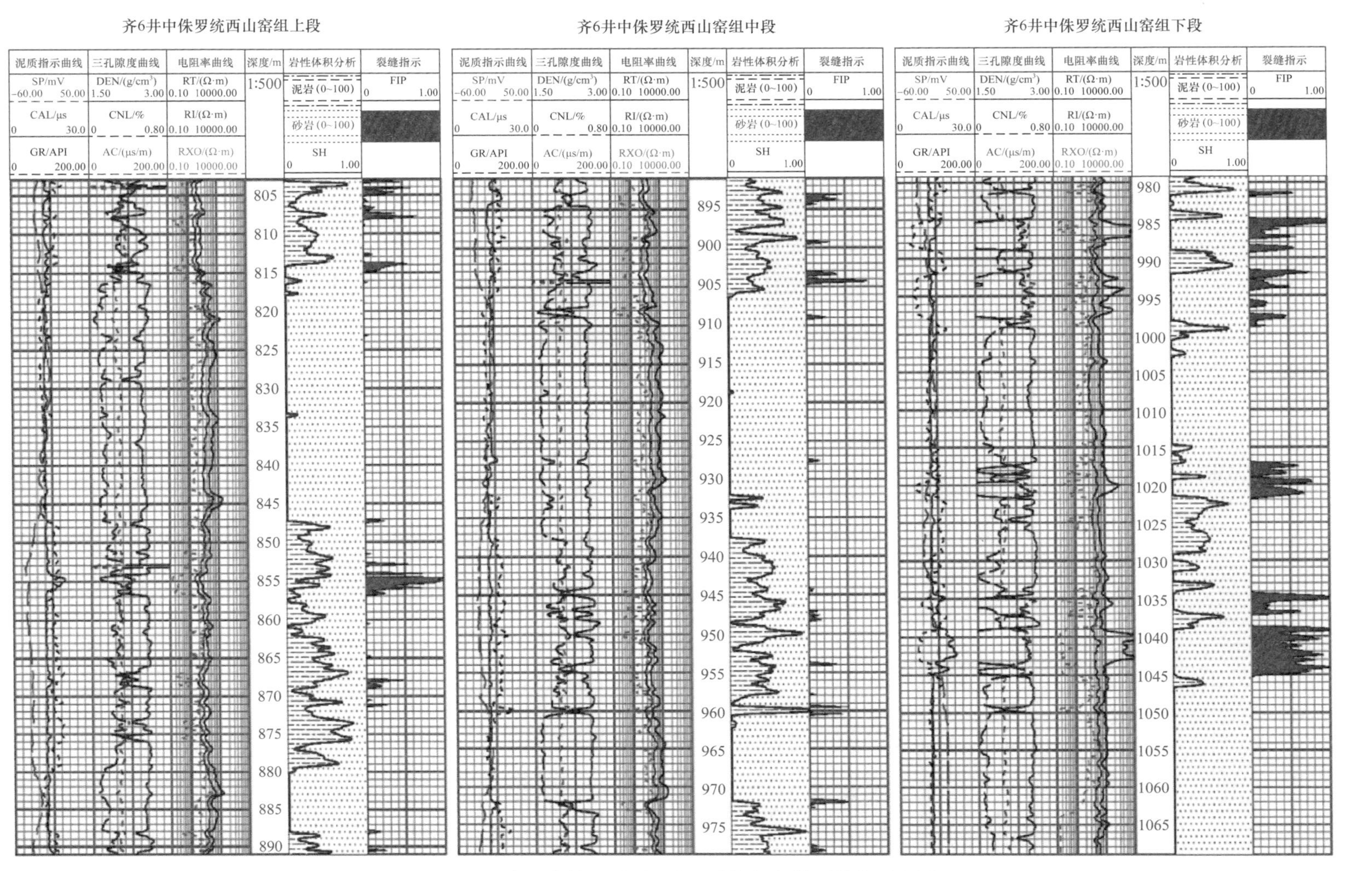

图 7-1-7　齐 6 井侏罗系西山窑组裂缝解释结果纵向对比图

3）方法验证

基于常规测井裂缝解释方法，依照综合指数法及综合维数法相结合得到的裂缝指示参数对有取心资料的井纵向裂缝发育情况进行解释比较（图 7-1-8）。通过测井资料裂缝识别结果对比检验发现，取心井显示的裂缝能较好地识别出来。

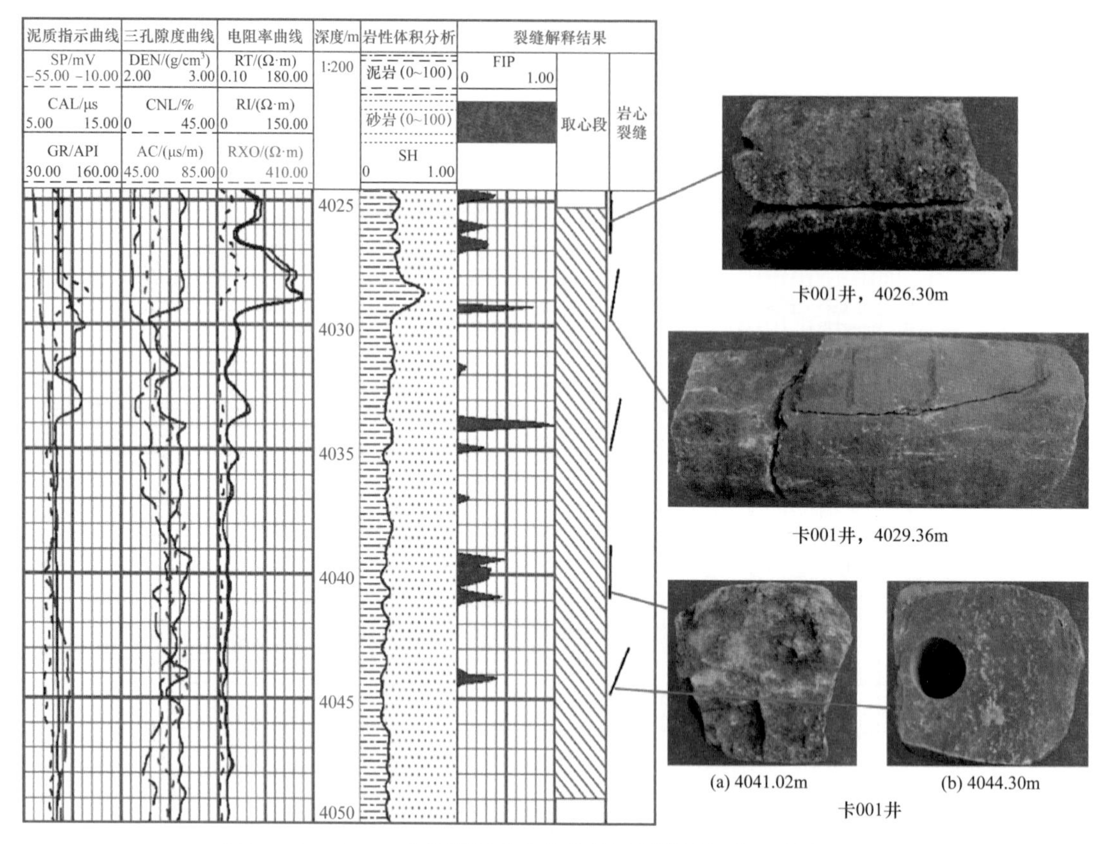

图 7-1-8 卡 001 井常规测井曲线裂缝识别结果与岩心裂缝对照图

2. 基于储层地质力学数值模拟的裂缝预测方法

1）预测方法

根据地质模型、岩石力学参数和边界条件，运用有限元数值模拟技术，利用 ANSYS 10.0 有限元软件对喜马拉雅晚期的古构造应力场进行了数值模拟和预测。

（1）裂缝力学性质及其产状判断。

按照裂缝的力学性质，可以将储层裂缝分为张裂缝和剪裂缝。一般可以用格里菲斯准则来判断岩石中是否能够产生张裂缝及其产状；可以用库伦—莫尔准则判断岩石中是否能够产生剪裂缝及其产状。

（2）裂缝发育程度判断。

为了能够定量的反应破裂的发育程度，引入了岩石破裂率（I）的概念。岩石破裂率是指单元内张应力或剪应力与岩石实际的抗张强度或抗剪强度的比值，即：

$$I=\frac{\tau_n}{[\tau_n]} \text{或} I=\frac{\sigma_t}{[\sigma_t]} \tag{7-1-13}$$

式中 σ_t——张应力；

τ_n——剪应力；

$[\sigma_t]$——岩石的抗张强度；

$[\tau_n]$——岩石的抗剪强度。

如果 I 小于 1，岩石没有发生破裂；如果 I 大于 1，则岩石中发生了破裂；岩石破裂率值越大，岩石发生破裂的程度就越强。因此，岩石破裂率大小反映了岩石中裂缝的发育程度。

（3）裂缝密度预测。

从岩石的破裂行为来看，岩石中是否能够产生裂缝，取决于岩石的破裂率，而岩石发生破裂以后，其裂缝的发育能力与岩石积累的能量大小有关。通过对岩心裂缝对比分析，发现岩心裂缝密度和岩石破裂率与应变能有很好的对应关系，因此，可以这两个参数来预测裂缝的密度。岩石的应变能可以由下式计算得到：

$$W=\frac{1}{2E}\left[\sigma_1^2+\sigma_2^2+\sigma_3^2-2\upsilon\left(\sigma_1\sigma_2+\sigma_1\sigma_3+\sigma_2\sigma_3\right)\right] \tag{7-1-14}$$

式中 W——岩石的应变能；

E——岩石的弹性模量；

υ——岩石的泊松比；

σ_1——最大主应力的大小；

σ_2——中间主应力的大小；

σ_3——最小主应力的大小。

根据应力场数值模拟结果，计算出岩石破裂率和应变能之后，将取心井所在部位的裂缝密度与岩石破裂率和应变能值用最小二乘法进行拟合，可以用得到的拟合公式来计算裂缝密度的分布规律。裂缝密度与岩石应变能和破裂率的基本拟合公式为：

$$\beta=A_1I_r^2+A_2W^2+A_3I_r+A_4W+A_5 \quad (I_r \geqslant I_0) \tag{7-1-15}$$

$$\beta=A_1I_r^2+A_2I_r+A_3 \quad (I_r<I_0) \tag{7-1-16}$$

式中 β——裂缝密度预测值；

I_r——张破裂率和剪破裂率经过标准化处理以后得到的综合破裂率；

W——岩石应变能；

A_1、A_2、A_3、A_4、A_5——比例系数，由单井裂缝密度资料用最小二乘法拟合得到；

I_0——综合破裂率的临界值。

2）应用实例

模拟结果显示，准南缘前陆盆地喜马拉雅晚期构造应力场最大主应力方向为近南北向，最小主应力方向为近东西向，进一步明确了天然裂缝的分布规律（图 7-1-9，图 7-1-10）。

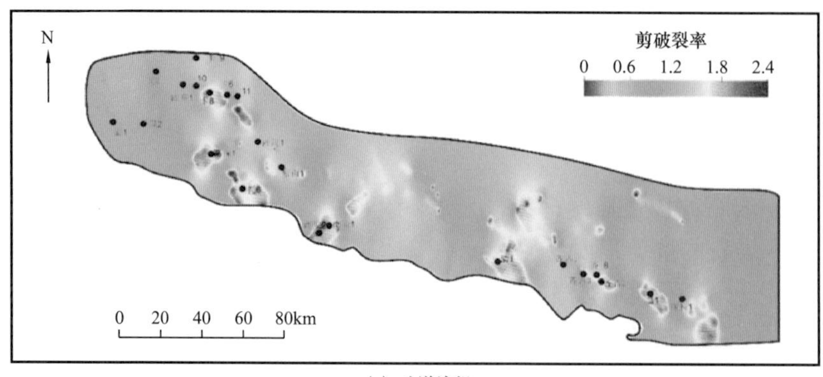

(a) 八道湾组

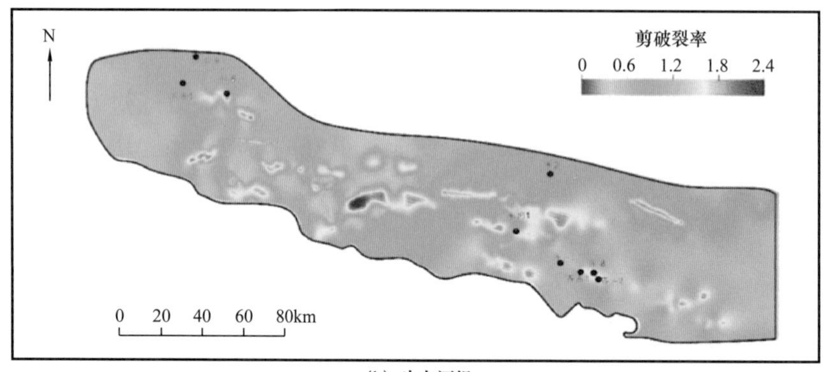

(b) 头屯河组

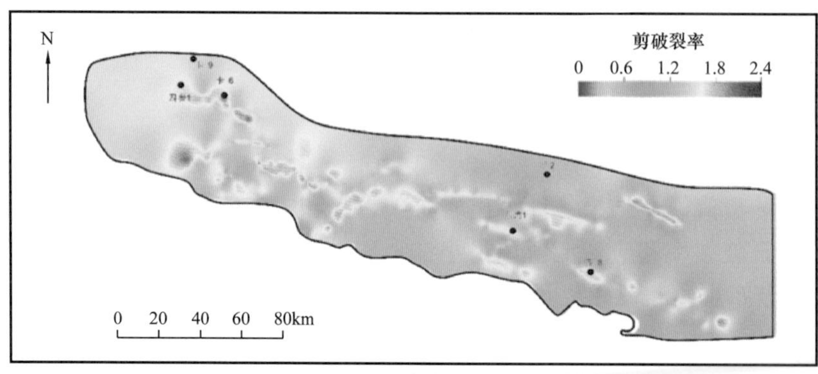

(c) 齐古组

图 7-1-9 准南缘冲断带侏罗系深层不同组剪破裂指数预测平面图

可见，准南缘前陆冲断带大部分地区的剪破裂率一般都大于 1，以发育剪切裂缝为主，与露头和岩心裂缝观察结果一致。裂缝发育程度受沉积相、成岩相和构造位置等因素控制，断裂带附近及断层端部是裂缝发育区，三角洲沉积相的水道间和前缘席状砂等沉积微相裂缝发育，而在泛滥平原和河漫滩等沉积微相裂缝不发育，强烈的压实作用和胶结作用使岩石变得致密，有利于裂缝的形成。

3）方法验证

通过对 20 多口取心井裂缝单井密度进行对比分析（图 7-1-11），二者呈较好的正相关性，说明该方法的裂缝预测结果是可信的。

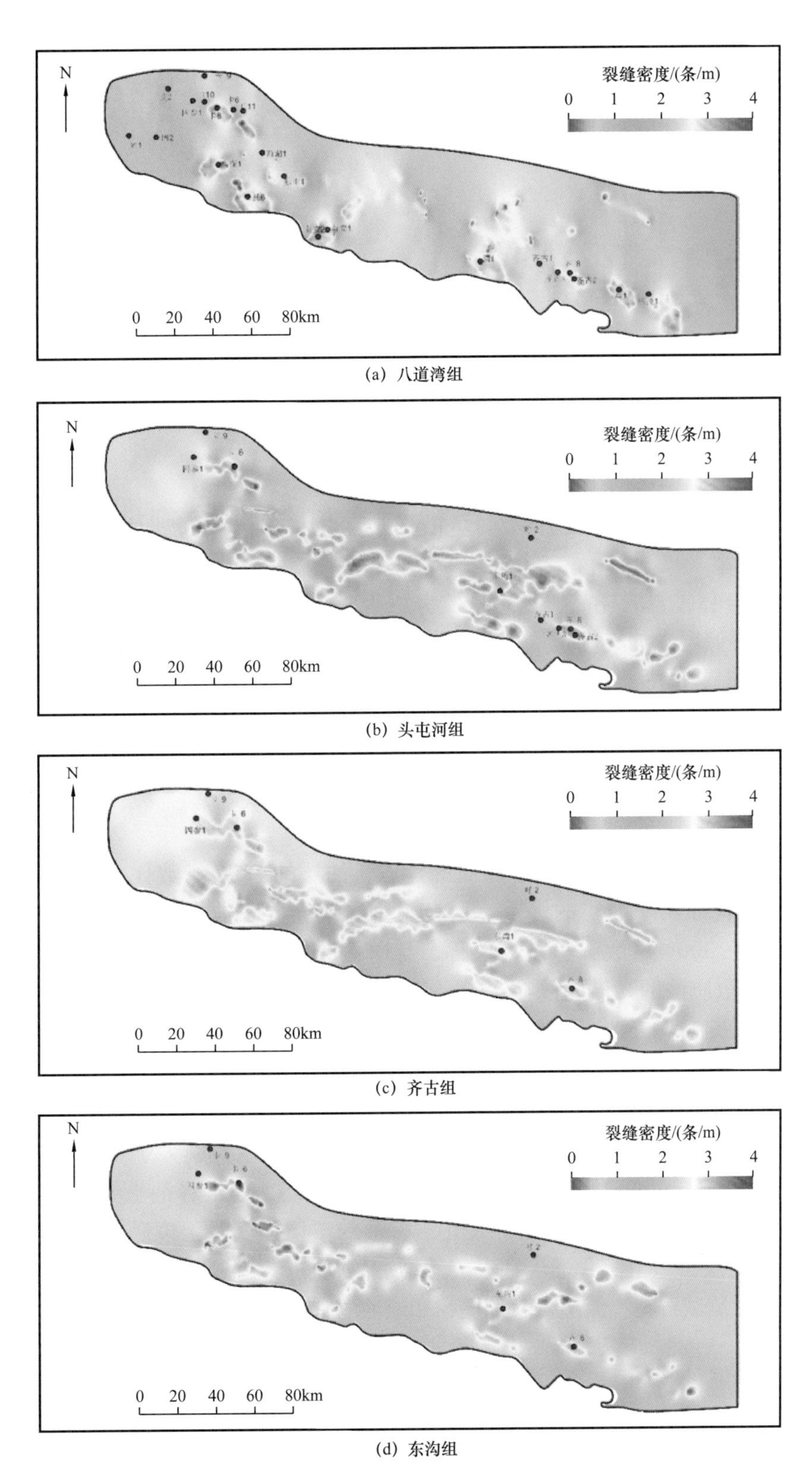

(a) 八道湾组

(b) 头屯河组

(c) 齐古组

(d) 东沟组

图 7-1-10 准南缘冲断带深层不同组裂缝密度预测平面图

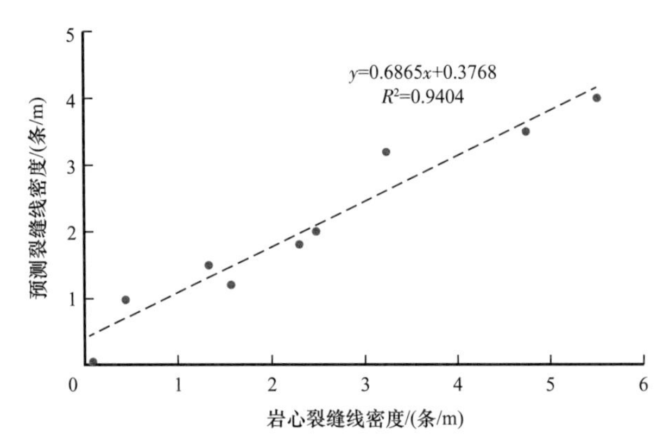

图 7-1-11　准南缘冲断带裂缝预测结果与岩心统计结果对比

第二节　复杂构造储层含油气性检测技术

采用少量岩心或岩屑样品，通过实验分析手段，形成了储层含油气性颗粒荧光快速检测技术，实现储层含油气性定量预测。

引进了定量荧光技术包括颗粒定量荧光技术（QGF）、包裹体定量荧光技术 QGF^+、粒间萃取物定量荧光技术（QGF—E）和三维全扫描定量荧光技术（TSF），在识别储层含油气性、油气运移途径和古今油水界面的界定方面有重要的意义。

一、颗粒荧光参数及其涵义

QGF 指数可以作为识别古油水界面的标志，油层的 QGF 指数比水层的高。不同烃类的 QGF 光谱特征反映油质的轻重，由轻至重光谱会向长波方向偏移。凝析油和轻质油的光谱曲线在 300～600nm 呈现不对称、且向短波长方向倾斜的特征，其波峰位置在 375～475nm；重质油的光谱曲线在 475nm 附近形成宽峰。四环芳香烃和极性化合物最大光谱峰值出现在 475～550nm，次级峰在 375nm 附近。油层的 QGF 指数通常大于 4，水层的 QGF 指数一般小于 4，且曲线较为平坦接近基线。

QGF—E 的分析结果可以用于勘探和钻井评价中现今残余油层的判定，从而识别现今残余油，在澳大利亚西北大陆架油气盆地中油层的荧光强度普遍大于 40，残余的油层通常大于 20，而水层样品的荧光强度大多数情况下小于 20，但解释油水界面的依据还要因地区而异，需要综合考虑油藏 QGF—E 光谱特征的整体强度及强度随深度变化趋势。另外，油水界面往往在 QGF—E 强度往上突然增加的拐点。

TSF 方法可测试石英、储层岩石抽提物和原油的三维荧光光谱，用来判断烃类的性质。

二、应用实例

大丰 1 井位于准南缘前陆冲断带第三排构造带呼图壁背斜上，主探呼图壁背斜下组合白垩系清水河组及上侏罗统含油气性。钻探结果证实，下组合构造圈闭、白垩系泥岩盖层和侏罗系喀拉扎组砂岩储层落实，其中，呼图壁河组厚 651.51m，以褐色泥岩、粉砂质泥岩为主，夹不等厚泥质粉砂岩；清水河组厚 751.93m，中上部以泥岩、粉砂质泥岩为主，偶夹泥质粉砂岩，底部发育厚 53.00m 的砂岩；喀拉扎组和齐古组上部发育厚层砂岩储层。大丰 1 井储层颗粒荧光定量分析、流体包裹体分析证实，下组合侏罗系喀拉扎组储层发生过规模油气充注。

由储层岩屑颗粒定量荧光指数（QGF）可见，在 7230m 储层颗粒定量荧光指数发生变化（图 7-2-1），7230m 之上颗粒定量荧光指数（QGF）普遍大于 4，少数超过 10，而 7230m 之下颗粒定量荧光指数（QGF）基本小于 4，大部分小于 2，表明大丰 1 井下组合 7230m 之上储层段曾有古油气聚集。对比储层吸附烃荧光强度和三维荧光光谱特征，一方面，吸附烃荧光强度为 100～1000，表明该段储层含油性较好；另一方面，随埋深增加，荧光光谱由短波向长波变化，反映储层孔隙有机质上轻下重，下部储层重质油相对含量增大，可能早期原油受到后期气洗作用。

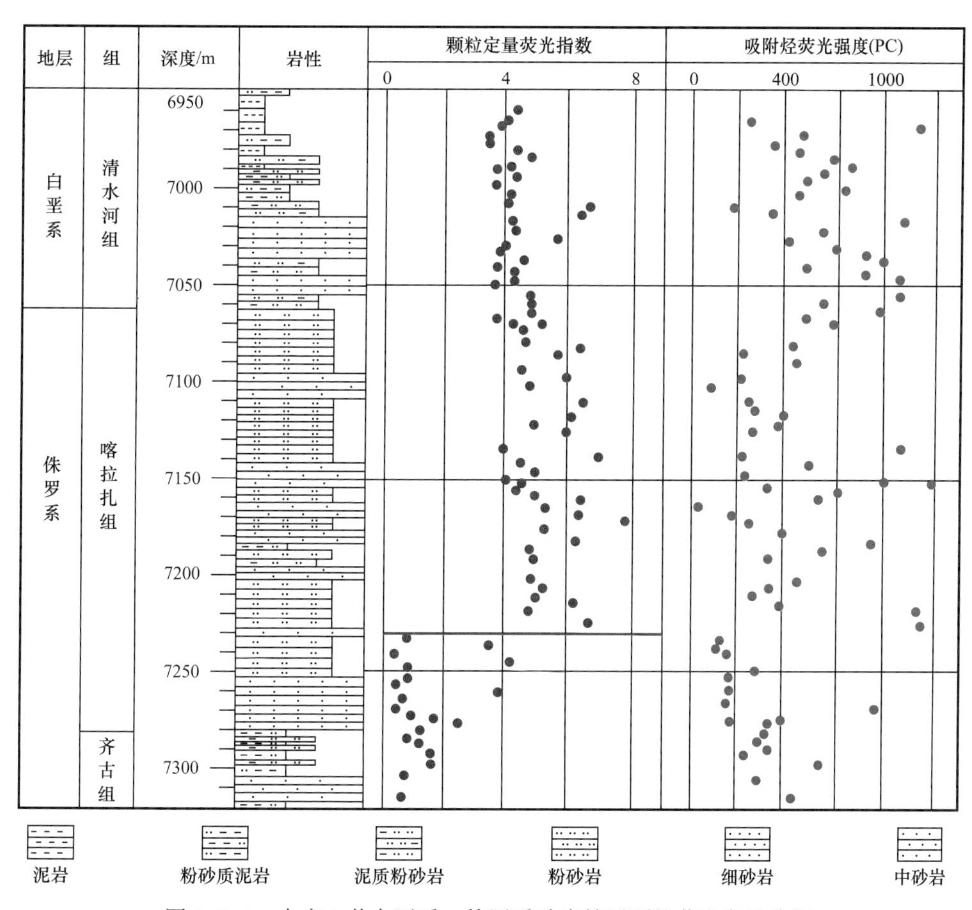

图 7-2-1　大丰 1 井白垩系—侏罗系砂岩储层颗粒荧光定量分析

对比呼图壁气田紫泥泉子组气层、齐古油气田油层和大丰 1 井下组合储层流体包裹体特征，气层中烃类包裹体丰度一般很低，但可见少数含甲烷的气态包裹体，油层中烃类包裹体丰度高。大丰 1 井下组合喀拉扎组储层既有油层特征也有气层特征，其中，7114～7116m 和 7160m 储层岩屑发现大量烃类包裹体，紫外光下呈蓝白色，主要沿裂隙分布于石英颗粒内部，烃类包裹体丰度为2.30%～9.25%，与齐古油气田油层相似。其余大多数样品呈现气层特征，即储层烃类包裹体丰度较低，均小于1.00%，但可见到少量含甲烷气泡的烃类包裹体，紫外拉曼分析显示，气态包裹体具有明显的甲烷特征峰。由此可见，大丰1井下组合经历了早油、晚气的充注成藏历史，从储层含油气性规模和包裹体丰度来看，现今可能是大型凝析气藏。

第三节　前陆盆地断裂—膏盐岩封挡圈闭有效性3R评价方法

根据前陆冲断带断控圈闭成藏有效性的主要控制因素，首次建立了冲断带复杂油气藏断层—盖层封闭性的“3R”定量评价方法，其中涉及三个关键参数：盖层改造因子FSR（断距/盖层厚度比Fail Seal Ratio），反映盖层晚期断裂改造程度；断层泥涂抹因子SGR（泥质含量×地层厚度/断距Shale Gouge Ratio），反映断层面侧向封堵能力；盖层塑性因子SPR（盖层埋深/塑性临界深度比Seal Plasticity Ratio），反映盖层垂向封堵能力。

一、盖层改造因子

当断层断距小于盖层厚度时，盖层连续性未发生破坏，断层圈闭垂向上仍是封闭的；当断层断距大于盖层厚度时，盖层保持连续的概率与断层断距呈负相关性，一般断距越大，能形成有效连续的概率越小。基于这一原理，提出盖层改造因子FSR（Fail Seal Ratio），即断距/盖层厚度比，反映盖层晚期断裂改造程度，实现断层封闭性的定量评价。此参数类似于Lindsay等（1993）提出的泥岩涂抹系数SSF（Shale smear factor）。

对东秋背斜膏泥岩涂抹的详细测量与统计，认为膏岩、膏泥岩保持连续性的临界盖层改造因子FSR为3.5。高于这一数值时，膏岩和泥岩被断层错断，断层垂向不封闭。

二、盖层塑性因子

基于膏盐岩盖层脆塑性转换变形机制提出盖层塑性因子SPR（Seal Plasticity Ratio）参数，即盖层埋深/塑性临界深度，用于评价盖层的垂向封堵能力。SPR低于1，表明盖层处于脆性变形阶段，易发生脆性断裂切穿盖层，很难形成垂向封堵，且SPR值越小，盖层垂向封堵能力越差。SPR高于1，表明盖层处于塑性变形阶段，盖层以塑性变形为主，断层多消失在盖层中，之前发育的断层也会随着膏盐岩流动而愈合重新封闭，且SPR值越大，盖层垂向封堵能力越强。综合盖层塑性因子参数分析和库车前陆冲断带地质条件得出：埋深在3000m以上盐层以脆性变形为主，快速挤压受力易破裂，发育断裂和裂缝，往往形成断穿型断—盖组合，油气易散失；3000m以下盐层完全呈塑性，在挤压变形过程中盐层塑性流动释放构造应力，盖层不易破裂，构成隔断型或未穿型断—盖组合；3000m左右为克拉苏构造带膏盐岩盖层开启与关闭的关键深度段。

三、断层泥涂抹因子

断层泥涂抹因子SGR值与断裂带内细粒物质含量具有很好的相关性，即SGR值越大，断裂带内细粒物质越多，断层侧向封闭能力越强。

应用断层泥涂抹因子方法对一个具体地区断层的封堵性进行评价，首先必须用被钻井资料证实了封堵能力的控藏断层对断层泥涂抹因子进行标定（Welbon et al.，1997；Gibson et al.，1998；Childs et al.，2002；Bretan et al.，2003），推导断层的封堵强度，从而估算烃柱的高度。在理想情形下，断层泥涂抹因子必须用断层圈闭的烃类与断层带中水之间的压力差进行标定（Fristad et al.，1997；Fisher et al.，2001）。然而，由于很难收集到断层带中精确的水的压力资料，压力差可通过测量相同储层中烃相和水相之间的压力差或者测量过断层的压力差得到（Fristad et al.，1997）。压力差是在断层面上测量同一深度的上升盘一侧（A）的烃类压力和下降盘一侧（A'）的水压力的差，通过建立断层泥涂抹因子与压力差关系，得到断层泥涂抹因子与断面各点所能支撑的烃柱高度 H 的对应关系：

$$H = \frac{10^{\left(\frac{\mathrm{SGR}}{d} - c\right)}}{(\rho_\mathrm{w} - \rho_\mathrm{o})g} \tag{7-3-1}$$

式中 H——断层面某点支撑的烃柱高度，m；

SGR——断层面某点断层泥比率，0～100 之间的数；

c、d——常量；

ρ_w——气藏中水的相对密度，$\mathrm{g/cm^3}$；

ρ_o——气藏中油气的相对密度，$\mathrm{g/cm^3}$；

g——重力加速度，$\mathrm{m/s^2}$。

中西部前陆盆地大量实例研究表明，断层面断层泥涂抹因子只有超过某一下限值之后才能起到侧向封堵作用，断层泥涂抹因子值越大，侧向封堵性越强，当断层泥涂抹因子小于这一下限值则油气将沿该点泄漏。通过对中西部前陆冲断带典型油气藏的系统解剖表明（图 7-3-1），不同深度的断圈所要求封闭的断层泥涂抹因子下限值也有所不同，在埋深较大的深层，断层泥涂抹因子下限值一般为 15%～20%，在埋深较浅的中浅层，断层泥涂抹因子下限值一般为 30%～40%。

四、断裂—膏盐岩封挡圈闭有效性 3R 评价方法

对库车、准南缘、柴西等前陆冲断带典型油气藏或圈闭进行详细解剖，统计分析了圈闭含油气性与 SGR、SPR、FSR 三个关键参数的关系，从而建立了前陆冲断带复杂油气藏断—盖封闭性 3R 评价三角图图版，可以很好地将有效成藏圈闭与失利圈闭区分开。研究认为，盖层改造因子 FSR 越小越有利于油气聚集，断层泥涂抹因子 SGR 和盖层塑性因子 SPR 越大越有利于油气聚集。将这 3 个参数归一化后，确定 FSR＜0.4、SGR＞0.2、SPR＞0.35 为冲断带复杂构造地区油气有效聚集的临界值。

根据复杂圈闭成藏有效性 3R 评价方法，对博孜 1、阿瓦 3、克深 8 三个风险圈闭进行了有效性评价（图 7-3-2）。结果表明，这三个圈闭都处于有效成藏区，具备形成有效油气聚集的有利条件，支持了博孜 1 井加深、克深 8 和阿瓦 3 井钻探带来的重大突破，促进了大北—克拉苏富气区规模不断扩大。同时，支持了准南缘独山 1 井、大丰 1 井上钻，下组合油气显示良好，坚定了准南缘深层油气勘探信心。

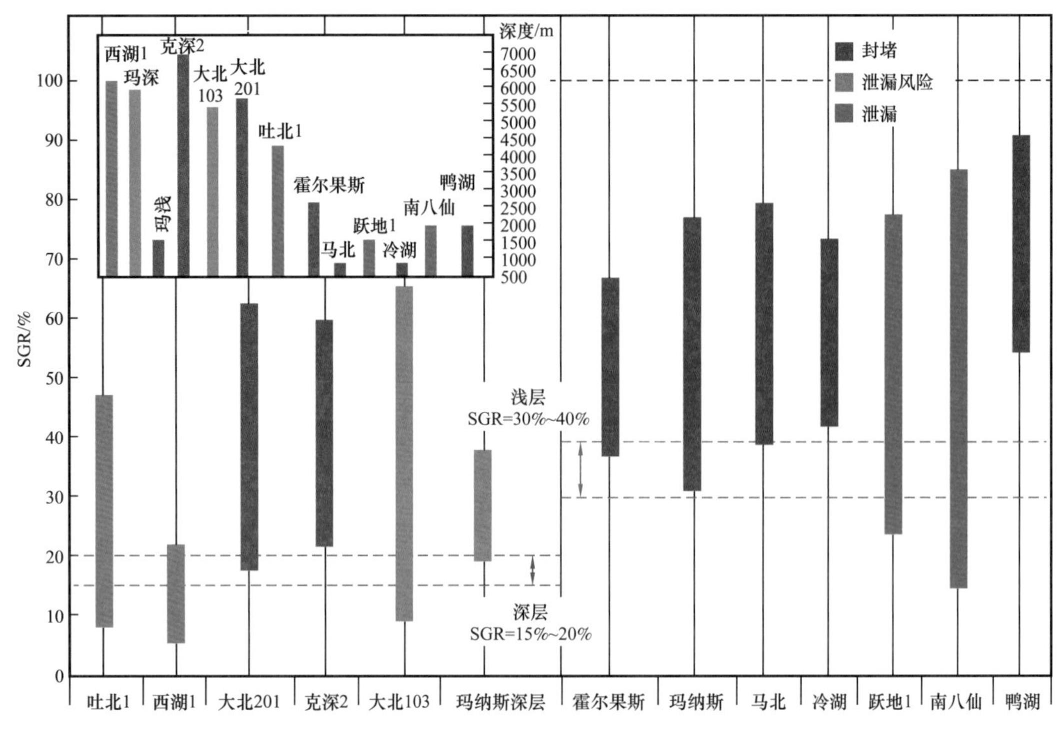

图 7-3-1　中西部冲断带断层泥涂抹因子 SGR 下限值统计图

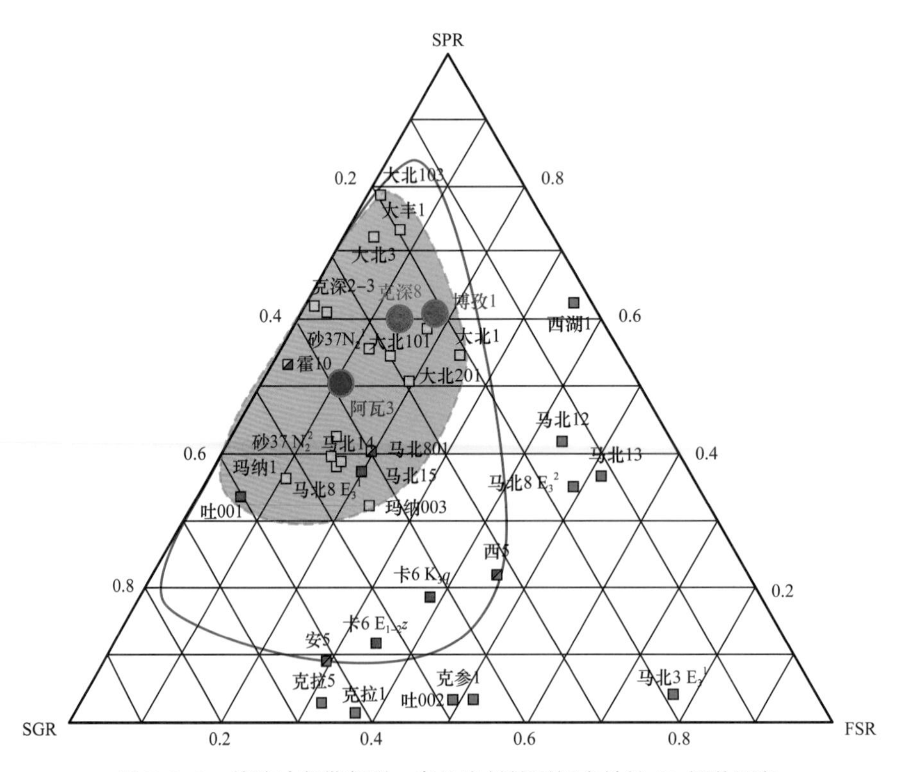

图 7-3-2　前陆冲断带断裂—膏盐岩封挡圈闭有效性 3R 评价图版

第四节　前陆盆地泥岩盖层封闭性动态评价方法

基于准南缘前陆冲断带泥岩微观评价参数分析测试、三轴挤压物理模拟和数值模拟，形成了埋藏—挤压—抬升三阶段泥页岩盖层封盖能力动态评价方法。

一、持续埋藏阶段泥页岩盖层封盖能力评价方法

根据准南缘前陆冲断带泥岩盖层排替压力随埋深的演化关系，泥岩盖层随埋深增加，排替压力逐渐增大，封盖油气的能力逐渐增强。

安集海河组、吐谷鲁群和齐古组泥岩实测排替压力为4.72～44.85MPa，且随埋深增加泥岩排替压力增大（图7-4-1），3000m埋深泥岩层排替压力达到5MPa，具有封闭大型气藏的能力。4000m埋深泥岩排替压力为10MPa，能够封闭高压气藏，封闭最大气柱高度可达504.1～5293.4m（田孝茹等，2017）。因此，就泥岩盖层宏观和微观因素而言（Zieglar，1992；袁玉松等，2011），准南缘前陆冲断带区域泥岩盖层现今均具备封闭大型油气藏的能力。

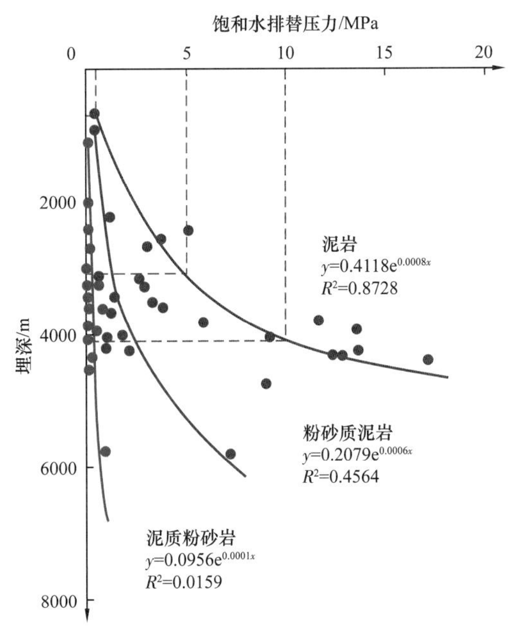

图7-4-1　准南缘前陆冲断带泥岩排替压力随埋深演化图版

二、构造挤压阶段泥页岩盖层封盖能力评价方法

在埋藏成岩的基础上，构造挤压对泥页岩盖层封闭能力的影响主要取决于岩层是否破裂及破裂方式。通过泥岩加温加压三轴挤压物理模拟和数值模拟，分别刻画了均质泥岩、不同产状泥页岩的变形方式和变形规律。

在实际地层围压与温度条件下，均质泥岩在构造挤压作用下主要发育共轭剪切缝、

高角度单一剪切缝，为脆性变形。地层倾角对泥页岩力学特征具有显著的影响，正向挤压（最大挤压应力方向垂直于泥页岩层理或二者夹角大于75°），泥页岩变形模式为膨胀性压缩变形，无宏观破裂，具有塑性特征；斜向挤压（最大挤压应力方向与泥页岩层理夹角为30°～75°），泥页岩表现出明显脆性破裂，更容易形成宏观断层；顺层挤压（最大挤压应力方向与泥页岩层理夹角小于30°），泥页岩表现为脆塑性交替转换变形，破裂集中结构面上，呈现顺层滑脱。

1. 均质泥岩构造挤压变形判识

为了刻画构造挤压作用下泥岩盖层的封盖能力，钻取了准南缘前陆冲断带齐古2井西山窑组灰绿色泥岩柱塞（直径2.5cm），采用高温高压三轴岩石力学测试系统，考虑岩石围压、地温和流体压力对岩石力学性质及破裂变形的影响，确定泥岩挤压作用下的应力—应变特征及岩石力学参数（李双建等，2013）。

实验结果表明，均质泥岩以脆性变形为主，当构造挤压应力大于岩石峰值强度时，泥岩破裂，产生断裂，盖层被破坏，而且随埋深增大、围压和地温增加，泥岩屈服强度和峰值强度均呈先增大后减小趋势，说明当埋深、围压等条件达到一定程度时，深层泥岩盖层的岩石力学特征将发生变化。四个深度段泥岩三轴峰值强度分别为150.4MPa、277.4MPa、356.6MPa、223.1MPa，泥岩三轴峰值强度均很大（图7-4-2），反映泥岩盖层抗挤压破裂能力较强，不易破裂。当构造挤压应力大于峰值强度时，均质泥岩将发生脆性剪切破裂。

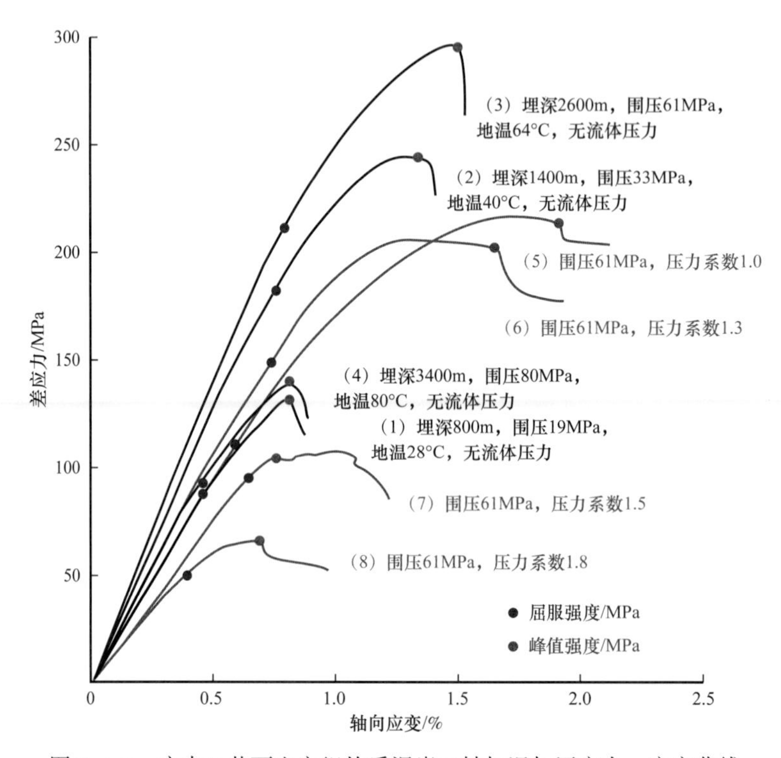

图7-4-2　齐古2井西山窑组均质泥岩三轴加温加压应力—应变曲线

2. 构造挤压作用下泥页岩破裂方式判识图版

受实验设备的制约，泥岩盖层构造挤压应力—应变物理模拟实验只做到埋深 3400m 的温压条件，更高的温压条件无法满足。另外，物理模拟实验需要一定长度的泥岩岩心柱塞，对于层理发育的泥页岩无法钻取岩心样品，其代表的是厚层均质的泥页岩。在实际地质条件下，泥岩盖层封盖能力除受上述因素影响外，不同倾角的泥页岩在构造挤压作用下岩石应力—应变特征亦有差异。

构造挤压数值模拟可以克服上述两个方面的制约，一是可以模拟更高温度和压力下的应力—应变实验，二是可以构建非均质的泥页岩岩心样品，代表层状泥岩层、泥页岩层。

1）构建不同产状泥岩数字岩心

数值模拟的第一步是将地质模型合理地转化为数字模型。通过 ANSYS 软件分别构建了地层倾角为 0°、15°、30°、45°、60°、75°，埋深为 2000m、3000m、4000m、5000m、6000m 的层状数字岩心模型，代表地层褶皱中不同产状的泥页岩层。

2）基于层状泥岩挤压三种变形方式的盖层评价方法

（1）模拟参数。

利用连续介质三维快速拉格朗日分析 FLAC3D 软件给模型施加力学参数，沿着径向施加不同埋深对应的围压，轴向以 1×10^{-7}mm/s 的速率对数值岩心进行挤压，记录上底面中心处特定点沿轴向的位移，同时记录该特定点处沿轴向的应力特征，直到岩石发生完全破坏为止，进而获取全应力—应变曲线，通过 FLAC3D 后处理平台观察它的破坏变形特征。

（2）数值模拟结果。

不同产状泥岩的挤压变形分为三种情况（图 7-4-3）。① 当最大构造挤压应力方向

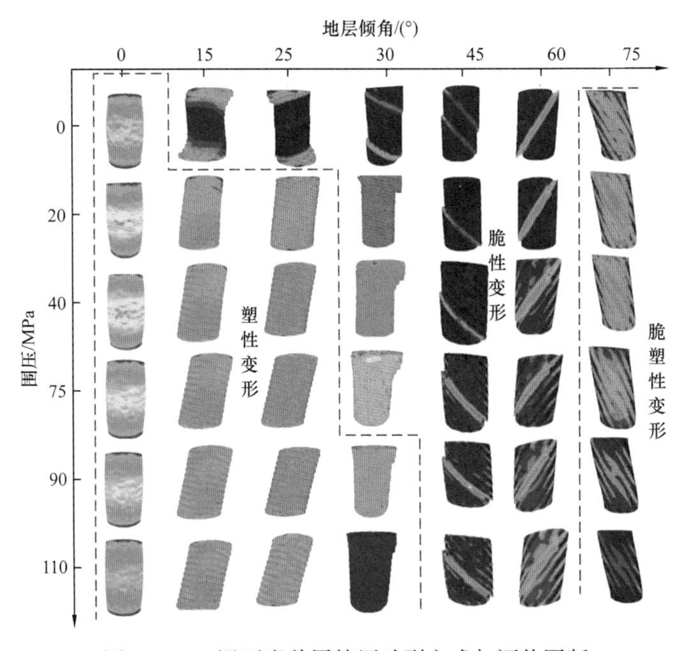

图 7-4-3 泥页岩盖层挤压破裂方式与评价图版

垂直或近垂直地层时，泥岩主要发生塑性变形，应力超过泥岩峰值强度后，差应力及应变保持稳定，没有出现明显的破裂，表明当垂直或高角度构造挤压时，泥岩层呈塑性变形，泥岩盖层封盖能力强。当垂向地应力为最大主应力时，相对平缓的深部泥岩层属于这种变形方式，塑性较强，如前陆斜坡带或冲断带深层低幅褶皱带。② 当最大构造挤压应力方向与地层产状斜交时，如呈30°～60°剪切挤压，应力超过泥岩峰值强度后，泥岩发生破裂，差应力大幅度降低，表现为脆性变形，一旦破裂，泥岩盖层失效，尤其是准南缘冲断带晚期背斜圈闭轴部产生的穿层断裂，对下组合盖层封闭性破坏最大。对于褶皱的泥岩层，特别是背斜的前翼，地层产状与构造挤压时最大水平挤压应力、或与构造平稳时最大垂向地应力均呈斜向挤压，泥岩盖层处于脆性变形域，如冲断带褶皱背斜带。③ 当最大构造挤压应力方向与地层产状相近时，即顺层挤压，泥岩的变形比较特殊，先是脆性破裂，继续挤压转变为塑性愈合，然后再挤压、再破裂，表现为脆性—塑性周期性变化，顺层滑动。构造挤压时冲断带深层低幅褶皱带属于该类变形，如东湾背斜带，构造挤压时在泥岩盖层软弱层顺层滑动，可形成滑脱断层，没有产生穿层断裂，盖层仍然有效。

相比均质泥岩的挤压变形特征，一定倾角的泥页岩层亦具有随埋深增加抗压强度增大的趋势，但其抗压强度明显降低。一方面，薄层泥岩封盖能力相对较弱，厚层均质泥岩封盖能力较强；另一方面，顺层挤压抗压强度最低，其次为垂向挤压，虽然两者易于变形，但具塑性变形特征，前者深层封盖能力相对较强，后者封盖能力最强。泥岩剪切挤压易于产生脆性破裂，多见于背斜的轴部和翼部，特别是中浅层背斜前翼，深层泥岩抗压强度较大，相对不易破裂。

三、抬升区泥页岩盖层封盖能力评价方法

采用连续介质三维快速拉格朗日分析法，模拟不同埋深下泥岩抬升过程中动态力学变形演化特征。模拟结果表明，泥岩发生裂缝连通时，最大历史埋深条件下的差应力与现今差应力的强度比值（Differential stress ratio，DSR）基本保持一个恒定值，为此，提出一种基于DSR评价抬升过程中泥岩盖层动态封闭能力的新方法，当DSR高于1.6时，认为泥岩发育连通性裂缝，盖层渗漏。该方法应用到准南缘独山子背斜与高泉背斜，评价结果与勘探实践相符。

传统的OCR方法从脆性角度评价抬升后岩石的物理属性，从而厘定盖层可能发生渗漏的条件，但不能确定在实际地质应力条件下岩石是否发生破坏。另外，OCR方法多适用于垂向应力为最大应力的地应场。

考虑实际地质应力条件下，基于最大历史埋深条件下的差应力与现今差应力的强度比值（Differential stress ratio，DSR）动态评价泥岩在抬升过程中力学变形特征，DSR值可以通过数值模拟获得。

1. 数值模拟结果

模拟不同历史埋深对应的地质应力条件下挤压抬升过程中泥岩岩石力学变形的动态演化过程，并对传统OCR与DSR计算结果进行对比。

$$OCR=(\sigma_3)_{历史}/(\sigma_3)_{现今} \tag{7-4-1}$$

$$DSR=(\sigma_1-\sigma_3)_{历史}/(\sigma_1-\sigma_3)_{现今} \tag{7-4-2}$$

式中 OCR——超固结比，无量纲；

$(\sigma_3)_{历史}$——岩石经历的最大垂向应力，或称之为前期固结应力，MPa；

$(\sigma_3)_{现今}$——岩石现今的垂向应力，MPa；

DSR——差应力强度比，无量纲；

σ_1——最大水平主应力，MPa；

σ_3——垂向应力，即围压，MPa。

当历史最大埋深对应的有效围压为10MPa，加载至峰值强度的93%后，轴压为107.9MPa，差应力为97.9MPa。然后卸载围压（抬升）过程，围压为5.28MPa，轴压为70.5MPa，差应力为65.22MPa时，为裂缝连通的临界；则传统的OCR为1.8；DCR为1.5；当加载至峰值强度的85%后，轴压为98.6MPa，差应力为88.6MPa，然后卸载围压（抬升），在围压为2.8MPa，轴压为57.65MPa，差应力为54.85MPa，则裂缝连通的临界，OCR为3.57，DCR为1.62。

当历史最大埋深对应的有效围压为20MPa，加载至峰值强度的80%后，轴压为133MPa，差应力为113MPa。卸载围压（抬升）过程，围压为9.7MPa，轴向应力87.43MPa，差应力为77.73MPa，为裂缝连通的临界OCR为2.06，DCR为1.45。如果加载至峰值强度的68%后，轴压为110.36MPa，差应力为90.36MPa，卸载围压（抬升）过程；围压为4.16MPa，轴压为57.5MPa，差应力为53.34，为裂缝连通的临界，则OCR为4.8，DCR为1.69。

当历史最大埋深对应的有效围压为40MPa，加载至峰值强度的65%后，轴压为145.46MPa，差应力为105.46MPa，然后卸载围压（抬升），在围压为11.5MPa，轴向应力为68.1MPa，差应力56.6MPa，为裂缝连通的临界，则OCR为3.47，DCR为1.86。当加载至峰值强度的80%后，轴压为197.1MPa，差应力为157.1MPa，然后卸载围压（抬升），在现今围压为24.19MPa，轴向应力为125.75MPa，差应力为101.56MPa，为裂缝连通的临界，则OCR为1.65，DCR为1.55。

2. DSR评价方法

基于上述数值模拟抬升试验结果，统计所有的试验点（图7-4-4），可以看出对于同一历史埋深下，最大主应力条件不同，其发生渗漏的临界条件的OCR变化幅值较大，而对应历史最大埋深的差应力与现今差应力的比值（DSR）却是基本上不变的，其值在1.6左右。表明DSR值与阶段Ⅱ中，最后加载的轴向应力无关，因此只要已知历史最大埋深所对应的围压与抬升后现今埋深所对应的围压，则可以计算DSR。

泥岩盖层裂缝发生连通的DSR临界值为1.6。

值得注意的是，数值试验表明，OCR低于2.5，泥岩盖层裂缝也有可能是连通的，因为，OCR是评价岩石脆性强度的指标，OCR越大，只能表明岩石脆性越强，容易破裂，但不能说明在实际地质应力条件一定能破裂。因此岩石是否形成裂缝一是与岩石物理属性有关，另一方面，实际地质应力大小是引起岩石破裂的关键。为此，提出的 DSR 方法评价泥岩盖层抬升过程动态封闭能力更为合理。

独山子背斜和高泉背斜吐谷鲁群泥岩盖层的 DSR 分别为 3.29、1.44，表明独山子背斜和高泉背斜下组合盖层一差一好。

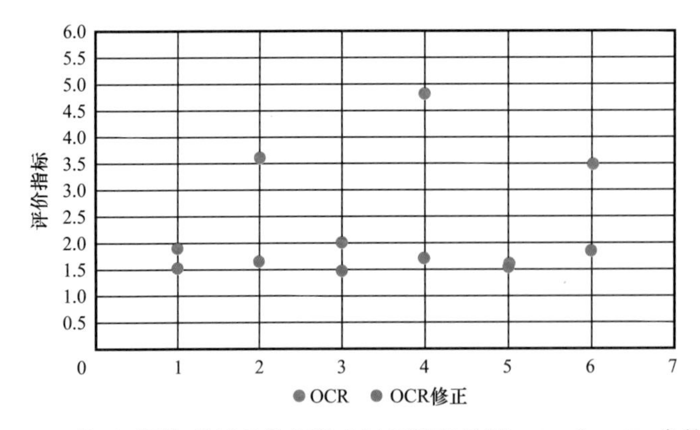

图 7-4-4　基于不同卸载试验挤压抬升过程泥岩盖层 OCR 与 DSR 参数对比

第八章 前陆盆地及复杂构造区油气勘探实践与展望

前陆盆地具有优越的油气成藏条件，是全球油气发现最多的盆地类型之一。中国中西部前陆盆地及复杂构造区勘探面积 $30\times10^4km^2$，石油资源量超过 102×10^8t，天然气资源量超过 $16\times10^{12}m^3$，剩余石油资源量 63.74×10^8t，天然气 $10.83\times10^{12}m^3$，勘探潜力巨大。中西部前陆冲断带油气多层系多期聚集，中段、深层油气富集，油气勘探层系已由中浅层远源成藏体系转向深层近源成藏体系。截止 2020 年，在 10 个重点前陆冲断带获得了 3 个规模发现、3 个重大突破。3 个规模发现为：准西北缘累计探明石油地质储量超 26.8×10^8t；库车前陆冲断带累计探明天然气地质储量超 $1.3\times10^{12}m^3$；柴西南复杂构造区累计探明石油地质储量超 6.6×10^8t。3 个重大突破为：阿尔金山前带侏罗系和基岩发现东坪、尖北等气藏，累计探明天然气地质储量 $776\times10^8m^3$；川西北复杂构造区双鱼石构造二叠系单井日产气突破 $220\times10^4m^3$，天然气控制储量 $800\times10^8m^3$；准南缘乌奎构造带下组合呼探 1 井日产气 $61.9\times10^4m^3$，日产油 $106.5m^3$。

第一节 理论和技术推动富油气构造带的油气勘探

多滑脱构造变形、深部储层发育机制和富油气构造带理论深化认识了前陆冲断带及复杂构造区油气成藏规律，全深度多尺度速度建模技术、复杂山地低信噪比资料配套处理技术、深度成像资料的解释方法等成像技术在库山、准南缘、四川、柴达木等前陆盆地勘探目标落实、风险井位论证过程中发挥了重要技术支撑作用。

一、库车盐下天然气勘探持续大发现

在克拉 2 气田、大北气田和克深 1–2 气田发现之后，“十二五”期间，揭示了盐下鳞片体构造结构、应力控储模式和断—盐组合控藏机制，形成了宽方位较高密度三维地震采集技术、起伏地表各向异性叠前深度偏移处理技术、挤压盐相关构造分层建模技术，克拉苏构造带盐下新增天然气地质储量突破万亿立方米，发现了阿瓦 3、博孜 1、克拉 8、克深 6、克深 8、克深 9 六个气藏。“十三五”期间，持续深化含盐前陆冲断带断裂系统、突发构造、构造转换带、含盐储层等油气地质理论，创立五种转换带模型，指导三维区结合部圈闭搜索，落实了一批圈闭。起伏地表全深度整体速度建模与成像技术应用发现一批圈闭，引领前陆盆地油气勘探持续突破，博孜—大北区块新发现博孜 3、大北 11、大北 12、阿瓦 5、博孜 9、大北 9、大北 14、大北 17、博孜 12、博孜 7、博孜 13、博孜 15、博孜 18 共 13 个气藏。

通过对秋里塔格构造带中秋—东秋段构造建模及地质特征的持续深化研究，锁定了

东秋8井西段存在可能的盐下逆冲断背斜带，并且发育有利的储盖组合。结合最新的三维地震资料，采用研发的全深度整体速度建模技术及配套低信噪比条件下成像处理技术，有效改善了盐下目标地震资料深度域成像品质，落实了东秋盐下构造样式，深化了中秋—东秋段构造建模认识，建立了中秋—东秋段盐下逆冲叠瓦构造模式。

中秋—东秋段纵向上主要发育三套构造层：盐上构造层、盐层和盐下构造层，盐下发育逆冲叠瓦构造；发育2～3排逆冲断片，以背斜与断背斜圈闭为主，与克拉、克深具有相同圈闭类型；构造走向为北东向，向东逐渐收敛消失。

通过井约束下的地震相分析，明确了新近系、古近系两套膏盐岩层的分布，提出了中秋—东秋段发育白垩系砂岩—古近系膏盐岩优质储盖组合，中秋段古近系膏盐岩盖层发育，圈闭保存条件更好。

通过复杂山地单点较高密度三维地震采集、处理、解释一体化技术攻关，优选中秋1圈闭部署了中秋1井。2018年12月，对中秋1井6073～6182m井段进行酸化测试，5mm油嘴放喷求产，折日产气334356m^3，折日产油21.4m^3，取得了秋里塔格构造带天然气勘探重大突破。

二、准西北缘山前断阶构造石炭系内幕体获重大突破

在准西北缘石炭系内幕大跨度新生古储成藏模式的指导下，“十三五”期间，新疆油田在一区、六七区、九区石炭系内幕识别有利目标9个，含油面积119km^2。

在一区石炭系内幕勘探评价井金103井试油获日产179t高产工业油流，水平井HW104井日产油26.8t，内幕28口井均获工业油流。

在九区通过井震结合研究发现，在深层石炭系内幕，白碱滩南断裂上盘存在连续性较好、振幅较强的西倾反射特征，以此追踪刻画出415井岩体范围，圈定面积12.0km^2，闭合度720m，高点海拔-1580m。415井岩体被克百断裂与白碱滩南断裂所夹持，岩体顶界构造沿白碱滩南断裂走向呈鼻状展布。在415井区石炭系岩体构造高部位部署一口评价井白861井，落实内幕岩体的含油气性。

在六区、七区通过井震结合研究发现，在深层石炭系内幕发现识别岩性圈闭三个。801井东岩性圈闭轮廓主要受火山岩内幕岩体尖灭线控制，东南方向受白碱滩南断裂控制。圈闭形态呈椭圆状，主体构造形态为北西倾单斜，在沿白碱滩南断裂附近呈北东—南西轴线的鼻状构造。该圈闭之上依次存在801井东2号岩性圈闭和801井东3号圈闭。东2号岩性圈闭继承801井东岩性圈闭的构造形态，圈闭轮廓主要受火山岩内幕岩体尖灭线控制，东南方向受克乌断裂控制。

三、英雄岭构造带盐下获规模油气发现

1. 落实深层构造样式和圈闭

针对复杂地表、复杂构造“双复杂”技术难题，依托三维地震资料，形成了特色去噪技术，创新发展了柴达木盆地复杂山地叠前偏移成像处理技术，成像精度大幅提高。集成全三维构造建模、多信息综合解释、物理模拟等关键技术的地震资料解释技术，破

解了英雄岭深层圈闭落实难的问题，构造细节更加准确。

英西浅层为滑脱断层控制的相关褶皱，上盘形成多个浅层断背斜构造（狮子沟、花土沟等）；深层为NE倾向的基底卷入断层—叠瓦构造，受一级断层控制形成南、中、北三个带，即北部鼻隆带、中部背斜带、南部隆起带。新发现和重新落实圈闭37个，圈闭面积213km^2，提出建议井位目标53口。

2. 勘探发现

2016年以来，开展勘探开发一体化部署，先后钻探了8口千吨井，陆续在纵向上落实盐间、盐下共六套含油层系，平面上落实北带狮38井、狮202井；中带狮41井、狮49井。钻探证实，英西下干柴沟组上段油藏在有利相带、多期应力、连续充注共同作用下，受控于低隆起背景、高效盐岩盖层、广覆式孔—洞—缝储层，整体含油，含油气层系多，局部高产。

英西勘探成功后，进一步开展英西、英中三维地震资料连片处理解释，发现英中地区发育三个构造，地质结构、成藏条件与英西相似。2017年英中一号实施的狮58井在下干柴沟组上段钻遇千吨高产油气流，实现了英中勘探发现。钻探的狮新58井日产油205m^3，日产气70229m^3，稳产效果好，压力稳定。其后在英中二号、英中三号构造钻探的狮65、狮62、狮63等井均获成功。

四、准南缘冲断带下组合油气勘探获历史性突破

准南缘冲断带下组合已落实21个背斜型圈闭，面积1735km^2，重点目标高泉背斜、呼图壁背斜、吐谷鲁背斜、东湾背斜、安集海背斜圈闭，落实程度高、成藏条件有利。

1. 高泉构造带下组合高探1油藏

高泉构造带自西向东依次发育高泉北背斜、高泉背斜、高泉东断鼻、乌木克断鼻、托斯台断鼻。高泉构造带下组合具有得天独厚的油气成藏条件，是规模发现的首选突破口：（1）高泉背斜紧邻四棵树凹陷生气中心，定型早、汇烃时间长，是油气运聚的长期指向区；（2）高泉背斜具中生代古构造背景，后期持续稳定、改造弱、保存条件好；（3）高泉背斜位于清水河组与头屯河组南北两大物源体系的交会处，紧邻四棵树生烃中心，圈储源匹配。

首选高泉背斜作为四棵树凹陷下组合勘探突破口，2018年上钻高探1井，2019年高探1井白垩系清水河组日产原油1213m^3，日产气32.17×10^4m^3，实现了南缘下组合深大构造油气勘探首次突破，开启了盆地南缘前陆大型油气富集区勘探新里程。

高泉构造带构造下组合目标众多，初步落实6个圈闭、圈闭面积180km^2，南缘冲断带下组合发育40个构造，较落实背斜21个、圈闭面积1800km^2。

2. 呼图壁构造下组合呼探1气藏

呼探1井完钻井深7601m，完钻层位侏罗系喀拉扎组，为目前准噶尔盆地最深井。呼探1井在目的层清水河组及喀拉扎组见良好油气显示。清水河组底砂岩储层厚度21m，

岩性为细砂岩，结构成熟度、成分成熟度高。岩心孔隙度3.21%～10.05%，核磁有效孔隙度为3.9%～11.5%。镜下薄片显示，清水河组储层段见多条裂缝，且未全充填。测井解释气层2层8.7m、差气层1层8.5m。喀拉扎组发育厚层辫状河三角洲前缘砂体，砂体累计厚度近170m，岩性以粉细砂岩、含砾细砂岩、泥质粉细砂岩为主。储层物性较为致密，核磁孔隙度2.2%～7.3%，基质孔较差，但裂缝发育。测井解释差气层7层28.9m。

呼探1井清水河组7367～7382m，试油天然气$61\times10^4m^3/d$、原油$106.3m^3/d$，展示出冲断带中段巨大的勘探潜力。

第二节　重点前陆盆地及复杂构造区油气勘探潜力

在前前陆盆地期沉积多套规模优质烃源岩，而前陆盆地期烃源岩快速埋藏成熟生烃，逆冲挤压构造活动形成了多排、多层的构造圈闭，逆冲断层沟通了深部油气源与多套储盖组合，生、圈、运时间上良好匹配，形成多层系油气聚集，尤其在膏盐岩有效盖层之下形成规模油气藏（田）。前陆冲断带逆冲推覆作用常常造成烃源岩堆垛、储盖组合叠置在生烃中心之上，甚至同一套生储盖组合垂向上有可能重复出现，从而增加了勘探潜力。根据中国石油天然气股份有限公司第四次油气资源评价结果，准西北缘、准南缘、库车、塔西南、柴西、柴北缘、川西中西部7个重点前陆盆地（冲断带）石油资源量为102×10^8t，天然气资源量为$16.94\times10^{12}m^3$。截至2020年底，前陆盆地（冲断带）石油探明储量37.45×10^8t，天然气探明储量为$2.40\times10^{12}m^3$，前陆盆地（冲断带）石油、天然气探明率分别为36.60%和14.16%（表8-2-1）。

表8-2-1　中国中西部7个重点前陆盆地油气资源量和探明储量

地区	石油				天然气			
	资源量/10^4t	探明储量/10^4t	剩余资源量/10^4t	探明率/%	资源量/10^8m^3	探明储量/10^8m^3	剩余资源量/10^8m^3	探明率/%
库车坳陷	57700	9830	47870	17.04	89100	14340	74760	16.09
塔西南坳陷	61857	3740	58117	6.05	20276	1865	18411	9.20
准南缘冲断带	42599	5573	37026	13.08	9800	378	9422	3.86
准西北缘	404070	268047	136023	66.34	1484	332	1152	22.37
柴西坳陷	243840	66281	177559	27.18	5054	342	4712	6.77
柴北缘	52050	8418	43632	16.17	12154	1031	11123	8.48
四川侏罗系	161280	12710	148570	7.88				
四川须家河组					31483	5699	25784	18.10
合计	1023396	374599	648797	36.60	169351	23987	145364	14.16

注：盆地资源量数据引自中国石油第四轮资源评价结果，探明储量来自中国石油截至2020年的数据，准西北缘探明储量包括玛湖、艾湖等坳陷区储量。

目前石油探明储量较多的前陆盆地依次为准西北缘、柴西、四川侏罗系和库车，天然气探明储量较多的前陆盆地依次为库车、川西须家河组。从统计数据来看，中国中西部不同前陆盆地（冲断带）之间的油气探明率相差较大；同时由于有的盆地富油、有的富气，石油和天然气的探明率也存在较大的差别。石油探明率最高的盆地为准西北缘，石油探明率达66.34%，其次依次为柴西（27.18%）、库车（17.04%）和柴北缘（16.17%）；天然气的探明率从高到低依次为准西北缘（22.37%）、川西须家河组（18.10%）、库车（16.09%）。准南缘、柴北缘和塔西南的油气探明率均很低。

中国重点前陆盆地剩余油、气资源量分别为64.87×10^8t和$14.53\times10^{12}m^3$，石油、天然气仍具有很大的勘探潜力。剩余石油资源量较大的前陆盆地及复杂构造区依次为柴西坳陷、四川侏罗系、准西北缘、塔西南，剩余石油资源量分别为17.75×10^8t、14.85×10^8t、13.60×10^8t、5.81×10^8t。剩余天然气资源量较大的前陆盆地及复杂构造区依次为库车、川西、塔西南、柴北缘、准南缘，分别为$7.47\times10^{12}m^3$、$2.57\times10^{12}m^3$、$1.84\times10^{12}m^3$、$1.11\times10^{12}m^3$、$0.94\times10^{12}m^3$。

第三节　前陆盆地及复杂构造区油气聚集规律与勘探方向

综合源圈时空匹配控藏、源储配置控藏、断层—盖层组合控藏和富油气构造带等研究成果，明确了前陆盆地及复杂构造区油气分布规律，一是油气半环状分布；二是冲断带中段油气富集；三是冲断带深层油气富集。冲断带中段、深层是今后油气勘探的主要方向。

一、油气多层系多期聚集规律

1. 油气半环状分布

前陆盆地构造单元一般包括冲断带、前渊坳陷带、斜坡带和前缘隆起带，在构造沉积响应方面，前陆盆地典型特征就是伴随着造山带的隆升，在冲断带、前渊坳陷带沉积巨厚的陆相磨拉石沉积，这套巨厚的砾岩沉积使冲断带和前渊坳陷带深部烃源岩快速成熟，首先进入生油或生气高峰；随着逆冲作用向前推进，由冲断带、前渊坳陷带向斜坡带，烃源岩依次进入生油窗或生气窗，如东委内瑞拉前陆盆地上白垩统烃源岩由北往南依次进入生油窗，油气运移方向亦是如此（图 8-3-1）。

库车前陆盆地侏罗系烃源岩底界在16Ma和2Ma时，平面上库车前陆盆地侏罗系烃源岩底界的最高成熟度均位于冲断带中段或拜城凹陷和阳霞凹陷以北克深5井区，R_o分别为2.0%、3.4%，拜城凹陷—阳霞凹陷南部斜坡烃源岩R_o分别为0.6%～0.8%、0.6%～1.0%。因此，前陆冲断带烃源岩成熟度最高，特别是冲断带中段，往往以生气为主，斜坡带烃源岩以生油为主。

前陆盆地早期烃源岩进入生油阶段，晚期前陆冲断带—坳陷带进入生气阶段，且烃源岩演化程度随挤压冲断方向向盆地扩展。早期生油阶段，盆地处于前前陆阶段或前陆盆地早期，冲断带构造圈闭尚未形成或后期被改造，油气主要向山前古构造带、斜坡带—隆起带潜山及古构造运聚。晚期前陆盆地生气阶段，冲断带构造圈闭形成与生气中心在时间、空间上匹配，故而冲断带主要形成高成熟的油气藏（图 8-3-2）。

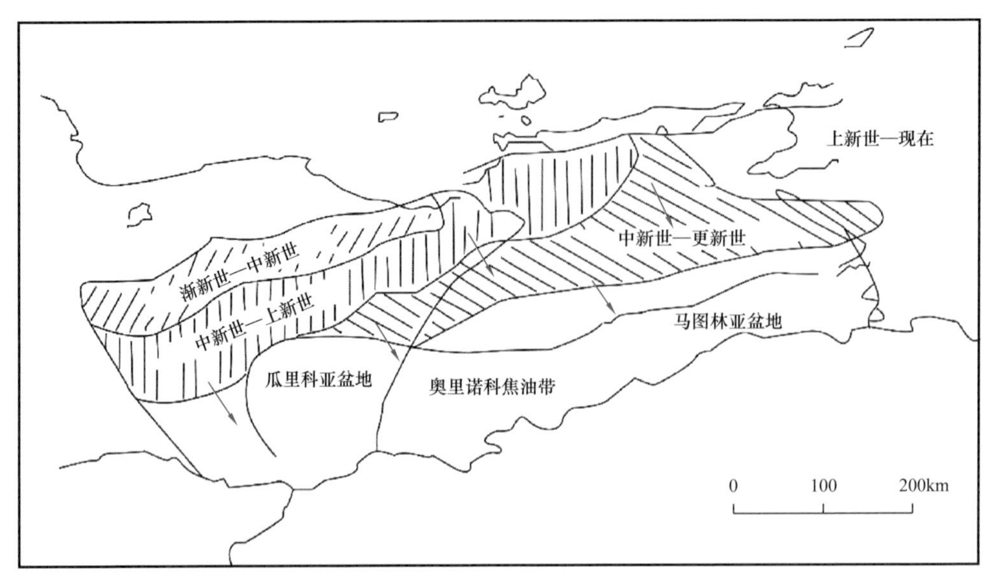

图 8-3-1 东委内瑞拉前陆盆地上白垩统烃源岩成熟演化序列图（据胡俊卿，1996）

红色箭头指向显示油气主要运移方向

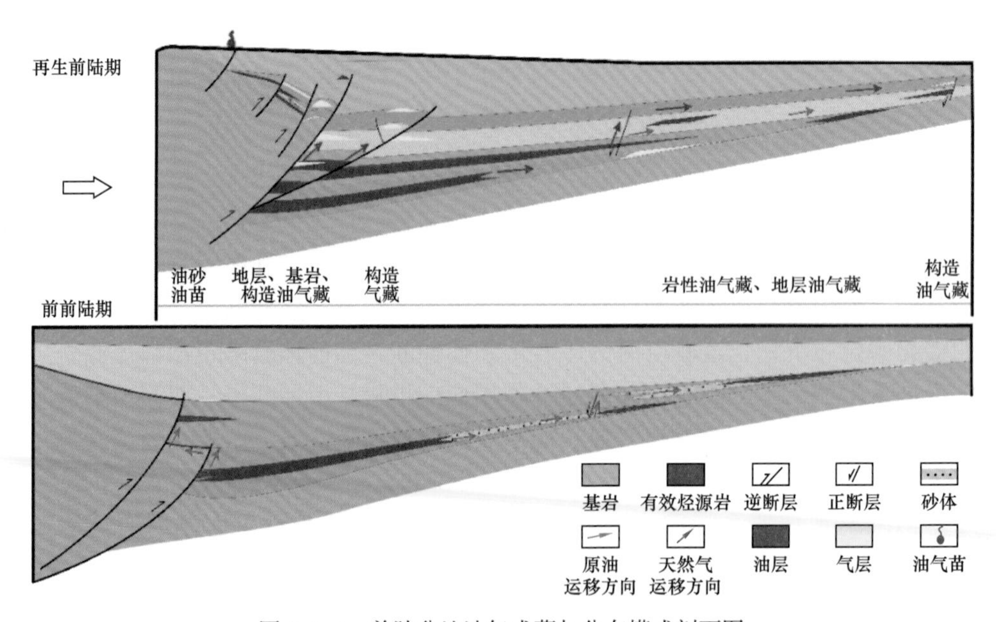

图 8-3-2 前陆盆地油气成藏与分布模式剖面图

横向上，前陆盆地冲断带—坳陷带聚集高成熟的油气，以气田为主，斜坡带主要为油气田，从而形成前陆盆地外环油内环气的分布格局。如中东地区扎格罗斯前陆盆地坳陷带为气田，斜坡带为油田。又如库车前陆盆地冲断带气油比高，甚至为纯干气藏；斜坡带气油比低，甚至为油藏（图 8-3-3）。

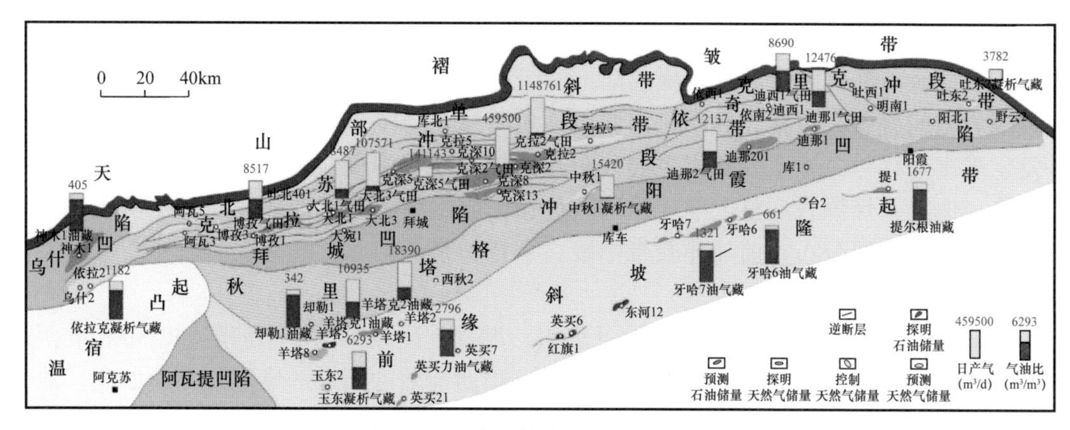

图 8-3-3　库车前陆盆地油气分布图

烃源岩多期生烃、多层系聚集。浅层聚集早期油气为主；深层聚集晚期高成熟油气为主。受强烈构造挤压抬升作用影响，冲断带靠近山前带一侧，抬升剥蚀强烈，保存条件差，或存在改造后的残余油藏，或早期形成的油气藏被破坏，出露大量油苗、油砂。因此，受圈源匹配控藏机理控制，前陆盆地形成外油内气、半环状的分布格局。

2. 冲断带中段油气富集

由于前陆冲断带受构造动力学背景、调节构造、基底边界条件及变形程度等因素的差异性影响，前陆冲断带往往呈现明确的分段特征，不同构造段油气成藏特征、油气分布规律、油气丰度有差异（宋岩等，2005，2008）。其中，前陆冲断带中段烃源岩最发育，演化程度最高，且多烃源灶空间叠置，晚期构造圈闭群位于生烃中心之上，因此，受烃源灶分布的控制，前陆冲断带中段油气最富集。扎格罗斯前陆盆地大油气田分布在迪兹富勒坳陷油源区及其附近地区，多数集中在坳陷中段背斜构造。

中国中西部前陆冲断变形最强烈的活动期是喜马拉雅运动晚期的上新世—第四纪，主要变形期大约在 20Ma 以来，现今天山、博格达山、祁连山、昆仑山山顶上古近系普遍存在，并且形成了统一的夷平面，反映新近纪以来中国中西部主要山脉才开始快速隆升。此时印—藏持续的陆陆俯冲和碰撞作用，引起欧亚大陆的强烈变形，使得已经被剥蚀了的古天山、祁连山、昆仑山等造山带重新活动，形成陆内造山带。由此，山前前陆冲断带无论是非前陆层系还是前陆层系均卷入到晚期前陆构造活动中，形成了大量规模构造圈闭群和油源断裂。前陆冲断带晚期前陆构造活动时发育巨厚沉积，早期烃源岩层快速埋藏演化生烃，特别是前陆冲断带中段，处于生气中心。

库车前陆盆地侏罗系—三叠系烃源岩厚 0～1700m，面积达 $2.16\times10^4km^2$，沉积厚度中心位于大北—克拉苏冲断带主体一线。主力烃源岩生气强度和生油强度呈带状展布，高值区位于克—依构造带和东秋构造带。最大生气区位于迪那地区和大北—克深地区，生气强度高达（350～400）$\times10^8m^3/km^2$。恰克马克组烃源岩生油区主要分布在库车前陆盆地的中西部，特别是大北—博孜地区，生油强度可达（160～200）$\times10^4t/km^2$。因此，冲断带中段位于最大生烃中心，且新近纪盐下发育成排成带的叠瓦冲断构造圈闭，烃源岩大规模生排烃主要在上新世以来，断裂沟通，持续高效充注，冲断带中段最大生烃中心与构造圈闭、储层有效叠合，有利于油气聚集，特别是晚期天然气的汇聚。

准西北缘前陆冲断带和准南缘前陆冲断带与之类似。准南缘前陆冲断带中段也是多套烃源岩空间叠置，包括二叠系、侏罗系、白垩系三套主力烃源灶，烃源灶空间和时间上发生多次迁移。二叠系烃源岩主要分布在前陆冲断带中段、东段，靠近山前带和北部斜坡区；侏罗系烃源岩在整个准南缘均有分布，但主要分布在前陆冲断带中西段；白垩系泥质烃源岩主要分布在前陆冲断带中段乌奎背斜带。因此，准南缘前陆冲断带中段应是油气最富集的构造段。

截至 2019 年底的三级油气储量统计表明，勘探程度较高的库车前陆冲断带和准西北缘前陆冲断带中段油气储量最多（图 8-3-4），川西前陆冲断带—坳陷带亦是如此。油气勘探发现规律表明，与其他构造段相比，川西前陆冲断带—坳陷带油气相对富集，中国石油化工股份有限公司在中段已探明新场特大型气田（$2453.31\times10^8m^3$）。

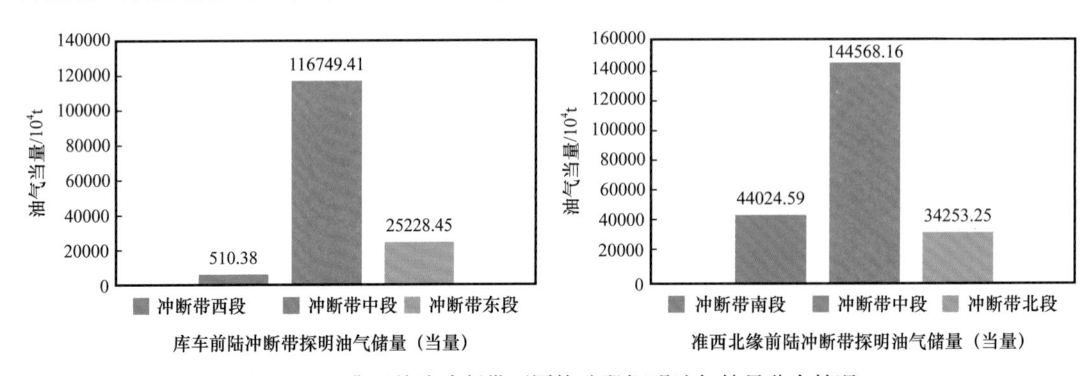

图 8-3-4 典型前陆冲断带不同构造段探明油气储量分布情况

库车前陆冲断带天然气最富集的部位集中在冲断带中段的克拉苏构造带上，已探明的克拉 2、大北、克深 2 等大型气藏均分布在该区域，中段的天然气探明储量占冲断带总探明储量 80% 以上。对于准南缘前陆冲断带，探明的玛河气田、呼图壁气田等也都集中在冲断带中段。在准噶尔西北缘冲断带，目前主要的产油区也分布在冲断带中段的克乌断裂带，油和气探明储量均占冲断带总探明储量的 69% 以上。

3. 冲断带深层油气富集

前陆冲断带发育多套有效烃源岩、多套滑脱层、多套储盖组合和沟通油气的断层，油气必然是多层系成藏，且深层近源区域盖层之下油气富集。

1）垂向分布

（1）油气多层系分布（8-3-5），多套有效烃源岩、多套区域盖层是油气多层系成藏的必然。（2）发育远源成藏和近源成藏二大成藏体系，主力烃源岩层分布于深层前前陆层系，断裂是油气垂向运移的通道，断裂垂向运移距离越短油气越富集，近源优质区域盖层之下油气富集，围绕主力烃源岩近源油气勘探不断取得突破；而中浅层受多套区域盖层的分隔，一般缺乏规模有效烃源岩和直接沟通深层主力烃源岩的油源断裂，往往形成大构造、小油气藏。（3）膏盐岩盖层下、厚层泥岩盖层下、主力烃源岩下油气富集，构造强烈挤压作用下不对称背斜泥岩盖层易发生穿层断裂，圈闭无效，对称背斜富含油气。

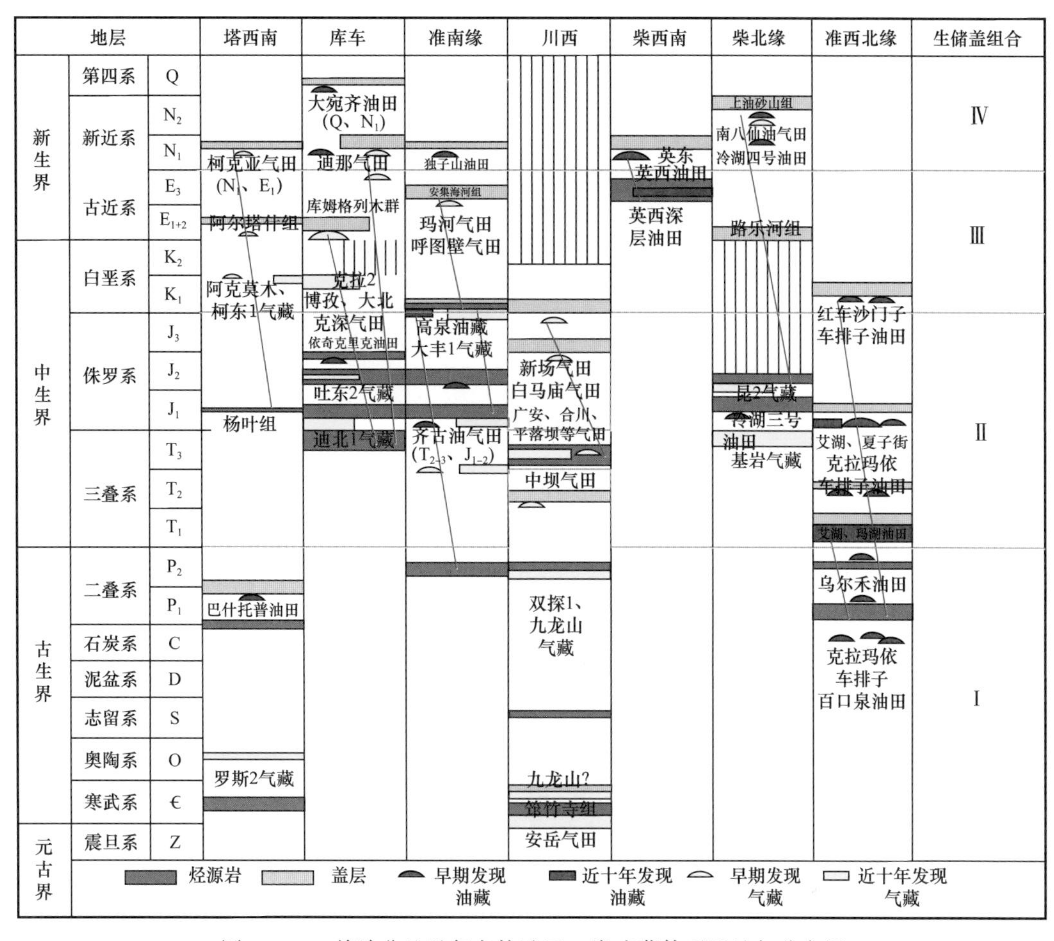

图 8-3-5　前陆盆地及复杂构造区二类成藏体系及油气分布图

规模有效烃源岩和良好的断裂—盖层组合决定冲断带深层近源成藏潜力大。

多套烃源岩层向多层系供烃。首先是源内或近源供烃成藏，如川西须家河组煤系烃源岩互层的须 2 段、须 4 段、须 6 段致密砂岩气藏、库车东部侏罗系阿合组致密砂岩气藏、准南缘东部二叠系致密油藏等。也有断裂沟通与区域盖层封闭的远源成藏，如库车盐下气田、准南缘古近系玛河气田等。

随着前陆盆地深层油气勘探力度的加大，近源油气藏发现越来越多，如库车前陆冲断带的迪北气藏、吐东 2 气藏，准南缘前陆冲断带的高探 1 油藏、呼探 1 气藏，柴北缘昆 2 气藏等。与截至 2009 年前陆盆地（除准西北缘冲断带外）油气发现相比，截至 2019 年前陆盆地（除准西北缘冲断带外）近源油气发现增多了（图 8-3-6），尤其是组合 I，毕竟近源成藏效率高，深层油气保存条件好，勘探潜力巨大。

2）横向分布

早期山前断阶构造、滑脱冲断构造深层古构造、盆缘古隆起构造聚集原油，晚期构造调整、多期充注（图 8-3-7）；滑脱冲断构造区域盖层之下、源岩下充注高成熟油气（图 8-3-8）。由山前向前陆方向，形成山前断阶构造型富油气构造带、滑脱冲断构造型富油气构造带、盆缘古隆起派生构造型富油气构造带；滑脱冲断构造深层是近源成藏，油气富集。

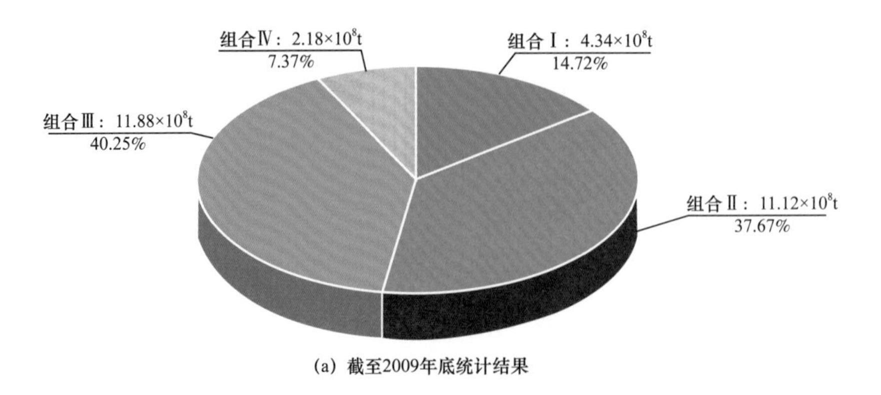

(a) 截至2009年底统计结果

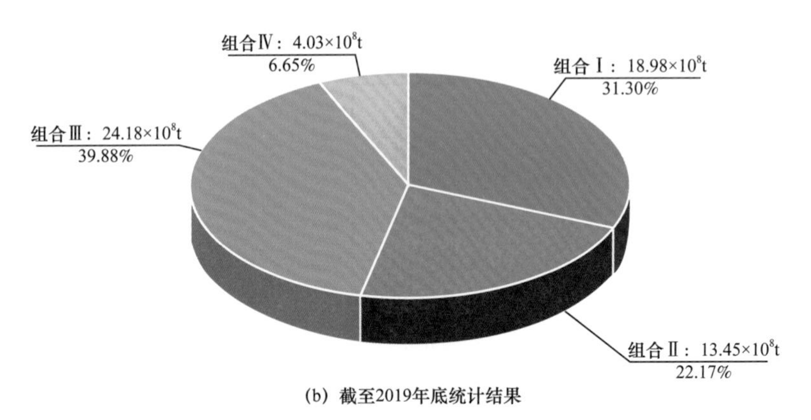

(b) 截至2019年底统计结果

图 8-3-6 前陆盆地及复杂构造区三级油气储量（当量）在各组合的分配对比图

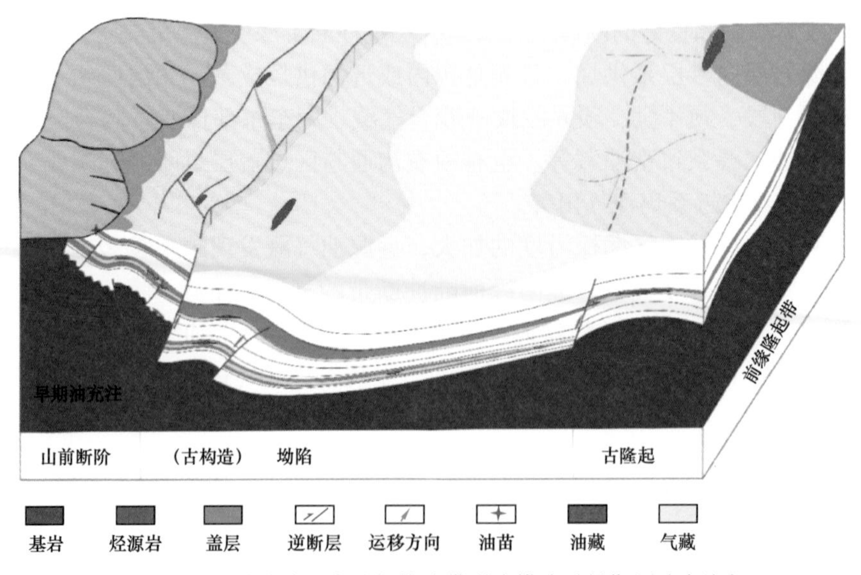

图 8-3-7 前陆盆地富油气构造带形成模式（早期原油充注）

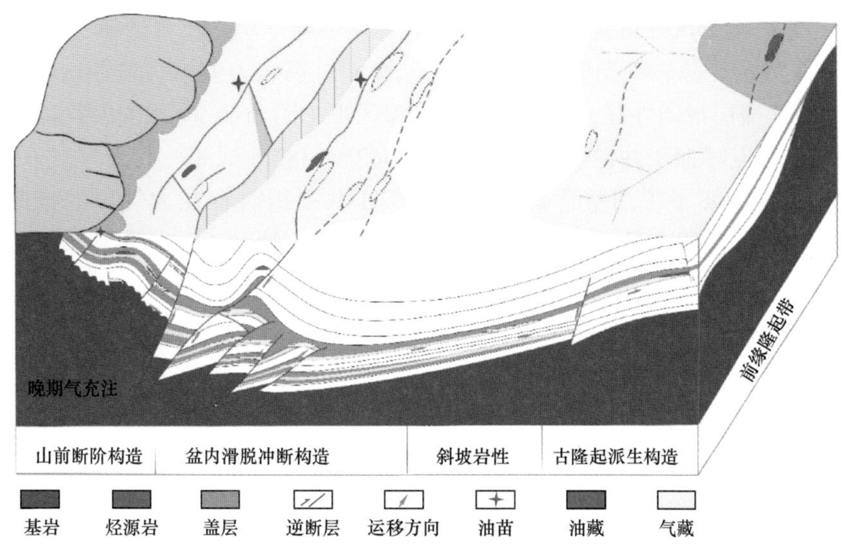

图 8-3-8　前陆盆地富油气构造带形成模式（晚期高成熟油气充注及调整）

二、油气有利勘探区带

从深层地层结构、储层发育机制、油气动态成藏等多个方面对准南缘前陆冲断带下组合、库车东部近源成藏体系的成藏条件进行了论证，明确了有利勘探区带。

1. 准南缘前陆冲断带下组合

对比准南缘前陆盆地与库车前陆盆地油气成藏条件，库车前陆盆地主力烃源岩为中侏罗统—下侏罗统，其次为上三叠统，累计厚度 800～1000m，R_o 为 1.2%～3.0%，面积为 2.16×10^4km²，生气强度为（100～400）$\times10^8$m³/km²；准南缘前陆盆地主力烃源岩为中侏罗统—下侏罗统，其次为中二叠统，累计厚度 100～500m，R_o 介于 0.6%～2.2%，生气强度为（10～100）$\times10^8$m³/km²。库车前陆盆地主力储盖组合为白垩系巴什基奇克组—古近系底部砂岩与古近系膏盐岩组合，其次为近源自生自储自盖组合、新近系砂岩与膏盐岩组合，主力储盖组合埋深 6000～8000m，储层裂缝发育，膏盐岩盖层塑性强；准南缘前陆盆地主力储盖组合为上侏罗统—白垩系清水河组砂岩与白垩系泥岩组合，其次为古近系紫泥泉子组砂岩与安集海河组泥岩组合，主力储盖组合埋深 6000～8000m，储层裂缝发育，泥岩盖层厚度大，但以脆性变形为主，低角度泥岩盖层构造挤压顺层滑脱。库车前陆冲断带发育 5～10 排盐下叠瓦冲断构造，圈闭面积 1544km²，圈闭面积系数 27%；准南缘前陆冲断带发育 2～4 排、2～3 层上下叠置的大型背斜冲断构造，圈闭面积达 1940km²，圈闭面积系数 20%。

随着地震品质的提高和构造精细解析，两个前陆冲断带的圈闭面积将不断增大。准南缘前陆冲断带油气资源潜力明显被低估了，只是受泥岩盖层性质和断裂—泥岩组合的控制，深层泥岩盖层塑性和抗压强度相对提高，近源成藏为主，下组合是油气勘探的主要方向，尤其是乌奎背斜带中段下组合。

1）乌奎背斜带中段呼图壁背斜带、东湾构造带和霍—玛—吐构造带

均位于侏罗系烃源岩晚期生气中心之上，源储过剩压力差大，物性—动力耦合指数高，白垩系泥岩盖层封闭性好，为一类有利勘探区带（图 8-3-9）。2020 年 12 月在呼图壁背斜下组合西高点呼探 1 井白垩系清水河组 7367～7382m 试油，获天然气 $61\times10^4m^3/d$、原油 $106.3m^3/d$，证实了呼图壁背斜东高点大丰 1 井下组合存在大气田的推断。该区深层储层裂缝发育，且发育异常高压（大丰 1 井压力系数达到 1.8），有利于天然气的充注成藏。

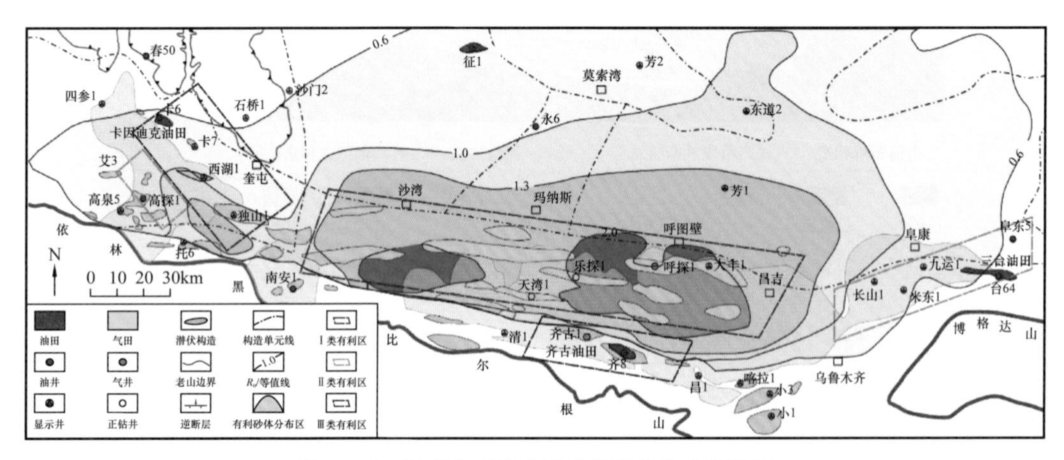

图 8-3-9 准南缘下组合天然气勘探综合评价图

2）高泉构造北侧断块区带和阜康断裂带

高泉构造下组合由多个圈闭组成，高泉构造北侧断块圈闭近油源，处于迎烃面，早期有油气充注，发育有利储层，可形成构造—岩性油藏，为二类有利勘探区带（图 8-3-9）。阜康断裂带与之类似，寻找构造、构造—岩性油藏。

2. 库车前陆冲断带东部近源成藏体系

库车前陆盆地下一步的勘探方向为东部近源成藏体系，尤其是侏罗系阿合组致密砂岩气勘探，侏罗系阿合组致密气大面积成藏的关键是广覆式分布的烃源岩、致密储层源储相邻和油气后期的保存。

吐格尔明背斜南翼为首选有利勘探区带，一是南翼紧邻阳霞生气中心，且处于有利的迎烃面；二是南翼储层物性相对较好；三是南翼油气保存条件好。其中，克孜勒努尔组与阳霞组有利区（图 8-3-10）：Ⅰ类有利区主要分布在迪北—吐孜及吐东 2 局部构造，靠近阳霞凹陷生烃中心，同时储层主要为三角洲前缘相，砂地比高，发育一定厚度的砂体，储层物性相对较好，孔隙度 6%～10%，同时局部构造圈闭条件有利，主要为构造油气藏，Ⅰ类有利区埋深一般不超过 5000～6000m，勘探开发难度低，是目前已经取得勘探突破的现实有利区，吐东 2 井区已经发现天然气藏且提交了天然气控制储量，有利区面积约为 $525km^2$。

同样，阿合组Ⅰ类有利区主要分布在迪北—吐孜及南翼斜坡（图 8-3-11），靠近阳霞凹陷生烃中心，储层孔隙度 6%～12%，埋深一般不超过 6000m，是已经取得勘探突破的

现实有利区，特别是在迪北地区已经发现依南 2 等气藏且提交了控制储量，有利区面积约为 700km^2。

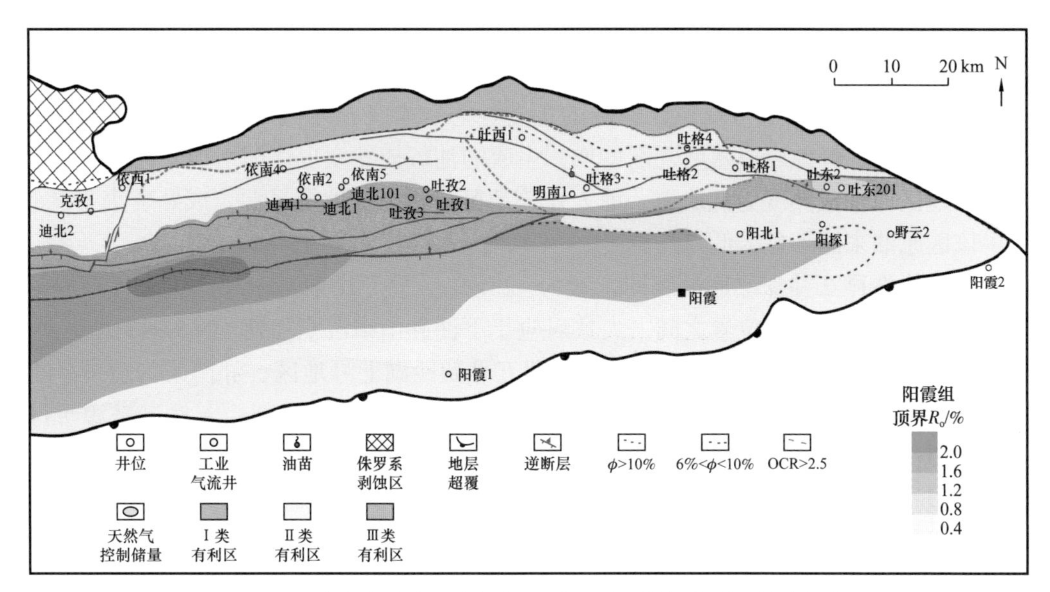

图 8-3-10　库车前陆盆地东部侏罗系阳霞组勘探有利区综合评价图

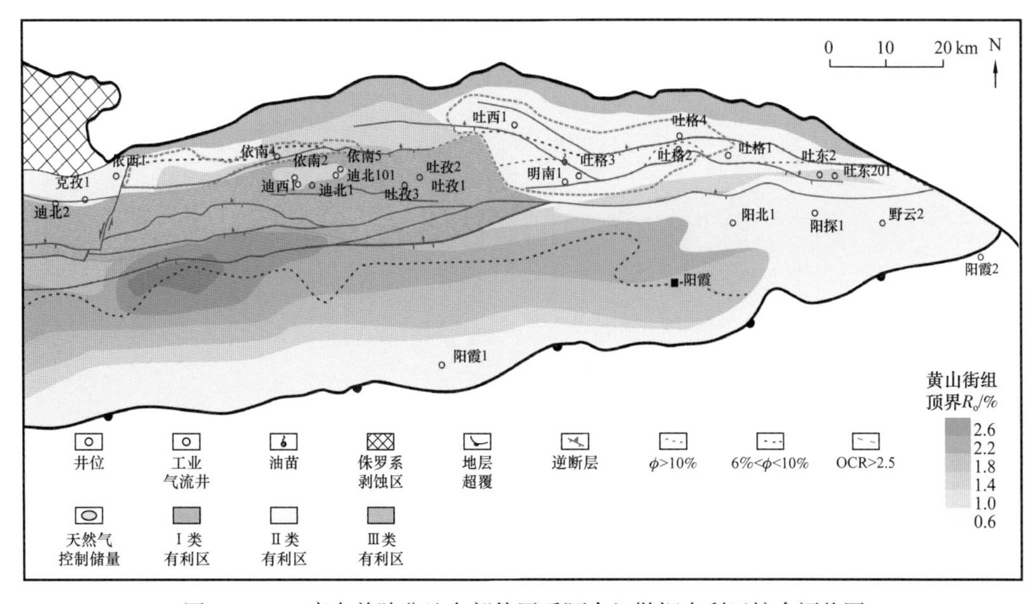

图 8-3-11　库车前陆盆地东部侏罗系阿合组勘探有利区综合评价图

3. 柴北缘冲断带深层近源成藏体系

柴北缘冲断带受烃源岩演化和构造演化时空匹配控制，不同构造带阶段聚集油气，由山前隆起—斜坡区—凹陷，依次形成成熟油藏、成熟 + 高成熟气藏、高过成熟气藏，断层和不整合面是油气运移主要路径。

上干柴沟组早期，牛东、冷东、平台和南八仙地区油气共存，天然气主要为湿气，这些地区在烃源岩成熟度0.8%～1.7%阶段排烃，形成了油藏和气藏，天然气碳同位素由高到低变化。此时，凹陷内中浅层断裂和构造基本没有形成，生成的油气主要沿不整合和断裂向盆缘隆起—斜坡区运移。

从冷湖三号到冷湖五号地区，原油的生物标志物特征显示其成熟度逐渐增加，烃源岩深度逐渐增加，烃源岩成熟度逐渐增加，生成的油气成熟度也逐渐增加。

鱼卡地区原油成熟度为低成熟，前人在该地区分析下侏罗统烃源岩成熟度小于0.8%，证实了该区原油来源于鱼卡低熟烃源岩。

凹中隆构造昆2井深层原油碳同位素为−23.9‰，介于山前带东坪、牛东气藏原油和盆内鄂博梁气藏原油碳同位素之间，大致对应于下油砂山组沉积初期（N_1—N_2^1）。

上油砂山组（N_2^2—N_2^3）沉积末期，冷湖五号到冷湖七号地区、鄂博梁构造带、东坪和尖北地区主要形成天然气藏，而这些构造带主要分布在盆地内部，天然气来源于深部烃源岩，中侏罗统—下侏罗统烃源岩成熟度为2.2%～3.4%的高过成熟阶段，造成生成的烃类流体以天然气为主，天然气碳同位素值大幅度提高，此时晚期构造带挤压形成，天然气以断裂垂向运移为主，形成近源和远源气藏。

在柴北缘，从隆起带到凹陷方向，天然气成熟度逐渐增加，而在昆特依北深部隆起带（昆2井），聚集了成熟—高成熟的油气。构造带浅层古近系、新近系构造圈闭形成于上新世晚期（N_2^3）及之后，主要聚集了侏罗纪晚期高—过成熟的天然气，具晚期动态成藏特征。因此，深层侏罗系—基岩古构造圈闭形成早，可能聚集了侏罗系演化早期、中期和晚期的油气，勘探潜力大。

参考文献

陈汉林，杨树锋，肖安成，等，2006. 酒泉盆地南缘新生代冲断带的变形特征和变形时间［J］. 石油与天然气地质，27（4）：488–494.

陈建平，王绪龙，邓春萍，等，2016. 准噶尔盆地南缘油气生成与分布规律——典型油藏油源解剖与原油分布规律［J］. 石油学报，37（4）：415–429.

陈建平，王绪龙，倪云燕，等，2019. 准噶尔盆地南缘天然气成藏及勘探方向［J］. 地质学报，93（5）：1002–1019.

陈颙，吴晓东，张福勤，1999. 岩石热开裂的实验研究［J］. 科学通报，44（8）：880–883.

崔军文，张晓卫，唐哲民，2006. 青藏高原的构造分区及其边界的变形构造特征［J］. 中国地质，3（2）：256–267.

邓起东，Molnar P，杨晓平，等，1998. 天山北麓晚更新世—全新世阶地褶皱变形 // 中国地震学会 . 中国地震学会第七次学术大会论文摘要集［M］. 北京：地震出版社：39.

杜金虎，支东明，李建忠，等，2019. 准噶尔盆地南缘高探 1 井重大发现及下组合勘探前景展望［J］. 石油勘探与开发，46（2）：205–215.

方世虎，贾承造，宋岩，等，2007. 准南前陆冲断带晚新生代构造变形特征与油气成藏［J］. 石油学报，28（6）：1–5.

郭召杰，邓松涛，魏国齐，等，2007. 天山南北缘前陆冲断带构造对比研究及其油气藏形成的构造控制因素分析［J］. 地学前缘，14（4）：123–131.

郭召杰，方世虎，张锐，等,2006. 生长地层及其在判断天山北缘前陆冲断褶皱带形成时间上的应用［J］. 石油与天然气地质，27（4）：475–481.

郭召杰，吴朝东，张志诚，等，2011. 准噶尔盆地南缘构造控藏作用及大型油气藏勘探方向浅析［J］. 高校地质学报，17（2）：185–195.

贾承造，何登发，石昕，等，2006. 中国油气晚期成藏特征［J］. 中国科学：地球科学，36（5）：412–420.

贾承造，李本亮，雷永良，等，2013. 环青藏高原盆山体系构造与中国中西部天然气大气区［J］. 中国科学：地球科学，43：1621–1631.

贾承造，宋岩，魏国齐，等，2005. 中国中西部前陆盆地的地质特征及油气聚集［J］. 地学前缘，12（3）：3–13.

贾承造，魏国齐，李本亮，等，2003. 中国中西部两期前陆盆地的形成及其控气作用［J］. 石油学报，24（2）：13–17.

贾承造，魏国齐，李本亮，2005b. 中国小型克拉通盆地群的叠合复合性质及其含油气系统［J］. 高校地质学报，11（4）：479–492.

贾承造，魏国齐，姚慧君，等，1995. 盆地构造演化与区域构造地质［M］. 北京：石油工业出版社 .

贾承造，杨树锋，陈汉林，等,2001. 特提斯北缘盆地群构造地质与天然气［M］. 北京：石油工业出版社 .

贾承造，杨树锋，魏国齐，等，2008. 中国环青藏高原新生代巨型盆山体系构造特征与含油气前景［J］. 天然气工业，28（8）：1–11.

贾承造，2009. 环青藏高原巨型盆山体系构造与塔里木盆地油气分布规律［J］. 大地构造与成矿学，33（1）：1–9.

贾承造，1997. 中国塔里木盆地构造特征与油气［M］. 北京：石油工业出版社.

贾承造，2007. 中国喜马拉雅构造运动的陆内变形特征与油气矿藏富集［J］. 地学前缘，14（4）：96–104.

贾承造，2005a. 中国中西部前陆冲断带构造特征与天然气富集规律［J］. 石油勘探与开发，32（4）：9–15.

李本亮，陈竹新，雷永良，等，2011. 天山南缘与北缘前陆冲断带构造地质特征对比及油气勘探建议［J］. 石油学报，32（3）：395–403.

李本亮，贾承造，庞雄奇，等，2007. 环青藏高原盆山体系内前陆冲断构造变形的空间变化规律［J］. 地质学报，81（9）：1200–1207.

李本亮，2015. 中国海相克拉通盆地地质构造［M］. 北京：科学出版社.

李春昱，1982. 亚洲大地构造图说明书［M］. 北京：地质出版社.

李江海，章雨，王洪浩，等，2020. 库车前陆冲断带西部古近系盐构造三维离散元数值模拟［J］. 石油勘探与开发，47（1）：65–76.

李双建，周雁，孙冬胜，2013. 评价盖层有效性的岩石力学实验研究［J］. 石油实验地质，35（5）：574–586.

李忠，彭守涛，2013. 天山南北麓中—新生界碎屑锆石 U–Pb 年代学记录、物源体系分析与陆内盆山演化［J］. 岩石学报，29（3）：739–755.

刘春，张惠良，韩波，等，2009. 库车坳陷大北地区深部碎屑岩储层特征及控制因素［J］. 天然气地球科学，20（4）：504–512.

潘桂棠，陈智梁，李兴振，等，1997. 东特提斯地质构造形成演化［M］. 北京：地质出版社.

邱中建，龚再升，1999. 中国油气勘探（第一卷）［M］. 北京：石油工业出版社.

R N Erlich 和 S F Barrett 著，胡俊卿译，1996. 东委内瑞拉前陆盆地的石油地质特征［J］. 石油勘探开发情报，5：11–27，41.

任纪舜，2003. 新一代中国大地构造图——中国及邻区大地构造图（1：5000000）附简要说明：从全球看中国大地构造［J］. 地球学报，24（1）：1–2.

沈扬，马玉杰，赵力彬，等，2009. 库车坳陷东部古近系—白垩系储层控制因素及有利勘探区［J］. 石油与天然气地质，30（2）：136–142.

宋岩，方世虎，赵孟军，等，2005. 前陆盆地冲断带构造分段特征及其对油气成藏的控制作用［J］. 地学前缘，12（03）：31–38.

宋岩，柳少波，赵孟军，等，2008. 中国中西部前陆盆地油气分布规律及主控因素［M］. 北京：石油工业出版社.

田孝茹，卓勤功，张健，等，2017. 准噶尔盆地南缘吐谷鲁群盖层评价及对下组合油气成藏的意义［J］. 石油与天然气地质，38（2）：334–344.

万静萍，马立祥，周宗良，等，1987. 变形盆地沉积相研究中的几个问题［J］. 石油与天然气地质，8（4）：448–453.

万静萍，马立祥，周宗良，1989. 恢复酒西地区白垩系变形盆地原始沉积边界的方法探讨［J］. 石油实验地质，11（3）：245–249.
汪新伟，汪新文，刘剑平，等，2005. 准噶尔盆地南缘褶皱—逆冲断层带分析［J］. 地学前缘，12（4）：411–421.
王波，张荣虎，任康绪，等，2011. 库车坳陷大北—克拉苏深层构造带有效储层埋深下限预测［J］. 石油学报，32（2）：212–218.
王亮，肖安成，巩庆霖，等，2010. 柴达木盆地西部中新统内部的角度不整合及其大地构造意义［J］. 中国科学：地球科学，40：1582–1590.
吴锡浩，钱方，1964. 川江徐家沱—金刚沱河段现代河床砾石粒度和形态变化的初步分析［J］. 地质论评，22（4）：289–297.
肖序常，汤耀庆，李锦轶，等，1991. 古中亚复合巨型缝合带南缘构造演化古中亚复合巨型缝合带南缘构造演化［M］. 北京：北京科学技术出版社.
杨树锋，贾承造，陈汉林，等，2002. 特提斯构造带的演化和北缘盆地群形成及塔里木盆地天然气勘探前景［J］. 科学通报，47（增刊）：36–43.
袁玉松，范明，刘伟新，等，2011. 盖层封闭性研究中的几个问题［J］. 石油实验地质，33（4）：336–340.
张凤奇，鲁雪松，卓勤功，等，2020. 准噶尔盆地南缘下组合储层异常高压成因机制及演化特征［J］. 石油与天然气地质，41（5）：1004–1016.
张凤奇，王震亮，宋岩，等，2011. 库车坳陷构造挤压增压定量评价的新方法［J］. 中国石油大学学报（自然科学版），35（4）：1–7.
张凤奇，王震亮，钟红利，等，2013. 沉积盆地主要超压成因机制识别模式及贡献［J］. 天然气地球科学，24（6）：1151–1158.
张惠良，张荣虎，杨海军，等，2012. 构造裂缝发育型砂岩储层定量评价方法及应用—以库车前陆盆地白垩系为例［J］. 岩石学报，28（3）：827–835.
张洁，尹宏伟，孟令森，等，2008. 主动底辟盐构造的二维离散元模拟［J］. 地球物理学进展，23（6），1924–1930.
张洁，尹宏伟，徐士井，2008. 用离散元方法讨论岩石强度对主动底辟盐构造断层分布模式的影响［J］. 南京大学学报（自然科学版），44（6）：642–652.
张恺，1991. 论中国大陆板块的裂解漂移碰撞和聚敛活动与含油气盆地的演化［J］. 新疆石油地质，12（2）：91–106.
张培震，郑德文，尹功明，等，2006. 有关青藏高原东北缘晚新生代扩展与隆升的讨论［J］. 第四纪研究，26（1）：5–13.
张庆云，田德利，1986. 利用砾石形状和圆度判别第四纪堆积物的成因［J］. 长春地质学院学报（1）：59–64.
赵孟军，卓勤功，陈竹新，等，2017. 含盐前陆盆地油气地质与勘探［M］. 北京：石油工业出版社，39–95.
朱夏，1986. 论中国含油气盆地构造［M］. 北京：石油工业出版社.
卓勤功，李勇，宋岩，等，2013. 塔里木盆地库车坳陷克拉苏构造带古近系膏盐岩盖层演化与圈闭有效性［J］. 石油实验地质，35（1）：42–47.

Adam J，Klinkmüller M，Schreurs G，et al.，2013. Quantitative 3D strain analysis in analogue experiments simulating tectonic deformation：Integration of X–ray computed tomography and digital volume correlation techniques［J］. Journal of Structural Geology，55：127–149.

Allegre C J，Courtillat V，Tapponnier P，et al.，1984. Structure and evolution of Himalaya–Tibet orogenic belt［J］. Nature，307：17–22.

Avouac J P，Peltzer G，1993. Active tectonics in southern Xinjiang，China：Analysis of terrace riser and normal fault scarp degradation along the Hotan–Qira fault system［J］. Journal of Geophysical Research，98（B12）：21773–21807.

Bally A W，Snelson S，Realms of Subsidence. //Miall A D，1980. Facts and principles of world petroleum occurrence［J］. Calgary：Canadian Society of Petroleum Geologists Memoir，6：9–94.

Bonini M，2007. Deformation patterns and structural vengeance in brittle–ductile thrust wedges：An additional analogue modelling perspective［J］. Journal of Structural Geology，29（1）：141–158.

Boyer S E，Elliott D，1982. Thrust systems［J］. AAPG bulletin，66（9）：1196–1230.

Bretan P，Yielding G，Jones H，2003. Using calibrate shale gouge ratio to estimate hydrocarbon column heights［J］. AAPG，87（3）：397–413.

Charreau J，Chen Y，Gider S，et al.，2005. Magnetostratigraphy and rock magnetism of the Neogene Kuitunhe Section（Northwest China）：Implications for Late Cenozoic uplift of the Tianshan Mountains［J］. Earth Planet Sc Lett，230：117–192.

Chester F M，1988. The brittle–ductile transition in a deformation–mechanism map for halite［J］. Tectonophysics，154（1）：125–136.

Childs C，Sylta S O，Moriya J，et al. A method for including the capillary properties of faults in hydrocarbon migration models. //Koestler A G，Bretan R，2002. Hydrocarbon seal quantification［J］. Amsterdam Elsevier，Norwegian Petroleum Society（NPF）Special Publication，11：127–139.

Cotton J，Koyi H，2000. Modeling of thrust fronts above ductile and frictional detachments：Application to structures in the Salt Range and Potwar Plateau，Pakistan［J］. Geological Society of America Bulletin，112（3）：351–363.

Cundall P A，Strack O D，1979. A discrete numerical model for granular assemblies［J］. Geotechnique，29（1）：47–65.

Dahlen F A，Suppe J，Davis D，1984. Mechanics of Fold–and–Thrust Belts and Accretionary Wedges–Cohesive Coulomb Theory［J］. J Geophys Res，89（Nb12）：87–101.

Dahlen F A，1990. Critical Taper Model of Fold–and–Thrust Belts and Accretionary Wedges［J］. Annu Rev Earth Pl Sc，18：55–99.

Dahlen F A，1988. Mechanical Energy Budget of a Fold–and–Thrust Belt［J］. Nature，331（6154）：335–337.

Davis D M，Engelder T，1985. The Role of Salt in Fold–and–Thrust Belts［J］. Tectonophysics，119（1–4）：67–88.

Davis D, Suppe J, Dahlen F A, 1983. Mechanics of fold–and–thrust belts and accretionary wedges [J] . Journal of Geophysical Research : Solid Earth, 88 (B2) : 1153–1172.

Dewey J F, Burke K, 1973. Tibetan variscan and pre–Cambrian basement reactivation : Products of continental collision [J] . Geology, 81 : 683–692.

Epard J L, Groshong R H, 1993. Excess area and depth to detachment [J] . AAPG Bulletin, 77 (8) : 1291–1302.

Finch E, Hardy S, Gawthorpe R, 2003. Discrete element modelling of constructional fault–propagation folding above rigid basement fault blocks [J] . Journal of Structural Geology, 25 (4) : 515–528.

Fisher Q J, Knipe R J, 2001. The permeability of faults within siliciclastic petroleum reservoirs of the North Sea and Norwegian Continental Shelf [J] . Marine and Petroleum Geology, 18 (10) : 1063–1081.

Fristad T, Groth A, Yielding G, et al. Quantitative fault seal prediction : A case study from Oseberg Syd. // Meller–Pedersen P and Koestler A G, 1997. Hydrocarbon seals : Importance for exploration and production [J] . Singapore, Elsevier, Norwegian Petroleum Society (NPF) Special Publication, 7: 107–124.

Gale S J, Ibrahim Z Z, Lal J, et al., 2019. Downstream fining in a megaclast–dominated fluvial system : The Sabeto river of western Viti Levu, Fiji [J] . Geomorphology, 330: 151–162.

Gemmer L, Ings S J, Medvedev S, et al., 2004. Salt tectonics driven by differential sediment loading : Stability analysis and finite–element experiments [J] . Basin Research, 16 (2) : 199–218.

Gemmer L, Beaumont C, Ings S J, 2005. Dynamic modelling of passive margin salt tectonics : effects of water loading, sediment properties and sedimentation patterns [J] . Basin Research, 17 (3) : 383–402.

Gibson R G. Physical character and fluid–flow properties of sandstone–derived fault zones. //Coward M P, Daltaban T S, Johnson H, 1998. (eds.) Structural Geology in Reservoir Characterization [J] . Geological Society, London, Special Publications, 127: 83–97.

Graham S A, Hendrix M S, Wang L B, et al., 1993. Collisional successor basin of western China : Impact of tectonic inheritance on sand composition [J] . Geol Soc Amer Bull, 105 (3) : 323–344.

Guo X W, Liu K Y, Jia C Z, et al., 2016. Constraining tectonic compression processes by reservoir pressure evolution : Overpressure generation and evolution in the Kelasu Thrust Belt of Kuqa Foreland Basin, NW China [J] . Marine and Petroleum Geology, 72: 30–44.

Hardy S, Finch E, 2005. Discrete–element modelling of detachment folding [J] . Basin Research, 17 (4) : 507–520.

Harrison T M, Copeland P, Kidd W S F, et al., 1992. Raising Tibet [J] . Science, 255: 1663–1670.

Hendrix M S, Dumitru T A, Graham S A, 1994. Late Oligocene–Early Miocene un–roofing in the Chinese Tien Shan : An early effect of the India–Asia collision [J] . Geology, 22 (6) : 487–490.

Hughes A N, Shaw J H, 2014. Fault displacement–distance relationships as indicators of contractional fault–related folding style [J] . AAPG bulletin, 98 (2) : 227–251.

Ingram G M, Urai J L, 1999. Top–seal leakage through faults and fractures : the role of mudrock properties [J] . Geological Society, 158 (1) : 125–135.

Jackson M P A, Vendeville B C, 1994. Regional extension as a geologic trigger for diapirism [J] .

Geological society of America bulletin, 106 (1): 57–73.

Jolivet M, Brunel M, Seward D, et al., 2001. Mesozoic and Cenozoic tectonics of the northern edge of the Tibetan Plateau : Fission–track constraints [J]. Tectonophysics, 343: 111–134.

Lindsay N G, Murphy F C, Walsh J J, et al., 1993. Outcrop studies of shale smear on fault surface [J]. International Association of Sedimentologists Special Publication, 15: 113–123.

Liu C, Pollard D D, Shi B, 2013. Analytical solutions and numerical tests of elastic and failure behaviors of close–packed lattice for brittle rocks and crystals [J]. Journal of Geophysical Research : Solid Earth, 118 (1): 71–82.

Lu H F, Howell D G, Jia D, 1994. Rejuvenation of the Kuqa Foreland basin, Northern flank of the Tarim basin, Northwest China [J]. Int Geol Rev, 36: 1151–1158.

Luo X R, Wang Z M, Zhang L K, et al., 2007. Overpressure generation and evolution in a compressional tectonic setting, the southern margin of Junggar Basin, northwestern China [J]. AAPG Bulletin, 91 (8): 1123–1139.

Molnar P, England P, Martinod J, 1993. Mantle dynamics, uplift of the Tibet Plateau, and the Indian monsoon [J]. Rev Geophys, 31: 357–396.

Molnar P, Tapponnier P, 1975. Cenozoic tectonics of Asia : Effects of a continental collision [J]. Science, 189: 419–426.

Morgan J K, Bangs N L, 2017. Recognizing seamount–forearc collisions at accretionary margins : Insights from discrete numerical simulations [J]. Geology, 45 (7): 635–638.

Saltzer S D, Pollard D D, 1992. Distinct element modeling of structures formed in sedimentary overburden by extensional reactivation of basement normal faults [J]. Tectonics, 11 (1): 165–174.

Scott T E, Nielsen K C, 1991. The effects of porosity on the brittle–ductile transition in sandstones [J]. Journal of Geophysical Research : Solid Earth, 96 (B1): 405–414.

Singer M B, 2008. Downstream patterns of bed material grain size in a large, low land alluvial river subject to low sediment supply. Water Resources Research, 44: 1–7.

Smit J H W, Brun J P, Soukoutis D, 2003. Deformation of brittle–ductile thrust wedges in experiments and nature [J]. Journal of Geophysical Research, 108 (B10): 2480.

Strayer L M, Hudleston P J, Lorig L J, 2001. A numerical model of deformation and fluid–flow in an evolving thrust wedge [J]. Tectonophysics, 335 (1–2): 121–145.

Strayer L M, Suppe J, 2002. Out–of–plane motion of a thrust sheet during along–strike propagation of a thrust ramp : a distinct–element approach [J]. Journal of Structural Geology, 24 (4): 637–650.

Surian N, 2002. Downstream variation in grain size along an Alpine river : analysis of controls and processes [J]. Geomorphology, 43: 137–149.

Tapponnier P, Xu Z Q, Roger F, et al., 2001. Oblique stepwise rise and growth of the Tibet Plateau [J]. Science, 94 (23): 1671–1677.

Taylor T R, Giles M R, Hathon L A, et al., 2010. Sandstone diagenesis and reservoir quality prediction : Models, myths, and reality [J]. AAPG Bulletin, 94 (8): 1093–1132.

Tingay M R P，Hillis R R ，Swarbrick R E ，et al.，2009. Origin of overpressure and pore-pressure prediction in the Baram province，Brunei［J］. AAPG Bulletin，93（1）：51–74.

Van Keken P E，Spiers C J，Van den Berg A P，et al.，1993. The effective viscosity of rocksalt：implementation of steady-state creep laws in numerical models of salt diapirism［J］. Tectonophysics，225（4）：457–476.

Wang Q，Zhang P Z，Freymueller J T，et al.，2001. Present day crustal deformation in China constrained by global positioning system measurements［J］. Science，294：574–577.

Weijermars R，Jackson M T，Vendeville B，1993. Rheological and tectonic modeling of salt provinces［J］. Tectonophysics，217（1–2）：143–174.

Welbon A I，Beach A，Brockbank P J，et al.，1997. Fault seal analysis in hydrocarbon exploration and appraisal：examples from offshore mid-Norway. //Moller-Pedersen P，Koestler AG，Hydrocarbon Seals：Importance for Exploration and Production［J］. NPF Special Publication，7：1–13.

Yin A，Harrison T M，2000. Geologic evolution of the Himalayan-Tibetan Orogen［J］. Annu Rev Earth Pl Sc，28：211–280.

Ziegler D M，1992. Hydrocarbon columns，buoyancy pressures，and seal efficiency：comparisons of oil and gas accumulations in California and the Rocky Mountain area［J］. AAPG Bull，76（4）：501–508.